地下空间分布式光纤场域数据处理

胡燕祝　王英剑　赵兴昊　王　松　庄育锋　著

北京科学技术出版社

图书在版编目（CIP）数据

地下空间分布式光纤场域数据处理 / 胡燕祝等著.
北京：北京科学技术出版社，2024. -- ISBN 978-7
-5714-4143-2

Ⅰ. TP212. 4

中国国家版本馆 CIP 数据核字第 2024UH6159 号

责任编辑：李 鹏
责任校对：贾 荣
装帧设计：小 盼 美宸佳印
责任印制：吕 越
出 版 人：曾庆宇
出版发行：北京科学技术出版社
社　　址：北京西直门南大街 16 号
邮政编码：100035
电　　话：0086-10-66135495（总编室） 0086-10-66113227（发行部）
网　　址：www. bkydw. cn
印　　刷：廊坊市印艺阁数字科技有限公司
开　　本：787 mm × 1092 mm 1/16
字　　数：501 千字
印　　张：23. 5
版　　次：2024 年 9 月第 1 版
印　　次：2024 年 9 月第 1 次印刷
ISBN 978-7-5714-4143-2

定　价：168. 00 元

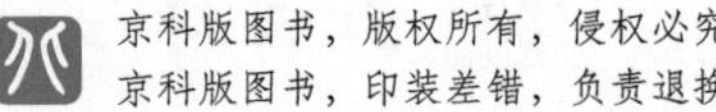

前言

随着我国城镇化进程飞速推进，城市地下管道建设规模不断增加。城市地下管道纵横交错、环境复杂，腐蚀、老化、施工破坏等原因引起的城市地下管道泄漏事件频发。如果不能及时发现地下管道泄漏事件，极易导致建筑下陷、坍塌、爆炸等大型事故，带来不可估量的生命财产损失。因此，为避免重大事故的发生，需要对城市地下管道的安全状态进行实时监测。

影响城市地下管道泄漏监测的问题主要有以下三个方面：①管道泄漏早期，泄漏信号强度微弱，信号信噪比低；②受到环境干扰因素和监测数据量影响，时空定位精度差，实时性低；③多种因素耦合干扰，事件关键信息难以表征。多种因素导致城市地下管道泄漏事件识别率低。

相位敏感型光时域反射仪（Phase Optical Time-Domain Reflectometer，Φ-OTDR）是一种监测振动变化的分布式光纤传感系统，能够实现对光纤周围振动事件沿空间分布与时间变化的连续监测，相比于传统监测手段，具有耐腐蚀、抗电磁干扰、能够进行连续分布式监测、探测灵敏度高、响应速度快等优点，十分切合城市地下管道监测的要求，已成为城市地下管道安全监测领域的研究热点。

受城市地下复杂环境影响，Φ-OTDR 传感技术应用仍需要在数据处理、特征提取与识别等方面进行更加深入的研究。

本书深入探讨了地下扰动源定位与识别的先进技术，阐述了地下空间扰动源信号的增强手段，研究了精准定位的方法学。在多维度特征提取与选择方面，书中详尽地剖析了地下空间扰动源的特性，并提供了有效的识别技术。同时，本书还涵盖了常用的分布式光纤传感技术，解析噪声源，展示了如何优化光纤传感振动信号，并对信号中的噪声进行了细致的分析。此外，基于二维形态学和全局阈值分割的去噪方法也在书中得到了系统的介绍，为构建高质量的地下场景数据集提供了技术支持。本书旨在为读者提供系统性、前沿性的技术指导和参考资料，通过阅读这本书，读者不仅能够深入理解地下扰动源监测的与分析，还能掌握如何利用最新的 Φ-OTDR 技术实时监测，提升地下管道安全性。这将极大地促进智慧城市建设和基础设施安全监测的发展，为我国的城镇化进程提供坚实的技术支撑。

目录

第一章

地下扰动源定位与识别技术

1.1 地下扰动源定位与识别技术的背景

城市地下管道是城市赖以生存和发展的重要基础设施。随着管道运行时间和管龄的增长，地下管道受到内外腐蚀作用、外力破坏等侵袭，极易发生泄漏、爆炸、火灾等事故，不仅造成资源浪费、环境污染，也会对人民正常的生产生活造成严重影响，甚至造成人员伤亡和重大经济损失。本书通过研究先进的分布式监测方式，获得同时包含时间、距离和相位三维属性的场域数据，开展基于分布式光纤场域数据的地下扰动源定位与识别研究。扰动源是指作用于光纤并对其传播信号产生扰动的振动事件，地下扰动源包括地下管道的爆裂、泄漏等事件。管道泄漏早期，泄漏信号强度微弱，容易受到环境因素的干扰，导致城市地下管道泄漏位置定位精度差和事件识别率低。本书以城市地下管道泄漏事件为主要研究对象，分析管道泄漏的数据特征，旨在及早侦测城市地下管道泄漏的发生，精确定位管道泄漏位置，锁定管道泄漏时空数据边界，准确识别多因素干扰下管道泄漏事件，为实际环境下城市地下管道泄漏监测与多种泄漏事件识别提供理论支持与技术手段，助力我国管道安全监测技术的发展和监测水平的提高，保障城市生产和生活的正常运行。

近年来，光纤传感器已成为监测领域中的热门研究对象，被应用到周界安防和管道安全监测等领域。分布式光纤传感技术是在20世纪70年代末提出的，在整个光纤长度上对沿光纤分布的环境参数进行时间和空间维度的连续测量，可以通过单端连接的方式实现对光纤链路上温度、应变、振动等物理参量的测量。该技术将测量值转换为与光纤位置相关的解析函数，从而使光纤同时承担传输介质和传感介质的角色，以一根光纤取代多个点阵构成的传感器阵列，可以得到多尺度连续监测的效果。散射光根据入射光频率和散射光频率关系可以分为瑞利散射、布里渊散射和拉曼散射三种。与传统的检测方法相比，光纤传感技术具有质量轻、耐高温、耐腐蚀、传输距离远、抗干扰性强等特点，能够实现对管道等结构体温度、应力和应变等变量的监测。当前，分布式光纤传感技术已被广泛应用于海底光缆安全监测、结构体健康监测以及入侵监测等领域中，并取得了良好的监测效果，拥有广阔的发展前景。

1.2 分布式光纤传感技术研究现状

1.2.1 分布式光纤传感技术研究

分布式光纤传感器由于其传感元件单一、易操作、测量精度较高、单次测量覆盖面积广等因素，在众多类型的测量传感器中具有一定的应用优势。世界上众多国家均对分布式光纤传感器开展了广泛的研究和开发工作。

基于散射光的分布式光纤传感技术的核心思想是，对光纤材料中光发生散射现象后的变化数值进行测量和运算，从而实现对物体表面及深层振动波信号的分布式测量。当光纤介质中粒子尺度的范围小于 $1/10\lambda$ 时（λ 为光纤中入射光的波长），入射光与介质中的粒子会发生碰撞，并使其产生弹性变化，与此同时光纤中散射光的光强为 $1/4\lambda$。在这个过程中，斯托克斯散射也扮演着重要角色，如图 1-1 所示，斯托克斯散射与其他散射共同实现对复杂振动模式的分析。

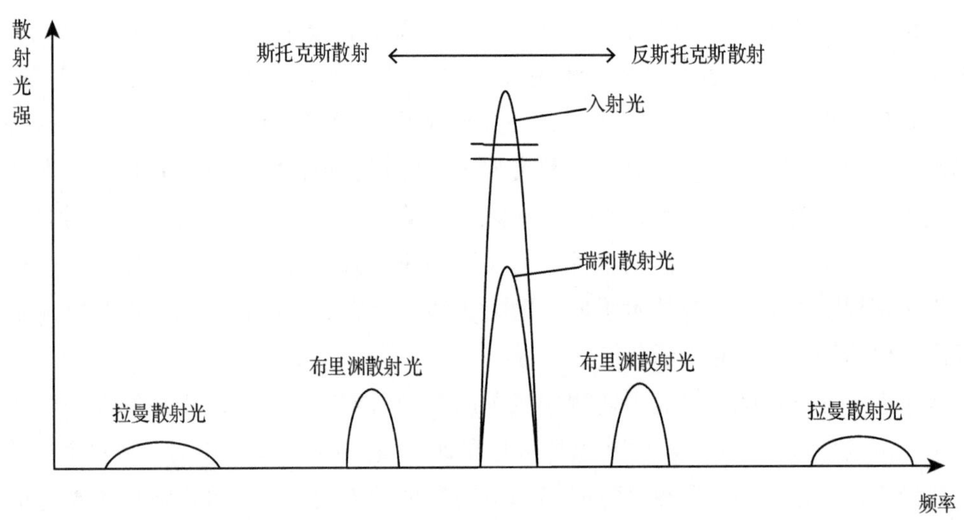

图 1-1 斯托克斯散射示意图

目前，分布式光纤传感技术主要是基于光纤的瑞利散射、拉曼散射、布里渊散射效应，以及双路或环路干涉等原理，利用光纤作为传输介质，采用光时域反射（Optical Time-Domain Reflectometer，OTDR）技术和光频域反射（Optical Frequency-Domain Reflectometer，OFDR）技术，对沿光纤信号通路的不同位置的温度、形变等变化信号进行探测和测量。主流分布式光纤传感技术情况如表 1－1 所示。

表 1－1　主流分布式光纤传感技术情况

技术名称	监测物理量	原理	应用
DTS 测温	温度	拉曼散射	光缆火灾、隧道火灾、地铁火灾、油井温度分布监测，电缆测温
布里渊光时域分析技术/布里渊光时域反射技术	温度、应变	布里渊散射	桥梁、大坝、隧道等土木工程结构安全监测，高压电缆应力监测
OFDR	温度、应变	瑞利散射	机床精准安装、大型设备测控、飞机船舶等机身构件的嵌入式无损监测
防区型光纤振动	振动	Michelson Mach-Zehnder、Sagnac 干涉原理	监狱周界安防、军事管理区周界安防、机场周界安防
沿线侦测型光纤振动	振动	Φ-OTDR、COTDR	输油管道、边境周界、电缆等安全监测

拉曼散射光对环境的温度变化十分敏感，当周边环境的温度波动较大时，适合利用基于拉曼散射原理的分布式光纤，其中比较有代表性的技术主要是自发拉曼散射技术。该技术在火灾、大型建筑物渗漏等温度变化剧烈的场景下应用极为广泛，而在针对普通路面、铁路铁轨等检测振动信号的场景中的应用较少，不适合测量光纤沿线的振动事件。布里渊散射的原理与拉曼散射不同，布里渊散射的系统结构比较复杂，通过光波在光纤中传播的相互作用产生光散射。

布里渊光时域反射技术（Brillouin Optical Time-Domain Reflectometer，BOTDR）及布里渊光时域分析技术（Brillouin Optical Time-Domain Analysis，BOTDA）存在应变温度交叉敏感问题，相关的系统需要双端激光注入传感光纤。因此，其在工程实际应用中主要用于应变和温度的测量。

后向瑞利散射传感技术在振动监测方面的研究逐渐成为热点。相位敏感型光时域反射仪（Phase Optical Time-Domain Reflectometer，Φ-OTDR）的特点主要有响应速度快，探测灵敏度高，能够同时多点探测等。因此，基于 Φ-OTDR 的分布式光纤振动传感技术在基础设施的健康监测方面具有重要的潜在研究价值。在此领域，目前最成熟的研究方向是利用瑞利散射光的分布式光纤传感技术，通过光时域反射技术，实现对相关基础设施的健康监测。本文以基于 Φ-OTDR 的分布式光纤振动传感技术为基础，开展针对地下空间基础设施领域的监测研究。

1976 年，激光雷达技术的概念被首次提出，该技术所应用的原理正是光时域反射技术。此后，利用该技术实现了针对光纤链路的损耗监测。光时域反射技术实现损耗监测的基本原理如图 1－2 所示。

其中，声光调制器（Acousto-Optical Modulator，AOM）的作用是，当光波通过介质时，使载波接受调制过程，从而“携带”传输信息。光电探测器（Photo Detector，PD）

的作用是将光信号转换成电信号。数字信号处理（Digital Signal Processor，DSP）的任务是用数值计算的方式对输入的信号进行加工和处理。

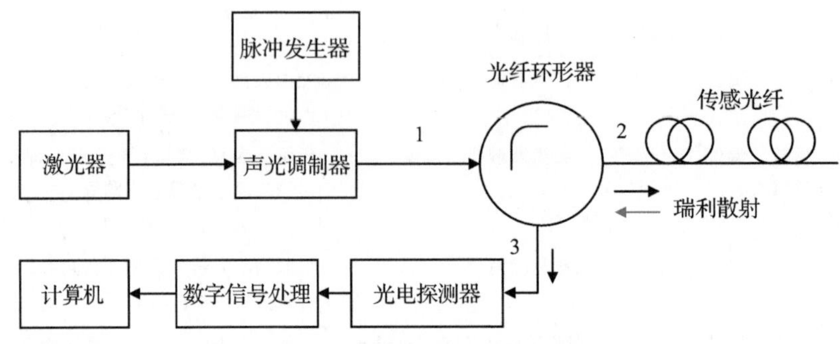

图 1-2　光时域反射技术基本原理经典结构图

在整体结构中，光时域反射仪通过发送光的脉冲信号进入光纤。光在进入光纤的过程中受到散射粒子的影响，会发生散射现象。光纤断裂等因素会产生菲涅尔反射现象，故需要提前利用光束分离器，将瑞利背向散射光和菲涅尔反射光送入接收器中，再将光信号进行转换，转换为电信号后在示波器中进行显示。

基于 OTDR 的分布式光纤振动传感技术主要包括普通 OTDR、BOTDR、偏振光时域反射技术（Polarization Optical Time-Domain Reflectometer，POTDR）以及 Φ-OTDR 技术等。由于 OTDR 技术的损耗较高，且只针对强度变化较大的光波敏感，对于变化幅度较小的光波，OTDR 技术的检测敏感度较低。因此普通的 OTDR 分布式光纤振动传感器对于频率较高的扰动传感场景监测准确性不高。BOTDR 技术能够利用布里渊散射效应，将待测变化量转变为布里渊频移变化量。POTDR 技术的优势和劣势一样明显，其适用于对精度要求较高的温度测量监控和定位监控场景，但是该技术同样有着传输距离短的劣势，相较于其他传感技术，大幅度降低了传感的距离。与此同时，鉴于 Φ-OTDR 分布式光纤振动传感器通过对干涉光的相位变化进行感知，从而判断输入的光信号在传输过程中是否发生了变化。而且该传感器可以同时对多个不同位置的振动信号进行检测和测量，在保证监测距离和广泛的位置分布的前提下，保持了极高的监测灵敏程度，相较于普通 OTDR，该传感器的设计具有一定的先进性和优秀的监测性能。

1.2.2　分布式光纤传感技术在国内外的研究现状

2010 年以来，国内外针对分布式光纤传感器的研究逐渐增加。针对振动信号的研究逐渐从传统传感器转向了针对分布式光纤传感器的研究。针对分布式光纤传感器的研究，主要利用的是布里渊光时域反射仪，以及相位敏感型光时域反射仪。在分布式光纤监测的应用领域，2013 年意大利那不勒斯费德里克二世大学利用 BOTDR，对每天的铁路运营情况进行实时监测，依据分布式光纤信号的监测过程，获得了列车运行的监测图，大幅度提升了对铁路运营监测的效率和准确性。

美国是在光纤传感技术研究上起步最早的国家之一，在研究的过程中将光纤传感技术同时应用于军事和民用领域。在军事方面，分布式光纤传感器的主要应用场景有水下探测和航空监测等。美国军方和美国宇航局等军事领域利用分布式光纤传感器灵敏度高、监测范围广、环境适应性强等特点，对这些传统应用场景中的监测设备进行了改进和优化，大幅度提升了监测的效率和精确度，从而保障了军事领域的安全性。在民用监测方面，由各高校牵头，Babock&Wilcox 公司、Accufiber 公司等技术公司陆续开展了光纤传感器在民用方面的研究和开发，重点研究方向包含分布式光纤传感器针对电力系统的监测，针对桥梁及重要建筑物寿命监测等内容。通过利用分布式光纤传感器的监测优势，对电力等能源系统中的电流、温度、压力等重要监控指标进行分时段、无死角监控。针对建筑物、桥梁、隧道等结构，利用光纤在接受振动信号时所产生的形变等特性，对较为敏感的建筑物应力变化进行监测，同时对重要建筑物结构寿命等进行分析。已有大量的数据显示，目前美国分布式光纤传感技术在民用领域的研究，已经超过了在军事领域的研究和应用。

与此同时，邻国日本和欧洲的众多发达国家也逐渐重视对光纤传感设备的研究和开发。日本早在 20 世纪 80 年代就制订了针对光纤传感研究的“光控系统应用计划”，该计划的目的是将光纤传感器应用于生产过程中。各类大型工厂日常生产过程存在着众多的危险场景，涉及危化品泄漏、强电磁干扰、化工易燃易爆原材料泄漏等恶劣场景。在这些场景中，传统的监测模式和设备很难兼顾监测工人的安全性和监测指标的准确性，这就需要从生产环境中的信息测量、传输和生产过程的流程入手，利用光纤传感器的应用优势，依据恶劣的场景，进行监测系统的开发。东芝、日本电气等公司研发出了由民用光纤传感器组成的光纤传感器网络系统，把分散在工厂各位置的信号信息进行时序化处理，再将处理后的数据进行汇总并输入系统，从而实现针对整个工厂的全方位监测。

欧洲国家以及其他国家陆续参与到针对光纤传感设备的研究之中，研究所涉及的应用场景进一步扩大。在管道和隧道的监测方面，澳大利亚的 Future Fibre Technologies 公司利用光纤传感器，研制出针对光纤管道安全的防御系统。该系统对管道中所产生的各类振动和位移进行实时监测分析，判定这些振动和位移是否会对管道系统的结构安全造成威胁；同时，利用已有的通信系统和信号网络，将监测数据实时传输到数据库和监控平台，兼顾了监测实时性、定位精确性以及信息传输安全性。美国的 Schlumberger 公司利用光时域反射技术，针对陆上和海底的监测场景，构建了一套以此为基础的分布式监测感应系统，通过对反射回的光信号进行连续性分析，从而判定各参数在光纤材料中的变化情况。当变化程度大于预设阈值时，系统能够快速定位可疑的故障位置，但是由于 OTDR 对于振动等瞬时形态的行为监测精度一般，该系统在危险预警的市场上受到了一定的制约。

近些年，伴随着国内光纤传感器领域的快速发展，我国在“863”以及“973”等计划中对光纤传感器提出了长期的发展规划，将光纤传感器作为未来重点发展的领域。李俊等人提出引入 BOTDR 的铁路安全综合检测系统，针对在铁路沿线的施工过程中出现的非法施工、边坡滑移、落石等异常情况进行实时监测。王侠等人提出了基于双 Sagnac/Mach-Zehnder 分布式光纤传感系统的油气管道预警分析系统，运用分布式光纤传感技术对油气管道在传输过程中的信号进行监测，但是面向油气管道的检测系统还存在较大的误差及离散性。王铁轩等人提出了一种分布式光纤管道安全预警系统，对管道监测距离和定位精度进行了改善。刘玉杰等人在改进的 Sagnac/Mach-Zehnder 混合干涉测量系统中，针对基于零点频率的传统检测定位法进行了预先的小波降噪和最小二乘曲线拟合处理，通过预处理大幅度提高了零点频率的辨识性。同时，一种基于 Mach-Zehnder 光纤干涉仪的分布式光纤管道泄漏检测及定位技术，提升了监测系统的灵敏度和故障定位的精度。

1.2.3 分布式光纤传感技术应用现状

在技术的应用层面，多年来，分布式光纤传感技术逐步由军用转向民用，并且在多个领域得到了广泛应用。基础建设、能源开采、智能电网等多个未来发展的重要赛道均涉及了分布式光纤传感技术，如图 1-3 所示。

图 1-3 分布式光纤传感技术应用场景

在轨道交通领域，分布式光纤传感技术依据其自身灵敏度高的特点和优势得到了广泛的应用。将分布式光纤嵌入到与钢轨具有一段距离的线缆槽中，在不直接与路基和钢轨接触的场景下，与钢轨的振动耦合，实现对轨道交通设施同步监测，起到风险实时预警的监控作用，从而预防发生风险和事故。

在交通隧道监测领域，分布式光纤传感器主要应用在隧道结构监测和火灾报警监测场景中。例如，在地铁隧道中，要求传感系统能够抵抗电磁干扰、组网便利，同时需保证具有较高的传输带宽，以应对突发的风险。基于分布式光纤温度传感器的地铁隧道火灾预警系统能够很好地满足以上需求，该系统能将隧道内的温度变化转变为光纤信号。在对地铁隧道的温度变化进行监测的同时，该系统也能满足准确定位故障位置的要求，定位故障地点。

在石油化工领域，常见的安全生产事故多为火灾等易燃易爆性质的事故。将分布式光纤传感器应用在石油化工领域，能够满足石化领域对火灾报警及安全监测的迫切需求。鉴于油井下方的高温、高压、腐蚀和电磁干扰等恶劣环境，传统的电学传感器无法正常工作。而分布式光纤传感器能够在高温、高压（几十兆帕以上）以及强烈的冲击与振动的条件下正常工作，同时凭借其分布式的测量能力，能够准确测量出井下各个参数的空间分布。此外，分布式光纤传感技术在天然气储运、罐区火灾预警、油气管道泄漏监测等领域也具有广阔的应用前景。

在煤矿领域，分布式光纤传感器对于监测井下的瓦斯浓度、温度、振动、矿压等也具有显著优化作用。由于光纤对电信号十分不敏感，只对光信号的变化敏感，所以在矿井下这种特殊场景，分布式光纤传感器可以为煤矿安全生产进行预防和诊断。在众多的煤矿事故中，矿内渗水是导致煤矿事故的主要因素之一。在早期通过高精度的检测手段提前预警可能发生的渗水问题，能够有效地降低事故风险。分布式光纤传感器凭借其自身的抗电磁干扰、绝缘防腐蚀、信号响应快、灵敏度高和分布式检测等优点，十分符合矿井等复杂环境下的环境监测要求。通过将遇水敏感的复合材料与光纤微弯损耗检测相结合，能够实现针对矿井渗水问题的有效检测。

在冶金领域，采用基于光谱吸收传感技术的安全监控系统，对瓦斯的浓度、矿压、水压、温度和地震波变化等内容进行长距离大范围连续监测，结合分布式光纤监测特点，建立煤矿综合安全信息监测网络，提高了煤矿瓦斯预警技术的准确性和前瞻性。

在地下空间领域，光纤作为新一代传感技术，在地下空间监测方向方面发挥着重要作用。分布式光纤具有搭建方式简单、成本低、分布式测量、分辨率高和能够大范围铺设的优点，不仅能单独完成局部精确传感，而且能够组建良好的监测系统对全局进行监测，在地下土木施工安全等领域应用广泛。2003 年，张丹通过对钢筋的应变进行监测，证明了分布式光纤应变监测技术能够较真实地得到钢筋的应力应变分布；2005 年，施斌在隧道的安全监测领域应用分布式光纤应变监测技术，在南京市鼓楼隧道设置750 m 的试验段，对隧道的整体沉降、裂缝的发生和监测跟进进行远程分布式监测，达到了监测目的；2010 年，张帅军研究了光纤传感技术在城市地铁工程监测中的应用方法，并对广州地铁五号线小北站工程进行了试验，发现光纤传感器能够反映出各种细微变化，显示其在地下工程监测中具有广阔的应用前景。

在未来的智能化时代中，智能电网领域，也将成为分布式光纤传感器的应用场景。伴随智能电网的发展，在电力传输和分配过程中，对于配电网的电缆运行状态进行实时监测的要求逐步提高，因此，研究面向智能电网的新型传感与测量技术的需求极为迫切。分布式光纤测温技术能够满足智能电网架构中对于配电线路电缆的实时监测，通过光纤对于温度信号的测量，建立相应的负荷温度曲线，以对电网中电缆的温度进行实时监控。此外，面向电力市场的分布式光纤测温系统、变压器油温测量系统等同样可以用于对电厂的相关设备进行监测，提升电厂的智能化水平。

1.3 Φ-OTDR 技术相关内容

1.3.1 Φ-OTDR 技术概述

Φ-OTDR 技术是 Barnoski 等研究人员在 1976 年基于瑞利散射的损耗特性提出的光时域反射技术，现已广泛应用于各类工程施工、监测和维修过程中。Φ-OTDR 技术通过在监测设备上布设光纤传感器，监测各设备的各项力学状态，其工作原理是以入射光在光纤中偏离产生的后向瑞利散射光为基础，检测光纤在受到外部荷载作用时产生的传输损耗，并根据光纤损耗与长度的相关性对荷载引起的整体干扰分布进行监测及记录，以信号强弱的形式表现结构的状态。

OTDR 系统由激光器、光电探测器、光纤环形器与数据采集卡等信号处理装置组成。系统通过发出脉冲光产生后向瑞利散射光，经光纤环形器到达光电探测器，光信号转化为电信号，最后通过数据采集卡收集数据并进行处理分析。研究人员将光强转化的信号幅值和光纤上一处特定位置相对应，记录事件发生点和时间，来实现长距离线性分布式测量。研究可知，OTDR 系统获取的后向瑞利散射光功率与传输距离相比呈指数衰减。因此，监测长距离信号必须测量光纤的强折射点，例如，监测光纤熔接处、弯曲处、连接头、光纤末端等处的由温度、应力、微小振动等引起的弱折射变化事件。此外，OTDR 的测量空间分辨率与后向瑞利散射光功率是成反比的，提高分辨率的同时会降低散射光功率，导致信噪比降低从而限制测量距离。因此，在现场作业中应用 OTDR 监测系统时，技术人员应该及时根据场地等外界因素对系统参数进行调试。

全分布式光纤振动传感技术主要包括 Michelson 光纤干涉仪、Sagnac 光纤干涉仪和

Φ-OTDR，其中 Michelson 光纤干涉仪内部构造简单，光路元件成本高，灵敏度差，整体稳定性较低；Sagnac 光纤干涉仪对激光源要求较低，但定位算法复杂，测量精度低，解调时间长；Φ-OTDR 技术定位算法简便，定位精度高，可同时测量多点的振动数据，而且空间分辨率相比上述两种方法更高。对于地下空间定位识别，Φ-OTDR 技术是几种分布式光纤传感技术中的首选。

Φ-OTDR 技术是一种监测振动变化的分布式光纤传感技术，能够实现对光纤周围振动事件沿空间分布与时间变化的连续监测，十分切合城市地下管道的监测要求。

Φ-OTDR 监测数据具有场域特点，数据同时包含时间、距离和相位三维属性。城市地下管道泄漏信号产生的振动传递到附近的光纤，引起光纤内部散射光的相位与强度变化，通过解调后向散射光强度与相位变化，可以实现对扰动源相对于光纤的发生区域的定位和扰动源状态的侦测。在实际工程应用中，地下管道纵横交错，所处的地质环境、工作荷载复杂多变，干扰因素多，导致 Φ-OTDR 系统采集的数据中含有噪声和干扰信息，造成城市地下管道定位不准确和泄漏识别率低。

从现有的研究来看，基于 Φ-OTDR 的分布式光纤传感系统仍然面临的问题如下：

（1）很多研究都没有考虑到远端扰动的问题，只局限于近端扰动。因为光信号强度会随着传输距离衰减，近端信号较强，远端信号较弱，但是噪声却不会随着传输距离变弱，它的强度是随机的，因此，总体来看，近端的扰动信号信噪比比远端高，远端扰动信号的信噪比提升难度高。

（2）在实验中设计的扰动类型较少，并且扰动信号多为固定频率的信号，较为稳定，不能模拟实际应用场景中的扰动信号。

（3）由于实验中采集到的信号一般都是多条瑞利散射信号构成的矩阵信号，所以越来越多的研究将这些信号作为一个整体矩阵（或者一张图像）来进行分析，而不再只对一个信号序列进行分析处理。

本书以城市地下管道为研究对象，基于 Φ-OTDR 的传感技术监测管道早期泄漏微弱信号，通过 Φ-OTDR 技术采集扰动源数据，对 Φ-OTDR 场域数据进行应用性分析与研究。实验场景如图 1-4 所示。

城市地下管道泄漏是一种主要的地下扰动源。Φ-OTDR 系统具有高灵敏性和高精确度的特点，在地下扰动源监测中易受到其他干扰信号的影响。当地下管道发生泄漏时，信号采集环境复杂，泄漏振动强度相对较弱，同时还存在地表振动事件的渗透干扰，难以实现地下管道的快速定位与状态识别。本研究多环境干扰因素耦合下，微弱信号的增强方法；根据扰动源信号传导效应，建立基于 Φ-OTDR 场域数据的高精度和高效率定位算法；探索多维度扰动源特征、表征方式，分析特征与表征关系，构建基于混合特征和加权随机森林算法的城市地下管线泄漏事件识别算法。

此外，Φ-OTDR 系统具有灵敏度高、响应速度快等特点，对于 Φ-OTDR 监测仪器

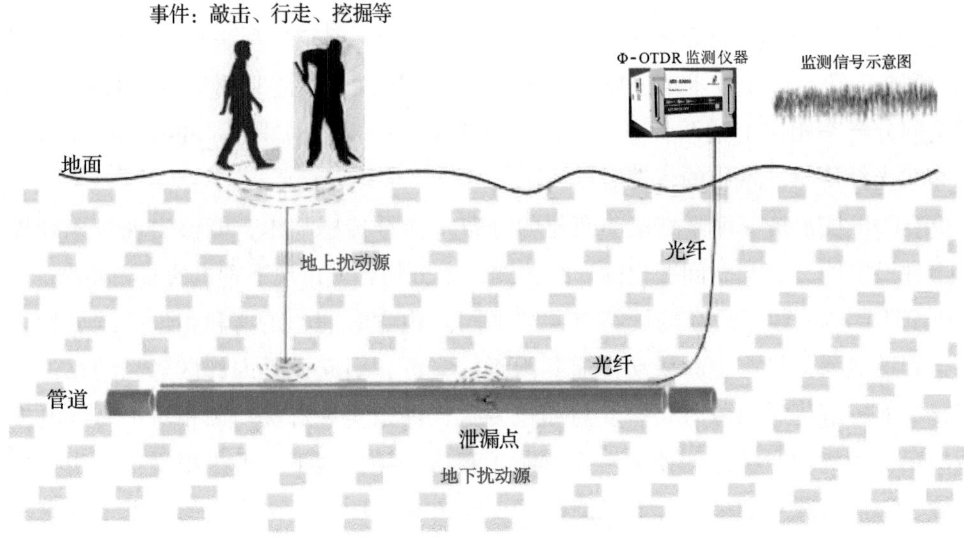

图 1-4　实验场景示意图

的设计，不仅要求具有较高的采集频率，还要求具有很高的性能稳定性，以保证每次监测输出信号的一致性。作者选用日本光纳株式会社性能表现优异的分布式声学传感（Distributed Acoustic Sensing，DAS）系统来开展实验和数据采集工作。

1.3.2　光纤的光弹效应

光弹效应是指介质由于受应力作用而引起折射率发生改变的现象。传感光纤在外界振动事件的作用下发生形变，从而导致光纤长度和折射率等光学传感特性的变化，进而引起所传输光信号的相位发生变化的现象称为光纤的光弹效应。

假设传感光纤的长度为 l，光信号在该段光纤传输所产生的相位变化为：

$$\varphi = \frac{2\Pi}{\lambda} nl \tag{1-1}$$

式中，λ 是光的中心波长，n 是光纤折射率，l 是光纤长度。当有外界扰动作用于该段光纤时，则由于扰动所引起的相位变化量为：

$$\Delta\varphi = \frac{2\Pi}{\lambda}(l\Delta n + n\Delta l) \tag{1-2}$$

由式 1-2 可以得出结论，当光纤处于实际应用场景中，外界扰动作用于光纤时，产生的相位变化与外界施加的压力成正比。因此，根据这种光弹效应，当某处光纤周围发生扰动事件时，相应位置处的光信号的相位就会发生变化，进而引发后向散射光的光强变化。通过对光强变化量的分析，可以反向推出外界扰动的相关信息，这就是分布式光纤传感系统的探测原理。

1.3.3　光的瑞利散射

1.3.3.1　光的弹性散射

光与传播介质中的原子、分子发生二次辐射，由于介质的共振波长小于光波，使得附近的电场将光波中的极化偶极子分离，因而产生了二次辐射光，形成了光在不同介质中的散射。光的散射主要包括拉曼散射、瑞利散射和布里渊散射三类。其中瑞利散射是弹性散射，是米氏散射的一种特殊情况，可以用相对尺度因子对米氏散射与瑞利散射进行相互表达，当米氏散射的相对尺度因子无限趋近于零时，米氏散射就转化为瑞利散射。由于瑞利散射的光强与光的波长成反比，所以光波越长，散射效果越弱。瑞利散射属于弹性散射，不会随碰撞次数的增加逐渐消失，其特点是在碰撞过程中，光的反射始终处于线性反弹状态，进行碰撞后的光能量、波长、频率保持不变。

1.3.3.2　光的非弹性散射

光在光纤中传播时，除了产生处于弹性散射过程的瑞利散射外，还包含非弹性散射。非弹性散射主要包括以下两类：拉曼散射与布里渊散射。其中，布里渊散射是光波与声波产生的散射效果，分子的布朗运动会在光纤中引起声学噪声，导致材料折射率发生变化，产生单次的多普勒频移。拉曼散射是由于物质吸收了入射光的部分能量，产生不同程度的分子振动，导致散射出低频光。这两种散射方式在传播过程中都会损失能量，因此它们属于非弹性散射。

1.3.3.3　光的后向瑞利散射

在光纤产品的实际生产过程中存在生产工艺的局限性、生产人员水平的有限性，以及制造光纤产品的原材料密度、各种添加剂调配不均匀等问题，使得散射光在发生干涉时，无法抵消光传播介质的不均匀性，产生了多个方向的散射，这被称为入射光产生的各向瑞利散射。

由于光纤本身的空间约束，各向瑞利散射通常只有向前和向后两个方向，因此，回到入纤口处的光信号就称后向瑞利散射光，后向瑞利散射光方向与初始入射光相反，其余频率等参数均与初始入射光相同。后向瑞利散射光的主要弊端是在光传导中引起声波，产生较大的传输光损耗，并引发高相干激光不稳定作用。同时它也可以被有效地利用，由于瑞利散射光强与波长的四次方成反比，后向瑞利散射光损就可以用作短波长传感，以此来实现长距离线性结构分布式光纤振动传感。为长距离线性结构所布设的光纤损耗特别低，一般接近其损耗理论的极限值，影响甚微。此外，可根据整体光纤的后向瑞利散射光损耗，来测量因外部荷载导致的光纤折射率变化而引起的后向瑞利散射，实际工程测量中可根据外界入侵信号导致的光纤瑞利散射光变化来进行周界安防监控。

1.3.3.4　光的瑞利散射原理

光纤制作过程的差异性以及各种外力原因，导致了光纤中介质密度分布不均匀，当光通过不均匀介质时，就会发生散射现象，瑞利散射是光经过不均匀介质而产生的一种特殊的、没有频率位移的弹性光散射。入射光波长为 λ，瑞利散射光强度与 λ^4 成反比，即入射光的波长越短，瑞利散射光越强。瑞利散射光强度 I 与入射光波长的关系见式 1－3：

$$I \propto \frac{1}{\lambda^4} \tag{1-3}$$

光的瑞利散射原理最早是英国物理学家瑞利在 1900 年提出的。瑞利散射的光强随着探测方向的变化而变化，具体计算方法由式 1－4 表示：

$$I = I_0(1 + \cos^2\theta) \tag{1-4}$$

式中，θ 为探测方向和入射光的夹角，I_0 为基准角度 $\theta = \frac{\Pi}{2}$ 时的瑞利散射光强度。由于光纤在各个方向都存在瑞利散射光，再加上受光纤结构的限制，只有与入射光同向或者反向的散射光才能在光纤中传输。

在分布式光纤传感系统中，当信号接收端接收到的信号为后向瑞利散射信号时，光功率计算见式 1－5：

$$P_R = PS\alpha_S W \frac{v}{2} \tag{1-5}$$

式中，P 是入射光峰值功率，S 是后向瑞利散射光功率捕获因子，α_S 是瑞利散射系数，W 是探测光脉冲的脉宽，v 为光纤中光波群速度。式 1－5 中 S 的计算公式为：

$$S = \frac{1}{4}\left(\frac{\lambda}{\Pi nr}\right)^2 \tag{1-6}$$

式中，λ 是入射光的波长，n 为光纤介质折射率，r 为光纤模场半径。当在传感光纤上有扰动事件发生时，相应位置处光信号的相位会随着光弹效应发生变化，从而导致后向瑞利散射信号光功率发生变化。因此，接收端可以通过分析后向瑞利散射光信号的功率变化来推测扰动位置。

1.3.4 Φ-OTDR 技术基本原理

Φ-OTDR 系统的结构原理与传统的 OTDR 系统几乎相同。不同的是，OTDR 采用宽带光源激光器来直接测量光的后向瑞利散射功率；而 Φ-OTDR 使用窄线宽激光器进行测量，有助于加强光源的相干性。通过相干叠加入射光产生的后向瑞利散射光，将事件引起的振动放大，实现对微弱影响的监测，来提高监测系统整体的灵敏度以及系统响应能力。综上所述，Φ-OTDR 对比 OTDR 系统，具备更高的灵敏度、精度，还有高响应以及高效率的优点。在实际工程应用中，Φ-OTDR 系统应用范围更广，系统调试更简便。

Φ-OTDR 系统进行数据采集时，当输出相干光脉冲时，其宽度范围内不同散射中心的后向瑞利光进行相干叠加，实际监测中，不同事件产生的振动作用于光纤，光弹效应导致光纤的长度和折射率发生变化，从而引起其中传输光的相位变化，再通过光干涉仪，将光相位变量转化为光强信号，进行信号解调。

我们采用离散数学模型来表示散射光强度的叠加，假设光纤总长度为 L，根据系统精度将整体光纤分成 N 段，区间长度 $\Delta L = \frac{L}{N}$，脉冲光在经历 N 次散射后产生的后向瑞利散射光都会在离散处叠加并返回入射点。令 A_k 和 φ_k 为 M 个后向瑞利散射光在第 k 段的幅值矢量和及相位矢量和，a_i 和 Ω_i 分别为 ΔL 在内第 i 个后向瑞利散射光的幅值及相位值，那么第 i 段光纤的散射光强幅值和可以表示为：

$$A_k \exp(j\varphi_k) = \sum_{j=1}^{M} a_i \exp(j\Omega_i) \tag{1-7}$$

系统通过接收光源信号，对信号进行带通、低通滤波、放大等后处理来转化光强。下式可表示该位置在短时间内受干扰产生的功率：

$$p_B(x) = p_0 \exp\left[-\int_0^d a_0(x)\,\mathrm{d}x\right] \tag{1-8}$$

式中，P_0 代表初始功率，a_0 （x） 为入射光的传输损耗。

此外，OTDR 根据光的入射及返回信息可以得到事件发生点到入射段的距离：

$$d = c\tau/(2n) \tag{1-9}$$

式中，c 为光在真空的速度，n 为折射率，τ 为时间差。

根据上述原理及公式，能够通过 Φ-OTDR 系统接收到的散射光强叠加幅值转化为振动信号，对时间、事件发生点进行计算，将振动事件以图形、数据的形式整理。

1.3.5　Φ-OTDR 技术在国内外的研究现状

Φ-OTDR 技术于 1993 年被首次提出，美国得州农工大学（TAMU）的科研人员发现，施加在光纤上的外界振动会导致光纤中的超窄线宽激光脉冲的后向瑞利散射光相位发生变化，这种特性可以用来确定外部振动的物理位置。其基本原理同基础的 OTDR 传感技术相似，都是通过探测光脉冲引发的后向瑞利散射光来得到扰动信号的分布式测量。Φ-OTDR技术的不同之处在于光源信号的不同，采用的是超窄频率激光器发生再经过声光调制器的调制后形成的高相干光脉冲信号。瑞利散射光的产生，就是因为光纤内部的构造导致此种光信号在光纤内部传播时折射率不均匀。Φ-OTDR 系统在光信号输入后会产生内部反方向传播的后向瑞利散射光信号，这些后向瑞利散射光信号通过光纤环形器进入光电探测器，探测到后向瑞利散射光的相干干涉光强。Φ-OTDR 分布式光纤振动传感器实现的主要功能是通过后向瑞利散射光信号的相干干涉光波信号理论实现定位外部振动干扰点。光纤外部的扰动干扰会使光纤内部的折射率发生变化，后向传播的光信号由此受到调制，导致信号的强度发生变化，系统甄别传输光纤是否受到外界干扰，就是通过这种信号强度差别来判断的，并且能够依据差别来准确定位造成干扰的振动物理位置。相较于普通的 OTDR 方法，Φ-OTDR 分布式光纤振动传感器是通过感知干涉光的相位变化来确定光信号发生了变化，不仅可以同时感知多个不同位置的振动信号，而且具有很高的灵敏度。经过 20 多年的发展，Φ-OTDR 的系统结构、数据处理和应用范围得到了很大的进步。

基于 Φ-OTDR 的解调方法有两种：幅度解调和相位解调。幅度解调在微弱扰动信号解调方面存在缺陷，并且由于解调过程非线性，容易引起检测信号失真。光纤的扰动直接引起光相位的变化，加上干涉效应，最终导致光信号强度的变化。当光纤的某部分受到外界干扰时，热光效应和弹光效应的存在会导致该区域的折射率、密度和散射点间距离改变，使得原本随传播距离线性变化的光相位不再线性变化，各个散射点的背向瑞利散射光会发生干涉，引起相位和功率的变化。通过计算输入输出信号之间的时延差并对后向瑞利散射光的相位和功率变化进行解调，就可以精准地定位扰动位置并得到扰动信息。

这里对得到广泛应用的基于外差检测的 Φ-OTDR 技术的原理进行简要说明。受到外部干扰的光纤，其相应位置的长度将发生变化，反向散射信号的相位因光程差的变化发生改变，散射光干涉结果的振幅和相位同时变化，Φ-OTDR 技术利用光纤中瑞利散射光振幅和相位的波动来感知振动事件信息。

电探测器的光电流“i_{het}”可以缩写为下式：

$$i_{het} \propto E_0 \cos[\Delta wt + \varphi(t)] \tag{1-10}$$

式中，E_0 是电场强度，Δw 是调制器移位频率，并且是后向瑞利散射光（Rayleigh Back Scattering，RBS）的相位。对于光纤的每个位置，散射光的振幅和相位都特定于该位置。在振动传感应用中，通过选择被观察光纤上两个特定点之间的相位差来监测干扰事件。例如，要观察长度为 L 的区域，在观察区域的两侧选择了两个参考区域，如 A 和 B（见图 1－5）。不管光纤损耗的影响如何，将反向散射电场光电探测器 A 和 B 定义为：

$$\begin{aligned} E_A &= E_0 \cos[(\Delta wt + \varphi_A)] \\ E_B &= E_0 \cos[(\Delta wt + \varphi_B)] \end{aligned} \tag{1-11}$$

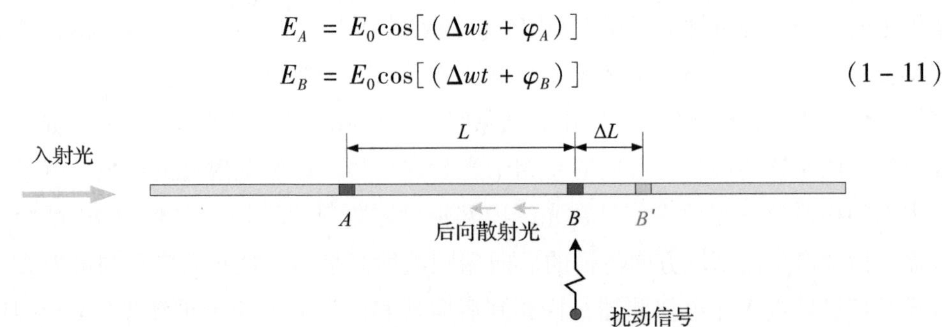

图 1－5　动态应变原理及其对振动前后相位的影响

图 1－5 显示了由光纤外部的振动事件引起的附加应力和长度，当外部振动事件施加到光纤上时，它会在光纤上引起额外的应力并导致长度变化。两个特定点的任何外部干扰都将改变反向散射光的相位。在相位差变化 $\Delta\Phi$ 和 ΔL 之间存在线性关系。A 和 B 之间的相位差是光纤长度的量度。

$$\Delta\varphi = \frac{4\pi n}{\lambda}\Delta L \tag{1-12}$$

式中，n 是光纤的折射率，λ 是光的波长。与常规相干 Φ-OTDR 系统相同，使用希尔伯特变换和差分算法可以基于相位差重建振动。另外，当相位差超过 2π 时，基于逆三角函数计算出来的相位信息将被反转为（$-\pi$，π），称作环绕。扩展上式如下：

$$\Delta\varphi = \begin{cases} \Delta\varphi - 2\pi, \Delta\varphi > +\pi \\ \Delta\varphi + 2\pi, \Delta\varphi < -\pi \\ \Delta\varphi, \text{others} \end{cases} \tag{1-13}$$

受到外部干扰的光纤，光程差会发生变化，并且和相位差的变化直接相关。Φ-OTDR系统正是基于这一点，可以将外部声场特性高保真度地恢复。Φ-OTDR 系统采用了超窄线宽激光器作为光源，光相干度较高，不仅具备干涉型振动传感的高灵敏度，还具备普通 OTDR 的分布式实时监测能力。Φ-OTDR 系统采用自外差探测结构，能够有效减少测量结果中因为激光器相位噪声和偏振导致的误差；引入拉曼分布式放大技术，扩大了系统的传感范围，最终大幅提升了传感系统的性能。

如图 1－6 所示，最简单的单点扰动源定位情况，设扰动源产生扰动信号，其扰动信号以振动的形式经过均匀介质传播后作用于传感光纤。

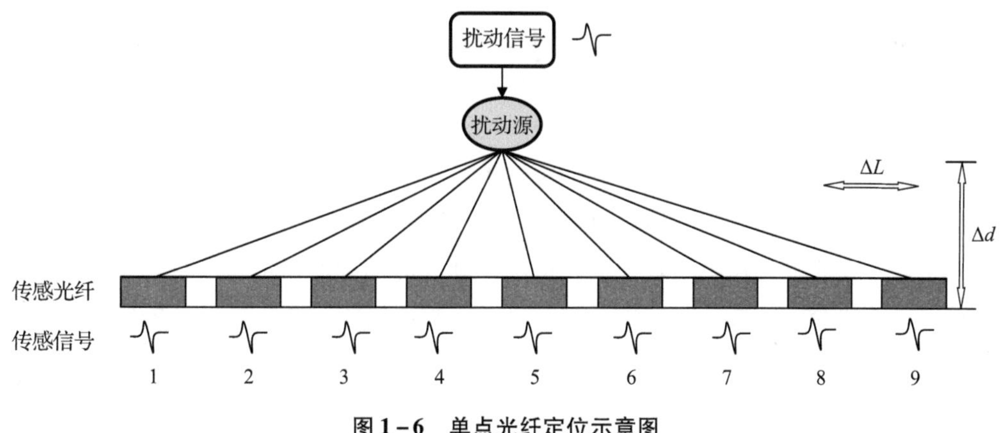

图 1－6　单点光纤定位示意图

传感系统的空间分辨率为 ΔL，扰动源到传感光纤垂直距离为 d。声波在介质中单位距离的传输损耗为 α，传输延时为 t，这 2 个参数都是均匀的，但是事先未知。

典型的 Φ-OTDR 传感系统原理如图 1－7 所示。窄线宽激光器产生连续光，作为光源；通过电光调制器（Electro-Optic Modulator，EOM）或 AOM 调制脉冲光，经过掺铒光纤放大器（Erbium Doped Fiber Amplifier，EDFA）放大，由光纤环形器注入传感光纤。由光电探测器对接收到后向瑞利散射光进行光电转换，数据采集卡（Data Acquisition Card，DAC）完成数据采集，并送入计算机（Personal Computer，PC）处理。

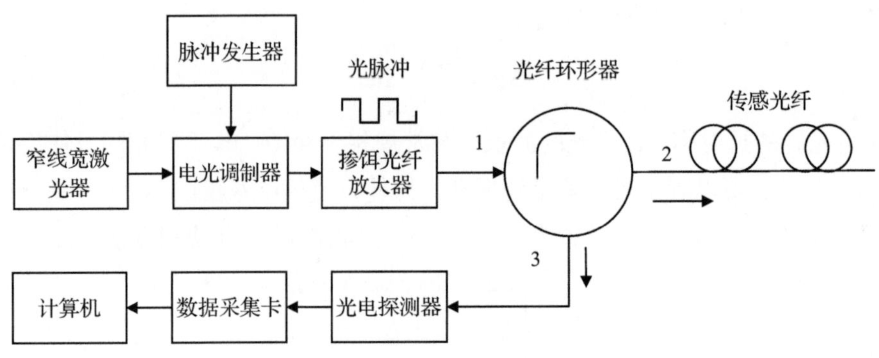

图 1－7　典型的 Φ-OTDR 传感系统原理

Φ-OTDR 系统存在着被认为是由 RBS 的随机性导致的斑点现象引起的干扰衰减。由于信噪比（Signal-Noise Ratio，SNR）无法对强度下降到衰落区的后向散射光进行有效的信号解调，因此会导致较高的误报率。使用激光源的跳频技术改变温度和反向散射信号积分来逐渐改变激光频率，减小幅度波动，是克服衰落的方法之一，但由于计算时需要数千甚至几万个平均值，因此该技术在实际应用时存在较大的问题。另一种抑制衰落的方法是使用多频非线性调频光脉冲。该方法采用非线性调谐频率的连续波光，基于信号处理压缩 RBS，能够在不牺牲空间分辨率的情况下提高检测的脉冲能量，并增加整体 SNR，从而降低衰落的可能性。然而，当测量距离过大时，当传感光纤远端的 RBS 强度衰减后，衰落仍然是一个问题。

不同的衰落区域的探测频率是不同的，衰落点的位置随激光中心频率的漂移而变化，可以采用频分复用技术（Frequency Division Multiplexing，FDM）实现衰落问题优化和改善系统性能，从而降低对 Φ-OTDR 系统结构的改造要求。通过使用探测光的独立频率，可以抑制被测光纤（Fiber Under Test，FUT）衰落。Martins J. C. 等人提出通过解调手段，在光电接收端同时分别获得两个脉冲的瑞利散射信号；将两条瑞利散射曲线输入计算机合并，来得到最终探测信号。实验证明该方法可使系统的整体频率响应能力得到提高。Wang Z. 等人通过 EOM 进行精细的光频控制，完成了逐步变频脉冲组，在 HeQian 结构上实现了进一步增强。

现实情况下，干扰事件的频率往往可以达到几百 kHz。但是由于光纤的长度限制了频率范围，高频振动信号的准确重建是一个非常困难的工作。2013 年，增加干涉仪配置的 Φ-OTDR 系统成功地将频率响应范围扩展至 3 MHz。但是在实际项目中，该系统需要环路结构的 FUT，会给应用造成很大的困难。Billmann L. 提出了一种 FDM 和 Φ-OTDR技术相结合的技术，用来提高系统的采样率，并在 FDM 和 Φ-OTDR 技术基础上增加了高斯检测脉冲和时间门控数字光频率，经实验验证提高了性能。

在探测方面，2010 年，El-Shiekh T. M. 等人在 Φ-OTDR 技术中添加了外差检测，大幅度增强了系统的探测信噪比，使得平均次数减少，从而提高了系统的振动频响能力，该实验证明了外差探测不仅能应用于相干光时域反射技术（Coherent Optical Time Domain Reflectometer，COTDR），在提升动态振动信号的检测效果方面也有显著作用。在此基础上，Barrufet M. A. 实现了基于保偏光纤的外差检测 Φ-OTDR 技术，利用瑞利散射光偏振态保持不变的特性，改变本振偏振态与瑞利散射光同偏振的方式，达到增强系统性能的效果。

2011 年，中国科学院上海光学精密机械研究所的叶青等人提出了基于正交解调技术和数字相干探测实时解调后向瑞利散射光的相位的方法，并提取和重建了通过压电陶瓷加载 200 Hz 频率的扰动信号。近年来，由 QinetiQ 英国分公司开发的 OptaSense 系统在现有公路两侧布设的光纤网络的光纤在整个长度上实现了 10 m 分辨率的交通流量监测和事件检测，取代道路上原有对交通流量和交通状态的监测的点式传感器。国内还未有这种利用 Φ-OTDR 技术的道路监测系统的应用。为获得扰动点位置的数据，通常先将 Φ-OTDR 系统中采集到的原始后向瑞利散射曲线多次平均以抵消热噪声的影响，并对处理后相邻两个周期的信号进行差分处理，获取随空间分布的差值曲线，最后通过峰值检测得到扰动点的位置。在实际使用中，这种幅度差分算法在低频缓变的车辆信号识别上的效果不理想。修改硬件结构也能实现系统各方面性能的提升。2015 年，Zhang L. 等人将 3 × 3 耦合器的迈克尔逊干涉仪（Michelson Interferometer，MI）型结构和 UW-FBG 引入到 Φ-OTDR 系统中，并将其应用到声学和水下监测领域。

1.3.6 Φ-OTDR 技术定位与识别研究现状

目前，已有小波技术通过单阈值比较来分析管道泄漏状态的应用。基于小波和支持向量机（Support Vector Machine，SVM）的“能量模式”是一种常见的方法，使用分形盒维数和改进的近似熵来区分泄漏和干扰信号来判别是否发生了异常事件。但是，噪声对管道中的异常情况的识别会造成很大的影响。

Qin Z. 等人提出利用小波变换来进行降噪，达到了目前报道的最高的空间分辨率，在 1 km 的探测距离上达成 0.5 m 的空间分辨率。并且，使用连续小波变换获取扰动信号的频谱信息，成功地识别了 500 ~ 1000 Hz 的外界扰动信号。

Choi K. N. 等人提出使用小波包分解法来分解扰动信号并求解各频带分量的归一化能量谱，利用能量谱特征和支持向量机算法识别管道气体泄漏信号。实验结果显示，该方法在预警监测和定位管道沿线发生异常事件时，识别正确率达 95% 以上。2014 年，苏阳等人采用形态学方法提取时空二维信号特征，通过相关向量机对如大车路过、人工挖掘及人走动等事件进行识别，准确率达到了 97.8%。Hui X. 等人基于 Φ-OTDR

的周界安全防护系统通过水平交叉率算法来识别四种入侵振动信号，平均准确率达到 89.0%。

在 Φ-OTDR 系统的信号处理方面亦有许多研究。美国 TAMU 的 C. K. Madsen 等人结合时频分析法对入侵信号的特征进行初步研究。钟翔探索了小波分析在差值曲线分析上的降噪作用，并提出了一种基于时间序列奇异谱特征的扰动检测方法，能够有效降低瞬时高频噪声等干扰信号影响。

信号处理可以有效提升传感系统性能。2010 年，Chen L. 等人利用移动平均算法和移动差分算法来处理 Φ-OTDR 系统获得的数据，实验证明能有效提高处理后信号的信噪比，并且频率响应能下降幅度小。同年，Zhao W. 等人使用小波降噪措施更好地解决了脉冲光峰值功率波动引入的探测噪声，进一步加强了系统信噪比。2013 年，Zhu T. 等人提出一种基于 2D 图像边缘检测的信号处理方法，有效提高了探测效率，在 50 ns 的脉冲宽度下得到了 3 m 的空间分辨率。2016 年，LU X. 等人基于探测迹线之间的冗余性，使用 2D 或 3D 图像复原技术，在时空图上成功实现了近 100 倍的信噪比提升。

因为管道泄漏信号受多种因素影响，多呈现非线性，非平稳信号。而基于 Φ-OTDR 的传感系统对监测事件极为敏感，探测得到的信号幅度变化很大，因此实际应用需要具有适应强噪声干扰的能力，导致信号处理中硬件成本较高。大多数 Φ-OTDR 传感系统时域特征难以表示有效信息。而且，Φ-OTDR 传感器监测到的数据量巨大，且系统运行时间长，难以应用于实际工程。综上所述，单一的特征提取难以蕴含足够且有效的管道泄漏信息，难以支持多状态识别。

Yang G. 等人在系统中加入辅助弱反射点减小了相位噪声，并基于相位信号统计分析的振动定位方法避免信号衰落，使系统的传感性能得到了提升；2017 年，王大伟等人将分形盒维数参数值和改进近似熵作为特征量进行特征提取和模式识别，在敲击、踩脚和环境噪声信号的识别上，实现了 96.7% 的识别率。王明等人采用平均幅度差函数、基音周期和事件持续时间占空比分析了断路器振动事件信号特征。Zhaoyong W. 等人对管道入侵事件，例如人跑步和人工挖掘，采用多级小波分解法进行了特征分析，并使用神经网络算法来实验检测该特征对于识别率的提升程度。Lei Y. 等人针对管道的轻拍、敲击等事件，利用多参数特征提取法和支持向量机进行了模式识别。2016 年，河北省仪器仪表工程技术研究中心与天津大学等单位合作实现了基于 Φ-OTDR 技术的水管道泄漏事件的识别与定位，在城市地下供水管网主干线泄漏检测工作中应用了 Φ-OTDR 技术，通过分析水泄漏信号在频域上的能量分布特点，使用特征频率分量沿光纤的分布作为特征，提高了信噪比，精确地定位了泄漏孔的位置。

近年来，信号解调处理算法成了 Φ-OTDR 技术的研究热点。传统的信号处理方案是采用包络解调算法得到 Φ-OTDR 系统的光功率幅度曲线，再通过曲线之间的差分运算来定位扰动事件点，但缺点是这种方法的信噪比较低。当前，Φ-OTDR 信号处理研究主要集中在监测场景的多类别识别、提高空间分辨率和信噪比以及降低噪声、降低误报率等方面，主要是对事件点的位置、频率和幅度信息进行获取，具体的处理方法有：①利用解调的相位进行差分定位；②在分组平均基础上使用移动平均和移动差分方法来定位振动事件；③使用小波分析法过滤和去除光纤中相位噪声和背景噪声等；④借鉴其他图像处理和模式识别方法来判别事件。

王欣基于图像处理中的边缘检测算法来处理 Φ-OTDR 系统监测到的信号数据，定位系统中的振动位置。将采集的后向瑞利散射曲线重组为一幅二维灰度图像，再计算每点的空间梯度完成对振动位置的测量，通过检测算子在噪声背景提取有用信号，提高传感系统的性能参数，成功在 1 km 的传感光纤下得到 84 dB 的位置信号信噪比。

目前，相位敏感型光时域反射仪不足以商业应用，但是随着近些年的研究，成果瞩目，在硬件技术及软件技术方面都获得了极大的进步，未来有望在实际工程中得到应用，发展前景广阔。

1.3.7　Φ-OTDR 传感技术应用现状

把光纤作为传感元件和传输介质的 Φ-OTDR 光纤传感器，可以持续监测沿光纤不同位置的信号变化，得到连续的分布式传感网络，完成分布式测量。由于光纤具有光传播速度快、体积小、连续、形状可变、可包覆外膜等特点，因此该系统具有检测距离长、灵敏度高、抗电磁干扰、防腐蚀、实时定位精度高、寿命长等优点，能够满足实际工程环境中信号采集作业的要求。因此该技术被广泛应用在如石油天然气管道、军事基地、监狱等诸多重要场所的监测场景。

在燃气管道监测领域，针对检测与定位煤层气管线的外界入侵振动位置问题，采用基于 Φ-OTDR 原理的分布式光纤振动系统，结合振动信号的时间—空间二维信息全面概述振动特征，通过定位振动脉冲的波峰，完成输送管道入侵振源频率全范围监测，现阶段能达到系统误差小于 20 m，在实际应用的定位结果良好。

在军事安防领域，各种分布式光纤传感器也被应用于诸如水声探潜（光纤水听器）、光纤测导、航天航空器的结构损伤探测（智能蒙皮）、姿态控制（光纤陀螺）以及战场环境的探测等方面。

在高铁运输领域，融合 Φ-OTDR 的光纤振动传感系统，能够实时分析与对比高铁钢轨受列车冲击后产生的固有振动模式的特征，完成高铁轨道安全健康状况在线监测工作，从而有效避免高铁高速运行时列车轮与钢轨之间出现振动安全隐患。

在交通安全领域，针对城市道路交通监测问题，采用基于 Φ-OTDR 原理的分布式光纤传感技术，可以利用现有城市公路两侧布设的光纤网络，通过系统提取出车辆振动信号，来实现车辆定位。该方法具有环境影响小、分布式、敏感度高、实时性强等优点，在动态事件感知领域展现了显著的优势。

在城市建设领域，通过分布式管线传感器系统监测沿线工程施工情况，能够发现光缆线路沿线的一定范围内的第三方施工，提前预警巡查，能够有效避免因施工造成的光缆损坏问题。

光纤传感技术成为当前管道安全监测技术发展的重要方向，然而，当前分布式光纤应用研究主要集中在周界安防和入侵检测领域，而在管道泄漏快速定位和多状态识别场景应用研究不足。尤其是地下管道因腐蚀等因素造成的管道早期泄漏事件，泄漏信号强度微弱，振动传导衰落显著，施工等环境干扰事件传递到地下光纤，对管道状态识别造成极大影响，最终导致城市地下管道泄漏位置定位精度差和事件识别率低。影响城市地下管道泄漏监测的问题主要有以下三个方面：

（1）泄漏信号微弱、信噪比差。由于相位敏感型光时域反射仪具有灵敏度高的特点，监测信号中不仅含有管道泄漏初期的微弱信号，还包括各种环境噪声，致使监测信号微弱，数据质量差，信噪比低，影响泄漏点的定位与识别研究。

（2）时空定位精度差，实时性低。管道泄漏信号具有传导效应，作用于传感光纤时产生沿时间空间连续分布的大量数据，容易被环境噪声影响，难以从监测数据中准确确定事件位置范围，造成扰动源定位精度差，实时性低。

（3）事件关键信息难表征。地表人员走动、敲击、挖掘等事件通过传输介质作用于地下光纤，对地下管道泄漏事件的识别产生干扰。多种因素耦合干扰下，单一特征难以准确表征管道泄漏的关键信息，影响城市地下管道泄漏事件识别的准确度。

针对以上问题，本书围绕城市地下管道早期泄漏，首先研究微弱信号的增强方法，然后解析多干扰耦合下的事件时空定位问题，准确确定扰动源的位置信息和作用时间，再分析多维特征与管道泄漏关系，提取少量关键混合特征结合加权随机森林算法实现管道泄漏事件的准确识别，从而推动我国地下管道监测技术的不断升级，研究优质的管道监测设施与技术方案，满足地下空间管道安全监测的需要。

第二章

地下空间扰动源信号增强方法

光纤既是传输介质又是传感器，目前已在入侵监测等领域得到广泛研究。这些研究大多数在实验室或其他理想环境中进行，然而在实际工程应用环境中，监测信号是非线性的、非稳定的，容易受到强噪声的干扰。同时，由于 Φ-OTDR 系统具有高灵敏度，检测到的信号中的噪声信号强度通常接近或大于目标信号，导致目标信号被淹没，这意味着难以有效地提取和发现信号中的有效信息。在此背景下，研究如何降低环境噪声的干扰以及增强扰动源信号，既要对 Φ-OTDR 监测数据特点有所了解，又要对管道泄漏特点以及其他可能干扰事件的特点进行充分分析。

本章提出了一种基于自适应噪声的完备经验模态分解（Complete Ensemble Empirical Mode Decomposition with Adaptive Noise，CEEMDAN）和分布差异度量（Kullback-Leibler，KL）的扰动源信号增强方法，方法简写为 CEEMDAN-KL。该方法解决了使用 Φ-OTDR 系统监测不稳定、高度敏感和衰落的影响。该方法在不需要任何先验知识的情况下，依据输入信号自身特点，自适应地将信号分解成若干个本征模态函数。CEEMDAN-KL 能够减少噪声对 Φ-OTDR 系统在实际环境下采集的非线性信号的影响。与经验模态分解（Empirical Mode Decomposition，EMD）方法相比，CEEMDAN-KL 解决了 EMD 的模态混叠问题，显著减少了迭代次数。CEEMDAN-KL 方法通过计算每个固有模态函数（Intrinsic Mode Function，IMF）与原始信号之间的分布差异，选择分布差异小的 IMF 来完成对扰动源信号的多尺度分解与有效成分提取，实现信号关键信息的增强和重构。最后，通过管道泄漏采集和信号增强实验验证了该方法的可行性与有效性。

2.1 Φ-OTDR 分布式光纤扰动应变信号获取

传统的 Φ-OTDR 分布式光纤扰动传感系统是以 Φ-OTDR 信号的强度变化为基础来实现对外界扰动源的定向定位，但是由于信号的强度变化和扰动源应变之间没有明确的数量关系，因此，传统的 Φ-OTDR 分布式光纤扰动传感系统还不能对外界扰动源的定位效果进行定量测定。针对此问题，笔者通过调研和参考各类文献，整理描述了

Φ-OTDR分布式光纤扰动应变信号获取技术，从获取扰动源信号出发，对实现对外界扰动源定量测定进行了较为详细的描述。

2.1.1 Φ-OTDR 分布式光纤扰动传感系统工作的原理

Φ-OTDR 分布式光纤扰动传感系统工作时，系统通过背向散射轨迹在扰动位置处的信号突变检测具体扰动位置。根据香农采样定理对扰动信号进一步分析，可以得到原始扰动信号的采样信号就是扰动位置处的信号差分。当系统探测光脉冲重复频率满足$f_p > 2f_v$，其中f_v为扰动频率，就能对原扰动信号采样，进而还原出原始扰动，获得扰动应变信号。

基于上述原理，朱辉等研究人员提出了 Φ-OTDR 分布式光纤扰动应变信号获取方案，如图 2－1 所示，分为光传感、光信号接收处理电路、数据采集与后台处理三个模块。光传感模块由光源、光接收机、检测光路和传感光纤组成。光信号接收处理模块主要由积分电路、低通滤波电路、偏置调整电路、信号提取电路和微分放大电路组成。其中，积分电路和微分放大电路产生的输出信号送到数据采集与后台处理模块进行后期处理。在光传感模块中，光源发出的光脉冲 $P(t)$ 经过检测光路进入传感光纤，随后，背向散射信号 $P_s(t)$ 携带外界扰动形成的突变进入光接收机。光接收机将输入信号转化为电信号 $U(t)$，经微分放大电路转换为多脉冲信号 $U_d(t)$，从而测得扰动脉冲的时间，得到外界扰动的位置信息；经过数据采集与后台处理后依据扰动的位置选取合适的矩形时间窗口 $W_r(t)$ 输入信号提取电路，控制信号提取电路滤除无关信号，提取出扰动脉冲 $U_t(t)$，经过偏置调整电路输出 $U_s(t)$，随后经低通滤波电路得到连续的波形 $U_c(t)$，再通过积分电路还原出扰动信号 $U_p(t)$，此信号采集后经过振幅补偿就能够获取扰动应变信号。Φ-OTDR 分布式光纤扰动应变信号获取技术使用单一光源工作在脉冲模式下，利用信号的采样及还原技术，实现了单光源同光路扰动位置检

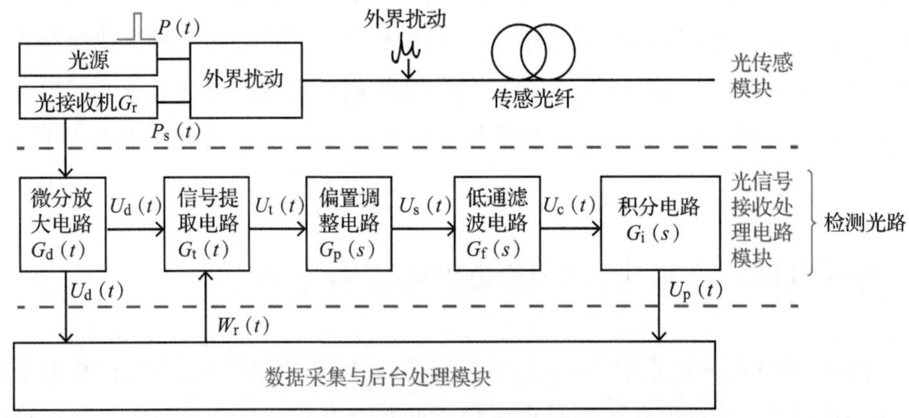

图 2－1 Φ-OTDR 分布式光纤扰动应变信号获取方案

［摘自论文：Φ-OTDR 分布式光纤扰动传感系统稳定性与环境适应性研究］

测与扰动应变信号获取的同时实现。

2.1.2 Φ-OTDR分布式光纤扰动传感系统响应特性分析

2.1.2.1 最高可还原扰动频率

Φ-OTDR系统中为了避免光信号之间的干涉串扰，在一个光脉冲周期内传感光纤中只有一个传输的光脉冲，当传感光纤尾端的背向瑞利散射光回到光接收机时才允许下一个光脉冲进入光纤中。Φ-OTDR分布式光纤扰动传感系统中一个光脉冲进入系统光路到传感光纤尾端背向散射光信号回到接收端的时间为 $\tau_T = \frac{2(L_d + L_s)}{v_g}$，为了不发生信号串扰，进入传感光纤的光脉冲最大重复频率为 $f_{max} = \frac{1}{\tau_T} = \frac{v_g}{2(L_d + L_s)}$，因此光脉冲的最大重复频率受到传感光纤与延时光纤长度的限制，尤其在长距离监测中，传感光纤与延时光纤的长度极大限制了光脉冲的重复频率。

Φ-OTDR分布式光纤扰动应变信号获取技术是利用采样原理从扰动脉冲中还原出扰动信号波形，采样频率与光源发射光脉冲的重复频率一致，然而根据香农采样定理，为了不失真地恢复模拟信号，采样频率应该不小于模拟信号频谱中最高频率的两倍，因此光源发射光脉冲的重复频率必须两倍于外界扰动频率，才能够完整还原出扰动信号波形，获取扰动应变信号。因此Φ-OTDR分布式光纤扰动应变信号获取技术的最高可还原扰动频率为：

$$f_{vmax} = \frac{v_g}{4(L_d + \mathrm{L}_s)} \tag{2-1}$$

2.1.2.2 系统对扰动应变振幅的响应特性

当外界扰动作用于传感光纤上时，系统输出的扰动信号与扰动应变之间存在振幅响应A，此振幅响应与光源功率、光纤的损耗系数与瑞利散射导致的损耗系数、延时光纤的长度、扰动位置、光接收机的量子效率等有关，其中光纤的损耗系数 α 和瑞利散射导致的损耗系数 α_r，在常用的光源波长范围内，波长越短，α 越大，α_r 也越大，波长越长，α 越小，α_r 也越小，导致背向散射光的功率系数S与光功率衰减项 $e^{-\alpha(L_d+2L_v)}$ 互相制约，我们需要适合本系统的光源波长。振幅响应中还有一对相互制约的项，光在延时光纤中的传输时间 τ_d 与光功率衰减项 $e^{-\alpha(L_d+2L_v)}$，延时光纤越长，光在延时光纤中的传输时间越长，光功率衰减越大；延时光纤越短，光在延时光纤中的传输时间越短，光功率衰减也越小，为了提高对扰动应变的振幅响应，也需要合理选择延时光纤的长度。

G.652代表的是非色散位移单模光纤，是目前应用最广泛的一种单模光纤，本系统就采用G.652单模光纤。在光纤传感领域，光源波长常选用850 nm、1310 nm和1550 nm。在G.652单模光纤中，850 nm、1310 nm和1550 nm的光的典型损耗分别为

3 dB/km、0.35 dB/km 和 0.2 dB/km，且光纤中的瑞利散射损耗系数一般与波长的四次方成反比关系。图 2-2 所示，是当延时光纤长度为 1 km 和 3 km 时，不同扰动位置处的振幅响应。其中，振幅响应随着扰动位置的增加而减小。当光源波长为 850 nm 时，延时光纤长度为 1 km 时的振幅响应比延时光纤长度为 3 km 时的振幅响应大，但是振幅响应下降都很快，到扰动位置 2.5 km 处时已经趋近于 0；当光源波长为 1310 nm 和 1550 nm 时，延时光纤长度为 3 km 时的振幅响应比延时光纤长度为 1 km 时的振幅响应大；当延时光纤长度为 1 km 时，扰动位置在 4.45 km 之前，光源波长为 1310 nm 的振幅响应大于光源波长为 1550 nm 的振幅响应；当延时光纤长度为 3 km 时，扰动位置在 3.45 km 之前，光源波长为 1310 nm 的振幅响应大于光源波长为 1550 nm 的振幅响应。由此可见，光源波长为 850 nm 时振幅响应衰减太快，不适合做本系统的光源；当传感距离较短时，光源波长为 1310 nm 的振幅响应更大，选择 1310 nm 的光源波长要优于 1550 nm 的光源波长；当距离较长时，光源波长为 1550 nm 的振幅响应放大更均匀，1550 nm 的光源波长是更好的选择。当延时光纤长度为3 km时，光源波长为 1310 nm 和 1550 nm 时的振幅响应均比延时光纤长度为 1 km 时的大。

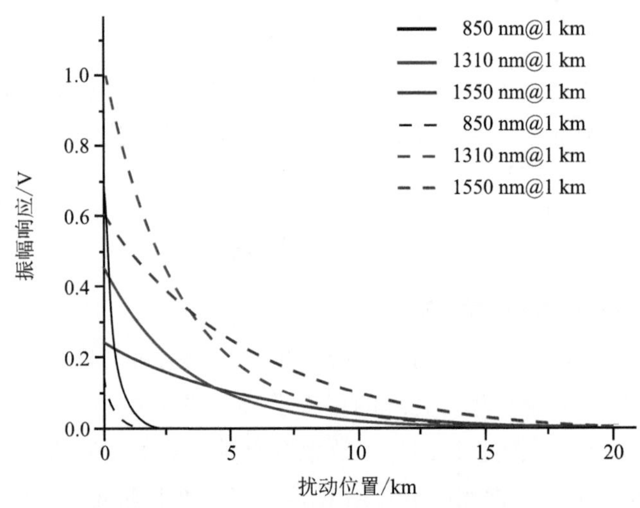

图 2-2　不同扰动位置处的振幅响应

［摘自论文：Φ-OTDR 分布式光纤扰动传感系统稳定性与环境适应性研究］

然而，延时光纤长度并非越大越好，振幅响应一开始随着延时光纤的长度增加而增加，到达峰值后会随着延时光纤的长度增加而减小，呈现抛物线形状。不同延时光纤长度时的不同扰动位置处的振幅响应如图 2-3 所示，其中图 2-3（a）为光源波长为 1310 nm 时的振幅响应，图 2-3（b）为光源波长为 1550 nm 时的振幅响应。无论光源波长是 1310 nm 还是 1550 nm，当延时光纤长度一定时，振幅响应随着扰动位置的增加而减小。图 2-3（a）中，当延时光纤长度为 6 km 左右时，振幅响应最大；图 2-3

（b）中，当延时光纤长度为 10 km 左右时，振幅响应最大。因此，当光源波长选择 1310 nm 时，延时光纤长度最优化为 6 km；当光源波长选择 1550 nm 时，延时光纤长度最优化为 10 km。这是当光源波长选定时各自最优化的延时光纤长度方案，如果光源波长未定，则可以对比这两个最优的方案的振幅响应来决定。

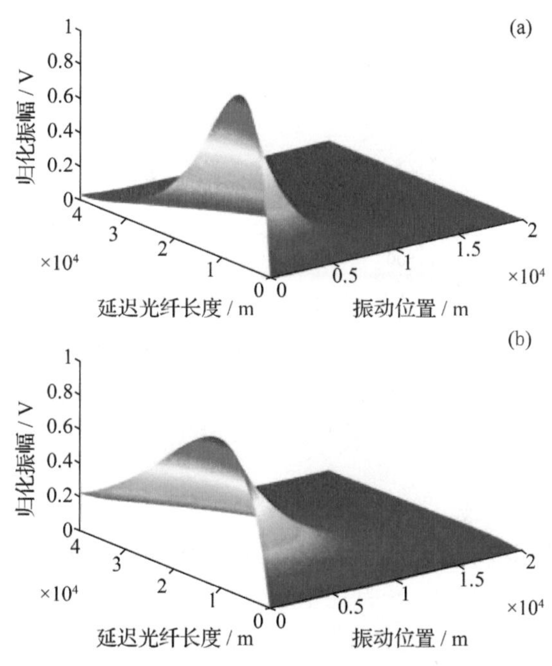

（a）光源波长为 1310 nm，（b）光源波长为 1550 nm

图 2－3　不同延时光纤长度不同扰动位置的振幅响应

［摘自论文：Φ-OTDR 分布式光纤扰动传感系统稳定性与环境适应性研究］

图 2－4 所示的是光源波长为 1310 nm、延时光纤长度为 6 km 和光源波长为 1550 nm、延时光纤长度为 10 km 时的沿传感光纤不同扰动位置的振幅响应。可以看出，当扰动位置在 930 m 之前时，光源波长为 1310 nm、延时光纤长度为 6 km 时的振幅响应要大于光源波长为 1550 nm、延时光纤长度为 10 km 时的振幅响应；当扰动位置在 930 m 之后时，光源波长为 1550 nm、延时光纤长度为 10 km 时的振幅响应要大于光源波长为 1310 nm、延时光纤长度为 6 km 时的振幅响应。因此传感距离在 1 km 以内，宜选用波长为 1310 nm 的光源，延时光纤长度在 6 km；传感距离在 1 km 以上，则宜选用波长为 1550 nm 的光源，延时光纤长度在 10 km 为最优方案。

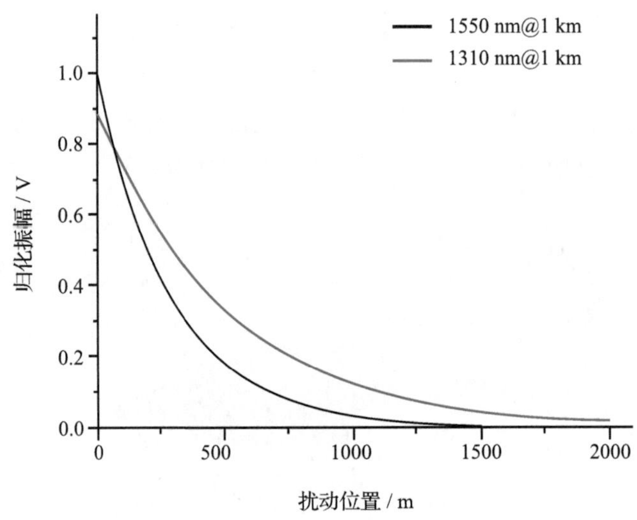

图 2-4　沿传感光纤不同扰动位置的振幅响应

［摘自论文：Φ-OTDR 分布式光纤扰动传感系统稳定性与环境适应性研究］

2.2 分布式光纤扰动传感系统的信号处理方法

本节介绍了与 Φ-OTDR 分布式光纤扰动传感系统相关的信号处理部分内容，对端点检测、噪声去除、相位还原及功率谱估计方法进行了研究。首先介绍了采用离散小波进行端点检测及噪声去除的方法；再对各种功率谱估计的方法进行了分析与比较，确定了本系统采用经验模态分解的基础方法；最后提出了一种新的 CEEMDAN-KL 信号增强算法，将多组独立同分布自适应白噪声引入到信号分解中来，分解获得具有唯一余量的 IMF，提升了非线性信号的分解能力。

2.2.1　端点检测

在实际应用中，由于信号实时采集进入系统，如果对所有的输入信号都进行一系列的运算处理，系统必然无法满足实时性的要求，微小的延迟也将不断积累，最终导致系统失效。所以，必须对输入信号中的振动片段进行检测，仅处理有效的振动信号，从而减轻系统在时间复杂度上的压力，增强系统的实时性。一般情况下，振动信号的幅度都大于噪声干扰的幅度，因此，理论上可以通过在时域内设定幅度阈值的方法来确定振动起始点的位置。但是，由于信号容易受到相干噪声和干扰的影响，因此这种方法的鲁棒性不高。此外，由器件和温漂引入的直流漂移也会对峰值的计算带来干扰。寻找振动起始点本质上是寻找信号的突变点，而小波分析则是确定非平稳信号突变点的有效方法。

小波变换是一种信号的时间—尺度分析方法，它具有多分辨率分析的特点，而且在时域和频率上都具有表征信号局部特征的能力，是一种窗口大小固定不变而其形状可改变、时间窗和频率窗都可以改变的时频局部化分析方法。因其在低频部分具有较高的频率分辨率和较低的时间分辨率，在高频部分具有较高的时间分辨率和较低的频率分辨率，因而很适合分析扰动信号这样的非平稳信号。小波分解运算的物理意义是利用不同中心频率、不同带宽的一组滤波器对原始信号进行滤波，得到各层小波系数。

振动起始点处含有很强的高频成分，因此在上层小波系数中会出现明显的突变点，根据需要对特定层的小波系数设定阈值即可确定振动起始点位置。图 2－5（a）是在采样率为 500 kHz 时得到的干涉信号，干涉信号整体非平稳，分为纯噪声干扰部分和振动信号部分，由图 2－5（b）局部放大可知，振动起始位置在 135 500 附近。

振动信号持续约为 10 000 个采样点，因而振动信号持续时间为 0. 02 s。

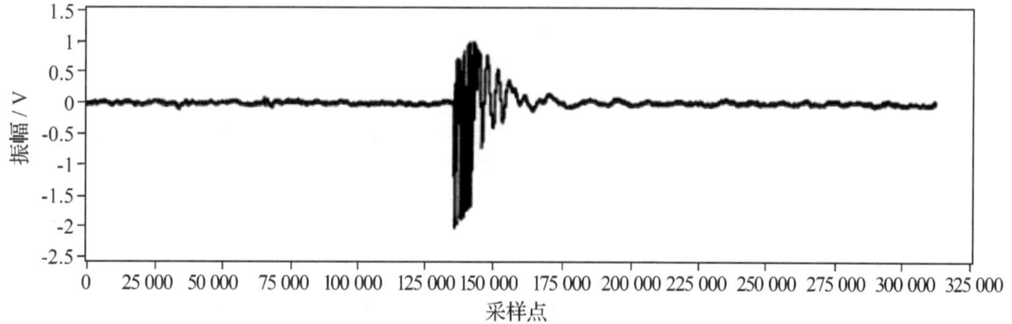

（a）干涉信号波形

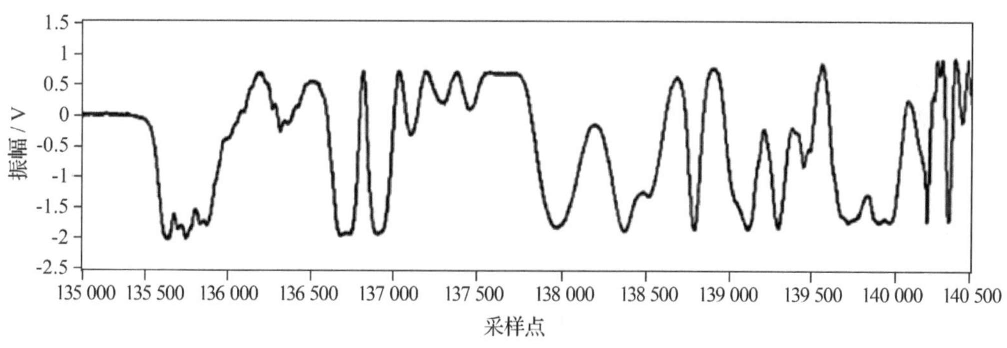

（b）起始点局部放大信号

图 2－5　干涉信号端点检测

［摘自论文：分布式光纤振动传感器及其定位技术］

为简化小波分析的运算量，在进行离散小波分解之前先对原始信号降采样。

振动信号的主要频率集中在 2 kHz 左右，为确保不丢失振动信号信息，将信号采样率从 500 kHz 降到 10 kHz，降采样后的波形如图 2－6（a）所示。将降采样后的数据利用 db4 离散小波进行分解，采样后的信号及各层小波分解系数如图 2－6 所示。

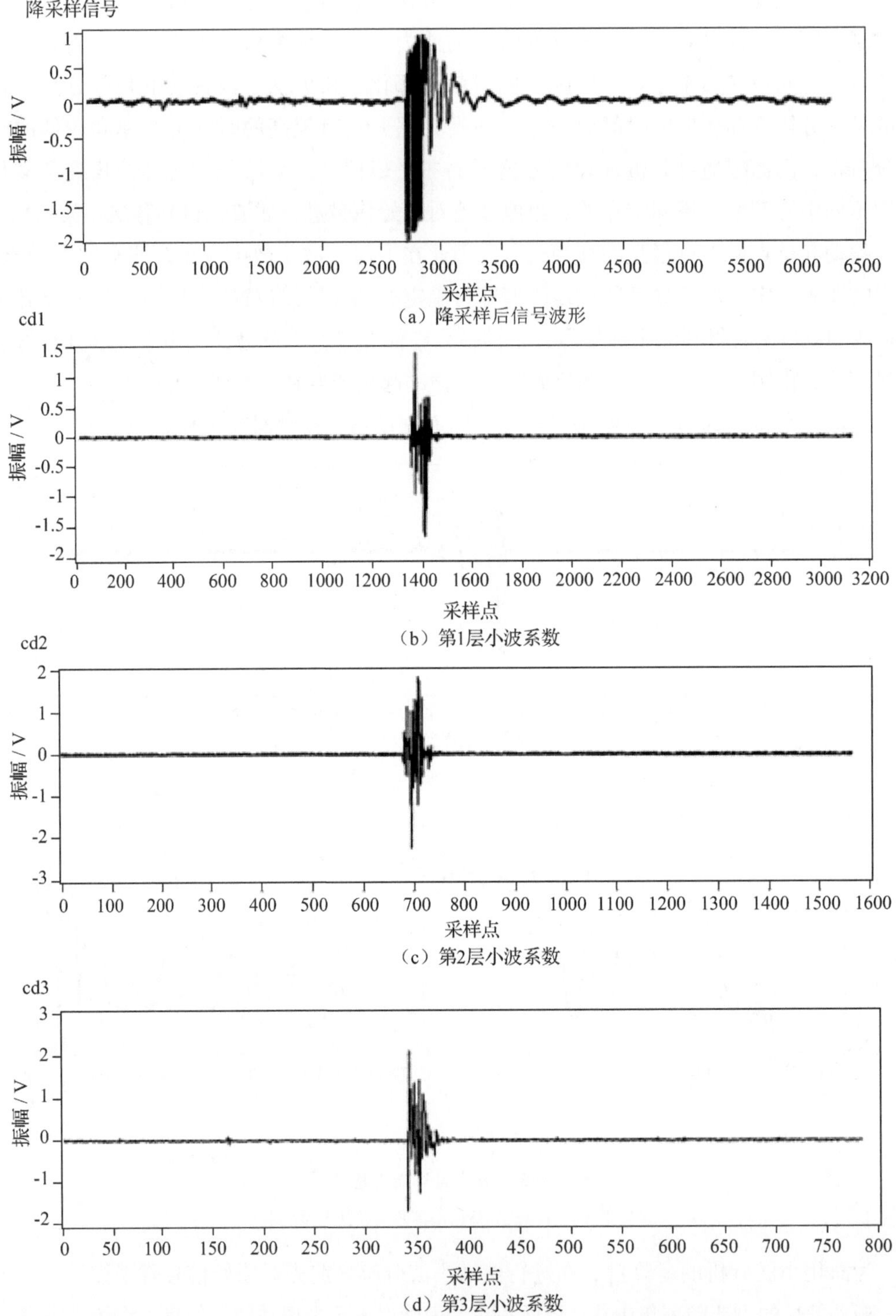

（a）降采样后信号波形

（b）第1层小波系数

（c）第2层小波系数

（d）第3层小波系数

图 2－6　干涉信号在 db4 离散小波下的 3 层分解结果

［摘自论文：分布式光纤振动传感器及其定位技术］

小波分解后各细节系数中均含有明显的突变点信息，信噪比从第 1 层至第 3 层逐渐提高。但第 3 层细节系数由于滤波器中心频率过低，不能完全反映信号的原始信息，因此选择第 2 层细节系数来确定小波域内的振动起始点。根据实际情况设定阈值为第 2 层细节系数最大值的 22%，将超过该阈值的第一个点确定为扰动信号的起始点，根据信号的降采样率以及小波系数与原始信号的比例关系得到在原始信号中的起始点位置。图 2 - 6 中，第 2 层小波系数小波域起始点为 678，设信号的降采样率为 50，根据 MALLAT 算法，第 2 层小波系数点数为原始信号的 1/4，因此推算出原始信号事件起始点为 135 600，与图 2 - 5（b）起始点局部放大信号图中显示的实际情况基本吻合。

利用小波分解的方法确定起始点位置，由于每层小波系数只对应特定的频带范围，该范围之外的噪声和干扰将被滤除，因此大大降低了噪声和干扰以及直流漂移的影响。

2.2.2　小波去噪

在检测到的振动信息中往往存在背景噪声，当信号受噪声的影响较大时，无法直接用于分析定位，因而定位前需要滤除噪声。信号的背景噪声主要包括大量的低频振动噪声、交流电频率噪声、高频噪声、高斯白噪声等。根据频谱分布的规律和噪声的统计特征，目前已经存在多种除噪技术。当信号和噪声的频带相互分离时，傅里叶变换是相当有效的方法，但许多振动信号噪声和信号的频谱在整个频带内是互相混叠的，采用常规的低通滤波器等降噪方法效果不明显。而小波技术所具有的良好的时频局部分析性能，使其在信号噪声去除中得到了广泛的应用。随着快速小波变换算法的开发，小波分析技术已经成为信号噪声去除的主要方法之一。

小波降噪过程可以按照以下几个步骤完成：

（1）对信号进行小波分解，选择一种合适的小波并确定其分解的层次；

（2）对小波分解得到的各个尺度下的高频系数进行阈值量化处理，抑制属于噪声的小波系数；

（3）利用最底层的低频系数和经处理后的各高频系数进行小波重构，得到降低噪声后的有用信号。

我们通过阈值准则、相关性准则以及模极大值准则来判断小波系数是属于噪声还是信号。相关性准则利用信号的小波变换在各尺度间有较强的相关性，特别是在边缘处也同样具有较强的相关性，而噪声的小波变换在各尺度间无明显相关性，对噪声进行抑制。这种方法降噪效果比较稳定，但所需的计算量较大，并且需要对噪声方差进行估计。模极大值准则利用了信号的 Lipschitz 指数大于 0，而噪声所对应的 Lipschitz 指数小于 0 的特点对噪声进行抑制，这种方法具有良好的理论基础，但计算速度较慢，而且在实际应用中，存在着许多影响计算精度的因素，因而降噪效果并不是很好。工程中最常用的噪声去除方法是阈值去噪法，由于小波变换具有很强的去数据相关性的特点，使得信号的能量在小波域内能够集中在一些大的小波系数中，即具有较大的小波系数，而噪声的能量则分布于整个小波域，具有较小的小波系数。因而，存在一个阈值，使噪声的小波系数都小于它。这样我们就可以通过设置一个阈值与小波系数相比，将小于此阈值的小波系数予以滤除，而大于阈值的小波系数则作为有用信号的小波系数给予保留。通过小波重构的方法就可以得到消除了噪声的振动信号。阈值法的去噪效果主要依赖于阈值的选取，如果阈值选取过大，就会丢失信号的有用信息；相应地，如果阈值选取过小，则会保留过多的噪声，去噪效果不理想。

对于如何确定阈值，常见的选取规则有以下几种：

1. 全局统一阈值

设含噪声信号的长度为 N，噪声信号方差为 σ^2，则全局统一阈值可以按式 2－2 计算：

$$Th = \sigma\sqrt{2\log(N)} \tag{2-2}$$

2. Stein 无偏风险估计阈值

将小波系数的平方值由小到大进行排列，可以得到向量 $[w_1,w_2\cdots,w_N]$，其中 N 为系数的个数。对于每个 w_i（$i=1$，2，…，N），以其为阈值的风险可以表示为：

$$r_i = \frac{N - 2i - (N - i)w_i + \sum_{k=1}^{i} w^k}{N} \tag{2-3}$$

选择风险最小的 i，令 $\dot{i}^{th} = \mathrm{argmin} r_i$，可以得到 Stein 无偏似然估计的阈值：

$$Th = \sigma\sqrt{w_{i^{th}}} \tag{2-4}$$

3. 启发式 Stein 无偏风险估计阈值

此规则是前两个规则的综合，当信号的信噪比很小时，Stein 无偏风险估计阈值会有很大的误差，若检测到这种情况，则选择全局统一阈值的规则。设 W 为 N 个小波系数的平方和，令 $\eta =$（$W-N$）$/N$，$\mu = (\log_2 N)3/2\sqrt{N}$，则启发式 Stein 无偏风险估计阈值为：

$$Th = \begin{cases} \sigma\sqrt{2\log(N)} & \eta < \mu \\ \min\{\sigma\sqrt{2\log(N)}, \sigma\sqrt{w_{i^{th}}}\} & \eta \geqslant \mu \end{cases} \tag{2-5}$$

4. 极小—极大阈值

此规则的原理是最小化最大风险估计，即：

$$Th = \begin{cases} \sigma(0.3936 + 0.1829\log_2 N) & N > 32 \\ 0 & N \leqslant 32 \end{cases} \tag{2-6}$$

$$\lambda = Th/\lg(j+1)$$

式中，λ 为尺度 j 上的阈值。

小波系数可以通过阈值函数进行处理，分为硬阈值和软阈值两种。阈值函数改进为下式的形式：

$$w_{jk}=\begin{cases}\operatorname{sgn}(w_{jk})(|w_{jk}|-\varepsilon\lambda) & |w_{jk}|\geq\lambda\\ 0 & |w_{jk}|<\lambda\end{cases}\tag{2-7}$$

式中，$\varepsilon\in[0,1]$，本系统中设 $\varepsilon=0.5$，可使重构信号在保留局部特征的同时具有较好的平滑性。图 2-7 是采用不同的方法对扰动信号去噪后的结果比较图，可以看出，采取改进阈值函数后的方法去噪效果较好。从图 2-8 中可以看出，本方法对于微弱信号的去噪效果也较好。

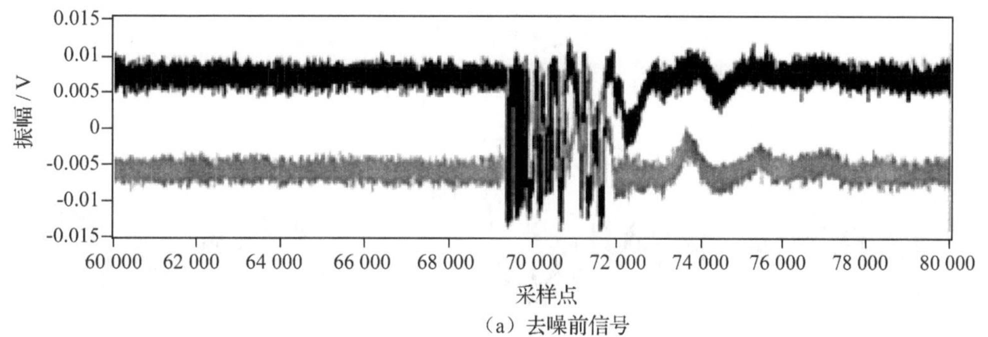

（a）去噪前信号

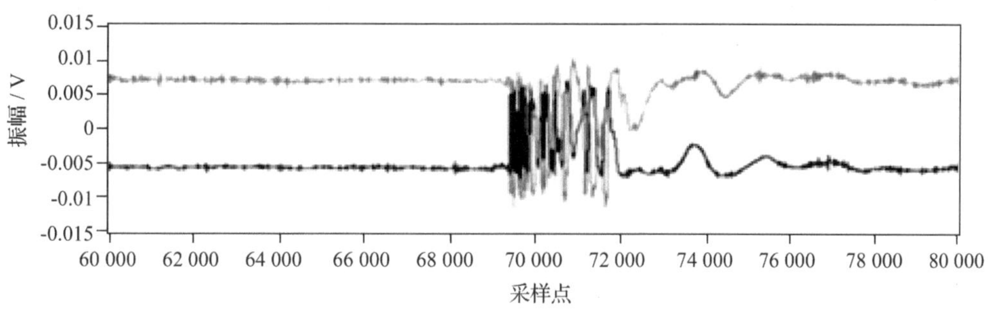

（b）db4 8层，全局统一阈值

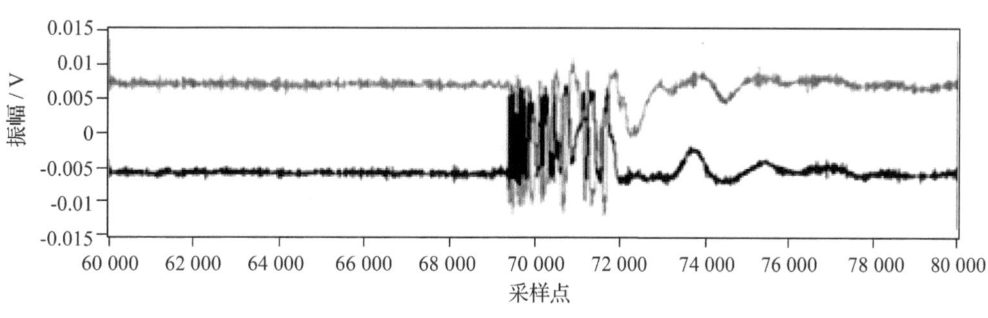

（c）db4 8层，极小—极大阈值

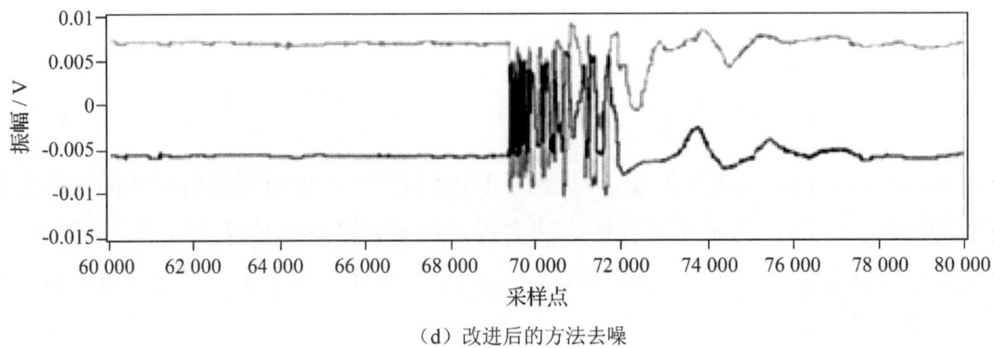

（d）改进后的方法去噪

图 2－7　不同阈值选取下对应的去噪波形

［摘自论文：分布式光纤振动传感器及其定位技术］

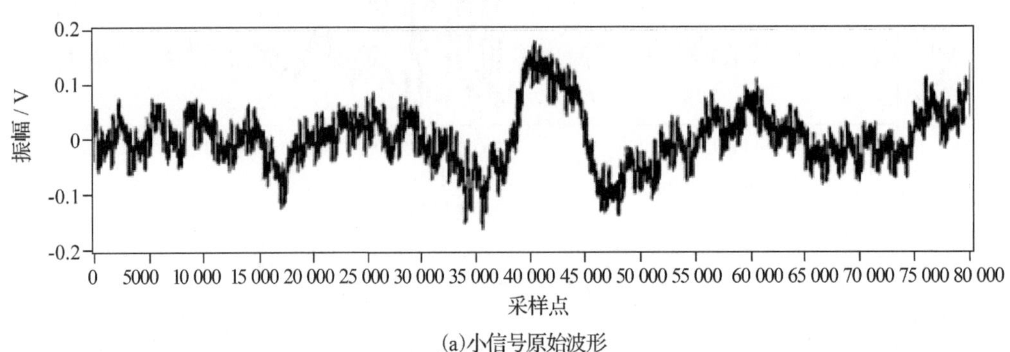

(a)小信号原始波形

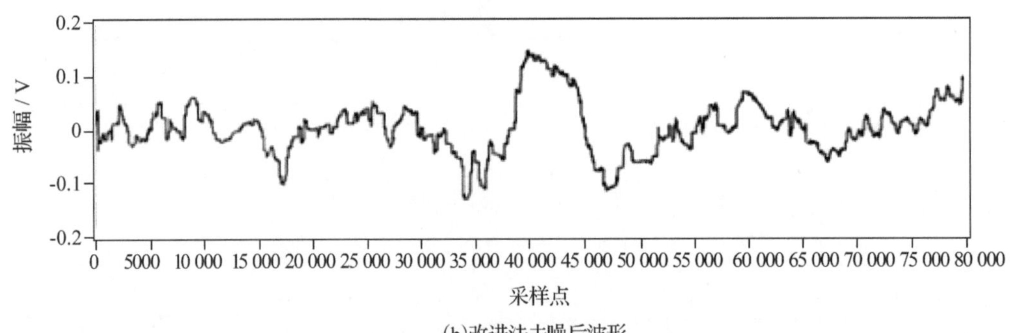

(b)改进法去噪后波形

图 2－8　小信号去噪后波形

［摘自论文：分布式光纤振动传感器及其定位技术］

2.2.3　相位还原算法

分布式光纤传感系统从本质上说属于相位调制型光纤传感器，作用于光纤上的外界扰动信号，根据光弹效应，引起光纤中传输光的相位变化（主要是光纤的应变所引起的光程变化），通过干涉方法（宽谱光源干涉），获得包含外界扰动信息的两路干涉光干涉信号。对干涉信号进行光电转换、放大、A/D 转换等处理，得到包含外界扰动信息的数字信号。为了获得扰动特征，需要采用信号处理的方法，从所获得数字信号中解调出相位变化信号，这里我们称之为相位还原。

目前干涉型光纤传感器的解调一般分为相位生成载波（PGC）技术和基于 3×3 光纤耦合器干涉的被动解调技术。用微分方法进行解调结果还原的误差较大，这是由于解调过程中使用了积分运算，使解调信号出现了漂移。基于 3×3 光纤耦合器干涉的被动解调技术有利于用两路干涉信号构造固定相位差的被动解调方案、基于 3×3 光纤耦合器干涉信号的对称解调方案和用于解决耦合器的不对称性解调方案。这些方法不需要载波，解调精度较高。但是，由于用到了大量的微分、积分运算，数学运算复杂，所以难以应用到实际中。

常见的用于干涉型光纤传感器的相位还原方法，依据系统 3×3 光纤耦合器输出的两路干涉信号的特征实现对相位信号的准确解调。下面来具体介绍这一相位还原方法。

1．相位还原法理论分析

如果以 $\Delta\varphi(t)$ 表示感应光纤上扰动产生的相位变化，则干涉仪（3×3 耦合器）两个输出端将产生一定相位差的干涉信号，光电探测器接收到的两路光可统一表示为：

$$\begin{aligned} I_1(t) &= A(t) + B(t)cos(\Delta\varphi(t) + \varphi) \\ I_2(t) &= A'(t) + B'(t)cos(\Delta\varphi(t) - \varphi) \end{aligned} \tag{2-8}$$

式中，$I_1(t)$、$I_2(t)$ 是 3×3 光纤耦合器的输出端口得到的随时间变化的输出功率；A、B、A'、B'是与输入光功率大小有关的量；φ 为整个系统的初始相位，可视为常数。在 3×3 光纤耦合器分光比严格均分的情况下，φ 为 $2\pi/3$，非均分的情况下，也可以确定 φ 的值（类似于确定静态工作点）。因此，干涉仪输出的交流分量只与干涉系统中的相位变化 $\Delta\varphi(t)$ 有关。

系统在硬件上设计电路对信号进行隔直，去除静态光信号等直流成分，提高了后续放大电路输出信号的动态范围。当系统去除直流后满足以下条件，当 $\Delta\varphi(t)=0$ 时，$I_1(t)=I_2(t)=0$。根据 3×3 耦合器的互补对称的特性，可知：

$$A(t) = -B(t)\cos\varphi, A'(t) = -B'(t)\cos\varphi \tag{2-9}$$

式 2-8、2-9 可以表示为：

$$\begin{cases} I_1(t) = B(t)\cos(\Delta\varphi(t) + \varphi) - B(t)\cos\varphi \\ I_2(t) = B'(t)\cos(\Delta\varphi(t) - \varphi) - B'(t)\cos\varphi \end{cases} \tag{2-10}$$

由上面的分析可知，干涉信号的相位差对应着外界振动信号的变化，所以只要将 $\Delta\varphi(t)$ 通过算法还原出来，就可以反映原始振动信号的大小。在解调过程中，考虑到实际系统滤去的直流偏置值，需要对直流信号 $B(t)\cos\varphi$ 和 $B'(t)\cos\varphi$ 进行计算，将参与干涉的两路信号光的直流信号补偿回来。

根据上式，以其中的一路信号 $I_1(t)$ 为例进行分析。因为 $B(t)\cos\varphi$ 是一个常量，

所以 I_1（t）的极值点分别是当 $B(t)\cos(\Delta\varphi(t)+\varphi)$ 取得极值的点。

由三角函数的性质可知，$B(t)\cos(\Delta\varphi(t)+\varphi)$ 的极值分别为 $\pm B(t)$，因此 $I_1(t)$ 的最大值为：

$$\max(I_1(t)) = B(t)(1-\cos\varphi) \tag{2-11}$$

I_1(t) 的最小值为：

$$\min(I_1(t)) = -B(t)(1+\cos\varphi) \tag{2-12}$$

由式 2-11、2-12 可得到系统直流量的估算公式：

$$B(t)\cos\varphi = -\frac{\max(I_1(\mathrm{t}))+\min(I_1(\mathrm{t}))}{2} \tag{2-13}$$

同理：

$$B'(t)\cos\varphi = -\frac{\max(I_2(\mathrm{t}))+\min(I_2(\mathrm{t}))}{2} \tag{2-14}$$

综上可得：

$$I_1(\mathrm{t}) - \frac{\max(I_1(\mathrm{t}))+\min(I_1(\mathrm{t}))}{2} = B(t)\cos[\Delta\varphi(t)+\varphi] \tag{2-15}$$

$$I_2(\mathrm{t}) - \frac{\max(I_2(\mathrm{t}))+\min(I_2(\mathrm{t}))}{2} = B'(t)\cos[\Delta\varphi(t)-\varphi] \tag{2-16}$$

B（t）可表示为：

$$B(t) = \frac{\max(I_1(\mathrm{t}))-\min(I_1(\mathrm{t}))}{2} \tag{2-17}$$

同理：

$$B'(t) = \frac{\max(I_2(\mathrm{t}))-\min(I_2(\mathrm{t}))}{2} \tag{2-18}$$

代入可得到系统归一化信号：

$$I'_1(t) = C(t)\cos[\Delta\varphi(t)+\varphi] = 2\left(\frac{I_1(\mathrm{t})-\min(I_1(\mathrm{t}))}{\max(I_1(\mathrm{t}))-\min(I_1(\mathrm{t}))}\right)-1 \tag{2-19}$$

$$I'_2(t) = C(t)\cos[\Delta\varphi(t)-\varphi] = 2\left(\frac{I_2(\mathrm{t})-\min(I_2(\mathrm{t}))}{\max(I_2(\mathrm{t}))-\min(I_2(\mathrm{t}))}\right)-1 \tag{2-20}$$

式中，C（t）为归一化因子。在理想情况下，C（t）$=1$。在实际中，由于系统误差，每一点对应的 C 不尽相同，需要根据每一组实验数据求出相应的 C。

为了简化计算，将两路信号分别相加相减表示为下式：

$$I_+(t) = I'_1(t) + I'_2(t) = 2C(t)\cos\varphi\cos\Delta\varphi(t) \tag{2-21}$$

$$I_-(t) = I'_1(t) - I'_2(t) = 2C(t)\sin\varphi\sin\Delta\varphi(t) \tag{2-22}$$

由式 2-21、2-22 可求出归一化因子：

$$C(t) = \sqrt{((I'_1(t)+I'_2(t))/2\cos\varphi)^2 + ((I'_1(t)-I'_2(t))/2\sin\varphi)^2} \tag{2-23}$$

$\Delta\varphi$（t）可以表示为：

$$\Delta\varphi(t) = \tan\varphi - 1\left(\frac{I_{-}(t)}{I_{+}(t)}/\tan\varphi\right) \tag{2-24}$$

上述算法可以通过软件技术将反映外界扰动信号的干涉信号相位差 $\Delta\varphi$（t）如实还原出来。当耦合器具有严格的均分比时，$\Delta\varphi$（t）为 2Π/3；在非均分的情况下，可得：

$$\tan\varphi = \frac{I_{-A}(t)}{I_{+A}(t)} \tag{2-25}$$

式中，下标 A 表示 I_{-}（t），I_{+}（t）两路信号的幅度，由 $\Delta\varphi$（t）可得到还原后的信号。从解调结果可以看出，没有量 A、B 的出现，可以有效克服光源不稳定等带来的偏差，降低由光源频率随机漂移造成干涉仪输出的相位噪声，也就意味着光源的相干长度可以很短；输出两路信号的相位差可以为任意（相位差为 Π 的除外），不要求光纤耦合器具有严格的均分比，这一点克服了基于耦合器的对称解调算法的最大缺陷。此外，本方法没有用到微积分等复杂的运算，易于实现。

在传感光纤末端加入了载波，光电探测器获得两路信号经过相乘及低通滤波处理后得到信号，系统可以利用上述的相位还原算法解调出相位变化信号 $\Delta\varphi$（t）。

2. 算法仿真

下面通过仿真的方法来验证相位还原算法原理的正确性。设原始扰动信号为频率是 5 kHz、幅度是 2. 8 V 的单频正弦信号，采样频率为 500 kHz，模拟两路干涉信号的波形如图 2 –9（a）所示。归一化处理后的波形如图 2 –9（b）所示。

利用上述还原算法，得到的解调结果曲线比较光滑［如图 2 –9（c）所示］，如实反映出原始信号。图 2 –9（d）所示的误差函数随时间呈现有规律的变化，而且最大误差不超过 ±0. 00017 V，相对于微分解调误差，解调精度有了显著的提高，能够满足应用要求。构造不同频率、不同幅度的模拟信号，发现程序能将各种信号一一还原，动态范围大。

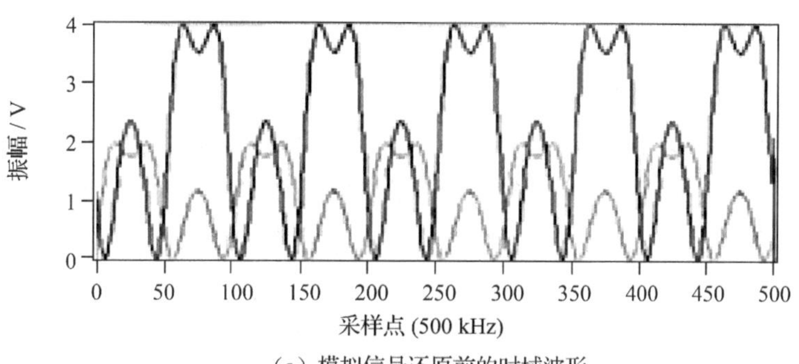

（a）模拟信号还原前的时域波形

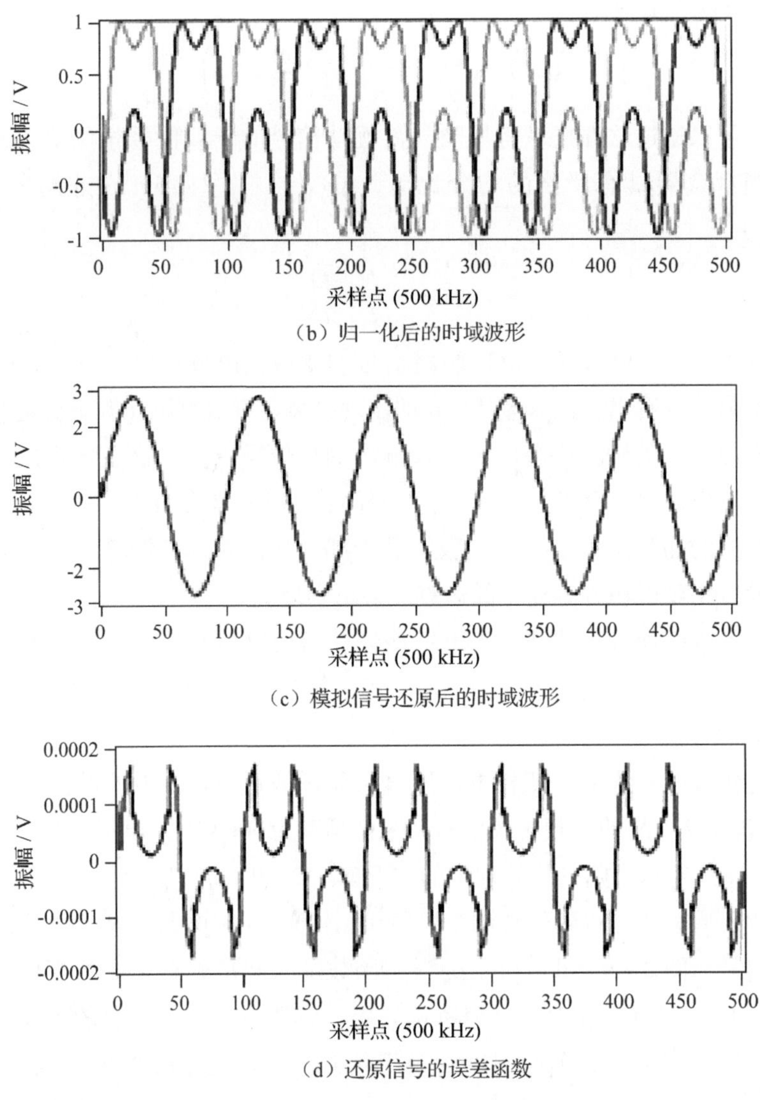

(b) 归一化后的时域波形

(c) 模拟信号还原后的时域波形

(d) 还原信号的误差函数

图 2-9　还原算法计算机仿真

［摘自论文：分布式光纤振动传感器及其定位技术］

3. 实际扰动信号相位还原

通过对相位还原算法的计算机仿真，可见利用该算法能从构造的干涉信号中还原出相位信号，以下将根据相位还原算法对实际的干涉光强信号进行相位还原。

在感应光纤 10 km 处施加扰动，以 500 kHz 采样率采集这些信号，所采集的两路信号的波形如图 2-10（a）所示。这两路信号是对干涉条纹光强的反应，不能如实地反映出原始扰动信号。利用相位还原算法对经过端点检测后截取的两路信号片段进行归一化处理和相位还原，归一化和相位还原后的时域波形分别如图 2-10（b）和图 2-10（c）所示，表明能够如实地反映原始扰动信号，通过实验证明了本文提出的相位还原算法是准确而有效的。

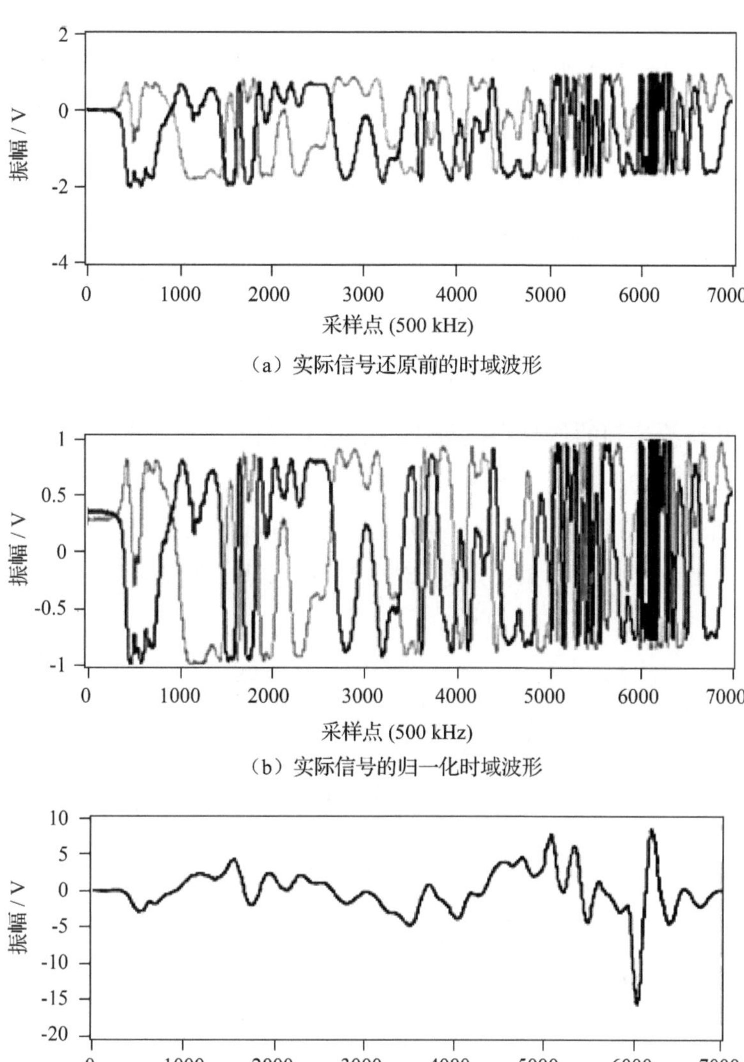

（a）实际信号还原前的时域波形

（b）实际信号的归一化时域波形

（c）实际信号还原后的时域波形

图 2－10　实际信号还原后的时域波形

［摘自论文：分布式光纤振动传感器及其定位技术］

4. 微弱信号处理

利用相位还原算法，首先需要计算系统的直流量，求得干涉信号的极值。而当外界扰动信号非常微弱时，如图 2－11 所示的信号，$\max(\Delta\psi(t)) < 2\pi$，$I_1(t)$，$I_2(t)$ 不能达到极值，也就不能获得 $\max[I(t)]$ 和 $\min[I(t)]$，计算系统直流量的条件不足，无法使用上述相位还原方法。因此需要对微弱信号进行区别处理。

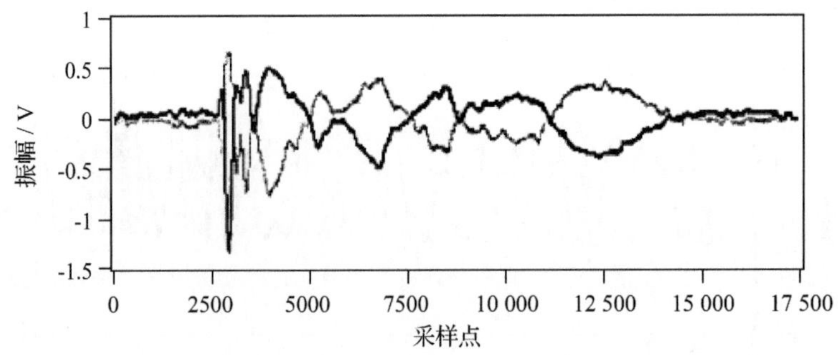

图 2－11　微弱扰动信号的 $I_1(t)$，$I_2(t)$

［摘自论文：分布式光纤振动传感器及其定位技术］

首先需要从所检测到的信号中区分出微弱信号，由于系统接收端的光强会因为监测距离的长短和光源功率的大小而不同，因而不能简单地通过信号幅值的大小来区分强信号和微弱信号。通过分析式（2－24），当且仅当 max（$\Delta\psi$（t））≥2π 时，两路信号出现远离零点的交叉点。如果出现远离零点的交叉点，则表示信号为强信号。如图 2－12 所示。

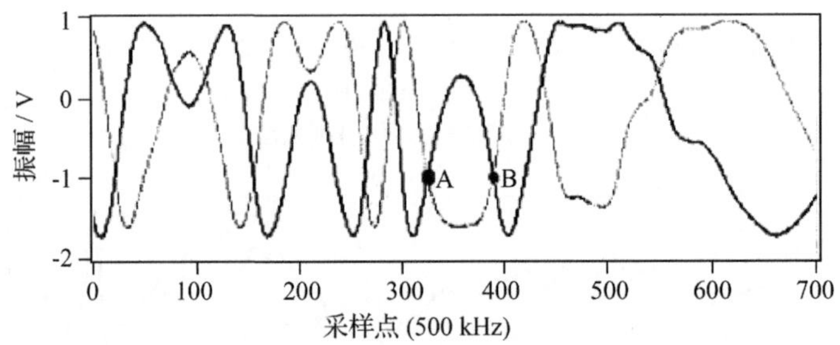

图 2－12　当 max（$\Delta\psi$（t））≥2π 时，远离零点的交叉点出现

［摘自论文：分布式光纤振动传感器及其定位技术］

可以通过式 2－26 查找交叉点，在端点检测后确定的采样片断内如未找到交叉点，则认为该信号是微弱信号。

$$(I_{1,i} - I_{2,i})^*(I_{1,i-1} - I_{2,i-1}) < 0 \qquad (2-26)$$

对于微弱信号，可以根据强信号所对应的直流量的值，利用上述相位还原算法进行解调。以图 2－11 的微弱信号为例，根据上式判断此信号为微弱信号后，利用还原算法还原后的信号如图 2－13 所示。

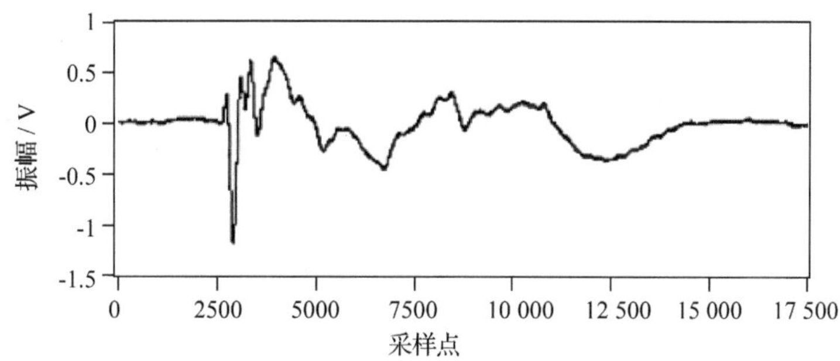

图 2－13　微弱信号解调后的时域波形

［摘自论文：分布式光纤振动传感器及其定位技术］

2.2.4　频谱分析

在得到振动的时域信号片段之后，我们需要对其进行频谱变换，得到信号的频域，在频域上获得振动信号的定位信息。对于振动信号的频谱，可以利用给定的 N 个样本数据来估计它的功率谱密度，也就是功率谱估计。一般的功率谱估计可以分为经典功率谱估计（非参数估计）和现代功率谱估计（参数估计）。本节对某一段扰动信号分别采用了快速傅里叶变换 FFT、Welch 及现代谱估计中的 AR 模型法，期望通过功率谱估计结果的对比来评价这三种方法的优劣，最终提出有效的方法。

1. Welch 谱估计

目前，经典谱估计中获得有效应用的是由 Welch 提出的修正周期图法。

Welch 谱估计法又称加权交叠平均法，其本质属于平均法，但吸收了平滑法的特点，是对 Bartlett 方法的改进，它对 Bartlett 法进行了两方面的修正：一是选择适当的窗函数，并在周期图计算前直接加进去，加窗的优点是无论什么样的窗函数均可使谱估计为非负；二是在分段时可以使各段之间有重叠，有效地减少了方差和偏差，抑制了随机噪声的影响，提高了估计质量，满足一致估计的要求。

Welch 谱估计法的基本思想是采取数据分段、加窗函数处理，再求平均的办法。先分别求出每段的谱估计，然后进行总平均。概率统计理论证明，若将原长度为 N 的数据分成 K 段，每段长度相同，设 $M=N/K$，如各段数据互为独立，则估计的方差将只有原来不分段的 $1/K$，达到一致估计的目的。但若 K 增加，M 减小，则分辨率下降；相反，若 K 减小，M 增加，虽偏差减小，但估计方差增大，所以在实际应用中必须兼顾分辨率与方差的要求，适当选取 M 与 K 的值。

Welch 谱估计法流程如图 2－14，在分段时为了减少因分段数增加给分辨率带来的影响，允许各段数据有一定的重叠。

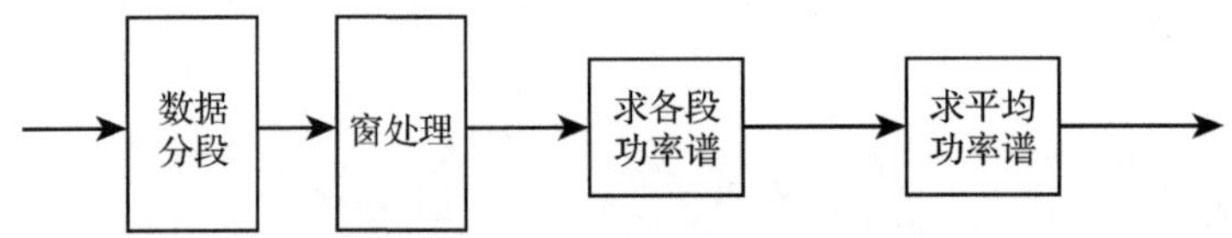

图 2-14　Welch 谱估计法流程

［摘自论文：分布式光纤振动传感器及其定位技术］

Welch 谱估计法的具体步骤如下：

（1）将采样信号 x_N（n）（N 为信号的总长度）进行有部分交叠的分段，每段长度设为 M，若交叠一半（交叠率为 50%），则所分的段数为 $L=\frac{N-M/2}{M/2}$。

（2）对每一段数据进行加窗处理，窗函数可以是矩形窗、汉宁窗、哈明窗等，记为 W（n）。

（3）分别计算每一段的功率谱。

（4）把功率谱相加取平均得到序列的功率谱估计。

2. AR 谱估计

Welch 信号的交叠增加了各段信号的相关性，各段信号不再是完全独立的了，因此真正的方差不会下降到理论计算的程度。针对经典频谱估计存在方差性能差、频谱分辨率低的缺点，提出并发展了现代谱估计的方法，其中参数模型法是现代谱估计中的主要内容。

参数模型频谱估计的步骤大致可以分为：对给定的随机信号建立合理的参数模型；根据信号的自相关函数估计所使用的模型参数；用估计出的模型参数计算信号的功率谱密度函数。

为随机信号建立参数模型的出发点在于随机信号 s（n）是白噪声 n（n）激励某一确定性的线性系统 H（z）所产生的，因此只要已知白噪声的功率 σ_n^2 和系统的频率函数 H（e^{jw}），就可以根据随机信号通过线性系统的特点估计出信号的功率谱密度函数：

$$S_s(e^{j\omega}) = \left|H(e^{j\omega})\right|^2 S_n(e^{j\omega}) = \left|H(e^{j\omega})\right|^2 \sigma_n^2 \tag{2-27}$$

假设参数模型的输入 n（n）和输出 s（n）满足差分公式：

$$s(n) = \sum_{k=0}^{q} b_k n(n-k) - \sum_{k=1}^{p} a_k s(n-k) \tag{2-28}$$

式中，常数 p 和 q 被称为参数模型的阶数；两组常数 $\{a_k\}$ 和 $\{b_k\}$ 被称为模型的参数。将式 2-28 两边进行 Z 变换，得到参数模型的传递函数 H（z）为：

$$H(z) = \frac{S(z)}{N(z)} = \frac{\sum_{k=1}^{q} b_k z^{-k}}{1+\sum_{k=1}^{p} a_k z^{-k}} \tag{2-29}$$

$H(z)$ 是一个有理分式。根据 $H(z)$ 的不同，参数模型可分为三类，下文采用第一类的自回归模型。

当 $b_0=1$，$b_k=0$（$k=1, 2, \cdots q$），式 2－28、2－29 变为：

$$s(n) = n(n) - \sum_{k=1}^{p} a_k s(n-k) \tag{2-30}$$

$$H(z) = \frac{1}{A(z)} = \frac{1}{1 + \sum_{k=1}^{p} a_k z^{-k}} \tag{2-31}$$

式 2－31 可表示为：

$$S_s(e^{j\omega}) = \left|H(e^{j\omega})\right|^2 \sigma_n^2 = \sigma_n^2 \left(\frac{1}{1 + \sum_{k=1}^{p} a_k e^{-jk\omega}}\right)^2 \tag{2-32}$$

式中，p 为 AR 模型的阶数。在基于 AR 模型的谱估计时，模型阶次 p 的选择非常关键，它影响着谱估计的质量。针对不同的应用，提出了几种不同的准则，有 AIC 准则（信息论准则）、FPE 准则（最终预测误差准则）和 CAT 准则（自回归传递函数准则）。当信号的信噪比较高时，这三种方法确定的最佳阶次基本一致，可以得到较适合的 p。一般情况下，根据上述三个准则计算的 p 值均随数据长度 N 单调增加，但比 N 增加要缓慢得多，通常限定为：

$$p_{r\max} \leqslant N/2 \text{ 或 } \sqrt{N} \tag{2-33}$$

当为信号建立的模型参数已知后，就可利用式 2－33 估计出信号的功率谱密度函数。对于建立的模型，$H(e^{j\omega})$ 是多项式的有理分式，因此所得的功率谱密度函数是频率的连续函数，这就避免了频谱的随机起伏现象。图 2－15 即为对扰动信号采用不同的方法进行谱估计的结果。

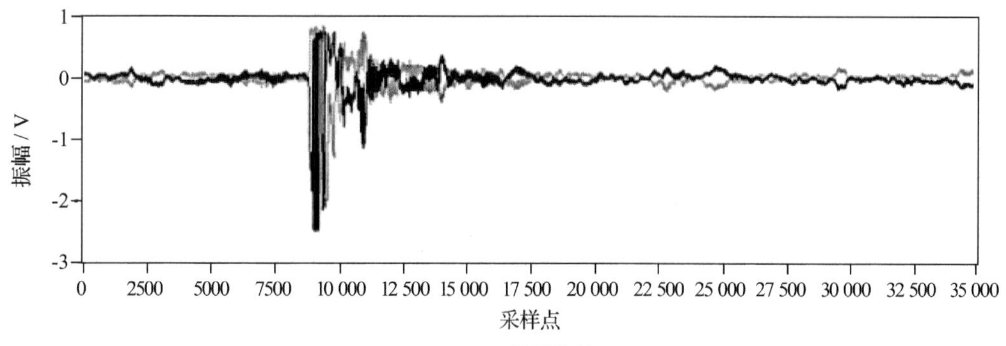

（a）还原信号

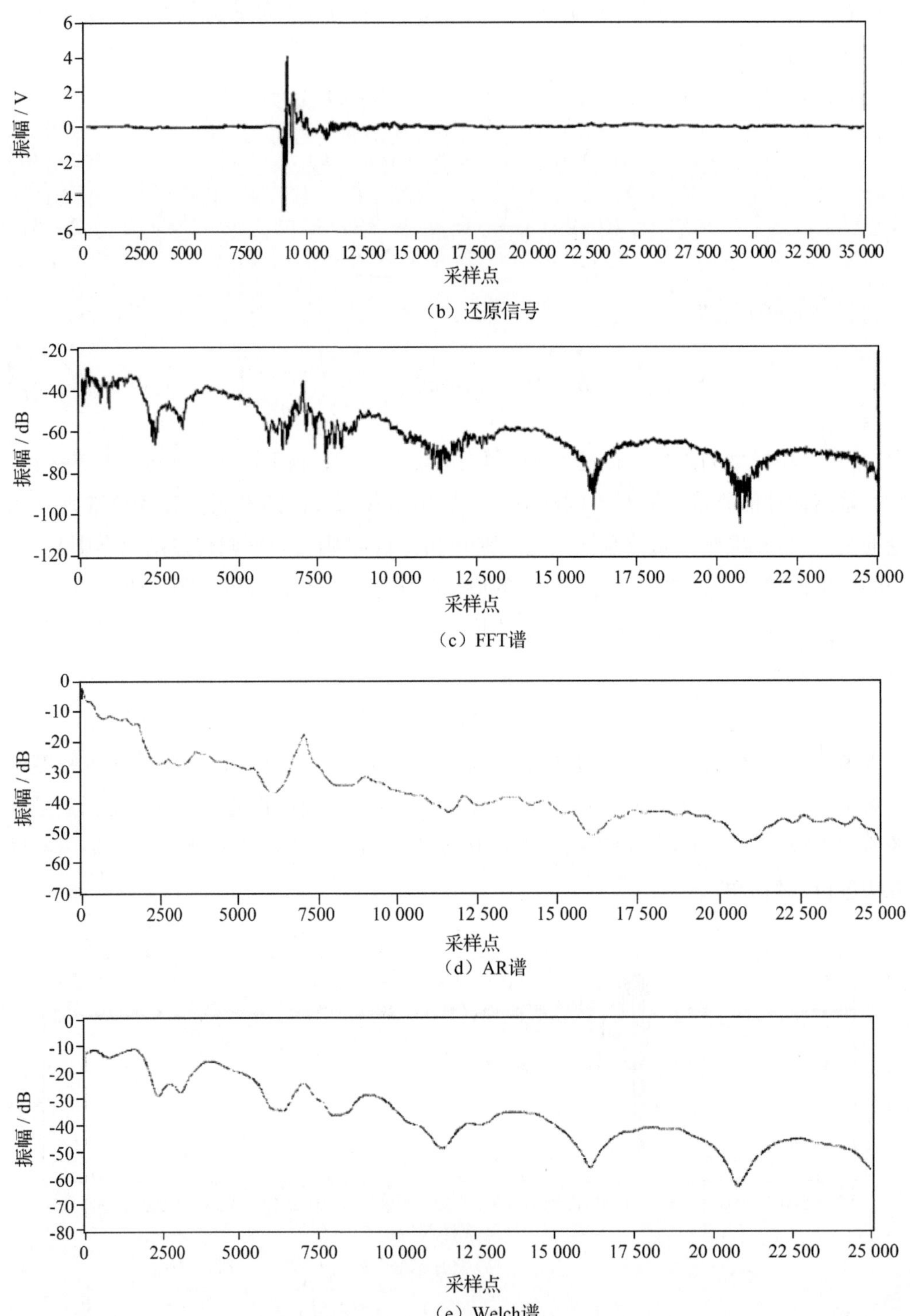

图 2－15　不同谱估计

［摘自论文：分布式光纤振动传感器及其定位技术］

实验数据为不加载波时在 20 km 处敲击感应光纤所得到的信号，采样率为 500 kHz，截取的数据片段如图 2－15（a）所示，数据长度为 35 000，持续时间为 0.07 s，利用 2.2.3 所述的相位还原算法对信号还原，得到的还原信号如图 2－15（b）所示。分别用快速傅里叶变换（FFT）、Welch 谱估计和 AR 谱估计三种方法对信号进行频谱分析，得到的频谱如图 2－15（c）～图 2－15（e）所示。Welch 谱估计法中选取的是 Hanning 窗，窗长为 2048，信号交叠率为 50%，AR 谱估计根据阶数选取方法和实际应用确定为 250。由图 2－15 的结果可知，对扰动信号利用不同的方法进行功率谱估计时，Welch 谱估计及 AR 模型法估计结果与 FFT 的估计结果相比，统计性能明显改善，且谱线较为光滑，假峰减少；但由于段内采样点数较多，并有混叠噪声存在，造成 AR 模型不够平滑。通过以上分析可知，Welch 谱估计法可以较成功地对扰动信号进行功率谱估计，从而为分析扰动信号的位置信息提供了有效的手段。

2.3 Φ-OTDR 数据和地下空间扰动源特性

Φ-OTDR 系统根据后向瑞利散射光相位变化来提取信息，所获得的信息大多是非平稳、非线性的数据类型，且数据量巨大；同时，受环境影响，直接采集到的数据不容易区分扰动信号，在进行扰动源信号增强研究之前，需要对扰动源数据进行分析，了解扰动源的基本特点。

2.3.1　Φ-OTDR 数据特性

Φ-OTDR 系统根据收到后向瑞利散射光解析强度要求，系统分辨率和监测距离相互制约。各类事件的频率响应范围不同，要求监测系统具备较宽的光源探测频率范围。

笔者经过比对国内外 Φ-OTDR 系统以及调研相关文献后，选用日本光纳株式会社的分布式声学传感（Distributed Acoustic Sensing，DAS）系统（型号 NBX-S3000，如图 2－16 所示）来开展地下空间扰动源数据的采集工作。该设备性能指标在国际上领先，系统输出结果稳定性高，可以满足本书进行城市地下管道泄漏事件监测的需求，能够保障实验采集结果的有效性和一致性。

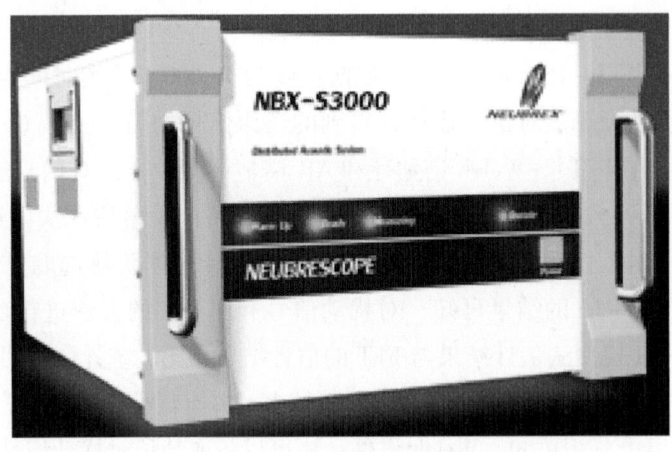

图 2－16　Φ-OTDR 监测仪器（NBX-S3000）

本书用于实验监测 Φ-OTDR 系统 NBX-S3000 的主要性能参数如表 2－1 所示。

表 2－1　Φ-OTDR 监测仪器主要性能参数

名称	分布式声学传感器主要性能参数
激光波长	（1550 ±0.01） nm
测量类型	DVS/DAS
主要特性	振动/声
距离范围	50 m ~ 50 km
采样点	500 000（默认）
采样率	2 sps ~ 500 ksps
频率范围	1 hz ~ 250 khz
脉冲宽度	20 ns、50 ns、100 ns、200 ns
重复性	±10 nε、±5 nε、±2 nε、±1 nε
内部存储	1 tb
光纤连接器类型	SC/APC
适用光纤	单模光纤
电源交流	100 ~ 240 V，50/60 Hz，350 VA
激光等级	一级（IEC60825－1:2001）
尺寸/重量	480 mm（W）×585 mm（D）×300 mm（H），40 kg［19 inch（W）×23 inch（D）×11.8 inch（H），88 lb］
工作温度	10 ~ 40 ℃（50 ~ 104 ℉）<80% RH（无露水凝结）
储存温度	0 ~ 50 ℃（32 ~ 122 ℉）

Φ-OTDR 系统灵敏度高、响应速度快，在振动监测中采集频率高，沿光纤方向采集点一般较为密集，以 1 km 长光纤、1 m 空间分辨率、10 k 采集频率为例，每秒可以收集到的数据量约为 1.2 GB。因此，该系统对数据存储以及处理能力要求较高。除此之外，Φ-OTDR 系统是在时空维度的连续检测，扰动事件光纤的传感范围呈现时空场域分布的特点。在某一时刻，扰动事件在传感受力范围内呈现空间场域分布，并且其

分布规律根据扰动源类型和环境条件的不同产生相应的差异（图 2－17）。

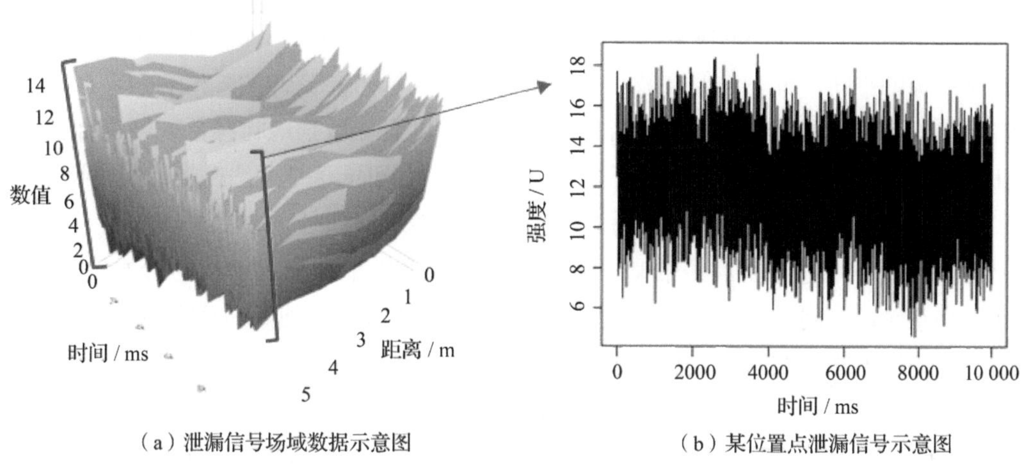

（a）泄漏信号场域数据示意图　　（b）某位置点泄漏信号示意图

图 2－17　管道泄漏信号场域数据视图

在实验初期需要判断数据的稳定性，在相对稳定的环境下收集数据并记录时间和位置强度，通过调节系统参数稳定系统数据。

此外，实验采集点第一步一般是确定光纤相对位置，方便监测过程中目标扰动源信号的收集和准确定位。在具体监测过程中，目标事件能够作用的范围往往是非常有限的；除此之外，Φ-OTDR 系统具有时空连续监测的特点，容易造成采集的数据，尤其是相邻数据之间具有较强的相关性。

Φ-OTDR 系统的主要参数包括灵敏度、空间分辨率、动态范围以及系统频率响应四项，下面对 Φ-OTDR 系统的四项主要参数进行简要介绍。

1. 灵敏度

灵敏度的定义是在保证一定误码率的情况下，系统能够探测到的最低光功率。在 Φ-OTDR 系统中，灵敏度是指探测器所能接收到的最低光功率，该参数用来评判 Φ-OTDR系统针对外界扰动的响应能力。激光器的线宽直接影响灵敏度的大小，线宽越宽，后向瑞利散射信号的相干叠加强度就越小，因而由外界扰动所引起的干涉光强变化就越微弱，系统的灵敏度就越低；反之亦然。和传统的 OTDR 系统相比，Φ-OTDR 系统中所用的激光器是超窄线宽的低频漂激光器，能够较好地响应外界扰动，因此，Φ-OTDR系统具有灵敏度高的优点。

2. 空间分辨率

空间分辨率是指 Φ-OTDR 系统能够分辨的两件相邻事件之间的最短距离，空间分辨率的数值越小，代表 Φ-OTDR 系统的定位精度越高。空间分辨率会间接影响系统对事件发生点的定位和对荷载识别的准确性。

空间分辨率计算见下式：

$$\Delta z_p = \tau c/2n \tag{2-34}$$

式中，τ 为输入光脉冲的脉宽；c 为真空中的光速；n 为光纤介质的折射率。由此可知，空间分辨率由输入光脉冲的脉宽决定，τ 越小，Δz_p 越大，因此，通过降低脉冲宽度可以提高系统的空间分辨率。但在减小 τ 的同时，导致输入光脉冲的峰值功率降低，由此影响接收到的探测信号信噪比，所以降低脉冲宽度会导致信噪比降低，不符合我们的工况要求。因此在搭建系统时，要合理设置脉宽，尽可能保证系统性能足够均衡。

在工程测量中，除上述输入光脉冲的脉宽外，系统空间分辨率主要还受到系统的内部元件性能、光电探测器的带宽、数据采集卡的采样率和响应频率的影响。因此，为了提高系统的空间分辨率，可通过提高系统内部元件性能、使用高采样率的采集卡、高带宽高响应的光电探测器以及窄脉冲光来提高测量精度。

3. 动态范围

Φ-OTDR 系统的动态范围是指初始后向瑞利散射光功率与噪声功率之间的差值，动态范围决定了传感系统可以测量的最大传输距离。Φ-OTDR 系统的动态范围 DR 数学表示见下式：

$$DR = (P_0 - P_D - Loss + SNR)/2 \tag{2-35}$$

式中，P_0 是指传感光纤上一处位置产生的初始后向瑞利散射光信号的功率；P_D 为光电探测器的灵敏度，即能探测到的最小光功率；$Loss$ 为光信号传输损耗，SNR 为系统接收到的信号信噪比。

由式 2－35 可知，系统的动态范围与探测脉冲光功率、光电探测器的灵敏度以及系统信噪比呈正相关。探测脉冲光功率由输入光脉冲脉宽和峰值功率决定。当输入光脉冲脉宽增大时，探测脉冲光功率随之增大，动态范围也因此增大，但会导致空间分辨率降低。

当提高输入光脉冲的峰值功率时，也能提高探测脉冲光功率，但峰值功率过高会引起较多非线性效应，主要包括以下三种：受激布里渊散射、受激拉曼散射、四波混频，严重影响了系统的传感性能。因此，需要通过选择合适的提升信噪比方法来实现对于动态范围的改善，同时需要注意光器件带来的噪声影响。

4. 频率响应

在 Φ-OTDR 系统中一个探测周期内，输入端只会向光纤中注入一个光脉冲，目的是防止后向瑞利散射光之间发生干涉串扰。只有接收端的光电探测器接收到传感光纤末端产生的后向瑞利散射光之后，下一个光脉冲才会进入传感光纤。下述公式推导：

令传感光纤长度为 L，注入光脉冲的最小间隔时间是指一个光脉冲从开始注入被光电探测器探测到后向瑞利散射光所需要的时间，见式 2－36：

$$T_{pulse} = 2L/v_g \tag{2-36}$$

式中，v_g 为光波群速度。

光脉冲的最大重复频率为：

$$f_{pulse} = 1/T_{pulse} = v_g/2L \tag{2-37}$$

系统的最大频率响应为：

$$f_{max} = f_{pulse}/2 \tag{2-38}$$

由上述公式可知，系统频率响应与传感光纤的长度呈正相关，在长距离传感中影响效果更加明显，系统频率响应会随距离的增长极大降低。在实际工程问题上，为了降低随机噪声的影响，工作人员还常采用直接平均的方式来处理信号，以降低 Φ-OTDR 系统的频率响应。如果将采集到的信号直接平均 M 次，那么系统的频率响应将降为 f_{max}/M，因此，Φ-OTDR 系统频率响应范围主要是由传感光纤的长度和信号处理的方式所决定的。

频率响应范围一般和光纤的距离以及信号处理方法有关。Φ-OTDR 系统除了对荷载发生位置进行定位外，还需要采集扰动的振动频率。通过对一段时间内一处光纤中的脉冲光频率进行解调处理，得到该处在振动过程中的信号幅度。一般光脉冲的最大重复频率与系统的最大频率响应呈正相关，频率响应和光纤的长度呈负相关，因此，在长运输埋地管道的安全监测中，铺设长距离光纤会明显降低振动的响应频率。此外，后向瑞利散射信号还受到光源产生的相位噪声、电磁噪声及随机偏振现象的影响。减少噪声误差的方法一般采用平均信号处理法，但是此方法会降低频率响应范围，因此，在实际监测中要选择合适的方法以及合适的参数，如果无法兼顾两者，可以在后续数据处理中采用小波包分解法或信噪比法进行完善。

2.3.2　分布式光纤传感系统数据处理技术

分布式光纤振动传感系统通过分析处理外界作用对光信号的影响来实现扰动事件的识别和定位。在传感光缆敷设的环境中，由于噪声干扰比较大，系统单位时间采集的数据量很大，导致系统灵敏度、定位精度和空间动态范围降低，误报率和漏报率变大，限制了系统的应用。为了提高系统的各项性能指标，以适应工程应用现场的需求，国内外研究人员进行了积极的探索，下面介绍几种近年来用于光纤振动传感的数据处理方法。

1. 小波降噪法

小波降噪法是一种时频局域化的分析方法，主要作用是对非平稳信号进行去噪，需要保证在较好地去除噪声的前提下不损害信号的突变。其基本思想是采用小波母函数经过伸缩和平移得到的一簇小波基函数来表示信号。

当函数 $\psi(t) \in L^2(R)$，且傅里叶变换满足下式：

$$C_\psi = \int \frac{|\psi(\omega)|^2}{|\omega|} d\omega < \infty \tag{2-39}$$

则 ψ （t） 为小波母函数。对小波母函数进行伸缩和平移，得到基函数：

$$\psi_{a,t}(t) = \frac{1}{\sqrt{a}}\psi(\frac{t-\tau}{a}) \tag{2-40}$$

式中，a 为尺度因子，$a>0$；τ 为平移量。

将 L^2 （R） 空间上的任意函数 f （t） 在 $\psi_{a,t}$ （t） 上分解，可以得到连续小波变换：

$$W_f(a,\tau) = [f(t),\psi_{a,t}(t)] = \frac{1}{\sqrt{a}}\int f(t)\psi^*(\frac{t-\tau}{a})\mathrm{d}t \tag{2-41}$$

在实际工程上，信号 f （t） 为离散时间序列，可以对参数 a 和 τ 进行离散化，将函数 f （t） 表示为离散小波函数的加权和：

$$f(t) = \sum_{j,k} d_{j,k}\psi_{j,k}(t) \tag{2-42}$$

式中，$d_{j,k}$ 为离散小波变换系数：

$$d_{j,k} = W_f(j,k) = \langle f(t),\psi_{j,k}(t)\rangle \tag{2-43}$$

小波降噪法在分布式光纤振动传感系统中得到了广泛应用。2012 年，清华大学 Xie S 等人提出利用离散小波分解确定振动信号的范围，有效降低了定位误差。2014 年，天津大学的 Shi Y 等人提出一种修正的小波阈值算法，并将其应用于 Φ-OTDR 型光纤振动传感管道预警系统中，使系统信噪比从 4. 23 dB 提高至 12. 22 dB，系统的传感距离达到 23 km，定位精度约 40 m。2016 年，电子科技大学 Qian Y 等人利用小波与小波包相结合的方法，使振动事件识别准确率达到了 96% 左右。

2. 阈值对比法

阈值对比法在分布式光纤振动传感系统扰动检测中得到了广泛应用，主要通过对比实时信号与阈值来判断扰动事件的发生。对于分布式光纤振动传感系统，在无扰动情况下采集到的信号为平稳的白噪声，当扰动事件发生时，随着光的相位和光强的变化，采集到的信号在光强、频率分布上能够区别于背景信号，因此需要参考背景噪声设置阈值，与实时信号对比，实现对扰动事件的检测。

阈值对比法主要分为时间域检测法、频域检测法和空间域检测法三类。时间域检测法是将扰动存在时的信号能量、变化速率与无扰动时进行对比，判断是否超过阈值，原理简单，计算速度快。Lu 等人提出了一种可降低信号的随机噪声，提高系统的频率响应范围的滑动平均差分检测法。频域检测法是通过检测扰动信号与背景噪声的频率分布存在的不同来进行工作。李金宝等人提出了一种自适应子带功率谱熵算法，在低信噪比环境下取得了很好的效果。刘华平等人将加权频谱算法与自适应子带谱熵检测算法相结合，对信号进行降噪，提高了信号的信噪比。空间域检测法是通过比较相邻空间节点的信号来判读是否有扰动发生。当某一位置周围采样信号连续出现的点数超过阈值时，可认为有扰动发生。

综上所述，分布式光纤传感技术已经有了很好的理论研究基础，广泛应用于工程应用实践阶段。但系统受工程环境影响产生的噪声信号与扰动信号相似，混杂在一起。尽管上述的小波降噪法、阈值对比法等都可以降低部分系统噪声，但仍未能将入侵信号与环境等因素造成的相关信号分离，导致定位精度降低。因此，探究有效的信号处理方式，准确确定扰动源位置并在入侵事故发生初期进行报警成为系统研究的关键。

2.3.3　数据预处理方法与手段

由于环境干扰等原因，监测系统采集到的信号存在一些解析异常点，为了降低这些异常点的影响，需要通过异常值处理等方法对数据进行预处理操作，将数据处理成为高质量的符合特征提取和分析需要的数据集合。文中数据处理工作根据研究内容的不同分为两个阶段，第一阶段采用异常值处理、缺失值处理等方法规范数据样本，通过基础处理改善数据质量；第二阶段根据具体特征提取、快速定位等需求来实现数据集的针对性处理。分布式光纤传感系统的数据处理主要流程如图 2－18 所示。

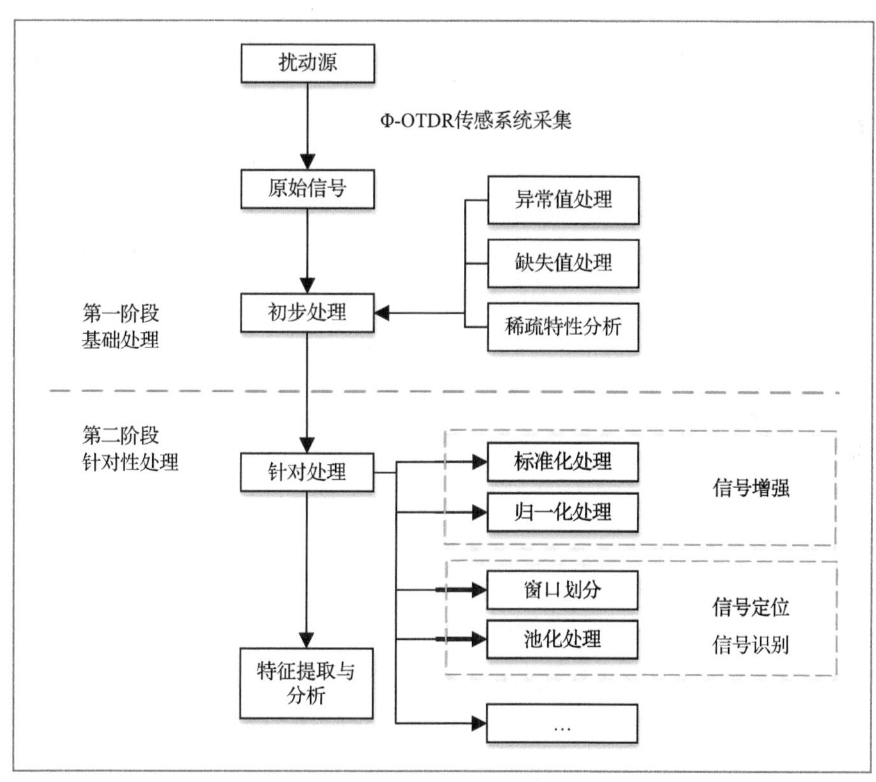

图 2－18　分布式光纤传感系统的数据处理流程

第一阶段，基础处理。

基础处理主要是为了解决数据基本的质量问题，删除或替换异常值，填补缺失值，提升数据质量。一般而言，当问题数据占比超过 20% 时，会大大影响算法模型的准确率。

（1）缺失值处理：缺失数据对数据质量造成极大影响，影响样本的数量和质量，常用的处理方法有以下 3 种。

①分箱法：对缺失位置进行局部平滑替换，可以选择平均值、中值等方法。

②聚类法：对缺失数据进行分类，通过类均值来替代缺失值。

③回归法：建立回归函数对缺失值进行拟合，通过其他数据的对应关系对缺失位置数据进行填充。主要是通过建立变量 Y 与变量 X_i（$i=1$，2，…，m）之间的回归模型获得 Y 的缺失数据，第 k 个缺失值对应的拟合结果可以表示为：

$$z_k = a_0 + \sum_{i=1}^{m} a_i X_{ik} + \zeta_k \tag{2-44}$$

本书中对于采集数据中的缺失值，选用回归法进行填充。该方法填充数值符合数据本身分布趋势，当处理缺失值数量较多时，对后续数据处理影响小于统一值替换等其他方法。

（2）异常值处理：是指全局离群点，一般大大超出数据分布的合理范围。通过对这些点进行识别、清洗，使异常位置形成缺失，再进行填补，具体填补方法同缺失数据的填充方法。当离群点的行为属性与情境属性相匹配时，则可视为情境离群点，通过情境离群现象，可形成对某种规律的认识。

在原始信号中，系统本身会产生一些单点噪声。为了减少单点噪声对特征计算的影响，用窗口平均值代替这些离群点。步骤如下。

第一步，通过分析数据的全局分布并计算最大值和最小值来找到所有偏移点。

$$\begin{aligned} &Minimum: Q1 - k(Q3 - Q1) \\ &Maximum: Q3 + k(Q3 - Q1) \\ &Outlier: P < Minimum, P > Maximum \end{aligned} \tag{2-45}$$

（$Q3$：第三个四分位数；$Q1$：第一个四分位数，$k=3$）

第二步，用窗口平均值替换这些异常点，一般根据实际需要设置窗口长度。

第二阶段，针对性处理。

采集到的信号幅值波动较大，为了方便观察和进行经验模态分解，需要进行中心、标准化和规范化处理，这是进行信号增强研究的必要处理手段。数据切割和数据打标签处理是进行定位编码和特征提取的基础环节，通过数据切割划窗，降低了用于定位编码和特征提取的数据规模；数据打标签处理建立起用于实验结果比对的标准数据。下面对本书中采用的四种针对性处理方法简要说明。

（1）中心化

中心化是从原始数据中减去平均值，并且处理后的数据波动接近于 0。该操作是为了便于计算改进的峰均比和短期间隔过零率。

$$\operatorname{sgn}'(x) = \begin{cases} \operatorname{sgn}(x) - a, \operatorname{sgn}(x) \geq 0 \\ \operatorname{sgn}(x) - (-a), \operatorname{sgn}(x) < 0 \end{cases} \tag{2-46}$$

通常，a 取 sgn（x）的平均值。

（2）标准化和规范化

为了减少信号幅值差的影响并关注管线泄漏的实质，应首先对采集数据进行标准化和规范化。该步骤可以消除光学时域反射仪采集中的误差，保证后续的计算速度。公式如下：

$$c_{\text{Sta}}(x) = \frac{x - \mu}{\sigma} \tag{2-47}$$

$$c_{\text{Norm}}(x) = \frac{c(x) - \min[c(x)]}{\max[c(x)] - \min[c(x)]} \tag{2-48}$$

针对信号编码定位和特征提取需要，需要对信号进行切割，将信号划分为多个标准窗口长度的短信号，方便对齐进行编码处理。

（3）数据切割

划窗就是将信号分段处理。为了便于定位编码和特征提取，需要对时间序列信号进行划窗处理。由于管道泄漏状态是连续的且逐渐变化的，因此为了不遗漏管道泄漏信息，本书采用移动步长法切割窗口。信号划窗长度决定了信号处理复杂度和时效性。

从信号的时间维度进行划窗处理，设置窗口长度 N 和移动步长 S。作者通过大量实验和窗口长度遍历，最终选择窗口长度为 1000 个信号点。在 10 000 Hz 的采样率下，相当于 0.1 秒。通常会在 $S=1/2\ N$ 时获得最佳效果，即相邻的两个窗口信号有 500 个信号点的重合，划窗过程示意图如图 2－19 所示。

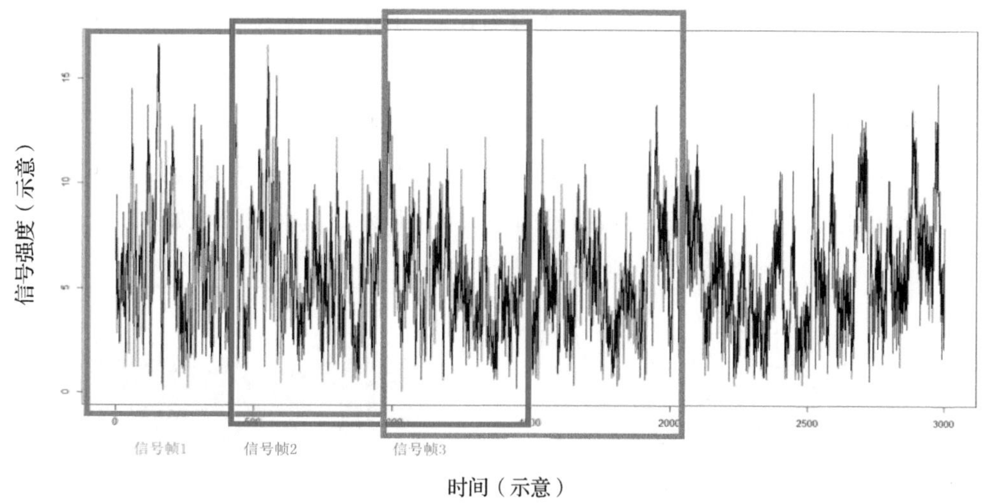

图 2－19　信号切割示意图

（4）数据打标签处理

为了建立用于城市地下管道泄漏定位与识别的数学模型，并对模型进行准确评价，需要通过具有真实值的数据集进行建模和验证。根据具体实验情况，确定光纤监测点位置和操作时间，通过人工方式建立监测数据，反映事件真实状态的数据类别集合，为后续模型训练和模型评价做准备。

2.3.4 地下空间扰动源特性分析

地下空间扰动源特性分析是指通过设计地下管道泄漏实验分析泄漏信号的时域频域特点，初步探索泄漏信号的时频特点，为后续研究提供支持，数据采集场景如图 2 - 20 所示。

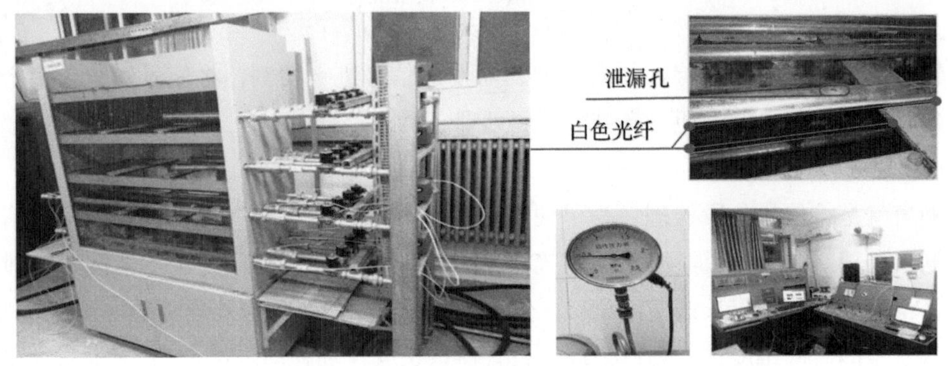

图 2 - 20 管道泄漏模拟实验场景

为了研究城市地下管道泄漏信号特点，调研城市地下主要管道设计压力情况如下：长距离油气管道设计压力范围为 0 ~ 12 MPa，刻度为 0.1 MPa；给排水管道压力设计范围为 0.4 ~ 5 MPa，天然气管道压力设计范围为 0.1 ~ 4 MPa，热力管道压力设计范围为小于等于 2.5 MPa。

对管道分别输入气体，压力控制在 0.1 MPa，泄漏口直径为 4 mm，光纤沿着管道布设，通过 Φ-OTDR 监测系统 S3000 采集管道泄漏信号，采集频率设置为 10 kHz。选取泄漏点附近监测点信号，管道时域信号如图 2 - 21 所示，其时频分析如下。

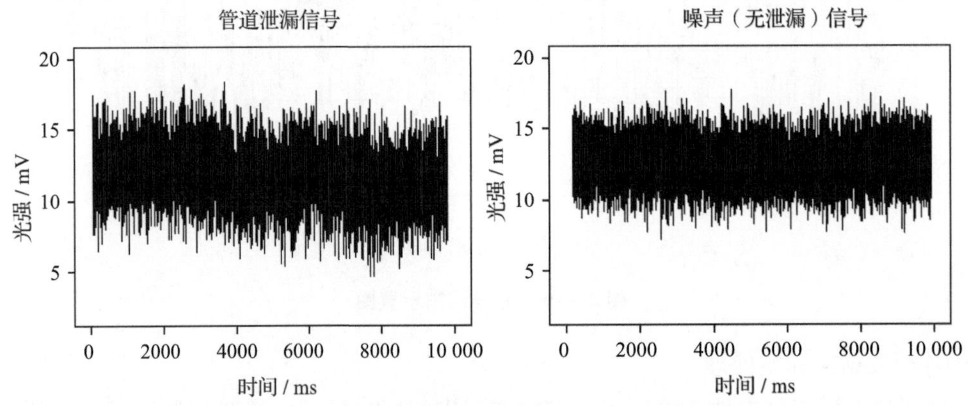

图 2 - 21 气体管道泄漏和噪声（无泄漏）时域信号

为了准确分析管道泄漏信号和无泄漏信号的差异性，对监测数据进行快速的傅里叶变换，其时域信号如图 2－22 所示。

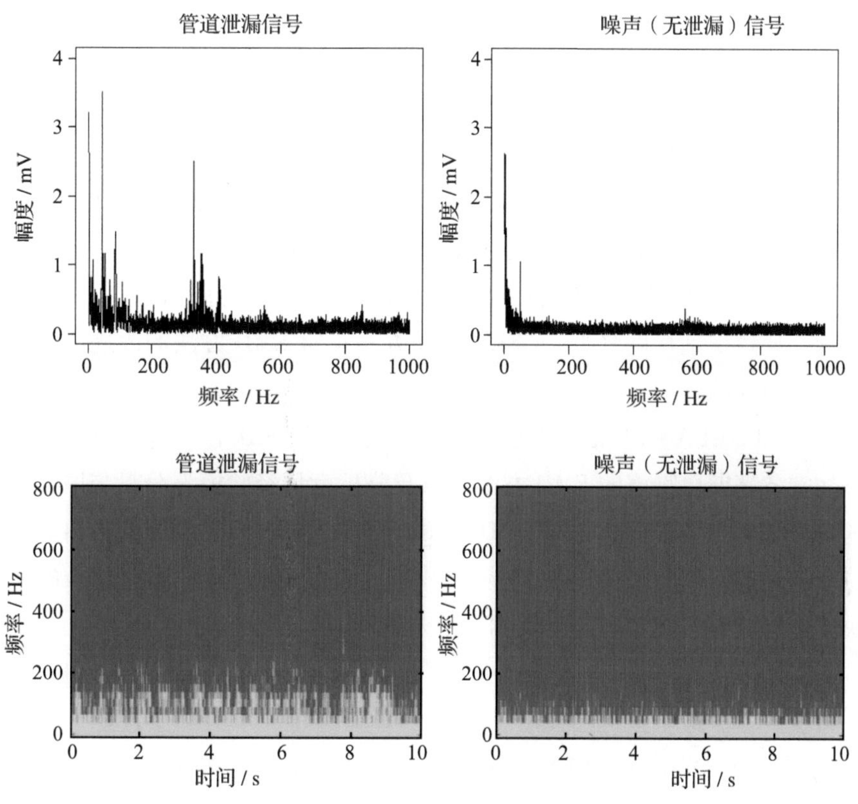

图 2－22　管道泄漏信号与噪声（无泄漏）信号

通过以上分析，可以发现以下四个结果。

（1）管道泄漏信号是连续且非平稳的信号。泄漏信号和无泄漏信号趋势接近、幅度差异不大，需要提取特征以获得隐藏在信号中的有效信息。

（2）泄漏信号相对于无泄漏信号具有较宽的频率范围。而且，随着时间的推移形成了不同的频带。时域形态特征不能有效地表示要识别的管线信息。这要求提取特征的同时要考虑计算效率和常规时域特征。

（3）就最强频率而言，泄漏信号的频率范围为 0 ~ 500 Hz，无泄漏信号低于 100 Hz；泄漏信号和无泄漏信号之间的频率带宽存在差异。

（4）管道泄漏时，Φ-OTDR 波形的峰谷变化较大。

城市地下管道监测环境复杂，环境干扰对信号的影响很大，因此需要针对采集到的非平稳信号进行降噪处理，强化信号信噪比。

2.4 CEEMDAN-KL 信号增强法

CEEMDAN 方法是基于 EMD 方法改进而来，而 EMD 方法是希尔伯特黄变换（Hilbert Huang Transform，HHT）的关键环节。相较于基于小波分析的非平稳信号降噪，降噪效果主要依赖于小波函数和阈值的设定，CEEMDAN 方法克服了计算效率低的问题。同时，EMD 方法具有数据驱动性，能够依据信号特点选择时间尺度分解成由高频到低频的多个本征模态函数。EMD 方法虽然提高了待测信号的自适应性，但是无法解决模态混叠问题，导致识别精度降低。CEEMDAN 方法是对 EMD 方法的改进，解决了模态混叠和迭代次数问题。

本节提出 CEEMDAN-KL 信号增强方法，在介绍了 EMD 方法这一内核之后，提出了通过添加完备高斯白噪声的 EMD 方法，以及分析度量经验模态分量与原始信号的分布差异的信号重构与增强方法。CEEMDAN-KL 信号增强法不仅能够反映出非平稳信号的局部特征，还能保留信号中的主要特征，剔除次要特征，实现监测信号的重构与增强，解决了非平稳信号降噪和监测数据质量差的难题。

2.4.1 经验模态分解方法分析

EMD 方法是本节提出的 CEEMDAN-KL 信号增强法的基础环节，首先对其原理和步骤进行简要说明。EMD 方法是 20 世纪 90 年代 Huang 等人提出的一种对非平稳信号的处理方法，这种方法利用信号本身的特性，从信号中抽取信号本身的部分特征作为基函数，可将信号分解成平稳的若干 IMF 分量以及剩余分量，不同的 IMF 分量代表原始信号在不同尺度上的不同特征。并且该方法对于非线性、非稳定的信号非常有效，因此也适用于 Φ-OTDR 实验系统采集到的信号。EMD 方法的本质是通过数据的时间尺度来获得固有经验模式，是一种信号自我驱动的分解过程。将复杂的原始信号分解为一系列具有不同幅值的 IMF 分量和残余分量之和，将 IMF 分量按照瞬时频率由高到低的顺序分离出来。EMD 方法具有自适应性，能够根据信号特点分解，但是模态混叠现象极大影响了信号分解质量。

EMD 方法建立在以下 2 个假设的基础上：

（1）信号至少有两个极值点，分别是一个极大值和一个极小值；

（2）时间尺度通过两个极值点之间的时间长度来定义。

EMD 方法的分解步骤如下所示。

（1）从初始信号 $x(t)$ 中抽取局部极大值点，采用 3 次样条曲线连接所有极大值点，得到极大值样条曲线 $l(t)$。同理，得到 $x(t)$ 的极小值样条曲线 $s(t)$。计算 2

个样条曲线的均值序列 $m(t)$：

$$m(t) = \frac{l(t) + s(t)}{2} \tag{2-49}$$

（2）将原始信号 $x(t)$ 中减去均值序列 $m(t)$：

$$p(t) = x(t) - m(t) \tag{2-50}$$

判断 $p(t)$ 是否同时满足基本模式分量的 2 个条件。如果不满足，则将 $p(t)$ 作为初始信号 $x(t)$，重复步骤（1）（2），直至 $p(t)$ 是一个基本模式分量，记为：

$$c_1(t) = p(t) \tag{2-51}$$

（3）将余值序列记为 $r_1(t)$：

$$r_1(t) = x(t) - c_1(t) \tag{2-52}$$

（4）再将 $r_1(t)$ 作为初始信号 $x(t)$，重复前面的步骤，依次得到 n 个基本模式分量 $c_1(t)$，$c_2(t)$，…，$c_n(t)$，并获得原始信号余项 $r_n(t)$，最后初始信号 $x(t)$ 被分解为若干基本模式分量 $c_i(t)$ 和一个剩余项 $r_n(t)$，即：

$$x(t) = \sum_{i=1}^{n} c_i(t) + r_n(t) \tag{2-53}$$

2.4.2　CEEMDAN-KL 信号增强法分析

CEEMDAN-KL 信号增强法是在 EMD 方法的基础上改进而来。虽然 EMD 方法在处理非平稳和非线性复杂信号数据方面有许多明显的优点，但也存在一些不可避免的缺陷，如模态混叠。模态混叠是指同一 IMF 分量中会包含不同的频率分量，或者相同和相似的尺度的频率会分布在不同的 IMF 分量中。CEEMDAN-KL 信号增强法将多组独立同分布自适应白噪声引入到信号分解中来，分解获得具有唯一余量的 IMF，提升了非线性信号的分解能力。CEEMDAN-KL 信号增强法有效地抑制了模态混叠现象，同时克服白噪声残留的问题。CEEMDAN-KL 信号增强法摆脱了傅里叶变换的限制，并且很好地解释了瞬时功率。

KL 散度又被称为相对熵或者信息散度，是两个概率分布间分布差异的非对称度量。在信息理论中，KL 散度等价于两个概率分布信息熵的差值。其公式为：

$$D_{KL}(p \| q) = \sum_{i=1}^{N} [p(x_i)\log p(x_i) - p(x_i)\log q(x_i)] \tag{2-54}$$

式中，$p(x_i)$ 为分解后本征模态分量的概率分布；$q(x_i)$ 为原始信号的概率分布。通过 KL 散度度量分布之间的差异性，保留本征模态分量中与原始信号差异较小的分量，提出差异较大的分量，实现信号主要特征的增强效果。

需要说明的是，当环境噪声对监测信息造成影响时，噪声强度极大、淹没监测信号的情况不做讨论。若监测信号中主要部分为目标信号，干扰属于次要影响。在这种假设下，监测结果受到环境噪声的影响，会对多尺度分解后的本征经验模态分量产生次要影响。通过度量各个本征经验模态分量分布与原始信号差异性，实现 IMF 分量的优化选择。CEEMDAN-KL 分解过程的步骤如图 2－23 所示。

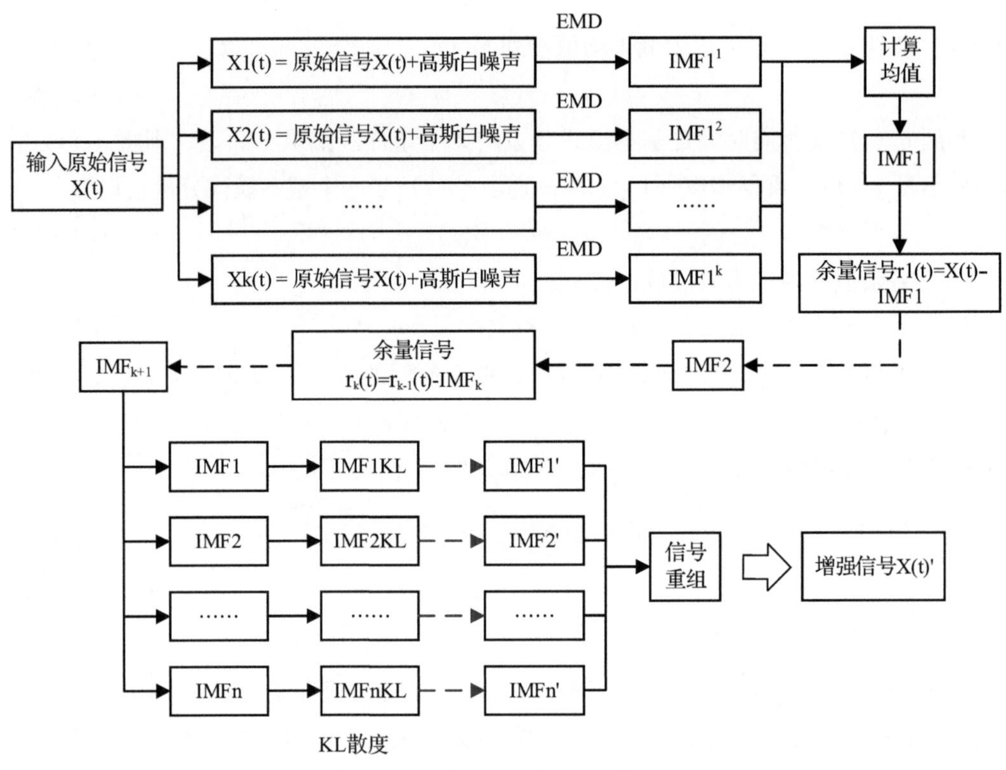

图 2－23　基于 CEEMDAN-KL 的信号增强过程

CEEMDAN 基于 EMD 分解开发，通过将时间序列信号分解为具有适应性的几个 IMF 分量。这些 IMF 分量彼此之间几乎没有影响，并且与原始信号不同，这可以简化信号特征信息的耦合。通过添加自适应白噪声，计算出唯一的余量以获得 IMF 分量。本章提出了通过 KL 散度测量每个 IMF 分量和原始信号之间的分布差异，优化了 CEEMDAN 流程，增强了信号特性，并为 Φ-OTDR 系统性能优化提供了支持。首先，将 E_k（·）定义为通过常规 EMD 算法分解生成的第 k_{th} 模式分量；$\tilde{C}_k$ 定义为 CEEMDAN 生成的模式分量；N 定义为高斯白噪声。σ 定义为噪声的标准偏差。然后，CEEMDAN-KL 分解步骤如下：

（1）对信号 $x(t)+\sigma_0 Ni(t)$ 进行 m 次实验，其中第一个模态分量为：

$$\tilde{C}_1(t)=\frac{1}{m}\sum_{i=1}^{m}E_1^i(t)=\overline{E_1}(t) \tag{2-55}$$

（2）获得唯一的残差信号：

$$r_1(t)=x(t)-\tilde{C}_1(t) \tag{2-56}$$

（3）对信号$r_1(t)+\sigma_1 E_1(Ni)$进行 m 次实验，并将其分解直至获得 $E_1(\cdot)$。基于此，计算第二个经验模态分量：

$$\tilde{C}_2(t)=\frac{1}{m}\sum_{i=1}^{m}E_1(r_1(t)+\sigma_1 E_1(N^i)) \tag{2-57}$$

（4）对于 $k=2$，…，K，计算残差信号和相应的经验模态分量，其中计算步骤与步骤（3）一致，并且每个分量$\tilde{C}_k$与原始信号 $x(t)$ 之间的 KL 散度值计算如下：

$$r_k(t)=r_{k-1}(t)-\tilde{C}_K(t) \tag{2-58}$$

$$\tilde{C}_{K-KL}=f_{KL}(\tilde{C}_K(t)\mid x(t)) \tag{2-59}$$

$$\tilde{C}_{K+1}(t)=\frac{1}{m}E_K[rK(t)+\sigma_K E_K(N_i)] \tag{2-60}$$

（5）执行步骤（4），直到残留物无法分解。

在这里，从数学统计的角度来看，最好的重建效果是所选分量的 KL 标准偏差小于所有 KL 分量的一半的标准偏差时：

$$\tilde{x}(t)=\sum_{K=1}^{K'}\tilde{C}_K(t) \tag{2-61}$$

为了更好地理解该算法，作者选取了敲击器（图 2－24），使用 Φ-OTDR 系统以 10 Hz的频率收集敲击数据。

图 2－24　敲击器

标准化后，采用了 CEEMDAN-KL 信号增强法，选择符合 KL 选择标准的 IMF 以完成原始信号的重建（图 2－25）。

如图 2－26 所示，基于 CEEMDAN-KL 信号增强法的标准信号增强的比较：原始信号（a）和增强后的信号（b）。横坐标是分解后获得的 IMF。纵坐标表示来自原始信号的 IMF 的 KL 值。此步骤消除了具有较大差异的 IMF 分量，其余分量，表达原始信号的特性。图 2－26（b）中的虚线表示 IMF 分量的过滤阈值。阈值为 0.389，为所有 IMF 的 KL 标准偏差的一半。因此，选择了 IMF1、IMF6、IMF7、IMF8、IMF9 和 IMF10 来重建信号。

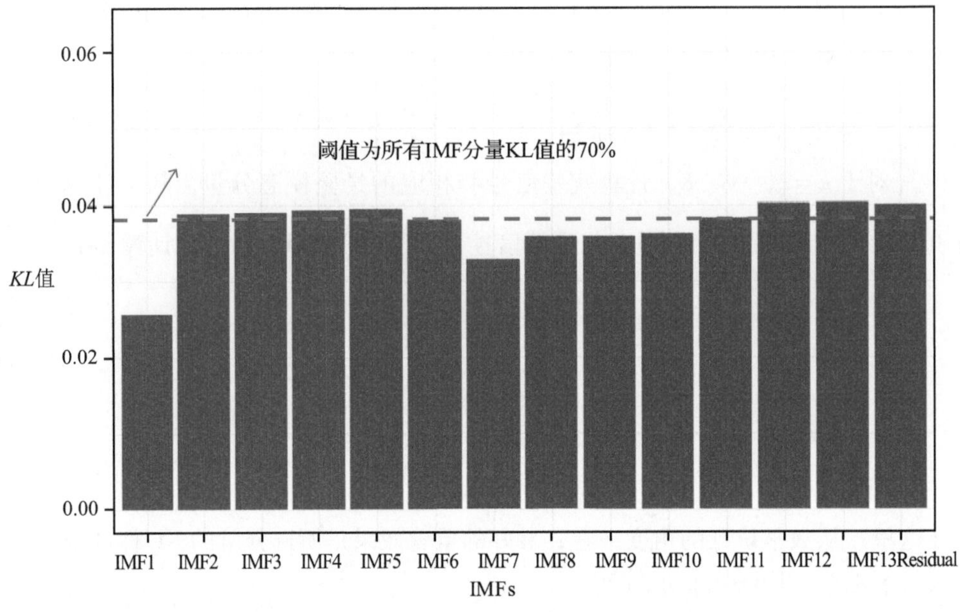

图 2－25　IMF 与 KL 之间的关系示意图

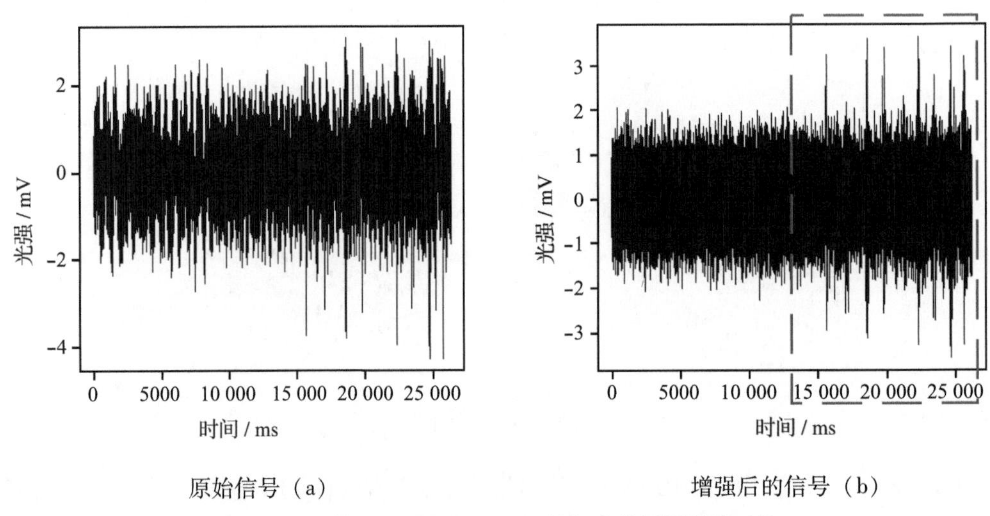

图 2－26　基于 CEEMDAN-KL 的标准信号增强的对比

在实际环境中，信噪比低的目标信号和噪声经常混合且难以区分，如图 2－26 所示。通过 CEEMDAN-KL 信号增强法后，目标信号和噪声的对比度特性增强，这将使目标信号的关键特性更加显著，如图 2－26 中虚线框所示。

2.4.3　地下空间信号增强评估手段

SNR 是信号系统中评价信号质量最常用的参数之一，其反映了信号功率和噪声功率之间的关系。信噪比通常采用 dB 为单位，信噪比的值与信号质量呈正相关。

在对采集到的光纤传感振动信号添加白噪声时，需要根据情况生成特定信噪比的信号。考虑到信噪比定义为信号和噪声的功率之比，其可以通过下式计算。

$$SNR = 10\log(\frac{V_s}{V_n}) \tag{2-62}$$

式中，log 为以 10 为底的对数；V_s 为信号的最大幅值；V_n 为噪声的最大幅值。SNR 的单位是 dB。

现实中，无法确切得到信号和噪声的最大电平值，这直接影响信号的信噪比的准确计算。因此，只能间接对信号的信噪比进行估算。常用的信噪比估算方法主要有两种：时域估算法和频域估算法。时域估算法主要通过分析信号时域特点来估算信号的信噪比，最大似然估计法、数据拟合法和二阶四阶矩估计法是常用方法。但基于时域的信噪比计算方法计算量较大、应用场景有限且不利于实际操作，因此，本章选用频域估算法近似获取信号的信噪比。

频域估算法作为实际工程应用中的经典方法，利用随机噪声较为平坦的特点，把信号中能量最低的一部分近似看作噪声的功率。其核心思想是：首先，基于离散傅里叶变换把采集到的光纤传感振动时域信号变换到频域；其次，将频域内 DFT 幅值 $|X(k)|^2$ 的均值作为信号的能量；再次，选取频域某带宽内 DFT 幅值 $|X(k)|^2$ 的均值作为噪声的能量；最后，通过计算信号与噪声能量的比值得到信号的信噪比。

若 $x(n)$ 为采集到的含噪光纤传感振动信号，则该方法的具体步骤如下：

（1）对 $x(n)$ 进行离散傅里叶变换得到信号的频谱 $X(k)$。

$$X(k) = \frac{1}{N}\sum_{n=0}^{N-1} x(n)e^{-j\frac{2\pi}{N}nk} = X(e^{j\omega})\big|_{\omega=\frac{2\pi}{N}k} \tag{2-63}$$

（2）计算平均值作为信号的功率。

$$P_s = \frac{1}{N}\sum_{k=0}^{N-1} |X(k)|^2 \tag{2-64}$$

（3）将频域内信号的频谱平均分割，计算每段内信号频谱幅值的平方值，并计算平均值。

$$seg_i \triangleq \frac{1}{L}\sum_{k}^{seg} |X(k)|^2 \tag{2-65}$$

式中，seg_i 表示第 i 段，每段的长度均为 L。

（4）取 seg_i 中的最小值作为噪声的频谱，则噪声功率可以表示为：

$$P_n = \min\{seg_i\} \tag{2-66}$$

（5）则信号的信噪比可以表示为：

$$SNR = 10\log\left(\frac{P_s - P_n}{P_n}\right) \tag{2-67}$$

基于离散傅里叶变换的频域估算法相较于时域估算法易于实际计算信噪比、估算更加准确、适用场景更加广泛，因此，本章采用频域信噪比计算方法对不同滤波算法后的信号的信噪比进行计算。

2.5 地下空间扰动源信号增强方法的有效性分析

2.5.1 光纤布设准则

光纤的布设准备工作决定了实验的测试结果的准确性和稳定性。为此，光纤传感器布设时要求结构能发生大偏移，在受到各类荷载时不至于发生损伤或断裂，影响工作效果，除此之外，还要求布设后的光纤应该与结构的温度及变形协同一致。

分布式光纤传感器布设在试验场地需要达到以下要求：

（1）光纤要与实验结构保持紧贴状态，并确保可以同时振动。

（2）分布式光纤传感器能够准确定位测试光纤的首尾两部分，便于找到光纤在计算机采集图像中的振动区域。

（3）布设光纤的末端需延长一段光纤传感器作为温度补偿，布设温度补偿传感器时，要求温度补偿传感器的应变为0，以准确地测得温度变化对传感器的应变影响。

为保证分布式光纤振动传感器的监测质量，光纤的布设应遵照以下原则：

（1）布设方向

分布式光纤属于轴向应变传感器，变形特点为单向性。在布设光纤时，需要根据结构的延伸方向布设，保证传感光纤与结构的振动保持最大协同。

（2）振动方向一致

分布式光纤振动传感器与管道的振动保持一致是准确监测作用于结构的荷载类型的基础。因此在布设时，需要根据光纤与结构的契合性，选择合适的粘贴剂或绑扎固定方式。

（3）可靠性

分布式光纤传感器应具有整体连续传感的特点，验证整体的光路是否接通，需要在布设之后用通光笔进行检测，验证布设后的光路是否通畅，光纤的熔接处光损是否达标，以保证后期振动监测实验的顺利进行。

2.5.2 光纤布设具体方法

光纤的布设主要包括以下几个方面：

（1）粘贴剂的选取

需要用强度较大的粘贴剂固定光纤，粘贴强度不达标，会导致其在结构变形过程中剪切变形过大，抗压强度不足以达到外界冲击的影响而损坏，或极限拉应变小于光纤的拉应变而失效。此外，粘贴剂不能腐蚀光纤的涂层，防止其导致光纤裸露易损。实验中为了保证布设过程流畅，粘贴剂还需要具有迅速硬化的特点。

（2）布设方式

传感光纤的布设方向应该保证光纤能够承受轴向应变，来减弱 Φ-OTDR 技术监测振动图像受传感光纤的轴向应变的影响。根据被监测结构的不同，布设方式有定点布设和全面布设两种。定点布设方式是指给光纤施加一个预应变，每隔一段距离固定在被测结构上。当被测结构产生振动时，两个固定点之间的光纤会发生相应的振动。这种方式能够更好地让光纤与结构协同振动，所采集的振动信号为结构本身的振动信号，受光纤本身的影响较小；全面布设方式是先将整段光纤拉直，然后用粘贴剂完全将光纤粘贴在结构表面或者植入结构内部，这种方式能够保证整段光纤的每一个点都与结构保持一致，贴合度高，针对空间分辨率较高的布里渊应变传感技术有良好的效果。由于本书所用的分布式光纤振动传感技术空间分辨率较低，采用定点布设即可。需要注意的是，在布设过程中，要注意弯曲处的曲率半径不宜太小，否则会引起较大的弯曲损耗，造成信号的信噪比下降，影响传感光纤的测量长度。

在分布式光纤振动技术的工程应用中，根据管道等基础设施局部区域的重要程度，可将不同监测段进行分级。可在重点监测区域布设两条光纤，或者将光纤卷圈集中布设以加大空间分辨率，也可以布设局部加速度传感器进行精度补偿。

（3）防护措施

裸露光纤较细且容易断裂，需要对其进行有效的保护措施。根据布设的方式，将光纤进行埋入式布设时，可用固化后的粘贴剂作为保护层。在进行表面布设时，需要在外部加设聚乙烯类保护层或者金属保护层，防止外界冲击荷载、重载等对光纤造成损伤破坏。传感光纤的熔接部分或弯曲部分在施工过程中往往容易发生弯折、受剪等破坏，当破坏点到光固定端的距离小于熔接时最小剥离长度时，传感光路会失效。因此，保护好这部分光纤需要对其进行加护并留出多余部分，为后期的维修工作做好铺垫。

（4）光路检查

一般光纤的布设流程如下：铺设光纤—固定光纤—粘贴或植入光纤—保护光纤—检查通路。检查通路指整体光纤在布设完毕后，用通光笔查找整体光纤是否有断点。

2.5.3 实验设计与数据采集

本章设计了一处地下管道泄漏实验（如图 2-27 所示），用来采集管道气体泄漏数据的基本特点。光纤及管道的铺设：管道在地下部分大约长 8 m，管道泄漏口直径为 4 mm，埋深 1.2 m，地上部分一端连接储气罐，一端为出气口，两端均带有阀门与气压表，设定管道压力 0.1 MPa。由于管道长度较短，泄漏口径较小，为了使得更大范围光纤感应到泄漏信号，将 20 m 光纤均匀缠绕在管道上，然后将管道埋于地下，最终光纤的首端与末端与管道的出气口方向一起伸出地面。

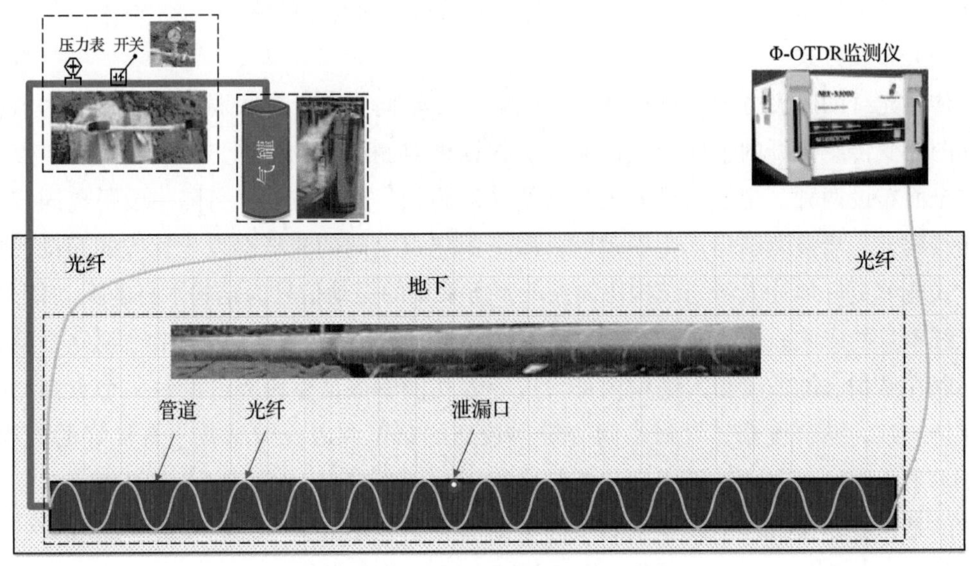

图 2-27　地下管道泄漏实验示意图

Φ-OTDR 监测仪可以收集泄漏数据和无泄漏数据。此外，通过控制阀和压力表控制管道输出，可以收集处于不同状态的管道泄漏数据。具体实验场景如图 2-28 所示。

实验过程有以下三个环节：

（1）启动电脑与两台设备，电脑与设备连接成功后，启动软件，开始分别采集自然环境噪声数据。

（2）自然噪声采集完毕后，待储气罐充入 30 kg 液态甲烷。开始泄漏检测实验。首先，进行光纤点位计算，在光纤两端的出土口分别标注 1922 m 与 1972 m，则可知光纤在地下的长度大约为 50 m。

（3）检测充气过程中泄漏信号的变化。气压从 0 MPa 升高到 0.1 MPa 的过程中，先关闭出气口阀门，再打开进气口阀门，让气压表由 0 MPa 缓缓升至 0.1 MPa 左右。

反复采集，获得管道泄漏稳定信号和无泄漏稳定信号，采样频率 10 kHz，分别累计采集时间为 200 s，光纤长度为 500 m，单点采样点数量为 200 万行。

2.5.4　结果分析

通过 Φ-OTDR 监测仪获得管道泄漏数据，并对监测信号进行分析，充分分析扰动源信号特性。开始时，无泄漏信号平稳，气体阀门打开初期有气体泄漏时，信号变化较剧烈，产生突变后开始变缓。泄漏后信号变化较缓慢，这里选取管道稳定泄漏时的信号进行分析，反映管道持续稳定泄漏的状态，泄漏信号和收集到的无泄漏管道状态

图 2－28　地下管道泄漏检测实验场景

信号形态如图 2－29 所示。

通过 CEEMDAN-KL 信号增强法对信号进行分解与重构，如图 2－30 和图 2－31 所示。

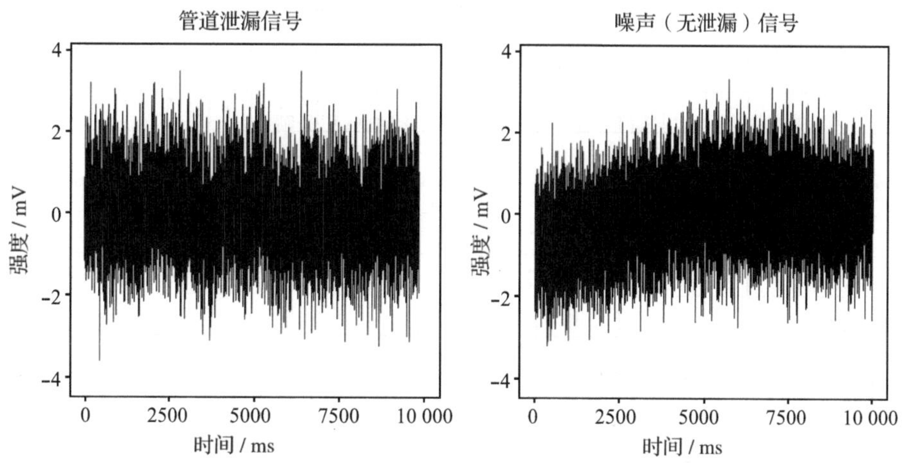

图 2－29　气体泄漏信号和噪声（无泄漏）信号

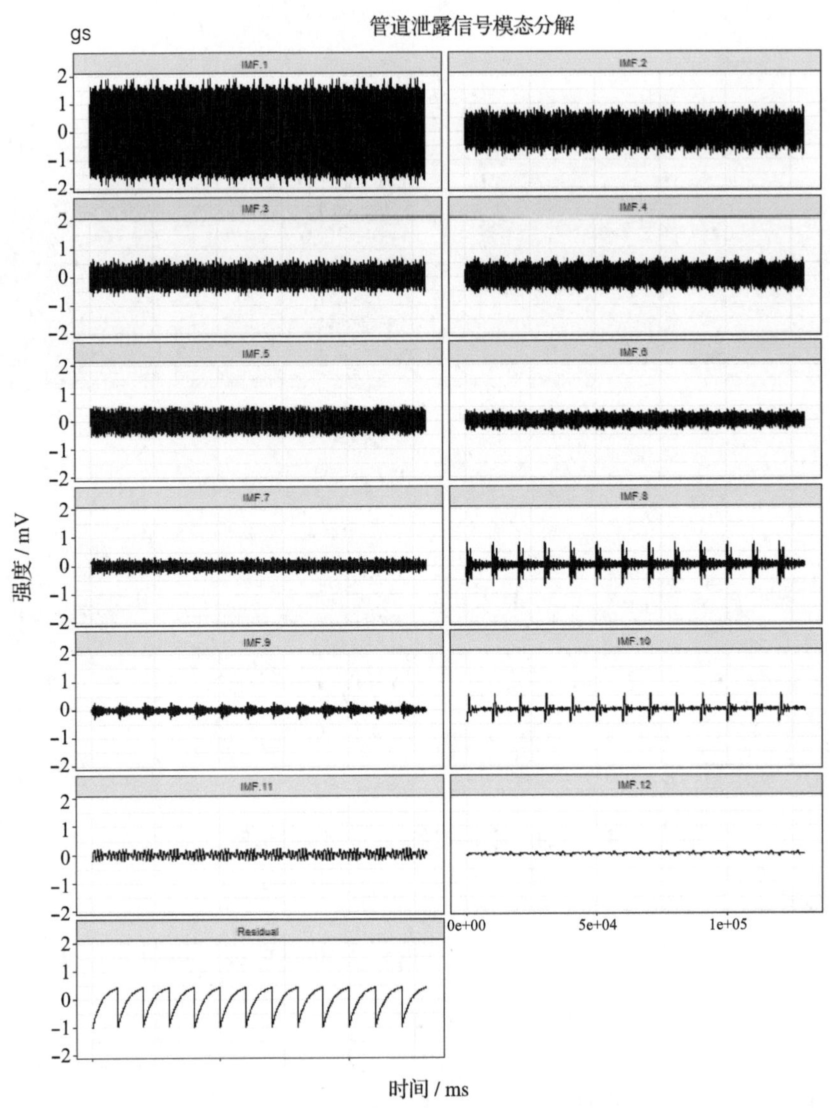

图 2-30 泄漏信号 CEEMDAN 分解

从图中可以看出，泄漏信号经过 CEEMDAN 分解后得到 12 个本征经验模态分量和 1 个残差分量。

通过 KL 散度计算泄漏信号本征模态分量与原始信号的分布差异性，同理对无泄漏信号分解结果进行相同操作，得到本征模态分量与原始信号差异图，如图 2-32 所示。

通过计算信号本征模态分量与原始信号的 KL 散度，得到泄漏信号和非泄漏信号的各本征模态分量的 KL 值如图 2-32 所示。图中虚线是设定筛选 IMF 分量的阈值。通过多次实验发现，阈值设定为总体 KL 散度的70%，可以保留信号的主要特征信息，同时将次要特征剔除。图 2-32 中，泄漏信号保留的本征模态分量是 IMF1、IMF2、IMF3、IMF4、IMF5、IMF8 和残差项。非泄漏信号保留的本征模态分量是 IMF1 ~ IMF5。对筛选结果分量进行信号重构，得到增强后的泄漏信号和非泄漏信号，如图 2－33 所示。

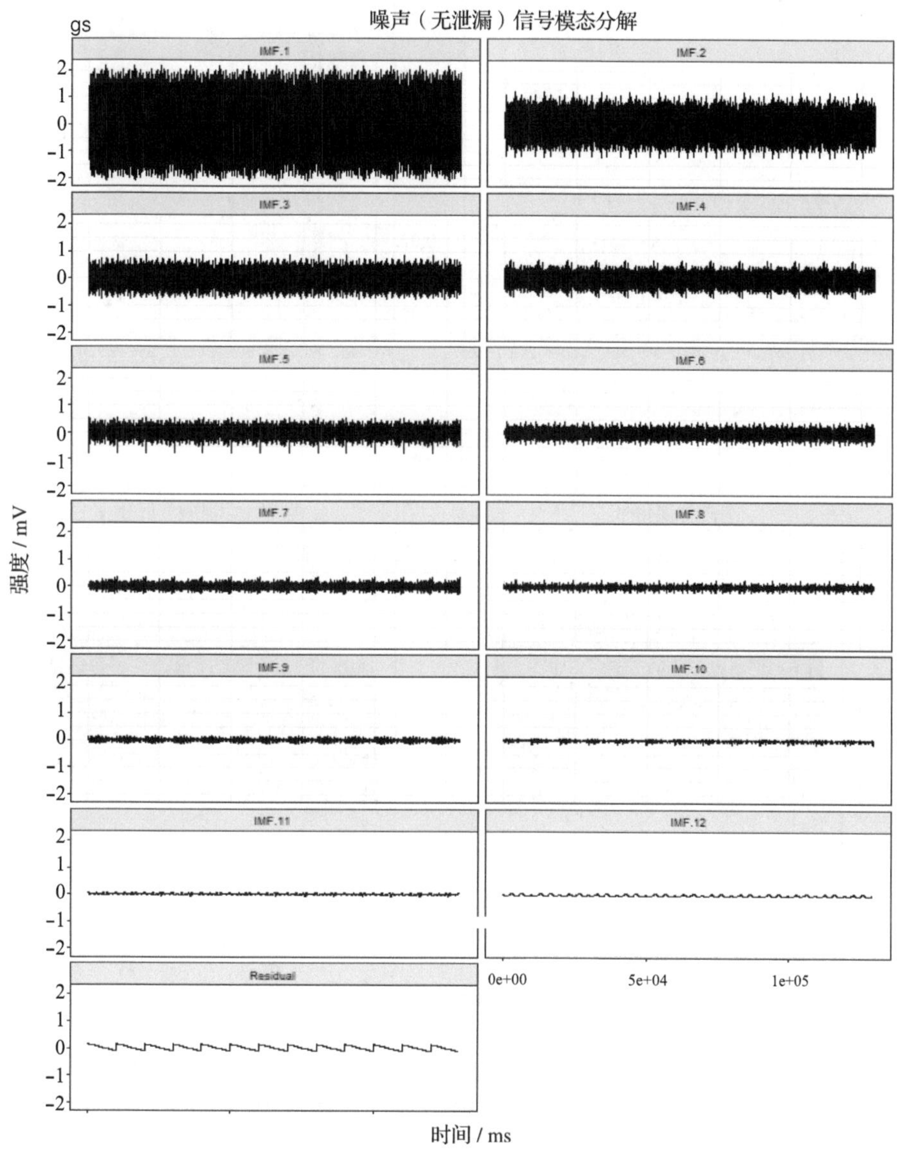

图 2－31　噪声（无泄漏）信号 CEEMDAN 分解

为了进行经验模态分解和方便信号观察，需要对信号进行归一化处理，处理后重构前后信号，处理后信号选择泄漏信号附近位置，计算泄漏信号信噪比估计值，作为对照实验选取高斯滤波方法和经验模态分解（Ensemble Empirical Mode Decomposition，EEMD）方法对比信噪比改善情况。

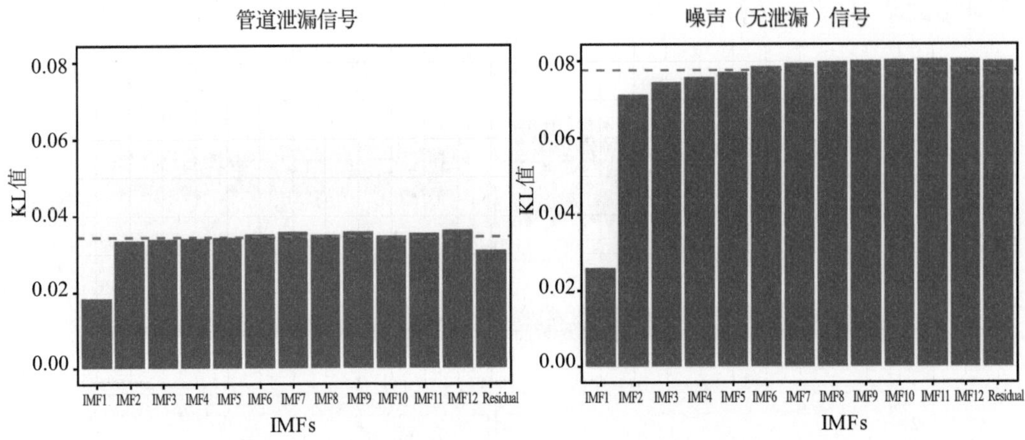

图 2－32　泄漏和噪声（无泄漏）信号本征模态分量选择

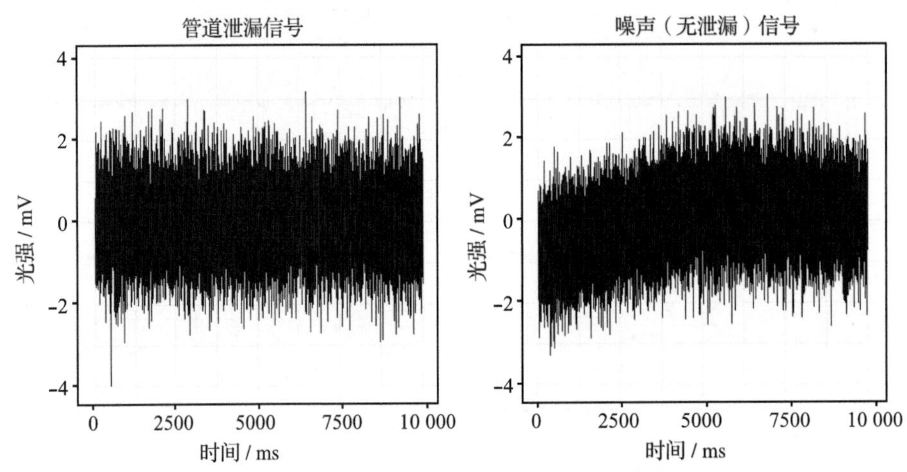

图 2－33　泄漏和噪声（无泄漏）信号重构

高斯滤波器是一种常用的平滑滤波器，可以在一定程度上改善信号的质量。EEMD 方法通过向信号中人为添加有限幅值的高斯白噪声，使极值点分布变得更加均匀，从而改善模态混叠效应，能够实现非平稳的重构与降噪。三种方法的增强前后对照如表 2－2 所示，信噪比单位为 dB。通过对比管道泄漏点附近 10 个监测点信号信噪比，基于 CEEMDAN-KL 信号增强法相较于原始信号平均提高了 9.2 dB。

表 2－2　泄漏信号增强前后对照表　　　　单位：dB

光纤位置	原始信号	高斯滤波	EEMD	CEEMDAN-KL
42.5 m	4.71	5.81	6.49	8.72
43 m	6.14	8.74	10.11	12.77
43.5 m	6.43	9.23	9.58	16.28
44 m	10.7	15.75	17.84	20.72

续表

光纤位置	原始信号	高斯滤波	EEMD	CEEMDAN-KL
44. 5 m	14. 39	19. 15	22. 09	24. 5
45 m	17. 21	21. 84	25. 64	27. 98
45. 5 m	18. 69	23. 08	25. 06	29. 12
46 m	19. 49	24. 47	25. 12	29. 82
46. 5 m	18. 02	24. 71	24. 30	29. 35
47 m	17. 32	22. 77	23. 57	28. 2
47. 5 m	16. 21	22. 39	23. 39	25. 23
平均值	13. 77	17. 97	19. 38	22. 97

第三章

地下空间扰动源定位方法研究

3.1 分布式光纤传感系统定位技术研究

干涉型分布式光纤传感系统可用于重要环境的定位监测等，国内外提出了很多不同结构的干涉型分布式光纤传感技术，包括 Sagnac 和 Sagnac、Sagnac 和 Mach-Zenhder 等混合组成的干涉型分布式传感结构。下面分别对其中几种典型的分布式光纤传感系统定位技术进行分析介绍。

3.1.1 基于双 Sagnac 干涉原理的定位技术

20 世纪 90 年代，Udd、Kurmer 等人在光纤陀螺仪的基础上提出了基于双 Sagnac 干涉原理的分布式光纤检测方法，如图 3－1。这种光纤干涉仪主要是由一个 2×2 光纤耦合器为核心构成的 Sagnac 环，由于顺时针和逆时针传播的光经过传感臂扰动作用点的时间不同形成相位差，在耦合器内发生干涉，通过解调干涉信号可以得到扰动信号；Sagnac 干涉仪实现了真正的零光程差，因而不存在由于干涉臂长度不一致引起的噪声问题，对光源的相干性要求低，通过使用高功率的宽光谱光源，适合长距离的扰动检测。下面具体介绍该方法的定位原理及分析。

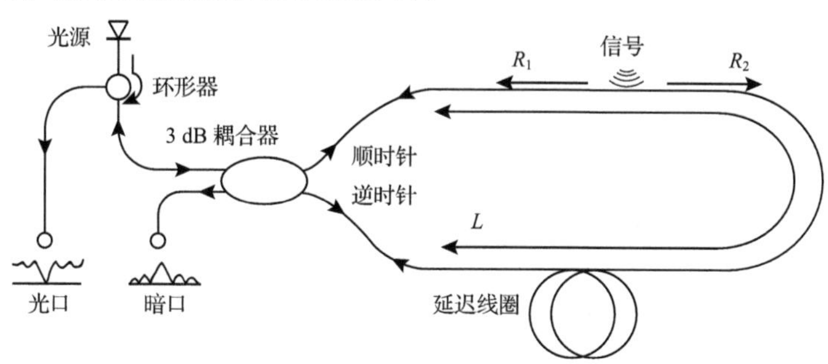

图 3－1　基于双 Sagnac 干涉原理的分布式光纤结构图

［摘自论文：分布式光纤振动传感器及其定位技术］

3.1.1.1 定位原理

光源发出的低相干宽带光经环形器传输到耦合器中，在耦合器中被分成顺时针和逆时针传播的两束光 CW 和 CCW。当有扰动信号作用在传感光纤上时，由于光弹效应，外界扰动信号将引起光纤中传输的光波发生相位变化，当外界扰动信号为时变信号时，两束光经过扰动点的时间不同，因而产生的相位也不同，其中 CW 先经历传感光纤，并依次经过扰动点和光纤环中点 M，经延时线圈后到达耦合器；CCW 光波则先经过延时线圈，然后经传感光纤和扰动点回到耦合器，这两束光经历的光程相同，在耦合器内发生干涉，干涉光中携带了扰动事件性质和位置的信息。在光口端获得的光功率可表示为：

$$P = \frac{P_0}{2}(1 + \cos\varphi) \tag{3-1}$$

式中，P_0 为耦合器的初始功率；φ 为两束光产生的相位差。

由于干涉仪的长度远大于扰动信号引起的光纤长度的变化，则有：

$$\begin{aligned} \varphi &= \Delta\varphi + \varphi(t - \tau_1) - \varphi(t - \tau_2) \\ \tau_1 &= nR_1/c, \tau_2 = nR_2/c \end{aligned} \tag{3-2}$$

$$R_1 + R_2 = L \tag{3-3}$$

式中，φ 为光波经过扰动点时产生的相移；n 为光纤折射率；c 为光速；$\Delta\varphi$ 为由系统引起的非互易相移。

$$P(t) = \frac{P_0}{2}\{1 + \cos[\Delta\varphi + \varphi(t - \tau_1) - \varphi(t - \tau_2)]\} \tag{3-4}$$

作用在感应光纤上的扰动信号可表示为 $\varphi(t) = \varphi_0 \sin(\omega_s t)$，设 φ_0 很小，通常 $\Delta\varphi = \Pi/2$，称为直流偏置，在此偏置处，光电流和检测相位变化斜率最大，因而检测灵敏度最高。功率的交流成分为：

$$P^{ac}(t) = -P_0\varphi_0 \sin\frac{\omega_s\Delta\tau}{2}\cos(\omega_s t - \frac{\omega_s\tau}{2}) \tag{3-5}$$

式中，$\tau = \tau_1 + \tau_2$；$\Delta\tau = \tau_1 - \tau_2$。其幅值为：

$$P_{\omega s}(t) = P_0\varphi_0 \sin\frac{\omega_s\Delta\tau}{2} \tag{3-6}$$

当 $\frac{\omega_s\Delta\tau}{2} = 0, \Pi, \cdots, N\Pi$ 时，对应的频率（陷波点频率）幅值为 0。此时，陷波点频率与扰动点的位置信息 R_1 有关，可得：

$$f_{s,null} = \frac{\omega_{s,null}}{2\Pi} = \frac{NC}{n(L - 2R_1)} \tag{3-7}$$

有：

$$R_1 = \frac{L - \dfrac{NC}{nf_{s,null}}}{2} \tag{3-8}$$

当扰动信号为理想的白噪声时，相应的傅里叶变换为正弦函数，由式3－8定义的陷波点频率和扰动点的位置关系如图3－2。因此定位原理是：通过分析Sagnac环干涉光强的频谱（对接收的光信号进行快速傅里叶变换），会发现频率响应呈现一系列有固定周期的极值点（陷波点频率），由扰动点在光纤上的位置决定，他们之间满足上式的关系。

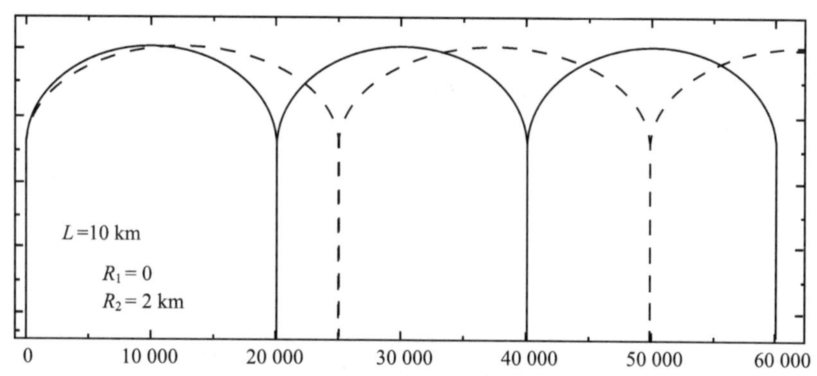

图3－2　不同位置的白噪声扰动源获得的干涉信号的傅里叶变换

［摘自论文：分布式光纤振动传感器及其定位技术］

3.1.1.2　分析

利用Sagnac干涉原理获取信号的探测灵敏度很高。当Sagnac干涉原理用于管线定位时，将沿管线铺设的光纤作为传感元件，传感光纤上的每个点都具有传感能力，且监测距离远，定位准确度高。但由于其自身结构和定位算法的限制，系统存在以下问题：

（1）当扰动发生在中心位置时，顺时针和逆时针的两束光产生的相位差为0，无法感应外界的振动信号，此时无干涉信号输出。

（2）为了得到$\Delta\tau$的值，需要确定相位频谱图上的陷波点频率$\omega_{s,null}$，而这依赖于外界信号的频率特性。如果扰动信号不含有扰动位置处对应的陷波点频率成分，则无法实现定位，所以该系统对扰动信号具有特定的要求，适用范围受到限制。

（3）传感光纤上各点的分辨率不同。例如当扰动位置距离光纤环路中点较近时，陷波点频率达到60 kHz以上，但实际信号频谱不可能达到这么高的频率，因此离光纤环路中点2 km以内的范围实际上是不可监测的。同理，当扰动位置距离光纤环路中点较远时，陷波点频率较低，陷波点频率对扰动位置的分辨率也较低，此时的距离分辨能力较差。

（4）由式3－8可知，陷波点频率与（$L-2R_1$）成倒数关系，R_1越大，陷波点频率越大，即监测总长度 L 与系统可分辨的最小陷波点频率有关。如果可分辨的最小陷波点频率为 1 kHz，则可监测的长度为 200 km，因此该方法监测距离长；但该方法的最大距离还是受到限制的，这是因为陷波点频率的距离分辨率与距离 R_1 成倒数关系，当 R_1 增加时，陷波点频率也增加，但陷波点频率最大不能超过扰动产生的频谱上限，因而又限制了系统的最大监测距离，使其不可能达到理论值。

（5）根据式 3－8 可知，检测系统为了保持较高的检测灵敏度，需要两条传感光纤中传播的光波相位差保持在 $\Delta\varphi=\Pi/2$，相移的偏置一般采用相位调制来实现。因而在实际应用中需要在光路中放入相位调制器。

在传统的 Sagnac 光纤干涉仪的环状结构中，需要屏蔽光纤环中未用作传感的一半光纤，在实际应用过程中很难做到，所以传统的 Sagnac 光纤干涉仪不适合直线单轴铺设。为了进一步加强其在工程应用中的实用性，人们对传统的 Sagnac 干涉仪环状结构做了改进，使之能够单轴直线检测传感光纤上的扰动。基于 Sagnac 干涉原理的单光纤定位技术采用一条光纤代替光纤环，从而避免因屏蔽带来的困难。

在该系统中，光纤环形器的主要作用是对反射光进行隔离，以消除反射光对光源的影响；通过延迟光纤上设置的相位调制器来实现相移操作，使系统工作在较灵敏的区域内。通过处理光电探测器获得的干涉信号，可以得到如下式所示的相位频谱公式：

$$|\Delta\varphi(\omega)|=|4\sin\omega\tau_D\cos\omega\tau_x| \tag{3-9}$$

式中，τ_D 为光通过延迟光纤的时间，系统确定后该值为常数；$\tau_x=nZ/c$ 为与扰动发生位置 Z 有关的量，求得该值即可实现定位。对扰动信号进行频谱变换，在 $\Delta\varphi$（ω）的频谱图上，找到 $\Delta\varphi$（ω）对应的陷波点频率 ω_0，令 $\omega\tau_x=\Pi/2$，求得 τ_x，利用式 $\tau_x=nZ/c$ 得到扰动信号的定位信息。

基于 Sagnac 干涉原理的单光纤定位技术用一条光纤代替光纤环，避免了因屏蔽带来的困难，但由于系统采用陷波点频率的方法定位，因而仍旧依赖于扰动信号的频率特性；由于使用的是 2×2 耦合器，为提高系统检测的灵敏度，仍须引入相位调制器；此外，该方法的最大检测距离同样也受到限制，且距离分辨率仍旧与 R_1 成倒数关系，定位准确度随着距离 R_1 的增大而降低。

3.1.2　基于双波长 Sagnac 干涉原理的定位技术

由上述分析可知，在 Sagnac 干涉仪的解调信号中同时包含两个未知变量：扰动信号信息和扰动信号的作用位置信息，可以通过分离这两个变量实现定位。

3.1.2.1　定位原理

依据这种思想，英国科学家 S. J. Spammer 等人于 1997 年提出了基于双波长 Sagnac 干涉原理的定位技术，其系统结构如图 3－3 所示。

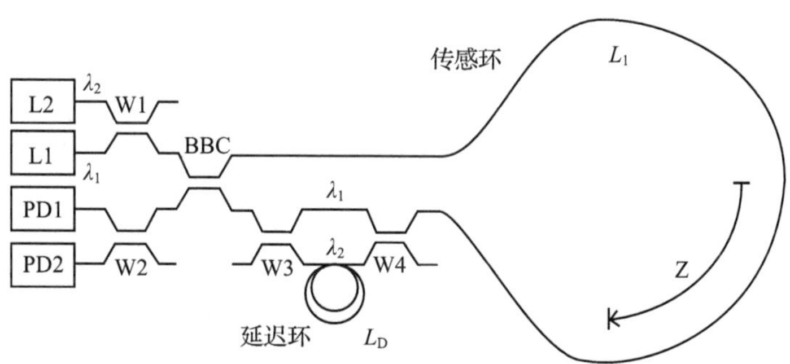

图 3 – 3 基于双波长 Sagnac 干涉原理的定位技术

［摘自论文：分布式光纤振动传感器及其定位技术］

图 3 – 3 所示的系统展示了利用波分复用技术构成的两个独立的 Sagnac 干涉仪，系统使用了两个波长的光源，通过波分复用器件使这两种波长的光分别通过两条光路。

波长构成的 Sagnac 干涉仪的解调相位信号包含了位置信息 z 和振动引起的光相位变化 o（u），光电探测器 PD1 检测到的信号表达式如下：

$$y_S(t,z) \propto 2\tau(z) \cdot \frac{\mathrm{d}\varphi}{\mathrm{d}t} = K_s 2 \frac{n}{c} z \frac{\mathrm{d}\varphi}{\mathrm{d}t} \tag{3-10}$$

式中，K_s 为常数，是由波长为 λ_1 的 Sagnac 干涉光路的系统结构决定的；z 为扰动行为发生位置；c 为光速；n 为折射率。

从式 3 – 10 中可看出，输出相位中包含两个未知变量 φ（t）和 z。为了能在后续处理中消除由振动信号引起的相位变化 φ（t）的影响，波长 λ_2 构成的 Sagnac 干涉仪添加了一段延迟光纤 L_D，当延迟光纤 $L_D \gg L$ 时，其解调相位信号只与振动信息有关。表达式为：

$$y_{ds}(t,z) \propto T_D \cdot \frac{\mathrm{d}\varphi}{\mathrm{d}t} \approx K'_s \frac{n}{c} L_D \frac{\mathrm{d}\varphi}{\mathrm{d}t} \tag{3-11}$$

式中，K_s 是由波长 λ_2 的 Sagnac 干涉光路的系统结构决定的，也是常数。由于这两个 Sagnac 干涉光路经历相同的传感光纤，且通过的时间基本一致，可以认为它们在同一时刻由振动信号引起的相位变化 φ（t）相同，根据两种干涉仪输出信号的比值就可以求出作用位置 z，其比值为：

$$y(z) = \frac{K_s}{K'_s} \frac{2z}{L_D} \tag{3-12}$$

则根据下式可以实现对扰动行为作用位置 z 的定位。

$$z = y(z) \frac{K'_s}{K_s} \frac{L_D}{2} \tag{3-13}$$

3.1.2.2 分析

（1）上述定位方法通过两个基本干涉仪输出信号相联立，达到消除光相位变化

φ（t）、求得作用位置 z 的目的。这种方法不仅对相位的解调要求较高，而且存在大量光纤需要屏蔽的问题。

（2）根据式 3－13 可知，这种方法需要忽略第二个 Sagnac 干涉信号中的位置信息 z，需要传感光纤的长度远小于延时线圈的长度（$L_L/L_D \leq 0.1$），因此在实际应用中这种方法不能实现长距离的定位。

3.1.3 基于双 Mach-Zenhder 干涉（双 M－Z 干涉）原理的定位技术

基于双 M－Z 干涉原理的分布式光纤振动传感器采用时间差的方法实现振动定位，具有结构简单、可长距离连续定位的优点。其基本的光路结构如图 3－4 所示。

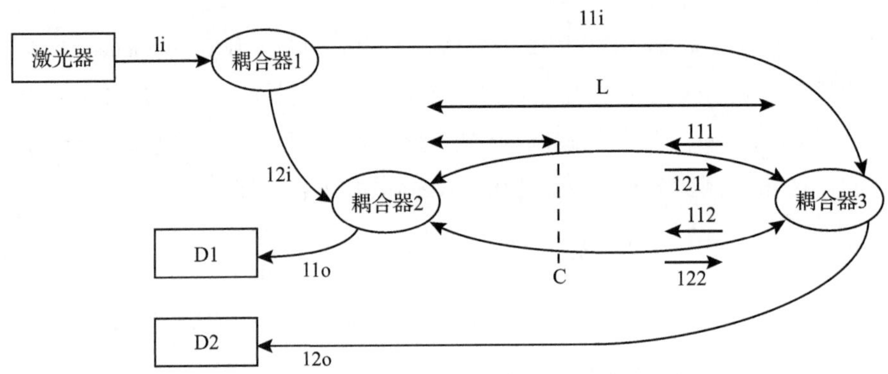

图 3－4 基于双 M－Z 干涉原理的光路结构图

［摘自论文：分布式光纤振动传感器及其定位技术］

3.1.3.1 定位原理

如图 3－4 所示，由激光器输出的窄带激光经耦合器 1 后分成两束光，其中的一束光经过耦合器 2 进入传感光纤 121 和 122，在耦合器 3 处发生干涉，经过光纤 12o，由探测器 D2 接收，构成第一个 M－Z 干涉仪；耦合器 1 分出的另外一束光经过光纤 11i，从耦合器 3 进入传感光纤 111 和 112，在耦合器 2 处发生干涉，由探测器 D1 接收，构成第二个 M－Z 干涉仪。

设传感光纤（干涉臂）总长度为 L，发生振动的位置 C 距耦合器 2 的距离为 X。设 φ（t）是振动信号引起的相位调制。当振动信号作用于 111 或 112 上时，2 个 M－Z 干涉仪受到同一个相位调制 φ（t），该振动信号造成的 2 个干涉臂相位差沿 2 个相反方向传播到 D1、D2 的光程不同，分别为 $L-2X$ 和 X。设真空中光速为 c，光纤纤芯折射率为 n，则 C 点相位差信号传播到 D1、D2 的时间差为：

$$\Delta t = \frac{2n}{c}(L - X) \tag{3-14}$$

如果 2 个干涉输入的信号相关，则只要测量出 2 个干涉输出的时间差 Δt，就可以计算出振动发生的位置 X。

3.1.3.2　分析

该方法光路简单，无须对干涉信号进行相位解调，可长距离连续定位。但也存在较多不足之处：

（1）由于两条传感光纤相距较近，传感光纤沿线的扰动可能使两条传感光纤产生的相位延迟一致，致使不发生干涉，产生互易效应。

（2）由于 M－Z 干涉仪灵敏度很高，在检测到 C 处主要扰动的同时，传感光纤沿线上各个位置的微弱扰动也会反映在输出信号上，每个位置的干扰都有不同的 Δt 相对应，因而会对系统的定位精度产生影响。

（3）传感光纤上各点都存在散射噪声，累加的结果使总的散射噪声很大，而且具有很强的相干成分，这些成分在用互相关运算的方法计算时均无法排除延时，从而增大定位误差。

（4）干涉仪的干涉臂长难以精确控制，而干涉相位噪声与臂长差成正比，因此臂长差的存在会降低干涉信号的可见度和信噪比，影响系统的定位精度。

（5）这种技术使用的光源是激光光源，由于其时间相干性强，光纤光路系统稳定性差。

（6）偏振衰落引起干涉信号衰减，也会使相关分析的结果存在较大的误差。

2009 年，清华大学的谢尚然等人提出了基于长距离双 M－Z 干涉型振动传感器的实时定位算法研究，在进行互相关时延估计之前，通过离散小波找到了振动起始点，提取出有效数据，在提高运算速度的同时，降低了各类相干噪声和干扰引入的定位误差，提高了定位精度，但仍没有解决光路稳定性差以及偏振态变化引入的相位差，从而导致相关性变差的问题。

双 M－Z 干涉型振动传感器一般采用单模光纤，容易发生光波偏振态随机变化，具体原因是存在易受外界影响的双折射。上述理论分析是建立在没有双折射的前提下的，下面我们来看一下系统存在双折射时的情况。

当光在光纤中传输时，由于单模光纤存在随应力和环境温度变化而产生的双折射，引起了光波的偏振态发生随机变化，所以在耦合器 2 和耦合器 3 处发生干涉时得到的干涉光的偏振态是任意的。为简化分析，只考虑其中的一个干涉仪。

设光纤 121 和 122 中的电场矢量 $\vec{E}_a$ 和 $\vec{E}_b$ 是椭圆偏振态，对应的方位角和椭圆度分别为 α_a、α_b 和 θ_a、θ_b，利用琼斯矢量可表示为：

$$\begin{bmatrix} E_{ax} \\ E_{ay} \end{bmatrix} = E_a \exp(j\varphi_a) \begin{bmatrix} \cos\alpha_a \cos\theta_a - j\sin\alpha_a \sin\theta_a \\ \sin\alpha_a \cos\theta_a + j\cos\alpha_a \sin\theta_a \end{bmatrix} \tag{3-15}$$

$$\begin{bmatrix} E_{bx} \\ E_{by} \end{bmatrix} = E_b \exp(j\varphi_b) \begin{bmatrix} \cos\alpha_b \cos\theta_b - j\sin\alpha_b \sin\theta_b \\ \sin\alpha_b \cos\theta_b + j\cos\alpha_b \sin\theta_b \end{bmatrix} \tag{3-16}$$

式中，E_a，E_b 分别为 $\vec{E}_a$ 和 $\vec{E}_b$ 的振幅；φ_a 和 φ_b 为 $\vec{E}_a$ 和 $\vec{E}_b$ 的相位。其中，θ_a，θ_b 的取值范围是 $-\pi/4 \sim \pi/4$，α_a 和 α_b 的取值范围是 $0 \sim \pi$。

在耦合器发生干涉时，干涉光强表示为：

$$I = |E_{ax} + E_{bx}|^2 + |E_{ay} + E_{by}|^2 \tag{3-17}$$

上式中的干涉项为：

$$\begin{aligned}&2\text{Re}(E_{ax} \cdot E_{bx}^*) + 2\text{Re}(E_{ay} \cdot E_{by}^*)\\ &= 2E_bE_a \cdot [\cos(\varphi_a - \varphi_b)\cos(\alpha_a - \alpha_b)\cos(\theta_a - \theta_b) + \\ &\sin(\varphi_a - \varphi_b)\sin(\alpha_a - \alpha_b)\sin(\theta_a + \theta_b)]\\ &= 2E_bE_a \cdot [\sqrt{a^2 + b^2} \cdot \cos(\varphi - \zeta)]\end{aligned} \tag{3-18}$$

干涉输出的光强为：

$$\begin{aligned}I &= |E_{ax}|^2 + |E_{bx}|^2 + |E_{ay}|^2 + |E_{by}|^2 + 2E_bE_a \cdot [\sqrt{a^2 + b^2} \cdot \cos(\varphi - \zeta)]\\ &= A + B\cos(\varphi - \zeta)\end{aligned} \tag{3-19}$$

根据以上分析可知，在双 M－Z 干涉型振动传感器中，光波偏振态的随机变化将引起干涉幅值的变化，变化范围都是 $0 \sim 2E_bE_a$。此外，还会引入与扰动信号无关的相位差，变化范围是 $-\pi \sim \pi$。

对于有扰动信号作用的双 M－Z 干涉型振动传感器而言，2 个干涉输出分别为：

$$\begin{aligned}I_1 &= A_1 + B_1\cos[\varphi(t_1) + \psi - \zeta_1]\\ I_2 &= A_2 + B_2\cos[\varphi(t_2) + \psi - \zeta_2]\end{aligned} \tag{3-20}$$

式中，A_1，A_2 为直流偏置；B_1，B_2 为干涉项的幅值；$\varphi(t_1)$ 和 $\varphi(t_2)$ 为同一扰动信号在不同时刻引起的相位调制；$t_1 - t_2$ 表示两路干涉输出的时间差，该值与扰动作用的位置有关；ψ 为相位漂移，两个干涉仪中是相同的；ξ_1、ξ_2 为光波偏振态变化引入的相位差。当两个干涉仪中的光波偏振态完全相同时，有 $B_1 = B_2$，$\xi_1 = \xi_2$，因此两个干涉仪输出信号完全相关，这时利用相关函数的时间差测量方法计算出的扰动位置结果准确。然而，一般情况下单模光纤双折射使两个干涉仪中发生干涉的光波偏振态是不同的，也就是 $B_1 \neq B_2$，$\zeta_1 \neq \zeta_2$，这样输出信号就不完全相关，测量结果会有较大误差，当相关系数很低时，还会导致扰动定位计算失效。因此，单模光纤双折射引起的偏振态随机变化问题是双M－Z分布式光纤振动传感器面临的主要问题，必须进一步采用偏振控制技术，才能满足实际应用要求。

学者们对各类典型的分布式光纤振动传感系统进行了详尽的分析，知道了虽然这些分布式光纤振动传感器的探测灵敏度都很高，但其传感结构以及定位算法限制了它们适用的传感范围。本文在此基础上提出了一种新的基于自适应移动邻域二值模式定位算法，通过比较两路相位信号的频谱特性的方法来确定扰动发生的位置，这种方法消除了扰动信号幅度、频率成分变化对检测的影响，能够获得较高的定位精度，适用范围更广。

3.2 基于波分复用的分布式光纤定位

3.2.1　基于波分复用的分布式光纤基本结构

3.2.1.1　波分复用技术

基于波分复用的分布式光纤传感系统的工作原理是利用波分复用技术将不同波长的两路信号复用，形成两路互不干扰的干涉系统。波分复用技术是为了充分利用单模光纤低损耗区带来的巨大带宽资源，根据每一信道光波的波长（或者频率）不同，将光纤的低损耗窗口划分为若干个信道，把光波作为信号的载波，在发送端采用波分复用器，将不同波长的信号光载波合并起来送入一根光纤中进行传输。在接收端，由一波分复用器将这些不同波长的光载波（分别承载不同信号的光）分开。图 3－5 给出了基本的波分复用系统的组成。

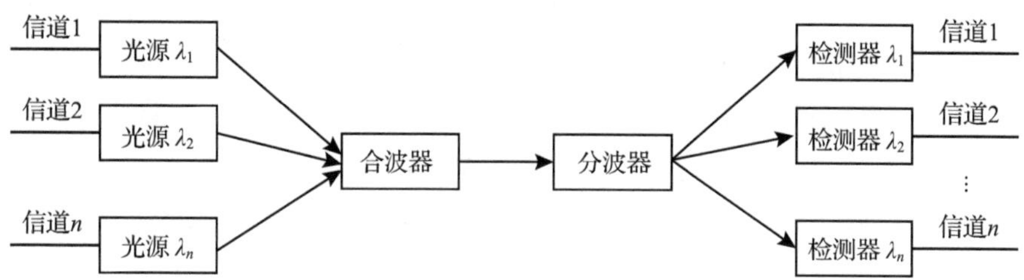

图 3－5　波分复用技术系统的组成

［摘自论文：分布式光纤振动传感器及其定位技术］

基于 WDM 的分布式光纤传感系统采用的是 2 个超辐射发光二极管（SLD）光源（分别产生波长为 1310 nm 和 1550 nm 的光），2 个分光比为 1∶1∶1 的 3×3 光纤耦合器，4 个光电探测器，2 段光纤延迟线，2 个光隔离器，1 个波长为 1310 nm 的法拉第旋转镜，1 个波长为 1550 nm 的法拉第旋转镜，1 个分光比为 1∶1 的 2×2 光纤耦合器（工作波长为 1310 nm 和 1550 nm），3 个波分复用器。

系统定位功能的基本原理是通过在一根感应光缆中注入 2 束不同波长的光，这 2 束光通过传感光纤传输到光纤端口，经一波分复用器将 2 种波长分开，分别沿各自的独立光纤路径到达各自的反射终端，使 2 个光波分别形成不同的干涉。通过比较 2 个干涉获得的相位信号的频谱特性，获得扰动位置信息。外部扰动信号作用在传感光纤上，D 为扰动源，见图 3－6。

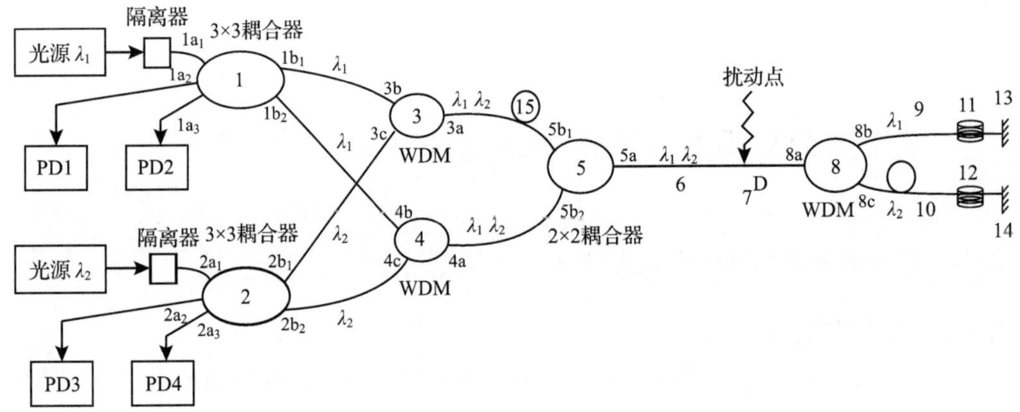

图 3－6　基于 WDM 的分布式光纤传感系统基本结构

［摘自论文：分布式光纤振动传感器及其定位技术］

波长 λ_1 的光从 3×3 光纤耦合器 1 的 $1a_1$ 输入，光从 $1b_1$、$1b_2$ 输出；波长为 λ_2 的光从 3×3 光纤耦合器 2 的 $2a_1$ 输入，光从 $2b_1$、$2b_2$ 输出。从 $1b_1$、$2b_1$ 输出的波长分别为 λ_1、λ_2 的光从波分复用器 3 的端口 3b、3c 输入，两波长汇合的光从端口 3a 输出，复用端口 3a 与 $5b_1$ 间的路径；从 $1b_2$、$2b_2$ 输出的波长分别为 λ_1、λ_2 的光经波分复用器 4 的端口 4b、4c 输入，两波长汇合的光从端口 4a 输出，复用端口 4a 与 $5b_2$ 间的路径。从端口 $5b_1$、$5b_2$ 输入的光，经 5a 输出，注入感应光纤 6 中。在感应光纤的末端，通过波分复用器 8 的端口 8a，两波长的光被分开，λ_1 的光经端口 8b，经相位调制器 11 到达反射端 13 后被反射，λ_2 的光经端口 8c，相位调制器 12 到达反射端 14 后被反射，在该干涉结构中，波长不同的光产生的干涉信号从光纤耦合器 1 的端口 $1a_2$、$1a_3$ 输出，波长 λ_2 的光产生的干涉信号从光纤耦合器 2 的端口 $2a_2$、$2a_3$ 输出。从 λ_1 和 λ_2 产生的干涉信号分别解调出相应的相位信号，则可通过比较这两个相位信号的频谱特性确定扰动的位置。具体的干涉光路如下。

对于波长为 λ_1 的系统：

①$1a_1-1-1b_1-3b-3a-15-5b_1-5a-7-8a-8b-11-13-11-8b-8a-7-5a-5b_2-4a-4b-1b_2-1$

②$1a_1-1-1b_2-4b-4a-5b_2-5a-7-8a-8b-11-13-11-8b-8a-7-5a-5b_1-15-3a-3b-1b_1-1$

对于波长为 λ_2 的系统：

③$2a_1-2-2b_1-3c-3a-15-5b_1-5a-7-8a-8c-12-14-12-8c-8a-7-5a-5b_2-4a-4c-2b_2-2$

④$2a_1-2-2b_2-4c-4a-5b_2-5a-7-8a-8c-12-14-12-8c-8a-7-5a-5b_1-15-3a-3c-2b_1-2$

由于系统属于相位调制型，只有形成干涉的光才能够携带扰动点的相位信息。在波长为 λ_1 的系统中，a 和 b 有相同的光程，能够在耦合器中形成稳定的干涉，记为 IP_1。相同地，在波长为 λ_2 系统中，c 和 d 有相同的光程，也能够在耦合器中形成稳定的干涉，记为 IP_2。光波 λ_1 的干涉信号携带有扰动点 7 距离反馈装置 13 的长度信息，光波 λ_2 的干涉信号携带有扰动点 7 距离反馈装置 14 的长度信息，由于这两个长度差（即为光纤 9 和光纤 10 的长度差）的存在，我们可以通过比较两个光波干涉获得的相位信号的频谱特性来实现定位。

3.2.1.2　3×3 耦合器对系统的影响

基于 WDM 的分布式光纤振动传感系统通过 3×3 耦合器利用波分复用技术构成两个独立的干涉光路，使同一扰动获得两种不同的干涉信号，利用比较两路相位信号的频谱特性的方法获得扰动的位置信息。其中两个 3×3 光纤耦合器用来实现分光与干涉，是系统的核心器件。我们从光纤耦合方程出发，来具体推导系统中的干涉过程。

3×3 光纤耦合器结构如图 3－7 所示，其中，z 表示耦合器的耦合腰长度。设 a_j（$j=1, 2, 3$）为复数，表示 3×3 耦合器不同端口的光波复振幅，根据模式耦合理论，满足下面的线性微分方程：

$$\frac{\mathrm{d}a_j}{\mathrm{d}z} + iK_{ij+1}a_{j+1} + iK_{jj+2}a_{j+2} = 0 \tag{3-21}$$

式中，$k=j+3$；$K_{jk}=K_{kj}$，表示第 j 个波导和第 k 个波导间的耦合系数。为了计算方便，根据单模光纤非平面型耦合器的特点，有 $K_{12}=K_{23}=K_{13}=K$，在此条件下，上式微分方程的解为：

$$a_j(z) = c_j e^{iKz} + \mathrm{d}e^{-2iKz}, \sum_{j=1}^{3} c_j = 0 \tag{3-22}$$

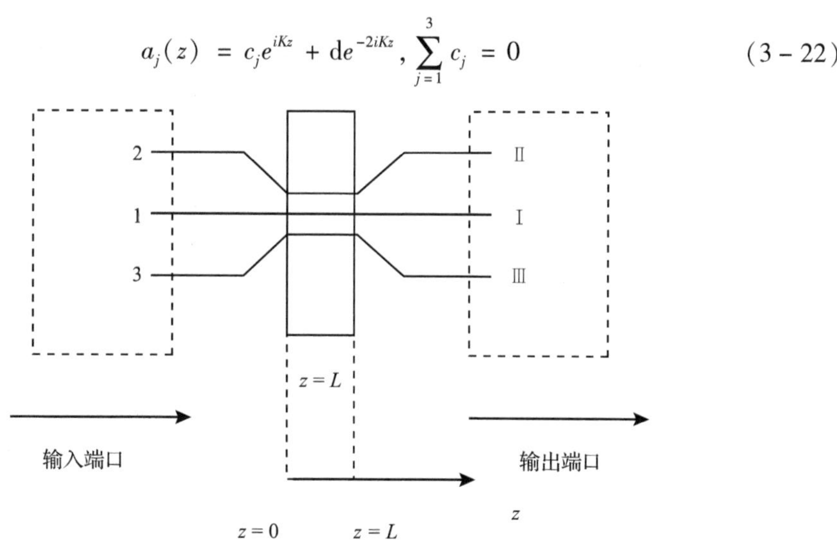

图 3－7　光纤耦合器结构示意图

［摘自论文：分布式光纤振动传感器及其定位技术］

参数 Kz 表示耦合器的耦合性能，称为耦合度参数，单位为度。根据初始条件，可以把非平面 3×3 单模光纤耦合器的传输特性用下面的矩阵来描述：

$$\begin{bmatrix} a_1(z) \\ a_2(z) \\ a_3(z) \end{bmatrix} = T = \begin{bmatrix} x & y & y \\ y & x & y \\ y & y & x \end{bmatrix} \begin{bmatrix} a_1(0) \\ a_2(0) \\ a_3(0) \end{bmatrix} \tag{3-23}$$

式中，$a_1(0), a_2(0), a_3(0), a_1(z), a_2(z), a_3(z)$ 分别为输入和输出端光的复振幅，$x = (z_1 + 2z_2)/3$；$y = (z_1 - z_2)/3$；$z_1 = \exp(-i2Kz)$；$z_2 = \exp(iKz)$。

令：

$$T = \begin{bmatrix} x & y & y \\ y & x & y \\ y & y & x \end{bmatrix} \tag{3-24}$$

为 3×3 光纤耦合器的传输矩阵。

在输出端的光强可以表示为：

$$\begin{bmatrix} P_1 \\ P_2 \\ P_3 \end{bmatrix} = \begin{bmatrix} a_1^*(L) & 0 & 0 \\ 0 & a_2^*(L) & 0 \\ 0 & 0 & a_3^*(L) \end{bmatrix} \begin{bmatrix} a_1(L) \\ a_2(L) \\ a_3(L) \end{bmatrix} \tag{3-25}$$

式中，* 表示复数的转置。由此就可以考察在不同的输入情况下，3×3 光纤耦合器的输出信号特性。

设 $\varphi(t)$ 表示调制信号对光信号的调制效果，输入的复振幅可分别表示为 a_1，a_2，a_3，在耦合器的右边输出端口 1，2，3 处得到的复振幅分别表示为 $a_1(L)$，$a_2(L)$，$a_3(L)$，在干涉发生的情况下，各端口的光功率都有如下形式：

$$P_i = A_i + B_i\cos(\varphi(t) + \theta_i) \tag{3-26}$$

式中，A_i 为干涉信号的直流部分；$B_i\cos(\varphi(t) + \theta_i)$ 为干涉信号的交流部分；θ_i 为干涉信号中交流部分的初始相位。而 B_i/A_i 为干涉信号的对比度，或者调制深度，直接反映了干涉条纹的清晰度情况。下面根据不同的输入方式考察经过 3×3 耦合器传输后的输出特性。

分光情况讨论（假设 1 端光强为 a^2）

输入条件为：

$$\begin{cases} a_2 = 0 \\ a_1 = a \\ a_3 = 0 \end{cases} \tag{3-27}$$

当 $z = L$ 时，耦合器的输出：

$$\begin{cases} P_1 = \frac{a^2}{9}[5 + 4\cos 3KL] \\ P_2 = \frac{a^2}{9}[2 - 2\cos 3KL] \\ P_3 = \frac{a^2}{9}[2 - 2\cos 3KL] \end{cases} \tag{3-28}$$

3 ×3 光纤耦合器的分光比为：

$$P_1 : P_2 : P_3 = [5 + 4\cos 3KL] : [2 - 2\cos 3KL] : [2 - 2\cos 3KL] \tag{3-29}$$

由式 3 -29 可知，KL 反映了耦合器的分光特性，是决定分光比的重要参数，通过控制 K 和 L，可调节输出信号相位差。

当 $\cos 3KL = -1/2$ 时，$P_1 : P_2 : P_3 = 1 : 1 : 1$，则具有均一的分光比，$KL = 40°$。目前使用的耦合器大多具备均一的分光比，通过后续的分析，可以看出，为了得到较高的干涉对比度，该系统需要采用此类具有均一分光比的器件。

3.2.1.3　光强稳定的干涉系统

在理想的干涉系统中，假设 2、3 端光强为 a^2，则输入条件可表示为：

$$\begin{cases} a_2 = a \\ a_1 = 0 \\ a_3 = ae^{i\varphi(t)} \end{cases} \tag{3-30}$$

此时光在耦合器中的传输情况如图 3 -8 所示。各端口复振幅可以分别表示为：

$$\begin{cases} a_1(L) = \frac{a}{3}e^{iKL}[(1 - e^{-3iKL})e^{i\varphi(t)} + 1 - e^{-3iKL}] \\ a_2(L) = \frac{a}{3}e^{iKl}[(2 - e^{-3iKL})e^{i\varphi(t)} - 1 - e^{-3iKL}] \\ a_3(L) = \frac{a}{3}e^{iKL}[(-1 - e^{-3iKL})e^{i\varphi(t)} + 2 - e^{-3iKL}] \end{cases} \tag{3-31}$$

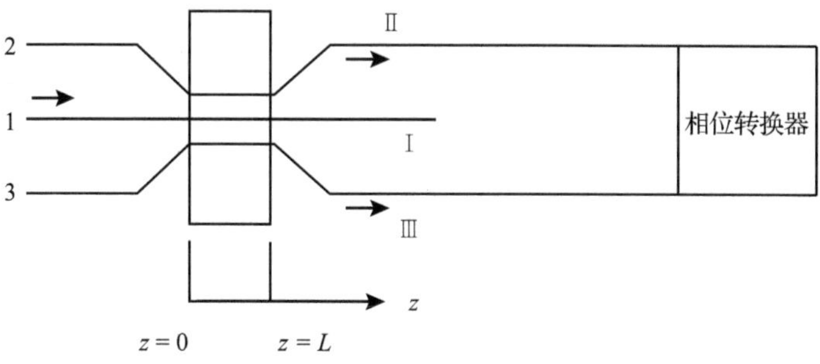

图 3 -8　反射端反射前，3 ×3 耦合器的注入光情况

［摘自论文：分布式光纤振动传感器及其定位技术］

设输出端对应的光功率分别表示为 P_1，P_2，P_3，根据式 3 -31，输出端的光功率表示为：

$$\begin{cases} P_1 = \dfrac{4a^2}{9}\{1 - \cos 3KL + (1 - \cos 3KL)\cos[\varphi(t)]\} \\ P_2 = \dfrac{a^2}{9}\{7 + 2\cos 3KL + 4|\sin(3KL/2)|\sqrt{1 + 8\cos^2(3KL/2)}\cos[\varphi(t) + \theta_1]\} \\ P_3 = \dfrac{a^2}{9}\{7 + 2\cos 3KL + 4|\sin(3KL/2)|\sqrt{1 + 8\cos^2(3KL/2)}\cos[\varphi(t) + \theta_2]\} \end{cases} \tag{3-32}$$

此时光在耦合器中的传输情况如图 3－9 所示。

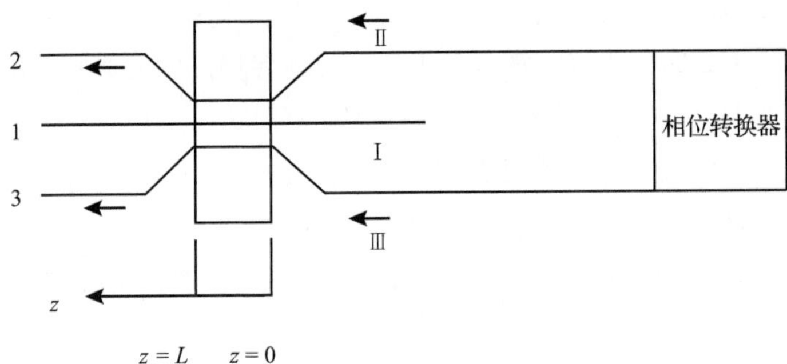

图 3－9　反射光通过反射端反射后在 3×3 耦合器中的注入情况

［摘自论文：分布式光纤振动传感器及其定位技术］

式中，θ_1 和 θ_2 为光纤耦合器引起的光干涉信号相位初始相位，$\theta_1 = -\theta_2 = \theta$，其中：

$$\theta = \pi - \operatorname{arctg}\left[3\operatorname{ctg}\left(\frac{3}{2}KL\right)\right] \tag{3-33}$$

此输入条件下，从式 3－33 知，端口 2、3 探测信号的调制度表示为：

$$M = \frac{4|\sin(3KL/2)|\sqrt{1 + 8\cos^2(3KL/2)}}{7 + 2\cos 3KL} \tag{3-34}$$

调制度随光纤耦合度（KL）的变化如图 3－10 所示。

可见，当 $KL = 40°$时，条纹的对比度最大，而此时由 KL 决定的分光比均一，通过控制 K 和 L，可调节信号的对比度。

将 $KL = 40°$代入，可得：

$$\begin{cases} P_1 = \dfrac{2a^2}{3}\{1 + \cos[\varphi(t)]\} \\ P_2 = \dfrac{2a^2}{3}\{1 + \cos[\varphi(t) + 120^\circ]\} \\ P_3 = \dfrac{2a^2}{3}\{1 + \cos[\varphi(t) - 120^\circ]\} \end{cases} \tag{3-35}$$

比较式 3－35 可知，如果 3×3 耦合器的分光比为 1/3，从任意两端注入存在 φ（t）

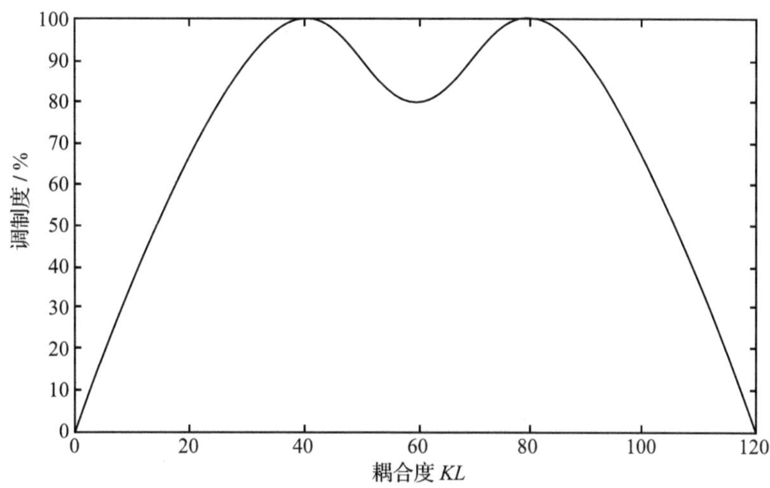

图 3 – 10　系统调制度随 *KL* 的变化曲线

［摘自论文：分布式光纤振动传感器及其定位技术］

的光信号，经耦合器后在输出端将产生相位差为 120°的光信号。如果 φ（t）为包含有振动信息的输入信号，那么在 3×3 耦合器的输出端将产生相位差为 120°的干涉信号。

根据以上分析可知，均分的 3×3 耦合器不需单独的相位偏置结构，就可以使系统工作在比较灵敏的区域范围内，而目前使用的耦合器大多具备均一的分光比，因此很容易达到此要求。这也就避免了传统的传感器结构使用 2×2 耦合器时需要在干涉光路中引入相位调制器进行调相的问题，提高了系统的灵敏度。

3.2.2　基于波分复用的分布式光纤传感系统定位原理

在分析系统基本原理时，由于图 3 – 6 中两个反射端反射回来的光互不干涉，且两个干涉光路完全对称，在 3×3 耦合器 1、2 中形成的干涉光除了波长不同和光程长短不同外，其他的光学性质是基本相同的。为了说明方便，先将系统简化为单一反射端，只考虑其中一路反射光形成的干涉。系统通过相位调制器将干涉光调制在一定频率的载波下，在进行信号相位解调前，首先会经过信号分离提取处理，再得到单波长的干涉信号，所以在说明系统的基本原理时将起到载波调制作用的压电陶瓷（PZT）忽略。

图 3 – 11 表示图 3 – 6 系统中简化的一部分。在感应光纤 7 处施加一个扰动信号 φ（t），光在反馈装置 13 处返回。WDM 到反馈装置 13 的光纤长度很短，忽略不计。根据光弹效应，传输光波的相位变化与感应光纤上的外界扰动成正比，假设在时刻 t，由扰动信号引起的传输光波相位变化为 φ（t），两束相干光都经过扰动点，因此均被扰动信号调制，则从 3×3 耦合器的一个端口输出的两束干涉光为：

$$E_1 = E_{10}\exp\{j[\omega_c t + \varphi(t - \tau_1) + \varphi(t - \tau_2) + \varphi_0 + \varphi_1]\} \tag{3-36}$$

$$E_2 = E_{20}\exp\{j[\omega_c t + \varphi(t - \tau_3) + \varphi(t - \tau_4) + \varphi_0 + \varphi_2]\} \tag{3-37}$$

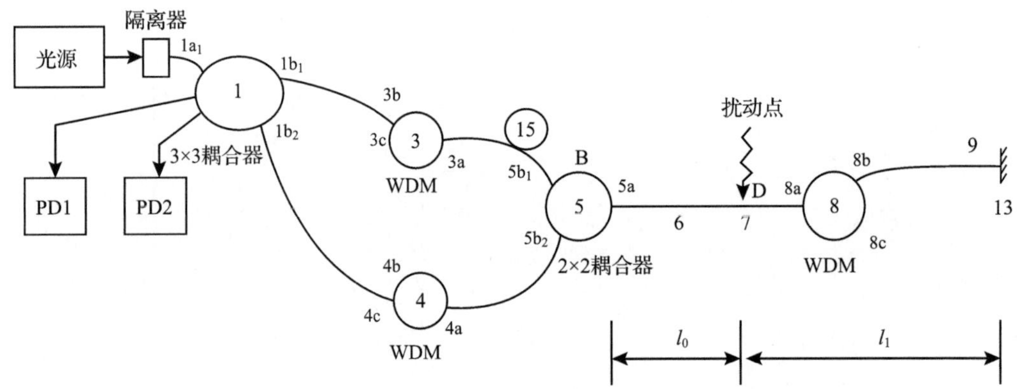

图 3-11　基于 WDM 的分布式光纤传感器的简化结构

［摘自论文：分布式光纤振动传感器及其定位技术］

这两束光的相位变化包含扰动信号对它的影响，其中，E_{10}和E_{20}分别为两束光的振幅，可认为近似相等，$E_{10} \approx E_{20}$；φ_0 为干涉光的初始相位；φ_1、φ_2 为光路结构引入的相位；ω_c 为光波角频率；$\varphi(t-\tau_1)$ 和 $\varphi(t-\tau_2)$ 表示第一束相干光在 $t-\tau_1$ 和 $t-\tau_2$ 时刻受到扰动所发生的相位变化，τ_1 表示光从扰动点到达耦合器 1 输出端所需的时间，τ_2 表示光从扰动点经反射端反射，再次通过扰动点到达 1 输出端所需的时间。同理，$\varphi(t-\tau_3)$和$\varphi(t-\tau_4)$ 表示第二束相干光 $t-\tau_3$ 和 $t-\tau_4$ 时刻受到扰动所发生的相位变化。τ_3 表示光经过延时线圈 15 后从扰动点到达耦合器 B 输出端所需的时间，τ_4 表示光经过延时线圈 15 后从扰动点经反射端反射后，再次通过扰动点到达 B 输出端所需的时间，τ_1、τ_2、τ_3、τ_4 分别表示为：

$$\tau_1 = \frac{nl_0}{c}, \tau_2 = \frac{n(l_0 + 2l_1)}{c} \tag{3-38}$$

$$\tau_3 = \frac{n(l_d + l_0)}{c}, \tau_4 = \frac{n(l_d + l_0 + 2l_1)}{c} \tag{3-39}$$

式中，n 是光纤纤芯等效折射率；c 是真空中的光速；l_0 是从耦合器 5 到扰动点 D 的距离；l_1 是从扰动点 D 到 13 的距离，光纤延迟线 15 的长度为 l_d。

上述两式所表示的相干光在耦合器 1 处发生干涉，其光强可表示为：

$$I_{12} = (E_1 + E_2) \cdot (E_1 + E_2)^* = 2E_{10}^2\{1 + \cos[\varphi(t-\tau_1) + \varphi(t-\tau_2) - \varphi(t-\tau_3) - \varphi(t-\tau_4) + \varphi_1 - \varphi_2]\} \tag{3-40}$$

为简化分析，令 $t = t - \tau_1$，光往返扰动点 7 传输 2 次的时间为 T_1，则：

$$T_1 = 2nl_1/c \tag{3-41}$$

光在延迟线上的传输时间为：

$$\tau = \frac{nl_d}{c} \tag{3-42}$$

则光强表达式可写为：

$$
\begin{aligned}
I_{12} &= 2E_{10}^2\{1+\cos[\varphi(t)+\varphi(t-T_1)-\varphi(t-\tau)-\varphi(t-\tau-T_1)+\varphi_1-\varphi_2]\} \\
&= 2E_{10}^2[1+\cos(\Delta\varphi(t)+\varphi)]
\end{aligned}
\tag{3-43}
$$

式中，$\Delta\varphi(t)=\varphi(t)+\varphi(t-T_1)-\varphi(t-\tau)-\varphi(t-\tau-T_1)$ 为扰动信号引起的相位差，$\varphi=\varphi_1-\varphi_2$ 为系统的初始相位。

根据振动频谱分析原理，任何一个复杂的振动都可以分解为不同频率的简谐振动的叠加，所以考虑单一频率为 ω 的振动信号：

$$\varphi(\lambda,\omega,t)=\varphi_0(\omega,\lambda)\sin(\omega t) \tag{3-44}$$

在时刻 $t+\tau$ 单一频率为 ω 的振动信号引起的传输光波相位变化为：

$$\varphi(\lambda,\omega,t+\tau)=\varphi_0(\omega,\lambda)\sin[\omega(t+\tau)] \tag{3-45}$$

由于两束相干光都经过了两次调制，前者在 t，$t+T_1$ 时刻，后者在 $t+\tau$、$t+\tau+T_1$ 时刻，由频率为 ω 的扰动引起的干涉光的相位差为：

$$
\begin{aligned}
\Delta\varphi_\lambda(\omega,t) &= \varphi_0(\omega,\lambda)\{\sin[\omega(t-\tau)]+\sin[\omega(t-\tau-T_1)]\}- \\
&\quad \varphi_0(\omega,\lambda)\{\sin\omega t+\sin[\omega(t-T_1)]\} \\
&= 2\varphi_0(\omega,\lambda)\sin\omega\left(t-\tau-\frac{T_1}{2}\right)\cos\frac{\omega T_1}{2}-2\varphi_0(\omega,\lambda)\sin\omega\left(t-\frac{T_1}{2}\right)\cos\frac{\omega T_1}{2} \\
&= 4\varphi_0(\omega,\lambda)\cos\frac{\omega T_1}{2}\sin\frac{\omega\tau}{2}\cos\omega\left(t-\frac{\tau+T_1}{2}\right)
\end{aligned}
\tag{3-46}
$$

可以看出，$\Delta\varphi_\lambda(\omega,t)$ 与外界扰动信号 $\varphi(\omega,t)$ 成正比，对于所有频率的扰动，由于实施的扰动是可叠加的，总的相位差 $\Delta\varphi(\lambda,t)=\sum\limits_{\omega}\Delta\varphi_\lambda(\omega,t)$，对应外界振动信号的大小。

设该光路是波长为 λ_1 的光的路径，即反馈装置为 13，设扰动点 7 与反馈装置 13 的距离为 l_1，光纤延迟线 15 产生的时延为 τ_1，即 $\tau=\tau_1$，则有：

$$\Delta\varphi_{\lambda_1}(\omega,t)=4\varphi_0(\omega,\lambda_1)\cos\frac{\omega T_1}{2}\sin\frac{\omega\tau_1}{2}\cos\omega\left(t-\frac{\tau_1+T_1}{2}\right) \tag{3-47}$$

对于波长为 λ_2 光的路径，反馈装置为 14，设图 3－6 中光纤路径 9 和 10 相差的光纤长度即线圈 16 的长度为 14，则对应的时延差则为 $\tau_3=nl_3/c$，光往返扰动点 7 的时间为 $T_1+2\tau_3$，则有：

$$\Delta\varphi_{\lambda2}(\omega,t)=4\varphi_0(\omega,\lambda_2)\cos\frac{\omega(T_1+2\tau_3)}{2}\sin\frac{\omega\tau_1}{2}\cos\omega\left(t-\frac{\tau_1+T_1+2\tau_3}{2}\right) \tag{3-48}$$

对于所有频率的扰动，光波 λ_1、λ_2 对应的总的相位差分别为：

$$\Delta\varphi_{\lambda1}(t)=\sum_{\omega}\Delta\varphi_{\lambda1}(\omega,t) \tag{3-49}$$

$$\Delta\varphi_{\lambda 2}(t) = \sum_{\omega} \Delta\varphi_{\lambda 2}(\omega, t) \tag{3-50}$$

由上式可知，系统在 3×3 光纤耦合器 1 的输出端口可以得到的随时间变化的干涉信号为：

$$I_{\lambda 1}(t)_1 = A + B\{\cos[\Delta\varphi_{\lambda 1}(t) + C_1\cos\omega_1 t + \varphi]\} \tag{3-51}$$

$$I_{\lambda 1}(t)_2 = A + B\{\cos[\Delta\varphi_{\lambda 1}(t) + C_1\cos\omega_1 t - \varphi]\} \tag{3-52}$$

同理，在 3×3 光纤耦合器 2 的输出端口得到的随时间变化的干涉信号为：

$$I_{\lambda 2}(t)_1 = A' + B'\{\cos[\Delta\varphi_{\lambda 2}(t) + C_2\cos\omega_2 t + \varphi]\} \tag{3-53}$$

$$I_{\lambda 2}(t)_2 = A' + B'\{\cos[\Delta\varphi_{\lambda 2}(t) + C_2\cos\omega_2 t - \varphi]\} \tag{3-54}$$

式中，A、B、A'，B'为与输入光功率大小有关的一个常量；φ 为整个系统的初始相位，$\varphi=2\pi/3$。$C_1\cos\omega_1 t$；$C_2\cos\omega_2 t$ 分别为相位调制器 PZT11、PZT12 产生的载波信号。相位差 $\Delta\varphi_{\lambda 1}$（t）、$\Delta\varphi_{\lambda 2}$（$t$）的变化反映的是外界同一扰动信号的大小，但两者携带的该扰动信号在传感光纤上的位置信息不同，通过两相位调制器分别将同一扰动信号调制到相应频率的载波信号上，并通过相位载波解调算法将 $\Delta\varphi_{\lambda 1}$（$t$）、$\Delta\varphi_{\lambda 2}$（$t$）从光纤耦合器 1、2 输出的干涉光中解调出来。

这个光路系统在使用一个反射端面时，定位原理如下：

由式 3－54 可知：当 $\cos\frac{\omega T_1}{2}\sin\frac{\omega\tau}{2}=0$ 时，频域谱上与频率 ω 对应的光强为 0，即对应的该特征扰动频率 ω 对应的光强出现极值，将该特征频率称为陷波点。分以下两种情况：

（1）当 $\cos\frac{\omega T_1}{2}=0$ 时，$\frac{\omega T_1}{2}=k\pi-\frac{\pi}{2}$（其中 k 为自然数）；代入，记特征频率为 $f_{null?}$（k），则：

$$f_{null?}(k) = \frac{\omega}{2\pi} = \frac{2k-1}{2T_1} = \frac{2k-1}{2}\cdot\frac{c}{2nl_1} \quad (k=1,2,3\cdots) \tag{3-55}$$

则：

$$l_1 = \frac{(2k-1)\cdot c}{4nf_{null?}(k)} \quad (k=1,2,3\cdots) \tag{3-56}$$

（2）当 $\sin\frac{\omega\tau}{2}=0$ 时，f'（k）$=\frac{k-1}{\tau}$（τ 为延迟时间），也可以得到陷波点。但这个陷波点不具有扰动位置的信息，因此需要采取相应的措施屏蔽掉该点的影响。由于 τ 对应的是光通过延时线圈的时间，因此可以通过调整延时线圈的长度，使与其对应的第一个陷波点频率 f'（1）非常大，也就是在频谱上的频率很高。因此，只要选取适当的 τ 值，就可避免 f'（1）对 $f_{null?}$（k）的干扰。

对相位解调后的信号作傅里叶变换得到频域谱，即可找出陷波点频率 $f_{null?}$（k），

计算出 l_1 值，判定扰动发生的位置。理论的陷波点如图 3－12 所示：

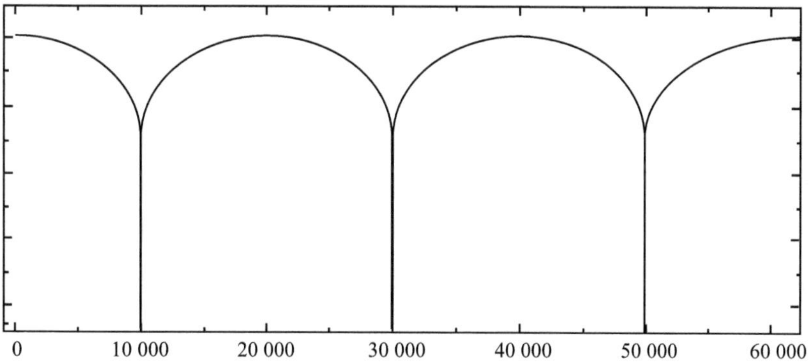

图 3－12　频谱陷波点理论示意图

［摘自论文：分布式光纤振动传感器及其定位技术］

这种利用陷波点定位的方法必须找到陷波点，这就要求扰动信号中具有该频率成分，因此只对扰动具有特定频率的信号有效。此外，学者在实验中经常发现，一阶陷波点会被噪声信号淹没，高阶陷波点定位比较稳定准确，但现实中的扰动信号频率往往不能激发合适的高阶陷波点。这种方法只能利用频谱上的几个有限点进行定位，定位精度也会受到限制，因此这种定位方式存在一定的局限性。为解决上述问题，该系统使用了两个经过载波调制的光反射端，由于任何一个复杂的振动都可以分解为不同频率的简谐振动的叠加，所以考虑单一频率为 ω 的振动信号。通过相位载波解调算法将 $\Delta\varphi_{\lambda1}$（t）、$\Delta\varphi_{\lambda2}$（t）还原出来后，对两路信号进行频谱转换。在 $\Delta\varphi_{\lambda1}$（t）的频谱上，对于每个频率 ω，都有与其相对应的幅值：

$$F_{\lambda1}(\omega)=4\varphi_0(\omega,\lambda_1)\cos\frac{\omega T_1}{2}\sin\frac{\omega\tau_1}{2} \tag{3-57}$$

同理，在 $\Delta\varphi_{\lambda2}$（t）的频谱上，对于每个频率 ω，都有与其相对应的幅值：

$$F_{\lambda2}(\omega)=4\varphi_0(\omega,\lambda_2)\cos\frac{\omega(T_1+2\tau_3)}{2}\sin\frac{\omega\tau_1}{2} \tag{3-58}$$

由光弹效应可知，光纤受到外界应力作用时（假设不产生微弯），ω 频率分量引起的相位变化为：

$$\varphi_0(\omega,\lambda)=\frac{2\pi n}{\lambda}\left\{1-\frac{n^2}{2}[(1-v)p_t-vp_l]\right\}\Delta l(\omega) \tag{3-59}$$

式中，p_t、p_l 为光弹系数；Δl（ω）为外界应力 ω 频率的应力分量产生的应变；v 为光纤材料的泊松比。因此有：

$$\frac{\varphi_0(\omega,\lambda_1)}{\varphi_0(\omega,\lambda_2)}=\frac{\lambda_2}{\lambda_1} \tag{3-60}$$

$$\frac{F_{\lambda1}(\omega)}{F_{\lambda2}(\omega)} = \frac{\lambda_2 \cos \dfrac{\omega\alpha l_1}{2}}{\lambda_1 \cos \dfrac{\omega\alpha(l_1 + l_3)}{2}} \tag{3-61}$$

$$l_1 = \frac{1}{\omega\alpha}\arctan\left(\cot\omega\alpha l_3 - \frac{F_2(\omega)}{F_1(\omega)\sin\omega\alpha l_3}\right) \tag{3-62}$$

式中，$\dfrac{F_{\lambda1}(\omega)}{F_{\lambda2}(\omega)}$通过实际测试获得，$\alpha$、$l_3$ 为常数，因此，对于每个频率 ω，通过比较两者频谱上的幅度，都可以求得 l_1 的值，从而得到外界振动信号在传感光纤上的位置信息。

从以上分析可知，上述频谱比值的定位算法不依赖于频谱中的特定缺失点进行定位，也就是不需要在频谱上寻找“陷波点”，因而也就不需要扰动信号具备特定的频率，更具有普适性；通过比较两路信号频谱上的幅度，消除了扰动信号幅度、频率成分变化对定位的影响；此外，利用频谱上的每个点都可以求得 l_1 的值，因此可以对频谱上的若干个点求得的定位值进行平均，这样在很大程度上减小了检测信号不稳定所造成的差异性和信号处理中的误差，大大提高了系统的定位精度。

3.2.3 系统光路稳定性研究

光波产生干涉的条件之一是参与干涉的光的振动（偏振）方向要一致，如果相一致的偏振态只有一部分，则干涉对比度会减少。当它们垂直的时候，不会产生干涉，即偏振退化，上文分析的定位理论都是在假设干涉光为同振动方向线偏光的条件下得出的。由于分布式光纤传感系统的传感光纤长达数十千米，而目前保偏光纤及其配套器件相对于普通单模光纤而言价格昂贵，所以系统中使用的传感光纤均为普通单模光纤。实际系统中的单模光纤、耦合器、反射元件等器件的不均匀性，光纤的几何形状弯曲等随机因素，以及其他非随机误差引起的光纤双折射效应的存在都会使线偏光在普通单模光纤中传输时发生偏振态退化现象。偏振态退化导致的非理想化干涉会降低干涉条纹的可见度，引起待检测信号幅度的减小，甚至完全消失。因此，研究系统的偏振特性以及采取相应的措施来保证系统干涉光路的稳定性是必不可少的。本节将深入研究传感系统中光波偏振态的影响，以寻求较好的解决方法。

3.2.3.1 光纤中光波的偏振态

单模光纤中的双折射大致分为三种：线性双折射、圆双折射与椭圆双折射。线性双折射是指微扰仅使光纤的两个正交线偏振模不再简并；圆双折射是指微扰使左右旋圆偏振模不再简并；椭圆双折射是指微扰使两个线偏振模和左右旋圆偏振模都不再简并，可看作圆双折射和线性双折射的叠加。

造成单模光纤中光的偏振态不稳定的原因，有光纤本身的内部因素，也有光纤的外部因素。

（1）内部因素

内部因素主要包括由光纤截面几何形状畸变引起的波导形状双折射 $\delta\beta_{GE}$ 和光纤内部应力引起的应力双折射 $\delta\beta_{SE}$ 两方面。因此，内部双折射 $\delta\beta_n$ 可表示为：

$$\delta\beta_n = \delta\beta_{GE} + \delta\beta_{SE} \tag{3-63}$$

①波导形状双折射 $\delta\beta_{GE}$

在拉制光纤过程中，由于各种原因使纤芯由圆变成了椭圆，所以产生波导形状的双折射，设椭圆芯的长短轴的长短分别为 a、b。光纤中的两个正交线偏振本征态分别沿长短轴方向振动。这两个正交线偏振光的相位差可表示为：

$$\delta\beta_{GE} = \frac{e^2}{8a}(2\Delta)3/2f(V) \tag{3-64}$$

式中，$e=\sqrt{1-(b/a)^2}$ 为纤芯的椭圆度；Δ 为光纤的相对折射率差；V 为归一化频率。若光纤工作在截止状态（$V\approx2.4$），且当（$a/b-1$）$\ll1$ 时，f（V）≈1，有：

$$\delta\beta_{GE} = \frac{e^2}{8a}(2\Delta)3/2 \tag{3-65}$$

对于单模光纤，若 $\Delta=0.003$，$a=2.5\ \mu\text{m}$，$b/a=0.975$，则可得到 $\delta\beta_{GE}\leqslant66°/\text{m}$。

②应力双折射 $\delta\beta_{SE}$

光纤是由芯、包层等数层结构组成的，各层掺杂材料的不同导致热膨胀系数也不相同。因此，在光纤横截面上很小的热力不对称将会产生很大的应力不平衡，最终导致光纤纤芯的各向异性，从而引起应力双折射。设两正交方向间的应力差为 σ，则：

$$\delta\beta_{SE} = \frac{\pi n^3}{\lambda E}(1+\rho)(p_{12}-p_{11})\sigma \tag{3-66}$$

式中，E 是材料的杨氏模量；ρ 为泊松比；p_{12}、p_{11} 为光弹系数。

（2）外部因素

外部因素也会影响单模光纤中偏振态的稳定性。由于外部因素较多，外部双折射表达式各不相同。外部因素造成光纤双折射特性变化是因为造成了新的各向异性。例如，光纤在成缆、施工过程中会受到一些如弯曲、振动、受压、扭绞等机械力的作用。此外，光纤也可能在强电场或强磁场以及温度经常变化的环境中工作。光纤在磁场的作用下，会产生法拉第效应；在外部机械力的作用下，会产生光弹效应；在外电场作用下，会产生克尔效应。这些效应都会使光纤产生新的各向异性，产生外部双折射。

①光纤弯曲

设光纤外径为 A，若其弯曲半径 $R\gg A$，则微弯产生的应力差为：

$$\sigma = A^2E/(2R^2) \tag{3-67}$$

由应力双折射 $\delta\beta_{SE}$ 公式可得因此产生的双折射为：

$$\delta\beta_{SE} = \frac{\pi n^3}{2\lambda}(1+\rho)(p_{12}-p_{11})\left(\frac{A}{R}\right)^2 \tag{3-68}$$

②外加电场

对光纤施加横电场时，通过克尔效应引入的线性双折射为：

$$B_E = KE_K^2 \tag{3-69}$$

式中，E_k 为电场的振幅。$K=2\times10-22m^2/A$ 是二氧化硅的归一化克尔效应常数。

③外加磁场

对光纤沿轴纵向施加磁场时，通过法拉第效应引入的圆双折射为：

$$\Delta\beta_h = 2V_f H_f \tag{3-70}$$

式中，H_f 为磁场的振幅；$V_f=4.6\times10-6\mathrm{rad}/V^2$ 是二氧化硅的费尔德常数。

综上所述，光纤的截面形状，内部应力的不对称性，外力所致的弯曲、侧压扭转，外界电磁场的影响，都会使光纤材料产生双折射。

光路系统中的干涉信号极易受系统偏振特性的影响，极端情况下甚至会导致系统无法实现定位功能。对于整个光路系统来说，非感应段光纤状态可以确保长期处在较稳定的状态。但是，感应段光纤外界环境的变化会影响这部分光纤偏振特性，从而导致系统工作状态的改变。因此，为了提高系统实用性，我们针对感应段光纤偏振对系统的影响进行了分析研究。

3.2.3.2　系统的偏振稳定性分析

上述光纤对光波的偏振态的影响可用琼斯矩阵来描述。下面将在利用琼斯矩阵的方法对传感光路系统的偏振特性进行分析。

设光纤中光波沿着单一方向从位置 1 到位置 2 的偏振态传输矩阵是 B_{12}，沿相反方向描述偏振态变化的传输矩阵是 B_{21}，如果外界干扰引起的双折射表现为互易性质，则有 $B_{21}=B_{12}^T$，式中 T 代表转置。由于外界干扰诸如温度变化、振动等引起的双折射一般都具有互易性，因此以下计算均假定为互易性双折射。

系统的结构如图 3－13 所示。由于两个反射端反射回来的光互不干涉，因此在偏振分析时，我们将系统简化为单一反射端。传统上，光反馈装置 M 采用的是光纤端面镀膜形成的反射面或平面镜。

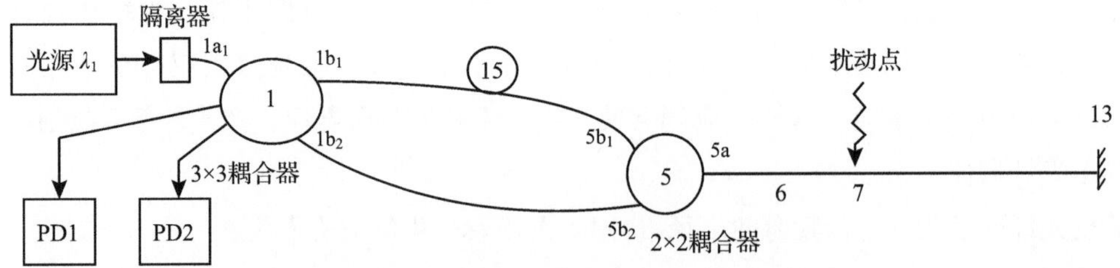

图 3－13　分布式光纤传感系统的单路简化结构

［摘自论文：分布式光纤振动传感器及其定位技术］

在图 3 - 13 所示的传感系统中，为简化分析，不考虑相位调制器和波分复用器对光偏振态的影响。此外，光隔离器、3 × 3 耦合器和 2 × 2 耦合器等一般是与偏振无关的，延迟光纤的长度相对传感光纤较短。忽略这几部分对传输光偏振态的影响，同时，为便于分析，可以把分布在传感光纤全长上的双折射等价为一个双折射元件 B，将光纤看成是理想均匀光纤。

简化的传感系统偏振光路可用图 3 - 14 表示。

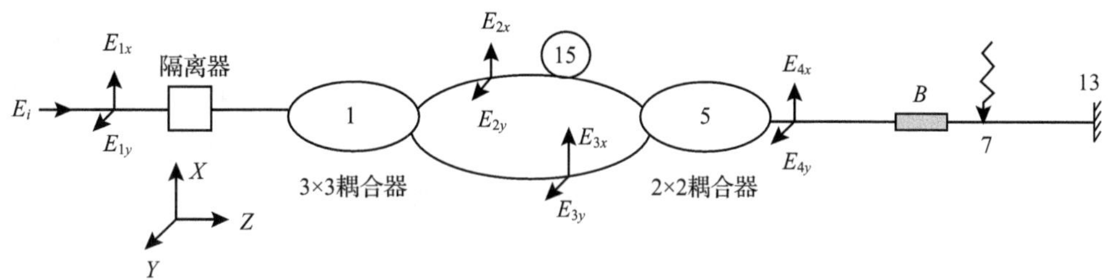

图 3 - 14　分布式光纤传感器简化偏振光路

［摘自论文：分布式光纤振动传感器及其定位技术］

设等价双折射元件 B 的旋转角为 θ，延迟角为 ζ，T_e 和 T_o 为寻常光轴和非常光轴的场传输系数，则等价双折射元件的琼斯矩阵为：

$$B = \begin{bmatrix} B_{XX} & B_{XY} \\ B_{YX} & B_{YY} \end{bmatrix} \tag{3-71}$$

式中：

$$B_{XX} = T_e e^{j\zeta} \sin^2\theta + T_o \cos^2\theta \tag{3-72}$$

$$B_{XY} = B_{YX} = (T_e e^{j\zeta} - T_o)\cos\theta\sin\theta \tag{3-73}$$

$$B_{YY} = T_e e^{j6} \cos^2\theta + T_o \sin^2\theta \tag{3-74}$$

假设双折射是互易性的，则当光波在传感光纤中反向传输时，相应的变换矩阵为 B^T。

在不考虑插入损耗和附加损耗的情况下，2 × 2 耦合器的分光比为 1∶1 时，琼斯矩阵表示为：

$$K_S = \begin{bmatrix} \frac{\sqrt{2}}{2} & 0 \\ 0 & \frac{\sqrt{2}}{2} \end{bmatrix}, K_A = \begin{bmatrix} i\frac{\sqrt{2}}{2} & 0 \\ 0 & i\frac{\sqrt{2}}{2} \end{bmatrix} \tag{3-75}$$

K_S、K_A 分别为直接耦合与跨接耦合时的琼斯矩阵。

在不考虑插入损耗和附加损耗的情况下，3 × 3 耦合器的分光比为 1∶1∶1 时，琼斯矩阵表示为：

$$K_{mn}=\begin{bmatrix}\frac{\sqrt{3}}{3} & 0\\ 0 & \frac{\sqrt{3}}{3}\end{bmatrix}\quad m=n,\text{直接耦合} \tag{3-76}$$

$$K_{mn}=\begin{bmatrix}\frac{\sqrt{3}}{3}e^{i\frac{2\pi}{3}} & 0\\ 0 & \frac{\sqrt{3}}{3}e^{i\frac{2\pi}{3}}\end{bmatrix}\quad m\neq n,\text{跨接耦合} \tag{3-77}$$

在上文提出的基于分布式光纤传感定位系统中，反射元件的功能是将沿着传感光纤传输的光反射回传感系统中，在耦合器中发生干涉，因此可选择与偏振无关的反射镜实现该功能。反射镜在考虑半波损失的前提下，琼斯矩阵可以表示为：

$$M=\begin{bmatrix}-1 & 0\\ 0 & -1\end{bmatrix} \tag{3-78}$$

设光源输出表示为 $E_i=[E_x,E_y]^T$，“T” 表示转置。当有振动信号作用于传感光纤上时，可将每个探测器上两束光的相位差统一表示为利用各元件的琼斯矩阵表示式，则将传感器的干涉输出表示为：

$$E_o=[K_{mn}K_SB^Te^{i\varphi(t-\tau_2)}Me^{i\varphi(t-\tau_1)}BK_AK_{mn}+K_{mn}K_AB^Te^{i\varphi(t-\tau_4)}Me^{i\varphi(t-\tau_3)}BK_SK_{mn}]E_i \tag{3-79}$$

式中，第一项表示光波经过 3×3 耦合器，直接到达 2×2 耦合器，经过传感光纤，在传感光纤末端被反射元件反射后，到达 2×2 耦合器，然后经过延迟线圈到达 3×3 耦合器输出端时的琼斯矩阵；第二项表示光波经过 3×3 耦合器，先通过光纤延迟线圈，到达 2×2 耦合器，经过传感光纤，被传感光纤末端的反射元件反射后，经 2×2 耦合器直接到达 3×3 耦合器输出端时的琼斯矩阵。

由于各耦合器都是偏振无关的，设：

$$K=K_{mn}K_SK_AK_{mn} \tag{3-80}$$

两束光之间的相位差不仅与外部振动作用的大小有关，还与振动作用的位置 l_1 有关，有：

$$\Delta\varphi(t,l_1)=\varphi(t-\tau_1)+\varphi(t-\tau_2)-\varphi(t-\tau_3)-\varphi(t-\tau_4) \tag{3-81}$$

式中，$\varphi(t-\tau_1)$ 和 $\varphi(t-\tau_2)$ 表示第一束相干光在 $t-\tau_1$ 和 $t-\tau_2$ 时刻受到扰动所发生的相位变化，$\varphi(t-\tau_3)$ 和 $\varphi(t-\tau_4)$ 表示第二束相干光在 $t-\tau_3$ 和 $t-\tau_4$ 时刻受到扰动所发生的相位变化。τ_1、τ_2、τ_3、τ_4 定义见上文。

E_o 可表示为：

$$\begin{aligned}E_o&=K[B^Te^{i\varphi(t-\tau_2)}Me^{i\varphi(t-\tau_1)}B+B^Te^{i\varphi(t-\tau_4)}Me^{i\varphi(t-\tau_3)}B]E_i\\&=K'[B^TMB+e^{i\Delta\varphi(t,l_1)}B^TMB]E_i\end{aligned} \tag{3-82}$$

在基于干涉原理的分布式光纤传感系统中，两束光之间的相位差反映了外部振动信号的变化，在不考虑偏振时，是一定值。然而，在实际系统中，光纤的双折射会使传输光的偏振态发生变化，致使耦合器输出的干涉信号也发生变化，从而使系统的功率发生相应的变化，这就是偏振衰落。因此，要分析光纤传感系统由于双折射引起的信号衰落问题，可以转化为分析系统在输入光的不同偏振态和等价双折射元件的不同偏振态时系统功率的变化问题。

设输入的光功率为：

$$P_i = E_i^* \cdot E_i \tag{3-83}$$

* 表示共轭转置，输出光功率为：

$$P = E_o^* \cdot E_o \tag{3-84}$$

当光在光纤中传输时，为简化分析，设在光轴上的光没有损耗，此时有：

$$T_e = T_o = 1 \tag{3-85}$$

则等效双折射元件的琼斯矩阵可表示为：

$$B_1 = \begin{bmatrix} B_{1XX} & B_{1XY} \\ B_{1YX} & B_{IYY} \end{bmatrix} \tag{3-86}$$

$$B_{1XX} = e^{j\zeta} \sin^2\theta + \cos^2\theta \tag{3-87}$$

$$B_{1XY} = B_{1YX} = (e^{j\zeta} - 1)\cos\theta\sin\theta \tag{3-88}$$

$$B_{1YY} = e^{j\zeta} \cos^2\theta + \sin^2\theta \tag{3-89}$$

式中，$B_{1YY} = B_{1XX}^*, B_{1YX} = -B_{1XY}^*$

因此有：

$$B_1 = \begin{bmatrix} B_{1XX} & B_{1XY} \\ -B_{1XY}^* & B_{1XX}^* \end{bmatrix} \tag{3-90}$$

当 M 为反射镜时，令

$$J_1 = B_1^T M B_1 = B_1^T B_1 = J_1^T \tag{3-91}$$

则有：

$$\begin{aligned} E_o &= K'[B^T MB + e^{i\Delta\varphi(t,l_2)} B^T MB] E_i \\ &= K'[J_1 + e^{i\Delta\varphi(t,l_2)} J_1^T] E_i \end{aligned} \tag{3-92}$$

可得：

$$\begin{aligned} P = K'^2 [&1 + \cos(\Delta\varphi(t,l_1))(|B_{1XX}|^2 - \mathrm{Re}(B_{1XY}^2)) - \\ &\sin(\Delta\varphi(t,l_1))(k_a Im(B_{1XY}^2) + 4Im(k_b B_{1XX}^*)\mathrm{Re}(B_{1XY}))] P_i \end{aligned} \tag{3-93}$$

式中：$k_a = \dfrac{|E_X|^2 - |E_Y|^2}{|E_X|^2 + |E_Y|^2}$，$k_b = \dfrac{E_X^* E_Y}{|E_X|^2 + |E_Y|^2}$

因此，P 可以表示为：

$$P = K'^2[1 + \sqrt{A^2 + B^2}\cos(\Delta\varphi(t,l_2) + \theta)]P_i \tag{3-94}$$

式中：

$$A = |B_{1XX}|^2 - \mathrm{Re}(B_{1XY}^2), B = k_a Im(B_{1XY}^2) + 4Im(k_b B_{1XX}^*)\mathrm{Re}(B_{1XY}), tg\theta = \frac{B}{A}$$

设输入为线偏振光，选取坐标轴使得 $E_Y = 0$，则有，

$$\begin{aligned} P &= K'^2 P_i[1 + \sqrt{1 - 2\mathrm{Re}(B_{1XY}^2)|B_{1XX}|^2}\cos(\Delta\varphi(t,l_2) + \theta)] \\ &= K'^2 P_i[1 + k\cos(\Delta\varphi(t,l_2) + \theta)] \end{aligned} \tag{3-95}$$

式中，$tg\theta = \dfrac{|B_{1XX}|^2 - \mathrm{Re}(B_{1XY}^2)}{Im(B_{1XY}^2)}, k = \sqrt{1 - 2\mathrm{Re}(B_{1XY}^2)|B_{1XX}|^2}$

从上式可以看出，B_{1XX}，B_{1XY}变化会引起调制深度 k 和系统初始相位 θ 变化，也就是当感应光纤偏振发生变化时，k 和 θ 也会相应变化，从而使系统的光强变化受到影响，在 k 几乎为0的极端情况下，干涉条纹近于消失，系统不能正常工作，因而必须采取相应的偏振控制措施。

（1）干涉光路偏振稳定措施

对于整个光路系统来说，非感应段光纤状态稳定可以确保其长期处在较稳定的状态。因此，在实际应用时可以在非感应段光纤部分采取适当的偏振控制措施，调节光路的偏振状态，使系统的干涉对比度达到最佳。目前，国内外解决偏振诱导衰落的方法主要是利用偏振控制器控制输入光波的偏振态和采用保偏光纤的偏振控制技术。

系统采用以下措施保障干涉光路的稳定性：①利用偏振控制器调节干涉对比度，使系统工作在最佳状态；②构造干涉光路完全对称结构，减小偏振态对系统的影响；③采用真空双层封装技术，降低环境对系统的扰动影响。

（2）传感光路偏振稳定措施

对于感应段光纤，由于它通常处在相对不稳定的环境中，例如，环境温度变化改变光纤内部应力分布，人为外力作用改变光纤的位置等，都会影响到这部分光纤的偏振特性，因而需要采取措施消除这种影响。为了减小感应段光纤偏振的影响，反射端使用法拉第旋转镜，下面对此进行分析和讨论。法拉第旋转镜的琼斯矩阵为：

$$M = \begin{bmatrix} 0 & 1 \\ -1 & 0 \end{bmatrix} \tag{3-96}$$

有：

$$J_1 = B_1^T M B_1 = \begin{bmatrix} B_{1XX} & B_{1XY} \\ -B_{1XY}^* & B_{1XX}^* \end{bmatrix}^T \begin{bmatrix} 0 & 1 \\ -1 & 0 \end{bmatrix} \begin{bmatrix} B_{1XX} & B_{1XY} \\ -B_{1XY}^* & B_{1XX}^* \end{bmatrix} = \begin{bmatrix} 0 & 1 \\ -1 & 0 \end{bmatrix} \tag{3-97}$$

此时：

$$E_o = K'\left[\begin{bmatrix} 0 & 1 \\ -1 & 0 \end{bmatrix} + e^{i\Delta\varphi(t,l_1)}\begin{bmatrix} 0 & 1 \\ -1 & 0 \end{bmatrix}\right]E_i$$

$$= e^{i\frac{\pi}{2}} \cdot K'\left[\begin{bmatrix} 0 & 1 \\ -1 & 0 \end{bmatrix} e^{-i\frac{\pi}{2}} + \begin{bmatrix} 0 & 1 \\ -1 & 0 \end{bmatrix} e^{i\left(\Delta\varphi(t,l_1)-\frac{\pi}{2}\right)}\right] E_i \tag{3-98}$$

可以看出，B_1 的变化，即感应光纤偏振的变化不会影响系统的干涉结果。从以上分析可知，光反射端使用法拉第旋转镜可以有效提高系统的偏振稳定性，解决了因外界环境因素引起的偏振变化导致干涉条纹不明显的问题。

3.2.3.3　光纤熔接点损耗对系统稳定性的影响

Φ-OTDR 分布式光纤传感系统通过发射探测光脉冲，并接收背向散射光信号，探测背向散射光功率变化来实现扰动传感，传感光纤中返回的背向散射光信号本身就非常微弱，系统还使用了两个 2×2 耦合器进行分路，使得系统的功率代价极低。为了尽可能地降低光纤链路的损耗，传感系统中使用的光源、2×2 光纤耦合器、延时光纤、传感光纤等光器件都是通过光纤熔接的方式来进行连接的。在实际工程系统中，一套传感系统至少要熔接 30 个熔接点。如果不能很好地控制光纤熔接点的损耗，必然造成系统功率代价的进一步降低，造成传感距离的缩短，使背向散射信号与扰动引起的突变信号更加微弱，难以检出，造成整个系统性能的降低。

系统的背向散射迹线会在光纤熔接点处形成下台阶，且损耗大于 0.05 dB 时会在熔接点附近产生传感盲区，因此必须严格控制光纤熔接点的损耗，保障系统传感区域内的稳定运行。还有，系统投入运营后传感光纤敷设在外界环境中，光纤熔接点损耗也会受外界温湿度变化的影响，引起背向散射信号整体功率的变化，系统工作点发生漂移，导致系统参数设置不合理，影响系统的稳定性。因此，控制系统光纤熔接点的损耗及其温湿度稳定性，不仅能够提高系统的功率代价，延长传感距离，更是系统稳定性的保障，需要对熔接点损耗及其稳定性进行进一步的研究。

（1）光纤熔接点损耗分析

光纤的熔接主要使用熔接机进行，因此一台高性能的光纤熔接机是必不可少的。为了研究系统中的光纤熔接点损耗，研究人员选用了两台光纤熔接机进行对比试验，一台为普通光纤熔接机（住友 TYPE-81C），一台为保偏光纤熔接机（藤仓 FSM-40PM）。光纤熔接完成后，一般都需要加热缩套管，对光纤熔接部位增强保护及进行支撑定位，试验中也测试了热缩套管对光纤熔接点损耗的影响。

研究人员选用中天 G652. D 原盘裸光纤，一盘为 25 km，每两盘光纤相互连接，分别使用普通熔接机和保偏熔接机进行熔接，一半不加热缩套管，一半加热缩套管，使用OTDR测试仪来测试光纤熔接点的损耗。对比两台熔接机及有无热缩套管的光纤熔接点的损耗，测试结果如图 3－15 所示，保偏熔接机熔接的熔接点损耗明显低于普通熔接机的熔接点，不加套管时，两者大约差距 0.002 dB，都加上套管后两者的差距能够达到 0.01 dB。热缩套管保护光纤熔接点不受损害，也在一定程度上增加了熔接点的损耗。

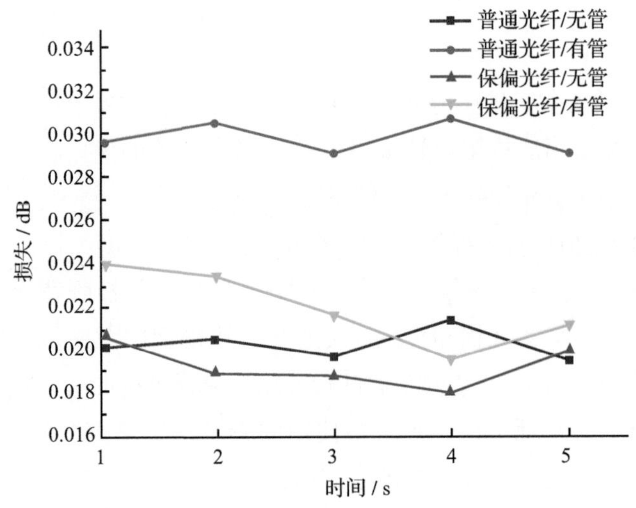

图 3－15　不同熔接机熔接的熔接点损耗

［摘自论文：Φ-OTDR 分布式光纤扰动传感系统稳定性与环境适应性研究］

（2）光纤熔接点温度稳定性分析

使用高低温循环箱来测试熔接点损耗对温度的稳定性，图 3－16 所示是分别使用两个熔接机进行熔接，在常温下测量无热缩套管和加热缩套管的熔接头损耗，然后同时放入高低温循环箱，并在 15 分钟内升温到60 ℃，然后每隔 5 分钟测量熔接头损耗，保持 60 分钟，测试熔接头对高温的稳定性。普通熔接机熔接的光纤熔接头加套管后，在 15 分钟时，温度上升到 60 ℃，测试的熔接点损耗下降比较明显，之后趋于稳定。研究人员得到结论，由于高温下热缩套管中的应力释放引起损耗降低，因此普通熔接机不仅在光纤熔接过程中造成熔接点损耗较高，且在加热收缩套管时也会导致加热不均匀，引起损耗的进一步增加；其他情况下的熔接点损耗在高温环境下都比较稳定。

图 3－17 所示的是分别使用两个熔接机进行熔接，首先在常温下测量无热缩套管和加热缩套管的熔接头损耗，然后分别同时放入高低温循环箱；并在 15 分钟内升温到 60 ℃，保持 5 分钟，然后每隔 10 分钟温度下降 10 ℃并保持 5 分钟，测量熔接头损耗；下降到－10 ℃后，静置 12 小时到常温，再测量熔接头损耗，测试熔接头在高低温循环时的稳定性。同样地，普通熔接机熔接的光纤熔接头加套管后，在测试中损耗变化较大，从 30 ℃下降到室温 20 ℃时，熔接点损耗下降明显，其他情况下的熔接点损耗在高低温循环下都比较稳定。

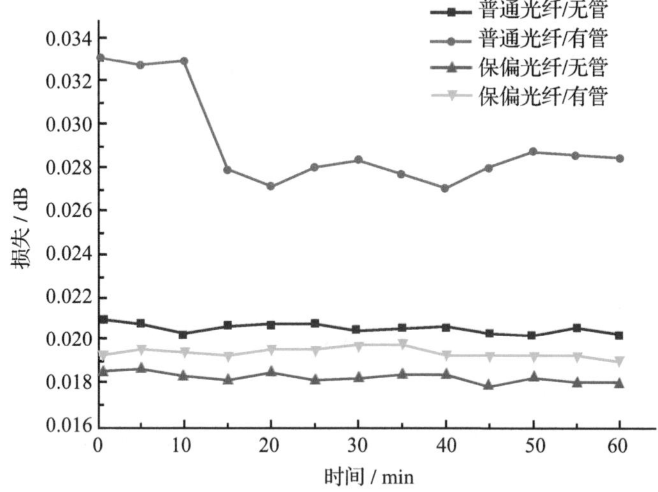

图 3－16　不同熔接机熔接的熔接点损耗高温稳定性

［摘自论文：Φ-OTDR 分布式光纤扰动传感系统稳定性与环境适应性研究］

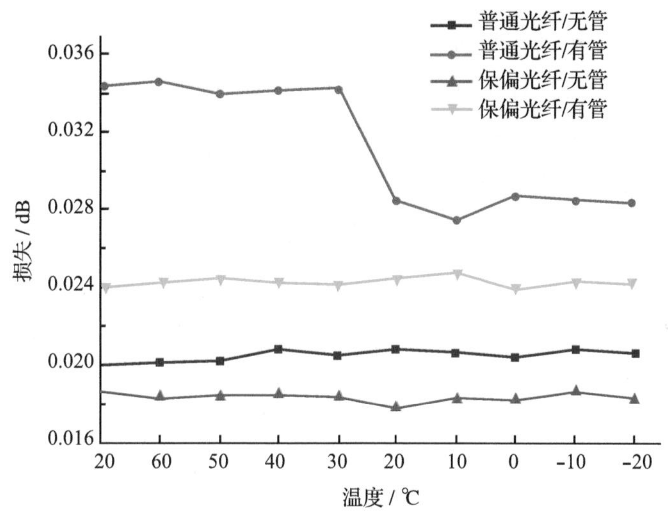

图 3－17　不同熔接机熔接的熔接点损耗高低温循环稳定性

［摘自论文：Φ-OTDR 分布式光纤扰动传感系统稳定性与环境适应性研究］

（3）光纤熔接点湿度稳定性分析

在实际工程应用中，光纤熔接点不仅会受到温度的影响，还会受到湿度的影响，本部分对光纤熔接点的湿度稳定性进行介绍。

仍然选用中天 G652. D 原盘裸光纤，普通熔接机和保偏熔接机分别都熔接两个接头，一半无热缩套管，一半加热缩套管，同时把这四个熔接点放置于一个湿度箱中，保持箱中湿度在 95%，使用 OTDR 持续观察熔接头损耗，每隔 1 小时记录一个损耗值，测量结果如图 3－18 所示，四个熔接点对湿度的影响都相对稳定，无明显的变化。

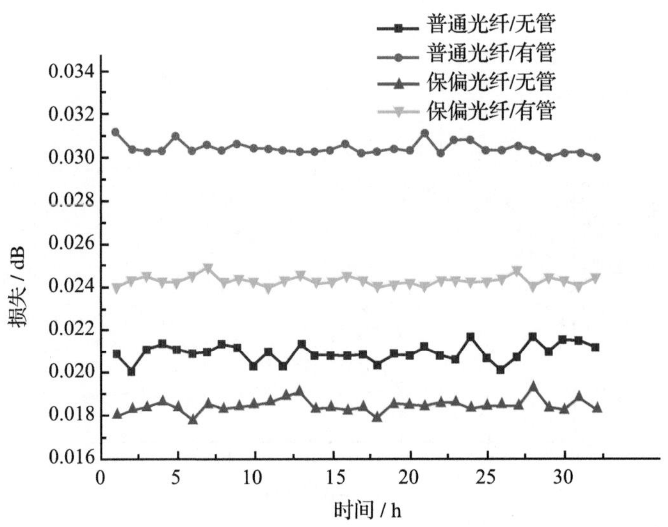

图 3－18　不同熔接机熔接的熔接点损耗湿度稳定性

［摘自论文：Φ-OTDR 分布式光纤扰动传感系统稳定性与环境适应性研究］

综上所述，光纤熔接点的损耗及温湿度稳定性的实验结果如表 3－1 所示，其中损耗的数值是实验中测得的损耗平均值，数值越低越好；温湿度稳定性数值表示在测试环境中最大损耗与最低损耗之差，也是越低越好。从实验结果可以看出，使用普通熔接机熔接后再加热缩套管的情况下光纤熔接点损耗最大，且稳定性也最差，其他三种情况的光纤熔接点损耗及其温湿度稳定性都较好，使用保偏熔接机熔接后再加热缩套管的情况下熔接点损耗虽略大，但是其温度及湿度稳定性都最佳。传感系统在使用过程中，光纤熔接点如果不加热缩套管保护的情况，其机械强度低容易损伤，且长期暴露在空气环境中容易老化。因此，使用保偏熔接机熔接后加热缩套管保护是分布式光纤扰动传感系统光纤熔接的最优选择，能够提高系统功率代价，增加传感距离，减少传感盲区，增强系统的稳定性。

表 3－1　光纤熔接点的损耗及温湿度稳定性测试结果

类型	损耗平均值/dB	高温稳定性/dB	高低温稳定性/dB	湿度稳定性/dB
普通熔接机无套管	0.021	0.0008	0.0008	0.0015
普通熔接机加套管	0.300	0.0059	0.0080	0.0011
保偏熔接机无套管	0.019	0.0008	0.0009	0.0011
保偏熔接机加套管	0.022	0.0007	0.0007	0.0007

3.2.3.4　基于过阈值率的扰动模式识别与分类

Φ-OTDR 分布式光纤扰动传感技术在工程应用中，无害入侵会引起系统的误报警，本部分针对此问题提出了基于过阈值率（LCR）的扰动模式识别与分类技术，对外界扰动信号进行模式识别与分类，区分无害入侵与有害入侵，并决定是否报警，滤除无害扰动事件引起的误报警，降低系统误报率，提高系统的稳定性与实用性。

（1）过阈值率

对于Φ-OTDR分布式光纤扰动传感系统的输出信号，外界扰动会对传感系统的相位产生调制，引起背向散射信号的突变，因此可以通过分析突变信号平均频率来分析外界扰动信号。过零率（ZCR）可以看作信号频率的简单度量，被用于信号的识别中。然而Φ-OTDR分布式光纤传感系统中传感光纤布置于外界环境，一般距离较长，受到的环境微扰比较复杂，使得传感系统的输出信号的底噪较大，如果使用过零率进行特征提取容易受到干扰，造成特征提取不准确，因此本部分提出了LCR来提取扰动的特征，通过设置过阈值来滤除底噪，获取平均频率，突出外界扰动的强度与稳定性。

过阈值是指一段时间内信号穿过某一电平阈值的次数。某周期脉冲在3个周期内的分布见图3－19，取固定电平V_a为阈值，可见脉冲1、3振幅过阈值，而脉冲2未过阈值，则在n个脉冲周期内的LCR可用R_{LC}表示：

$$R_{LC}=\frac{\sum_{j=1}^{n}\Psi(x(j)\geqslant V_a)}{n} \tag{3-99}$$

式中，$x(j)$为第j个脉冲周期内的最大电平；Ψ为指示函数，当$x(n)\geqslant a$时，Ψ值为1，其他情况为0。

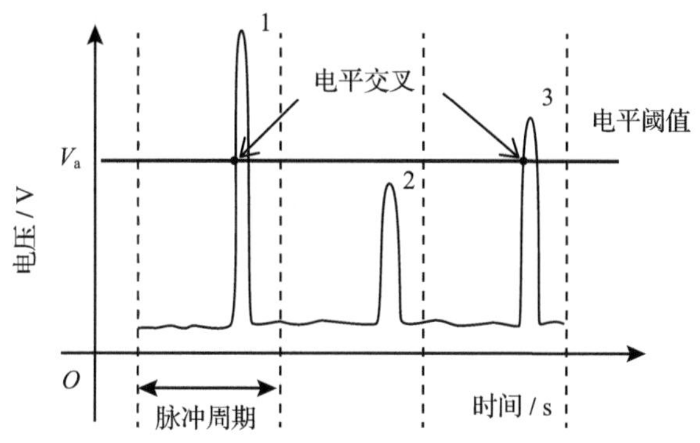

图3－19　过阈值示意图

［摘自论文：Φ-OTDR分布式光纤扰动传感系统稳定性与环境适应性研究］

LCR应用于Φ-OTDR分布式光纤扰动传感系统时，扰动脉冲就是周期性的脉冲信号，扰动脉冲的LCR不仅能够在一定程度上反映外界扰动的频率，也反映了外界扰动的幅度与稳定性。

（2）阈值电平

Φ-OTDR分布式光纤扰动传感系统应用于不同的场景，传感光纤敷设于露天或室内、地下、水下等环境中，会遇到不同类别和模式的外界扰动，这些扰动可分为有害、无害扰动。传感光纤敷设于围栏、围墙时，外界扰动可能为攀爬、敲击、降雨等；传感光缆敷设于地下时，外界扰动可能为人为踩踏、挖掘、动物经过等，不同的光缆敷设环境下系统所需要识别的扰动模式也不一致。要使用 LCR 来提取这些扰动的特征，首先要确定阈值电平，此阈值电平不仅要能滤除信号底噪，也要能够突出各个不同扰动信号之间的 LCR 特征。

在一般的情况下，实际的扰动服从正态分布，各个扰动模式的扰动脉冲幅值也呈正态分布，根据统计学原理，扰动脉冲幅值的分布集中在幅值平均值加减三倍标准差之间。因此，定义各个扰动模式的扰动脉冲幅值平均值加三倍标准差之中的最小值为阈值电平，能够保证此最小值的扰动模式 LCR 在 0 附近，此扰动的 LCR 特征明确，再根据确定的阈值电平寻找其他扰动模式的 LCR 特征，来进行扰动的模式识别与分类。因此阈值电平可由下式给出：

$$V_a = \min(A_{vi} + 3\sigma_i) \tag{3-100}$$

式中，i 为扰动模式；A_{vi}为各个扰动模式的扰动脉冲幅值平均值；σ_i 为各个扰动模式的扰动脉冲幅值标准差。

（3）模式识别算法

当一个扰动事件发生时，系统对扰动信号进行采样，设扰动信号是长度为 N 段时间的采样序列，分别按照上式统计其 LCR，可得 LCR 分布矩阵为

$$R^i = [R_1^i R_2^i R_3^i \cdots R_N^i] \tag{3-101}$$

由于扰动开始时提取的扰动信号更能体现该扰动事件的时频特征，随着扰动的持续，光缆自身也会产生振动，扰动事件的时频特征被逐渐淹没，这里引入时域权重系数，表示 LCR 随时间分布的修正权重，则最终的 LCR 分布特征矩阵为：

$$B^i = [d_1^i R_1^i d_2^i R_2^i d_3^i R_3^i \cdots d_N^i R_N^i] \tag{3-102}$$

式中，d_N^i 是第 N 段时间的修正权重系数，$\sum_{j=1}^{N} d_j^i = 1$。

在进行模式识别与分类前，需要大量的待识别扰动模式的扰动数据进行模式训练，建立每种模式的特征矩阵。对于每种模式，使用 M 组典型扰动数据进行训练，可得到 M 组 LCR 分布特征矩阵，B_1^i、B_2^i、$\cdots B_M^i$，将所得的每种扰动模式的 M 组 LCR 分布特征矩阵平均，得到每种扰动模式的 LCR 分布平均特征矩阵：

$$B_s^i = \frac{1}{M}\sum_{j=1}^{M} B_j^i \tag{3-103}$$

对于任意一个采集到的扰动信号，按照上式计算 LCR 分布特征矩阵 B。然后分别计算与各种扰动模式的 LCR 分布平均特征矩阵的距离：

$$D^i = |B_c - B_s^i| \tag{3-104}$$

D^i 为最小值时所采用的 LCR 分布平均特征矩阵所对应的扰动模式，即为当前待测信号的扰动模式。

基于 LCR 进行分布特征矩阵提取的流程如图 3－20 所示，在 Φ-OTDR 分布式光纤扰动传感系统的输出扰动信号中提取 N 段时间的扰动信号，每段时间内包含 n 个光脉冲周期，根据阈值电平对每段时间计算其 LCR，结合时域权重系数就能得到该扰动信号的 LCR 分布特征矩阵。

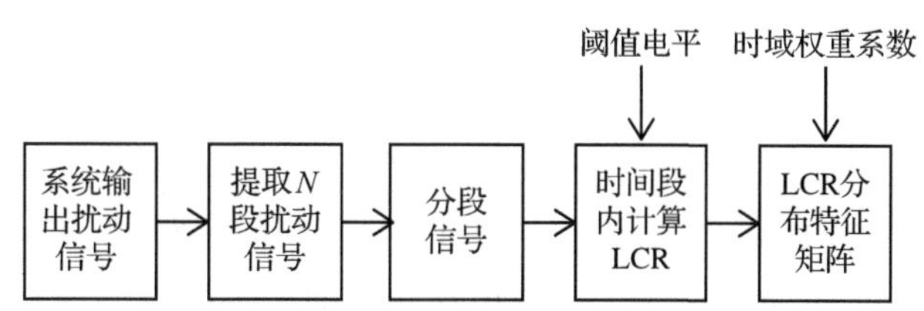

图 3－20　LCR 分布特征矩阵提取流程图

［摘自论文：Φ-OTDR 分布式光纤扰动传感系统稳定性与环境适应性研究］

（4）试验系统及结果

为了验证基于 LCR 的扰动模式识别与分类技术的可行性，构建了 Φ-OTDR 分布式光纤扰动传感系统进行了实验研究。分布式光纤扰动传感系统将一段传感光纤敷设于室外的围墙上，敷设方式及其实物图如图 3－21 所示，在围墙顶端悬空布置铁网，传感光纤固定于铁网之上，增加传感光纤对外界扰动敏感度。光接收处理电路使用本书第三章所设计的光信号接收处理电路的一部分，滤除无关信号，输出扰动脉冲信号。实验中选取了翻越围墙、敲击围墙和降雨这三类常见事件作为扰动模式的分类，且这三类事件对应于三种不同紧急程度的报警级别，翻越围墙为紧急报警，敲击围墙为警示报警，降雨为无害报警。

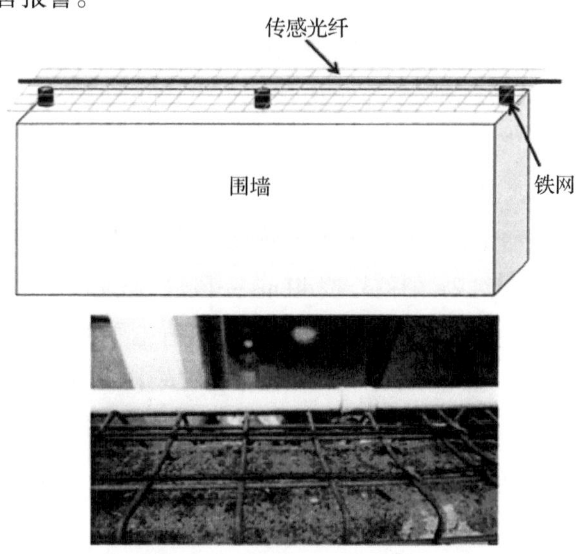

图 3－21　传感光纤围墙敷设示意图及其实物图

［摘自论文：Φ-OTDR 分布式光纤扰动传感系统稳定性与环境适应性研究］

实验中，光源每隔 1 ms 发出一个脉冲光信号，定义 40 ms 的扰动脉冲为一段扰动信号，则一段扰动信号内包含 40 个光脉冲周期。在系统调试过程中，分别模拟翻越围墙、降雨及敲击围墙进行实验。图 3－22 所示是不同扰动事件下的一段扰动信号：（a）翻越围墙；（b）降雨；（c）敲击围墙。翻越围墙导致的扰动信号，强度高，波动大；降雨导致的扰动信号强度中等，波动中等；敲击围墙导致的扰动信号强度最弱，波动最小。计算出翻越围墙的扰动脉冲幅值平均值为 0. 57 V，标准差为 0. 53 V；降雨的扰动脉冲幅值平均值为 0. 35 V，标准差为 0. 45 V；敲击围墙的扰动脉冲幅值平均值为 0. 26 V，标准差为 0. 24 V，则这组数据中脉冲幅值平均值加 3 倍标准差之中的最小值为 0. 98 V。经过多次调试，取各组数据中最小值的平均，最终确定应用于本系统的阈值电平为 0. 95 V。

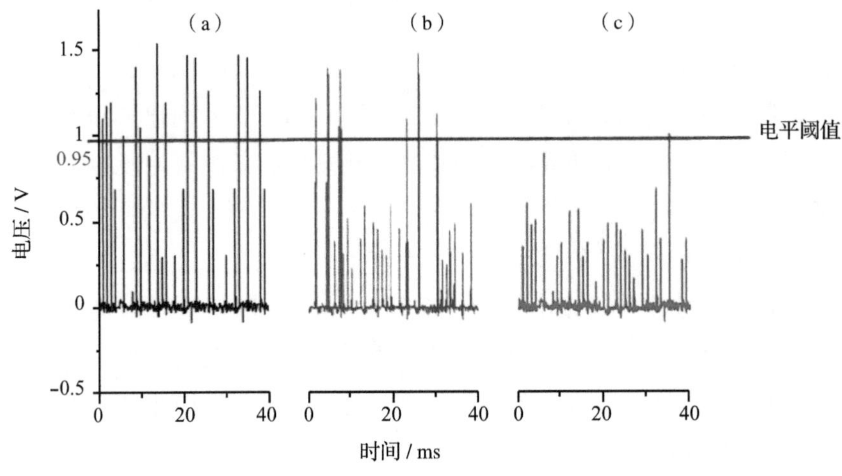

图 3－22　扰动脉冲信号

（a）翻越围墙；（b）降雨；（c）敲击围墙

［摘自论文：Φ-OTDR 分布式光纤扰动传感系统稳定性与环境适应性研究］

基于 LCR 的扰动模式识别与分类技术应用于 Φ-OTDR 分布式光纤扰动传感系统中，其流程如图 3－23 所示，当系统检测到外界扰动时，数据采集卡开始采集扰动信号，并读取 2 s 的扰动信号，在对 2 s 的信号按 40 ms 一段进行分段，可分为 50 段扰动信号，对每段信号内一个光脉冲周期 40 ms 取最大值与阈值电平对比，计算出每段信号的 LCR，根据时域权重系数，就可以得到 LCR 分布特征矩阵。在扰动模式训练阶段，分别对翻越围墙、降雨、敲击围墙三种模式进行 50 组训练，得到 50 组 LCR 分布特征矩阵，分别求平均得到三种扰动模式的 LCR 分布平均特征矩阵，并输入系统中。得到待测扰动信号的 LCR 分布特征矩阵后，分别与三种模式的 LCR 分布平均特征矩阵计算距离，最后输出最小距离所对应的扰动模式。在系统调试阶段，可不断调整时域权重系数，使模式识别的准确性达到最佳，本实验中时域权重系数统一为 0. 025。

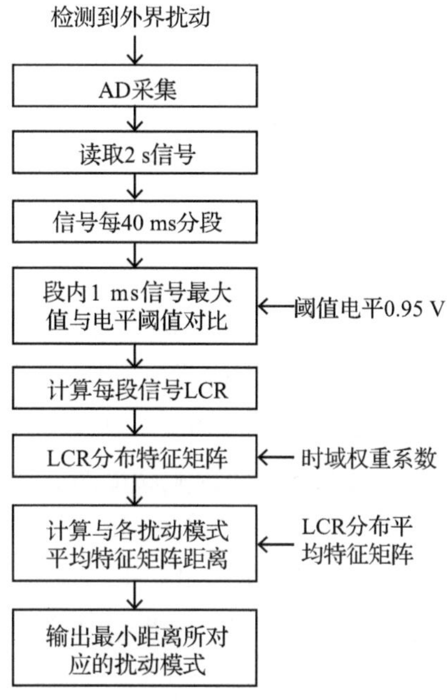

图 3－23　LCR 扰动模式识别与分类流程

［摘自论文：Φ-OTDR 分布式光纤扰动传感系统稳定性与环境适应性研究］

在现场试验中，应用此 LCR 扰动模式识别与分类技术，对翻越围墙、降雨、敲击围墙三种典型事件进行扰动模式识别与分类，分别进行了 100 组扰动事件的识别，结果如表 3－2 所示，对翻越围墙、降雨和敲击围墙三种扰动模式的识别率分别达到 98%、95% 和 96%，三类事件的正确识别率都在 95% 以上，说明该基于 LCR 的扰动模式识别技术在 Φ-OTDR 分布式光纤扰动传感系统的扰动模式识别中具有良好的效果，能够有效地识别出外界扰动模式，滤除无害入侵报警，降低系统误报率，提高系统的稳定性。

表 3－2　扰动模式识别的结果

扰动模式	样本数	识别数	正确率
翻越围强	100	98	98%
降雨	100	95	95%
敲击围墙	100	96	96%

3.2.4　系统光路稳定性实验

实验系统包括图 3－24 所示的三个子系统：一是能输出两路干涉信号的分布式光纤传感器；二是能将干涉信号转换为电信号的光电转换及信号预处理系统；三是能将预处理的电信号采集到计算机并利用相关算法求取频谱比值，得到最终定位结果的数据采集及信号分析处理系统。

图 3-24　实验系统组成图

［摘自论文：分布式光纤振动传感器及其定位技术研究］

（1）分布式光纤传感器，主要由光纤耦合器、延时线圈、法拉第旋转镜和传感光纤等组成，传感光纤为单模光纤。其中，传感光纤和耦合器、法拉第旋转镜等构成光纤干涉仪，用于检测作用在传感光纤上的扰动信号。

（2）光纤扰动检测系统主要由光源、光源驱动电路、光隔离器、光电探测器、前置放大器和信号调理电路组成。光源采用超辐射发光二极管（SLD），光纤隔离器用来减少回光的影响，光电探测器用于检测系统输出的干涉信号，将光信号转变为电信号，由于直接转换的电信号幅度较小，噪声较多，因此通过前置放大器和信号调理电路对电信号进行滤波、放大等处理。

（3）利用 NI 公司的数据采集卡采集干涉信号，根据分布式光纤振动传感器检测系统设计的要求，通过 Labview 虚拟仪器的图形程序设计和 Matlab 工具完成数据采集的控制及数据分析和信号处理等工作，其中包括信号的端点检测、降噪、相位还原及扰动定位等功能的实现。

3.2.4.1　系统光路稳定性仿真

下面以仿真的形式比较传统的结构（反射端为反射镜）和反射端为法拉第旋转镜结构在传感光纤上没有振动信号作用（$\Delta\varphi(t, l_1)=0$）和有振动信号作用（$\Delta\varphi(t, l_1)\neq 0$）这两种情况下，输入光的偏振态 β、光纤双折射旋转角 θ 和相位延迟 ζ 共同影响时，系统输出光功率的变化特点。

本书通过数学分析的方法利用琼斯矩阵对系统的输出光功率和传感光纤上的偏振变化之间的关系进行了分析，得到下式：

$$E_o = K'[B^T MB + e^{i\Delta\varphi(t,l_1)} B^T MB]E_i \tag{3-105}$$

当输入的为线偏振光时：

$$E_i = \begin{bmatrix} \cos\beta \\ \sin\beta \end{bmatrix} \tag{3-106}$$

β 为输入光的偏振角，此时可知输入的光功率为：

$$P_i = E_i^* E_i = 1 \tag{3-107}$$

则输出光功率为：

$$P_i = E_o^* E_o \tag{3-108}$$

（1）反射端为反射镜的仿真

①当没有振动信号作用时，光纤双折射对系统功率变化分析仿真

传感光纤上没有振动信号作用时，利用 Matlab 对上式仿真，通过输入不同的入射光偏振角，观察系统输出功率随双折射旋转角 θ 和相位延迟的变化关系，如图 3－25 所示。

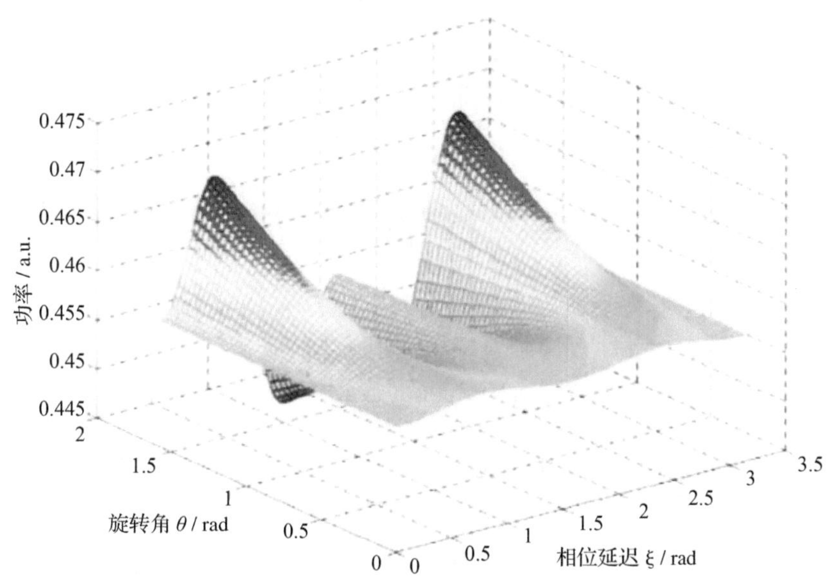

（a）输入光的偏振角 $\beta=0$

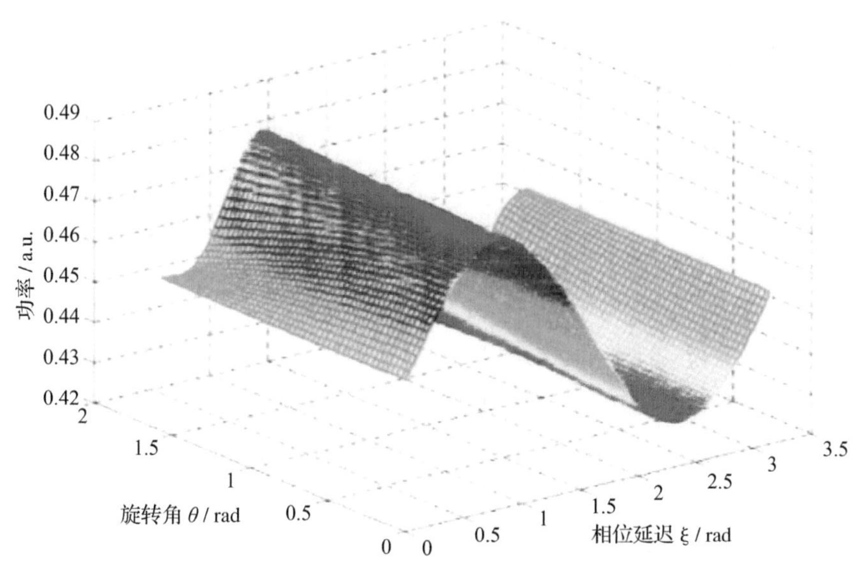

（b）输入光的偏振角 $\beta=2\pi/3$

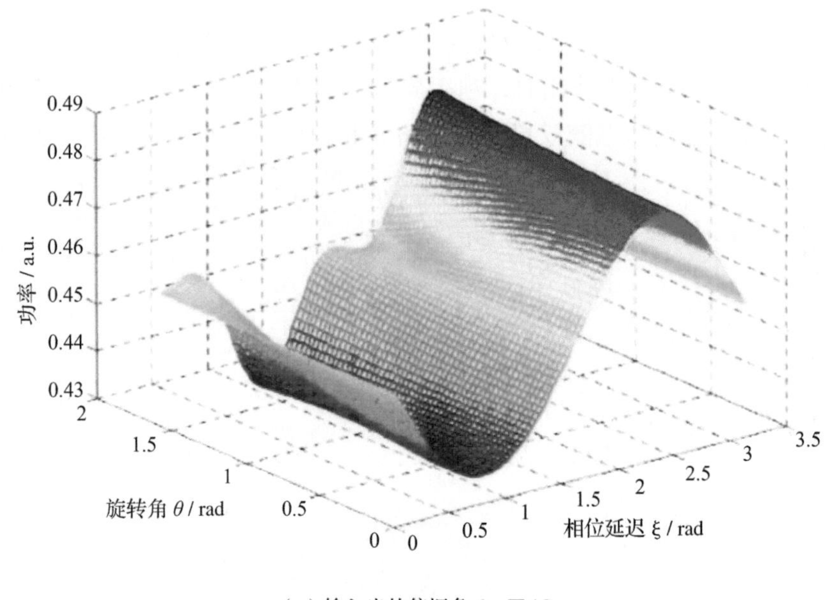

（c）输入光的偏振角 $\beta = \prod / 8$

图 3－25　反射元件为反射镜时，无振动作用时系统功率在光纤双折射影响下的变化

［摘自论文：分布式光纤振动传感器及其定位技术研究］

图 3－25 中双折射的相位延迟 ζ 以 $\prod$ 为周期，光轴旋转角 θ 以 $\prod/2$ 为周期，图（a）（b）（c）分别对应输入光的偏振角为 0、$2\prod/3$、$\prod/8$ 的情况。从图中可以看出，如果输入光的偏振角一定，当等效双折射元件的参数（光轴旋转角、相位延迟）发生变化时，系统的功率也会发生变化，且从图 3－25 可以看出功率的变化规律也不同。这表明，当使用反射镜时，传感光纤上的偏振变化会影响系统的干涉结果。

②当传感光纤上有振动信号作用时，系统功率变化分析仿真

此时 $\Delta\varphi$（t，l_1）$\neq 0$，振动信号作用在离反射镜 l_2 的位置。设等效双折射元件的旋转角 θ 和相位延迟 ζ 都为 $\Pi/4$，以两束光的相位差为变量，利用上式可得不同偏振态下的输入光波的功率随相位差变化的曲线，结果如图 3－26 所示。

图 3－26 中的三条曲线对应输入光波偏振角分别为 0、$2\Pi/3$、$\Pi/8$ 时的情况。这里相位差的变化范围为 $-2\Pi \sim 2\Pi$。可以看出，当有外部振动作用在传感光纤上时，系统功率随入射光偏振态发生变化，不同偏振态对应的曲线周期相同，幅度不同，即在相同的外部振动的情况下，如果输入的线偏振光的偏振态发生变化，则输出的光功率也会发生变化。

以上仿真表明，当反射元件使用反射镜时，传感光纤上的双折射以及入射光的偏振状态都会对系统的干涉结果产生影响，致使系统的稳定性不高，因此必须采取相应的措施保证系统的稳定性。

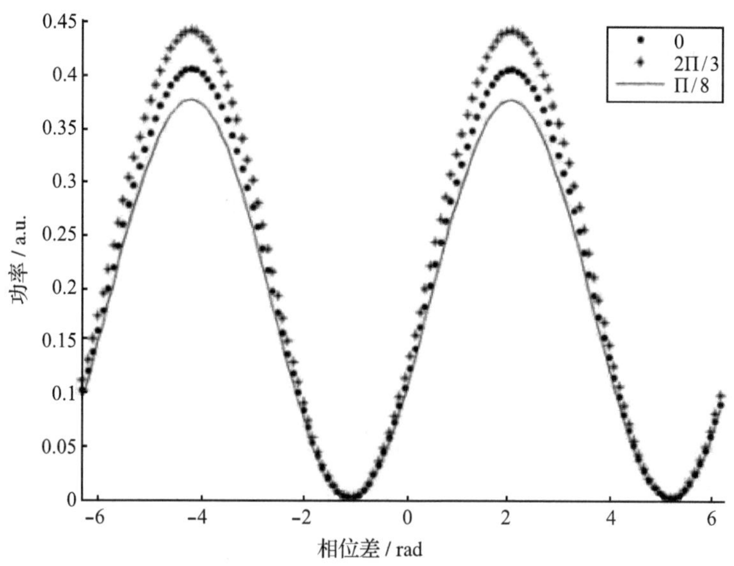

图 3－26　使用反射镜时输入光波不同偏振态下对扰动相位的响应

［摘自论文：分布式光纤振动传感器及其定位技术研究］

（2）反射端为法拉第旋转镜（FRM）的仿真

为了提高系统的稳定性，消除传感光纤线性双折射对系统的影响，在传感光纤末端将法拉第旋转镜作为反射元件。上文利用琼斯矩阵的方法对其作用进行了分析，这里我们用仿真的形式加以验证。

反射端为法拉第旋转镜时，没有外部事件作用情况下（无振动作用）的功率如图 3－27 所示，图中入射光的偏振角为 Π/4。从图中可以看出，光纤双折射相位延迟和旋转角的变化对系统的功率影响很小，功率保持在同一个平面内，为一定值，这说明使用法拉第旋转镜可以消除光纤的线性双折射的影响。此外，我们在仿真中还发现，当改变入射光的偏振角时，系统的功率都与图 3－27 的平面类似，这说明当采用法拉第旋转镜后，系统的功率与输入光波的偏振态变化也无关。

利用得到图 3－26 的方法，同样可得到反射端为法拉第旋转镜时在外部事件作用情况下的输出功率变化曲线，如图 3－28 所示。

图 3－28 是当有振动信号作用在传感光纤上时，入射光三种不同的偏振态所对应的功率变化曲线，图中的三条曲线是重合的，说明系统功率与输入光偏振态无关，这与图 3－29 所得结论一致。

3.2.4.2　系统光路稳定性实验

上文中通过琼斯矩阵的方法对系统的稳定性进行了理论计算分析，并利用仿真的方法验证了前文的理论分析结果，即采用法拉第旋转镜代替反射镜可抵消传感光纤上的双折射的影响，提高系统的稳定性。下面将从实验的角度来验证本系统采用的结构在提高系统稳定性方面的作用，分别用普通的光路结构（光反射端采用反射镜）和光反射端采用法拉第旋转镜对感应光纤长度为20 km的系统进行测试。由于在系统中两路干涉光之间互不干涉，为了更方便地观察干涉信号，在验证系统稳定性时只用一个光反射端进行实验，基本光路结构如图3－29所示。

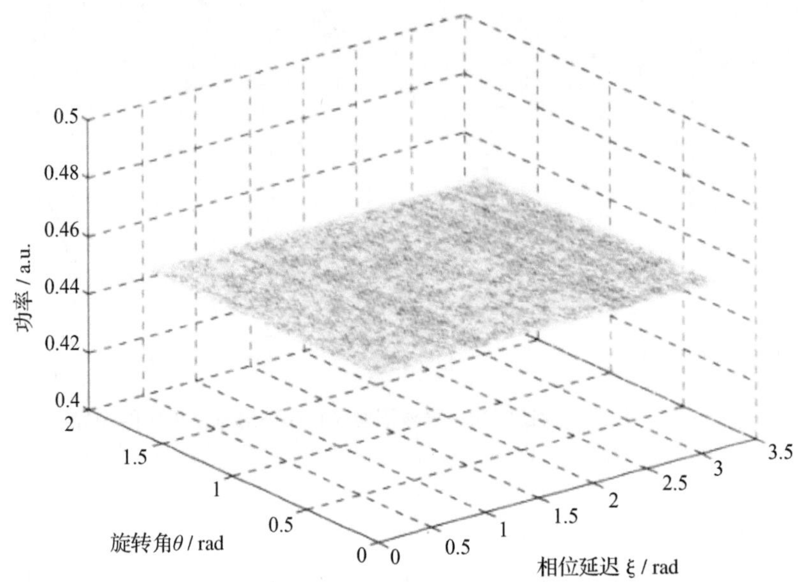

图3－27　反射元件为FRM时，无振动作用时系统功率在光纤双折射影响下的变化

［摘自论文：分布式光纤振动传感器及其定位技术研究］

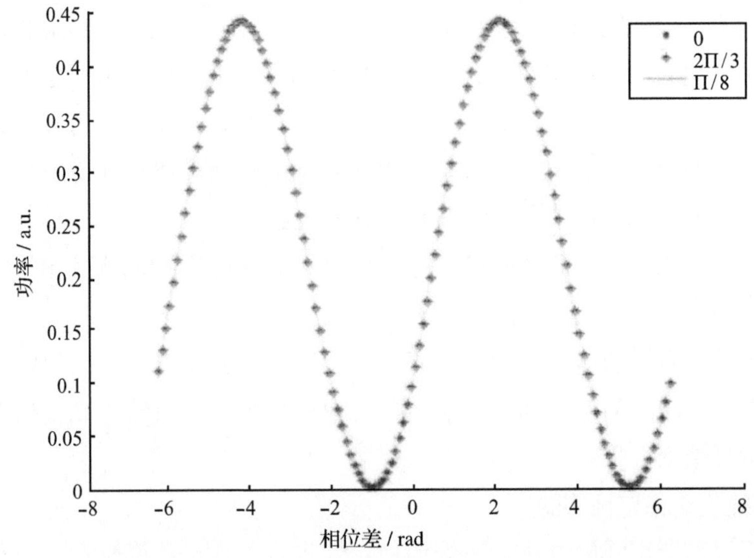

图3－28　使用FRM时输入光波不同偏振态下对扰动相位的响应

［摘自论文：分布式光纤振动传感器及其定位技术研究］

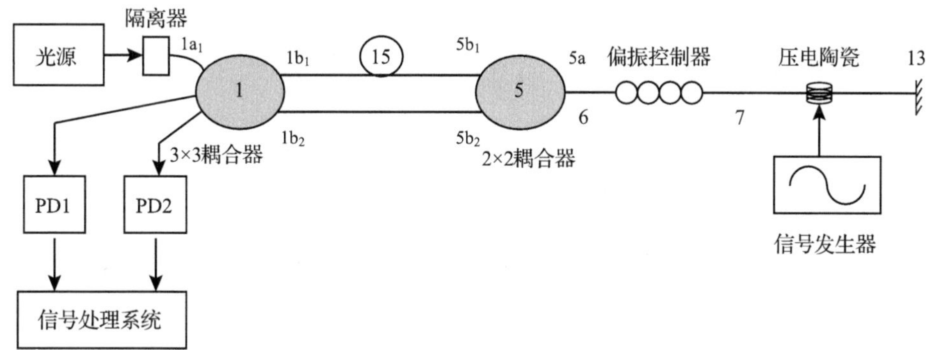

图 3－29 系统偏振实验结构图

［摘自论文：分布式光纤振动传感器及其定位技术研究］

根据图 3－29 搭建验证系统稳定性的实验。为了考察感应段光纤的偏振变化对系统的影响，在 2×2 耦合器和反射镜之间的感应光纤段加一个偏振控制器和压电陶瓷（PZ7）制成的相位调制器。实验中采用 1310 nm 波长光源、单模光纤构造的光路系统，后端信号处理系统采用 NI 公司的数据采集卡，并用 Labview 软件观察光电探测器上输出的电信号。利用信号发生器加载到相位调制器上产生的正弦波来模拟传感光纤上扰动信号的作用，观察偏振控制器位于不同状态时，扰动引起的干涉信号变化。

在考虑偏振时干涉信号为 $P=K^2\,[1+k\cos(\Delta\varphi(t,\ l_1)+\theta)]$，在实际使用中，对于光电转换后的电信号，我们滤除了直流部分，这样，采集到的信号可以表示为：

$$P = k\cos(\Delta\varphi(t,l_1)+\theta) \tag{3-109}$$

当传感光纤上的偏振态变化时，变量 k 和 θ 也发生了相应的变化。利用压电陶瓷在传感光纤上施加周期性扰动信号：$\Delta\varphi(t,\ l_1)=C\sin\omega t$，其中，$C$ 为相位调制器产生的信号幅度，ω 为相位调制器上的信号频率，当 $C=\Pi$ 时，干涉信号随时间的变化曲线如图 3－30 至图 3－32 所示。其中，图 3－30 为传感光纤不产生线性双折射时的波形，此时，$\theta=2\Pi/3$，图 3－31 为传感光纤偏振态变化产生的相位差 θ 为 $3\Pi/4$ 时的干涉信号，图 3－32 为偏振态变化产生的相位差 $\theta=\Pi/3$ 时的干涉信号。

通过以上的分析可知，根据图 3－29 搭建的实验系统就可以实现偏振稳定性的测量实验。在实验中，根据探测器得到的信号波形特征来判断系统的偏振稳定情况。图中信号发生器产生频率为 4 kHz，幅度为 8.85 Vpp 的正弦波，用该正弦波加载到 PZT 上产生的信号来模拟传感光纤上的振动信号（根据载波幅度确定方法，此时加载到传感光纤上的信号幅度为 Πrad），观察探测器端信号，此时波形如图 3－32 所示，调整偏振控制器，改变传感光纤线路上的偏振态，图 3－33 是其中的几种情况。

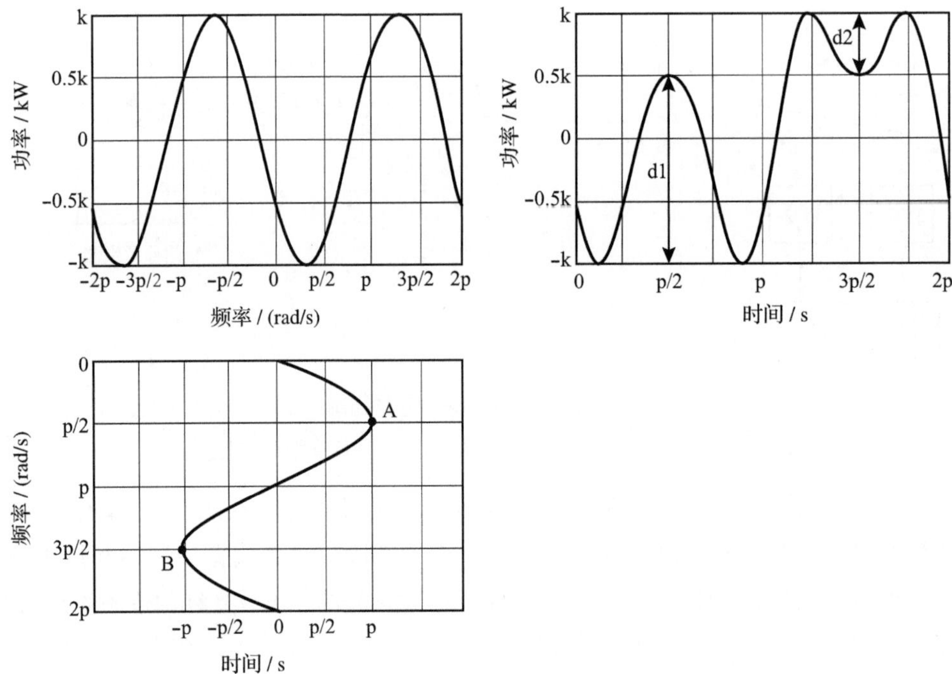

图 3－30　传感光纤不产生线性双折射时的干涉信号

［摘自论文：分布式光纤振动传感器及其定位技术研究］

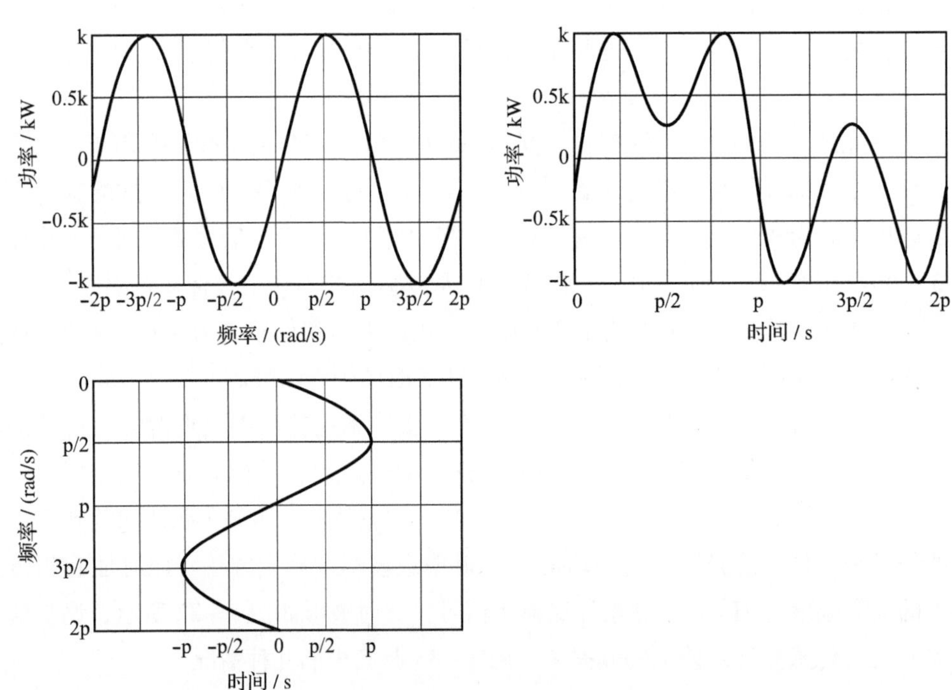

图 3－31　偏振态变化产生的相位差为 3Π/4 时的干涉信号

［摘自论文：分布式光纤振动传感器及其定位技术研究］

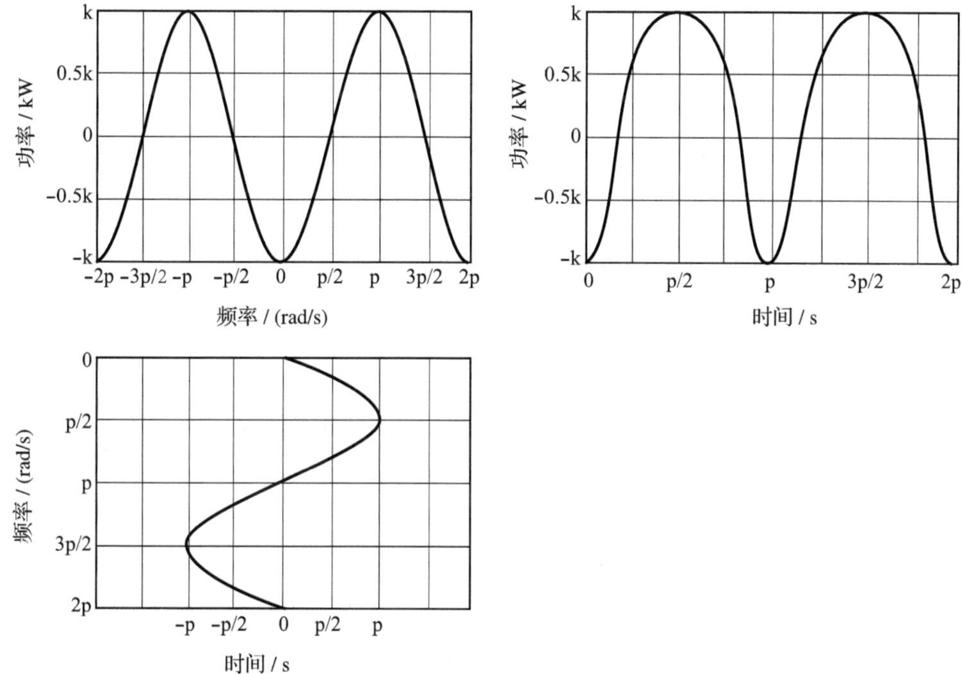

图 3－32　偏振态变化产生的相位差为 Π/3 时的干涉信号

［摘自论文：分布式光纤振动传感器及其定位技术研究］

从图 3－33 可以看出，干涉信号的峰值和正负幅度的比值都发生了变化，也就是传感光纤上的偏振态变化对干涉信号产生了很大的影响。这与上文分析的传感光纤末端加反射镜时，传感光纤的偏振变化会影响干涉信号的结论一致。

图 3－34 是在传感光纤末端加法拉第旋转镜时改变传感光纤线路上的偏振态情形下得到的干涉信号波形。干涉信号的峰值和正负幅度的比值都不会随着偏振控制器的变化而变化，也就是说在光反射端采用法拉第旋转镜后能够完全消除传感光纤上的双折射的影响，解决了因外界环境因素引起的偏振变化导致干涉条纹不明显的问题，有效地提高了系统的偏振稳定性。

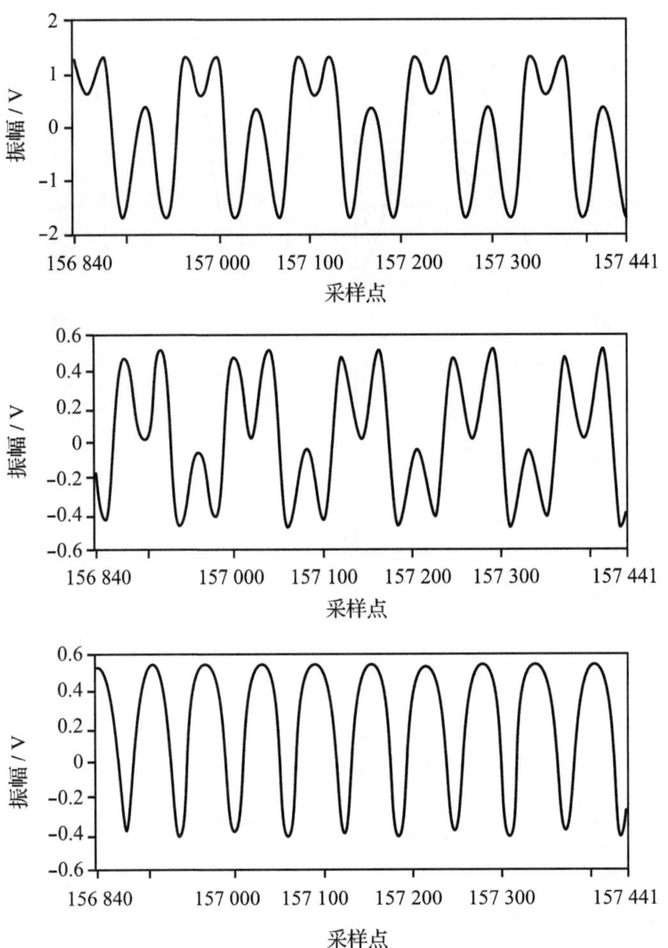

图 3－33　传感光纤末端加反射镜时不同偏振态下的干涉信号

［摘自论文：分布式光纤振动传感器及其定位技术研究］

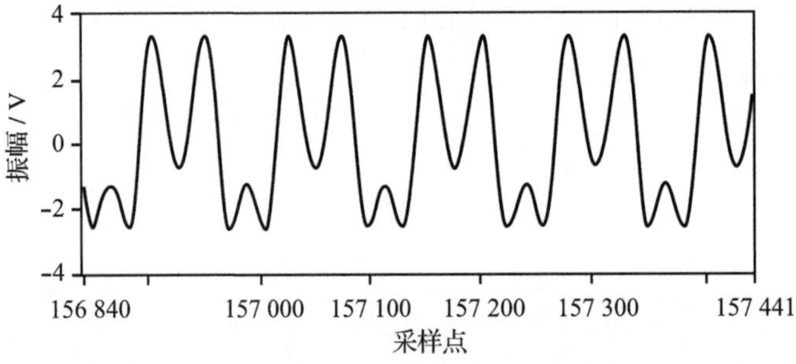

图 3－34　传感光纤末端加 FRM 时不同偏振态下的干涉信号

［摘自论文：分布式光纤振动传感器及其定位技术研究］

3.3 地下空间扰动源定位研究现状

3.3.1　地下空间扰动源定位研究现状

常用的扰动源定位方法主要归纳为以下两类：行波法和振荡能量流法（Dissipating Energy Flow，DEF）。行波法是指依据扰动发生后机电波在系统的传播特性，通过计算扰动传播到各节点的时间先后来确定扰动源的位置。行波法利用振荡开始时的几个周期的振荡信号来确定机电波到达的时间，定位速度快。存在的缺点是振荡起始时刻波形幅值较小，容易受到系统随机响应的影响；且由于实际系统结构复杂，机电波并非在电网中恒速传播，因而行波法会产生较大误差。振荡能量流法是从振荡响应的暂态能量函数出发，分析强迫振荡时扰动源机组区内外的暂态能量变化特征及其振荡功率耗散特征来实现扰动源定位，根据管网中能量流进行振荡源定位。

目前，基于 Φ-OTDR 技术的扰动源定位方法取得了较好的效果，Φ-OTDR 技术的传统定位方法是通过计算光程差进行定位，但是该方法极易受到环境干扰的影响，定位精度较差。虽然通过数据识别的定位方法定位精度高，但由于数据样本量和监测精度是一对相互制约的因素，导致其牺牲了计算效率，不能满足实时监测的要求。如何通过少量的监测样本，实现事件的准确、快速定位是本部分的研究重点。

Φ-OTDR 监测系统具有灵敏度高和探测速度快的特点，海量的监测数据对扰动源的快速定位造成了一定难度。本节研究的扰动源定位是指如何快速和准确地发现扰动事件，重点在于事件是否发生，并不聚焦于事件本身类型的识别。在传感光纤没有受到扰动时，Φ-OTDR 系统只接收到背景噪声信号，其能量分布具有相对确定的分散度；而当扰动源作用于传感光纤时，光纤内折射率发生变化，产生的振动信号改变了沿光纤监测场域数据的分布特点，该数据分布是扰动源信号在监测数据中的投射，反映了被监测扰动源信号的能量分布特点。基于这一思路，本节提出一种基于自适应移动邻域二值模式的定位方法，通过移动窗口和映射编码的方式准确描述监测场域中扰动源的变化特点，实现扰动事件的快速、精确时空定位。同时，本节还探讨了通过设计光纤布设方式来进行扰动源定位的可能性，采用网格分析法对扰动源进行精确定位，为实际工程应用中的扰动源定位提供了理论支持。最后，通过实验验证了基于自适应移动邻域二值模式定位方法的可行性与有效性，为城市地下管道泄漏事件准确识别奠定了基础。

3.3.2　基于瑞利散射的 C-OTDR 和 Φ-OTDR 融合传感

对于干线的光纤通信链路等长距离监测应用，传统上以基于 C-OTDR 技术的光缆损耗参量的监测为主，只能够在严重故障发生后进行诊断与定位。为确保干线通信线路的安全稳定运行，监测系统还应具备实时感测线路受扰动的能力，以实现线路故障的预警。

针对这一需求，本书作者对 C-OTDR 和 Φ-OTDR 融合的原理和技术进行了研究。尽管外差探测 Φ-OTDR 与 C-OTDR 系统结构具有很大程度的相似性，但由于测量原理的差异，它们在探测光源的性能需求、偏振态的控制等方面存在很大的区别。首先，Φ-OTDR 系统为了能够获得较高的监测精度，相邻 RBS 曲线之间必须具备较高的相似性，因此需要一个频率稳定的光源，而 C-OTDR 则需要进行主动扫频和多点数字平均来抑制相干衰落噪声，光源工作模式存在冲突。其次，对于 Φ-OTDR 而言，偏振态的改变会在检测信号中引入随时间变化的偏振分量，影响振动测量精度，而 C-OTDR 中常采用扰偏器对 OLO 光的偏振态进行快速扰动，以抑制由于 RBS 与 OLO 偏振态不匹配导致的偏振衰落噪声，这与 Φ-OTDR 希望偏振态高度稳定的要求相矛盾。此外，目前 Φ-OTDR 在海缆监测中的应用，多采用鉴幅型解调方法，根据 RBS 的幅度信息快速定位振动事件，由于 RBS 的幅度变化与振动事件引起的光纤动态应变没有明确的线性关系，因此鉴幅型解调方法通常仅能够定性测量，无法高保真地重构扰动事件的时频特征。鉴相型解调方法利用 RBS 的相位变化与光纤局部区域的动态应变之间的线性关系，可以精准还原扰动事件，提升后续模式识别的准确性，但是由于相干衰落，光纤某些区域强度趋近于 0，在这些区域，相位解调结果很容易出现信噪比的急剧恶化，导致频繁误报警。

图 3 – 35 为 C-OTDR/Φ-OTDR 融合系统的结构示意图。系统采用波长为 1550.12 nm、线宽为 3.7 kHz 的窄线宽可调谐 NKT 激光器作为光源，通过计算机控制的可编程驱动器对其光频率进行调谐。NKT 激光器输出的连续光被 90∶10 的光耦合器 1（Optical Coupler 1，OC1）分成两部分，其中 90% 的一路作为探测光，10% 的一路作为本振光。探测光经声光调制器 1（Acoustic Optical Modulator 1，AOM1）被调制为 200 MHz 频移的光脉冲。系统同时采用波长为 1561 nm、线宽为 3 MHz 的分布反馈激光器（Distributed Feedback Laser，DFB）作为填充光源，其输出的连续光被另一个声光调制器 2（AOM2）调制为 200 MHz 频移的光脉冲。探测光一路与填充光一路产生的脉冲光经光耦合器 2（OC2）后形成互补光，再由 EDFA 进行功率放大。由于探测光路与填充光路产生的两路光脉冲形状互补，因此，在通过海缆监测系统的级联中继器后，可以避免产生光浪涌，使峰值功率保持均匀。峰值功率的设定与光纤的非线性效应以及海缆通信系统的中继器有关，二者决定了峰值功率的上限。在不影响正常业务光通信的前提下，在线和离线监测的峰值功率上限通常为 2 dBm 和 15 dBm。对于离线测试，采用的峰值功率为 11 dBm。针对长距离下的监测应用，100 m 以内的空间分辨率足以满足要求。

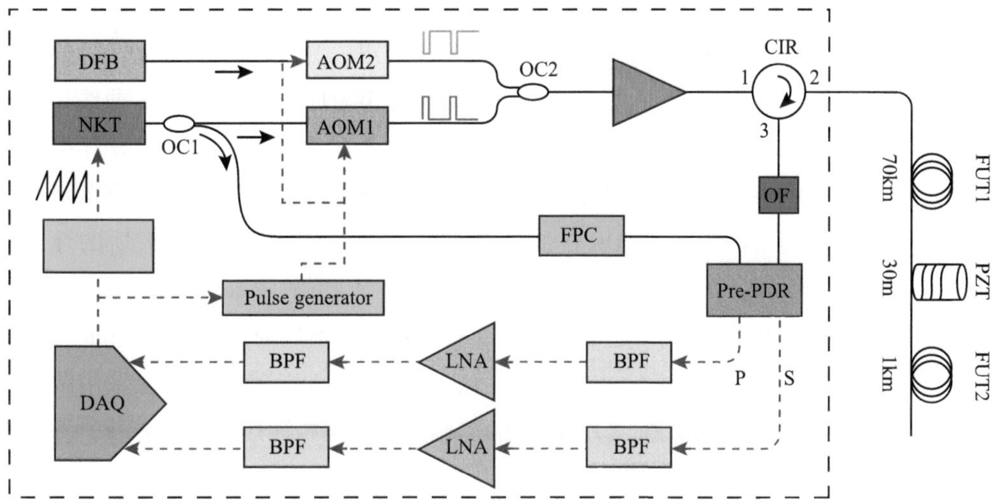

图 3－35　C-OTDR/Φ-OTDR 融合系统结构示意图

Enhanced C-OTDR System：增强型相干光时域反射计系统

DFB：Distributed Feedback Laser，分布反馈激光器

NKT：NKT Photonics（一个激光器制造商的名称）

Dummy light：虚光

Probe light：探测光

SWEEP：扫描

Computer：计算机

AOM1：Acousto-Optic Modulator 1，声光调制器 1

AOM2：Acousto-Optic Modulator 2，声光调制器 2

OC1：Optical Coupler 1，光耦合器 1

OC2：Optical Coupler 2，光耦合器 2

EDFA：Erbium-Doped Fiber Amplifier，掺铒光纤放大器

CIR：Circulator，环行器

OF：Optical Filter，光学滤波器

FPC：Fiber Polarization Controller，光纤偏振控制器

Pre-PDR：Pre-Photonic Detection Receiver，预光子检测接收器

Pulse generator：脉冲发生器

BPF：Band-Pass Filter，带通滤波器

LNA：Low Noise Amplifier，低噪声放大器

FUT1：Fiber Under Test 1，被测光纤 1

FUT2：Fiber Under Test 2，被测光纤 2

PZT：Lead Zirconate Titanate，压电陶瓷

DAQ：Data Acquisition，数据采集系统

因此，实验中 AOM1 的调制脉冲采用 1 μs 脉宽，周期为 1 ms。AOM1 和 AOM2 的上升沿均为 10 ns，高于实验中 100 m 空间分辨率的需求。为了确保 Φ-OTDR 对外部扰动的测量精度，同时抑制 RBS 曲线的幅度波动，根据 Φ-OTDR 对相邻 RBS 曲线相关度的要求，以及扫频速度与调制信号脉宽、周期之间的关系，在系统的原型设计中选取了5 MHz/s的扫频速度对 NKT 激光器进行连续扫频，这足以有效地抑制相干衰落对损耗测量精度的影响，而不牺牲 Φ-OTDR 的扰动事件识别能力。经 EDFA 放大后的互补光通过环形器（Circulator，CIR）的 1 端口注入被测光纤（Fiber Under Test，FUT），FUT 中产生的 RBS 光经 CIR 的 2 端口返回，并由 3 端口输出，然后通过一个 0. 8 nm 带宽的光学滤波器（Optical Filter，OF），以抑制无用信号和宽带 ASE 噪声。实验采用两段长度分别约 70 km（FUT1）和 1 km（FUT2）的单模光纤首尾相连作为传感光纤，并且在光纤末端连接了一个柱状压电陶瓷（PZT），其表面缠绕了约 30 m 光纤，用于模拟产生外界声场的振动。

经 OF 滤波后的 RBS 信号光和本振光被预光子检测接收器（Pre-PDR）接收，其中本振光一路通过手动光纤偏振控制器（Fiber Polarization Controller，FPC）实现对其偏振态的调整，以均衡 Pre-PDR 输出的两路正交偏振态（以下简称 P 态和 S 态）的中频信号强度，使其平均强度尽量一致。相干拍频产生 P 态和 S 态两路中频信号，再分别经中心频率为 200 MHz 的带通滤波器（Band-Pass Filter，BPF）和低噪声放大器（Low Noise Amplifier，LNA）进一步滤波和放大，最终由数据采集系统（Data Acquisition，DAQ）模块进行采集，传输至计算机进行数据处理，系统采样率为 1. 25 GSa/s。其中，BPF 的通带范围为 195 MHz ~ 205 MHz，LNA 的增益为 27 dB，该电学调理电路的作用主要是为了滤除无用的信号，同时放大光电转换产生的微弱电信号。在此基础上，本书提出了一种偏振分集幅度最优选择算法，在 P 态和 S 态中进行实时选择，能够很好地解决相干偏振态的问题。

为了抑制 C-OTDR 曲线的相干衰落噪声以及偏振衰落噪声对扰动监测相位解调的影响，本书提出了一种基于偏振分集两态幅值优选策略的相位解调方法，称为偏振分集幅度最优选择算法，其流程如图 3 – 36 所示。首先，分别对采集到的两路中频信号（P 偏振态和 S 偏振态）进行 I/Q 解调，获得两态中频信号的幅度 Ap 和 As，以及相位 Φp 和 Φs，其中，A 和 Φ 均为由时间行和距离列组成的 m 行 n 列的矩阵，每一行分别代表着幅度和相位随距离的分布，每一列分别代表着幅度随时间的变化。一方面，分别对两态幅度矩阵 Ap 和 As 沿时间轴求平方和 AP 和 AS，再对 AP 和 AS 进行累加平均，从而获得 C-OTDR 曲线，实现损耗监测；另一方面，选定时域窗口 TW_{size}，沿时间轴将两态相位解调信号分别划分为首尾相接且等宽度的 N 个区间（$N=[m/TW_{size}]$）。TW_{size} 越小，理论上优化性能越强。但是考虑到实际扰动目标具有一定延续性。因此该值的选取通常取决于目标探测事件的周期，最好为目标探测事件的整数周期。记扰动位置前后空间分辨率宽度内，在 TW_{size} 时长里最小幅值的最大值位置为 ra 和 rb，比较两态幅度信号 Ap 和 As 在 TW_{size} 时域内 ra 和 rb 位置的幅度总和 $A_{total}=Ara+Arb$ 的大小，优选 A_{total} 较大的偏振态数据（记为 OP_j，$j=1$，2，…，N）进行相位提取，从而获得 N 个时域区间扰动位置的相位信号；最后，再将其重构，并进行相位解缠绕，从而实现扰动监测。

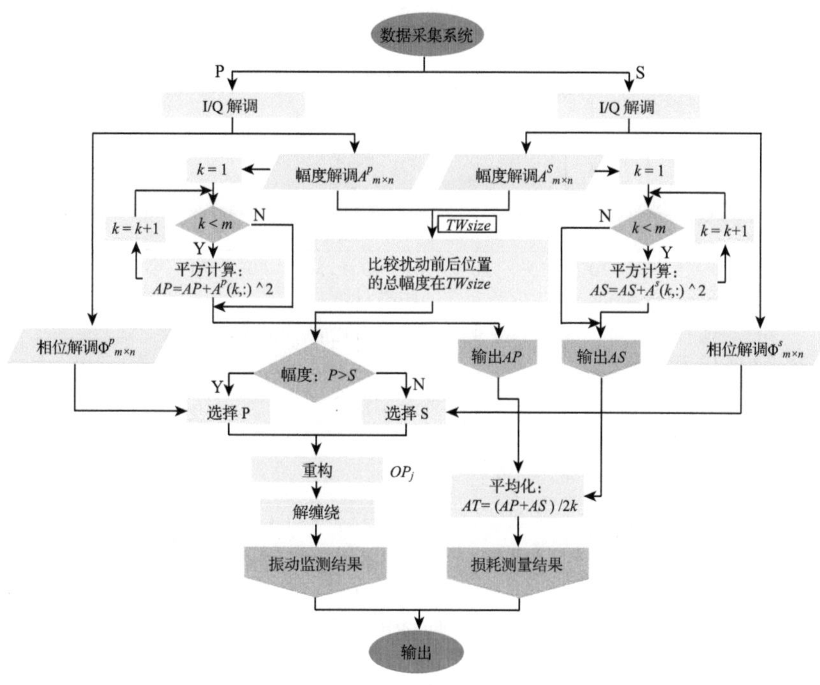

图 3－36　偏振分集幅度最优选择算法流程图

图 3－37 展示了损耗测试 C-OTDR 曲线，其中图 3－37（a）和（b）分别为 P 偏振态和 S 偏振态各自获得的 2^{16} 条 RBS 曲线进行平均的结果，图 3－37（c）为两态 RBS 曲线总条数平均的改进结果，可以看到将两态的 RBS 曲线进一步平均后，得到的 C-OTDR 曲线更加平滑，获得了 59.2 dB 的总动态范围，对应的单程动态范围（Single-Way Dynamic Range，SWDR）为 29.6 dB。根据最常用的 G.654P 单模光纤 0.17 dB/km 的损耗系数，可以推断出，该 SWDR 对应的最大距离可以达到 127 km。此外，在 71.9 km处有一个非常明显的约 4.7 dB 的衰减事件，此处正是人为施加的 PZT 连接损耗。

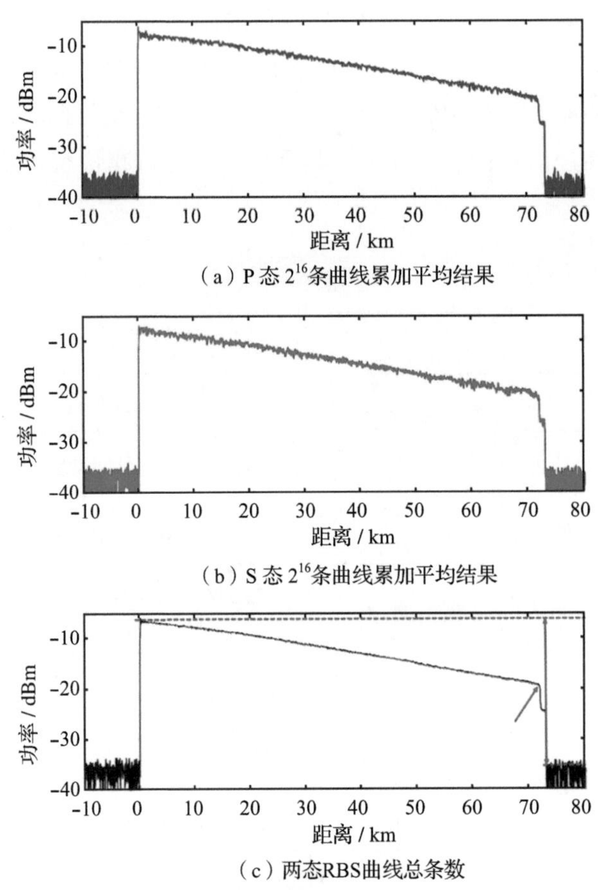

（a）P 态 2^{16}条曲线累加平均结果

（b）S 态 2^{16}条曲线累加平均结果

（c）两态RBS曲线总条数

图 3－37　2^{16}条曲线损耗测试结果

图 3－38 为 40～50 km 的局部放大图，绿色曲线为各自的拟合曲线，以标准差作为 C－OTDR 曲线波动程度的量化指标，经计算 P 态和 S 态获得的 C－OTDR 曲线的波动分别为 ±0.23 dB 和 ±0.29 dB，将两态累加平均获得 C－OTDR 曲线的波动为 ±0.06 dB。可见，利用偏振分集的测量方式不仅能够获得更好的相干衰落噪声抑制效果，还能够增强微小损耗事件的识别能力。以 30 Hz 为例，模拟类似频率扰动事件。对 PZT 施加了 30 Hz 的正弦波以模拟传感光纤受到外部声场扰动，图 3－39 为 P 偏振态 PZT 附近 2 s 间的幅度瀑布图，图中红色虚线区域可以清楚地看到约 71.9 km 处检测到了一个周期性的信号，并且可以看到振动区域前后的信号幅度存在显著差异，这是由于实验中连接 PZT 时，有一个强衰减，该现象与图 3－38 的损耗测试结果一致。

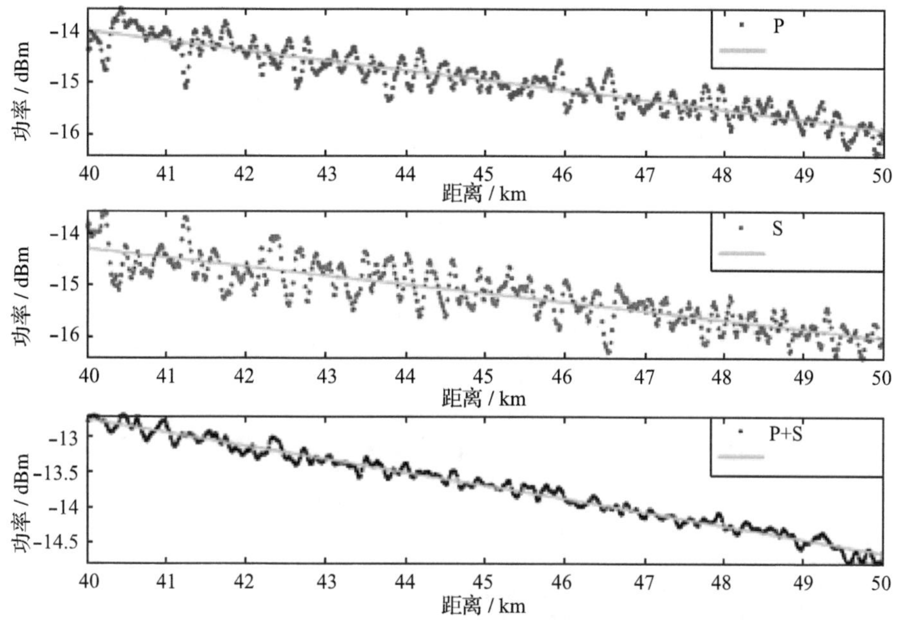

图 3－38　损耗测试结果局部放大图

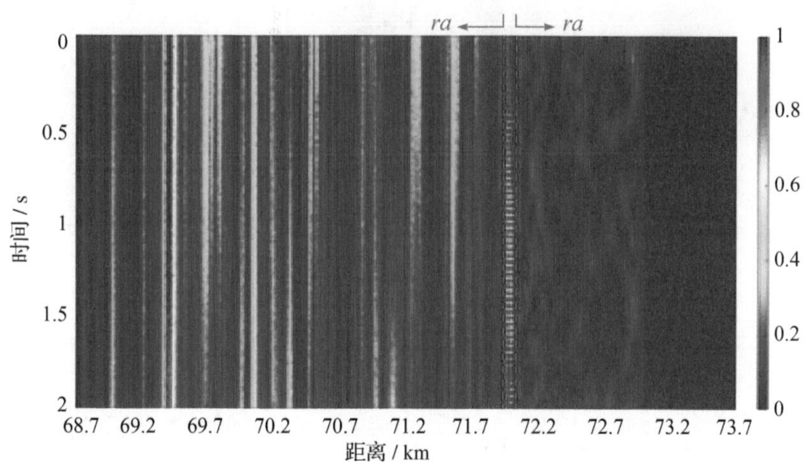

图 3－39　P 偏振态 PZT 附近幅度瀑布图

图 3－40 展示了经过偏振分集幅度最优选择算法优选前后的相位提取结果。为了能够凸显偏振分集幅度优选的效果，在已知施加信号频率的基础上，我们对各自鉴相结果进行带通滤波。

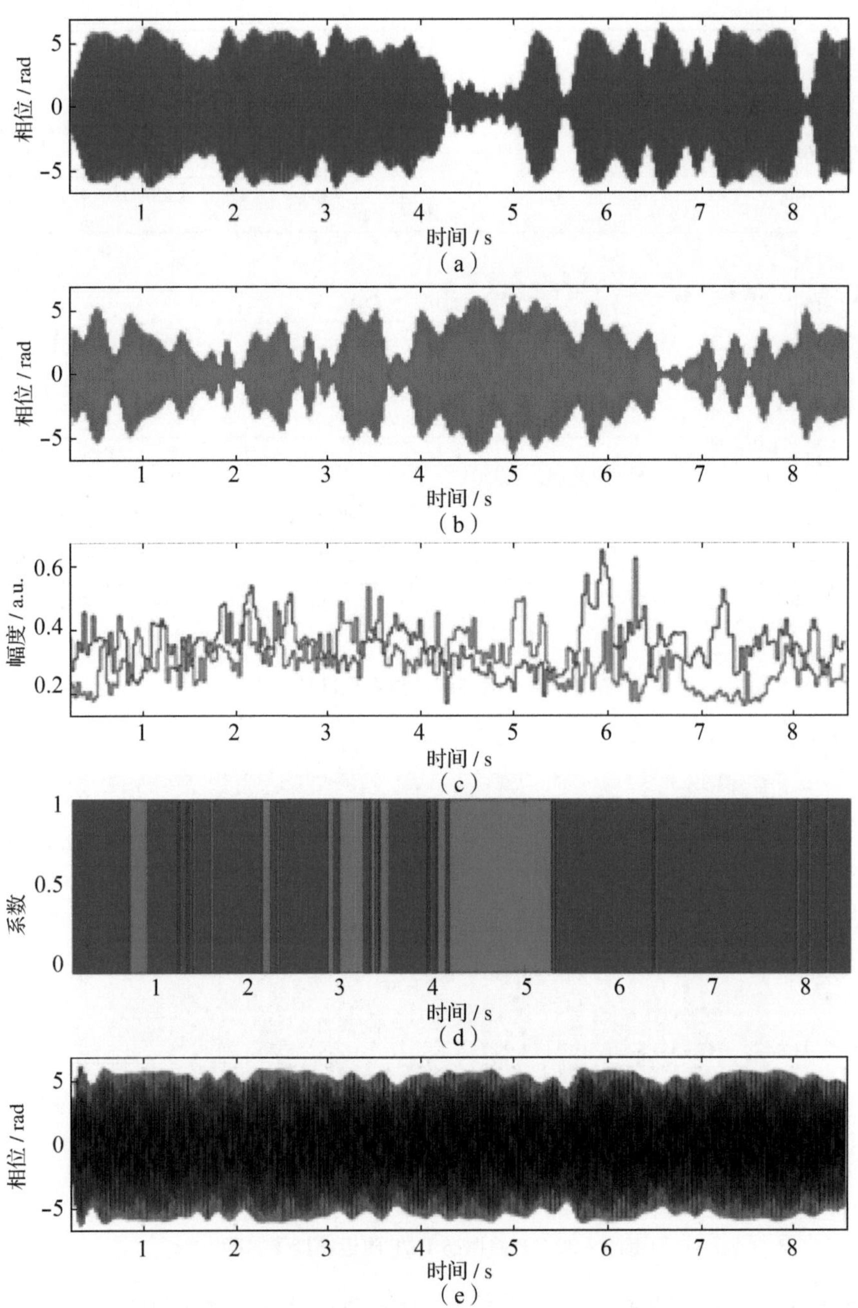

图 3-40　两种偏振态提取的相位信息及经过优选后的重建结果

由上至下，图 3-40（a）和（b）分别为 P 偏振态和 S 偏振态各自 RBS 的重构振动信号波形图，可以看到未进行优选算法之前，两态 RBS 提取的相位信号均存在多处畸变。图 3-40（c）展示了上文 P 态（蓝线）和 S 态（红线）RBS 信号解调得到的幅度在 TW_{size}时域内 ra 和 rb 位置的幅度总和，考虑到海底扰动事件的低频特性，这里设置时域窗口为 20 个点，即 0.02 s，因此两态的幅度呈现台阶状起伏而非连续变化。与相应的信号强度相比，图 3-40（a）和（b）中的失真位置均为幅值较弱的位置。图 3-40（d）对应了（c）的幅值选择策略，在当前时域窗口内选择 A_{total} 较大的一方进行相位提取。其中，蓝色域表示选择了 P 态，红色域表示选择了 S 态，从图中可以看到，随着时间的推移，其相位提取一直在两个偏振态中跳转，从而获得了如图3-40（e）所示的重建相位信号波形图。可见，利用偏振分集的测量方式，结合本书提出的幅度最优选择算法，能够高保真地重构振动信号，并且实现了单端传感距离 71.9 km 的振动监测。

3.4 自适应移动邻域二值模式定位算法

在分布式光纤传感技术中，对扰动源的定位是一个十分重要的问题。传统上，扰动源的定位研究是在实验采集的场数据基础上，进行降噪处理，然后通过对分布式光时域反射仪光源发出与接收信号的时间差来完成对扰动事件的定位。该方法能够实现扰动源沿着光纤铺设方向的一维定位，该方法精度主要受限于分布式光纤传感技术的空间分辨率和精度情况。扰动源定位过程可能受到噪声强度、地下传播环境、观测点数量和铺设方式等因素的影响，需要建立快速判断事件异常的数学模型，提取包含扰动源定位信息的特征信息，从而较好地解决扰动源信号定位不准确的问题。

本章提出了一种自适应移动邻域二值模式（Adaptive Moving Neighbor Binary Pattern，AMNBP）的扰动源定位算法，在讨论了布设对扰动定位影响的基础上，介绍了 AMNBP 的来源思想局部二值模式算法（Local Binary Pattern，LBP），并在此基础上提出了扰动源时空定位算法。当扰动源作用于传感光纤时，振动信号改变了沿光纤的监测场域数据分布，该数据分布反映了被监测扰动源信号的能量分布特点。AMNBP 算法采用移动邻域二值模式和无事件信号增益自适应调整实现扰动源的快速定位，解决了 LBP 方法缺少表征近邻元素之间的相互关系。该方法从数据处理层面较好地解决了分布式传感技术在单点不稳定的问题，并且同时考虑了时间和空间两个维度的数据结合情况，通过邻域均值比较编码的方法，有效降低了扰动源在定位计算中的复杂程度，克服了数据量大以及噪声干扰带来的定位精度差、实时性低的问题。

3.4.1 分布式光纤布设定位方法

通过设计分布式光纤布设方式和网格分析技术可以实现扰动源的准确定位。该方法为扰动源准确定位提供了更多的计算方式，具有两个显著优点。一是抗干扰能力强，能够在强背景噪声下提供稳定的定位精度；二是能充分利用既有光纤网络的资源，降低后续信号处理的复杂程度。通过网格定位，能够有效克服基于单光纤扰动源定位的局限性，快速、精确地估计出扰动源的位置。通过光纤布设来实现扰动源精准定位处于理论研究阶段，实际应用还存在较多的问题，亟待研究和解决。

理想情况下，城市地下光纤网络包括各个方向以及各个深度。将有定位需求的区域划分为若干个单元网格，如图 3－41 所示。假设 7 纵（1～7）、7 横（A～G）的光纤均匀分布，则可以构成 6×6＝36 个四方形光纤网格区域，每条光纤均可以同步地获得对扰动源的检测结果。当光纤网格区域内存在扰动事件时，围绕其所在区域的 4 根光纤将捕获扰动源产生的振动信号。

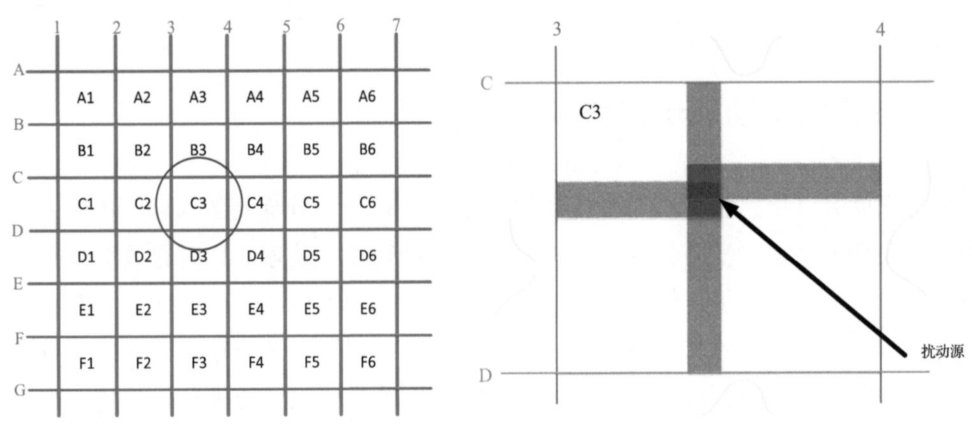

图 3－41　基于理想的四方形光纤网格的扰动源精确定位

若在网格 C3 处存在事件，那么构成网格的 3、4、C、D 四根光纤在网格 C3 周边的区域将捕获散射光信号的相应变化。假设扰动源对周边的作用是均匀传播的，则光纤上距离扰动源最近的点所获得的传感信号在波形上强度最高。理论上，在最强点处沿光纤垂直方向做延长线，可以得到唯一交点，从而确定扰动源位置。但是由于实际测量结果会受到噪声的影响，对于强度最高点的判断总会存在一定的不确定度。此时，局部的光纤网格越密集，可提供测量结果的光纤越多，最终测量结果的不确定度就越小。如果仅仅根据网格中的某 2 条光纤对扰动源位置进行估计，受噪声影响，其垂线的交叠范围相对较大。而引入额外的 2 条光纤同时对扰动源位置进行估计，相当于构成方程组。4 条光纤共同作出垂线后的交叠区域就大大缩小了，从而准确定位扰动源在网格 C3 内的具体位置，获得比网格尺寸更加细致的定位精度。

理想的光纤网格在实际应用中并不是随时可以得到满足的。在某些特定区域，光纤的敷设密度较低，很难在局部地区形成闭合的网格。若将网格进一步简化，假设某待定位区域仅存在两根光纤，同样可以根据两根光纤的测量结果来确定扰动源的可能区域，但是由于缺乏约束，对于扰动源的确切位置的估计往往存在较大的不确定度。

为了验证光纤网格的扰动源位置定位的效果，作者在北京邮电大学主楼北侧的草坪进行了验证试验。如图 3－42 所示，其中绿色区域表示草坪，在右侧方形草坪四周布设单模光纤。草坪长和宽分别为 16 米和 14 米，光纤埋深 20 厘米。土壤和水泥地面对监测到的振动信号具有很大的衰减特性。

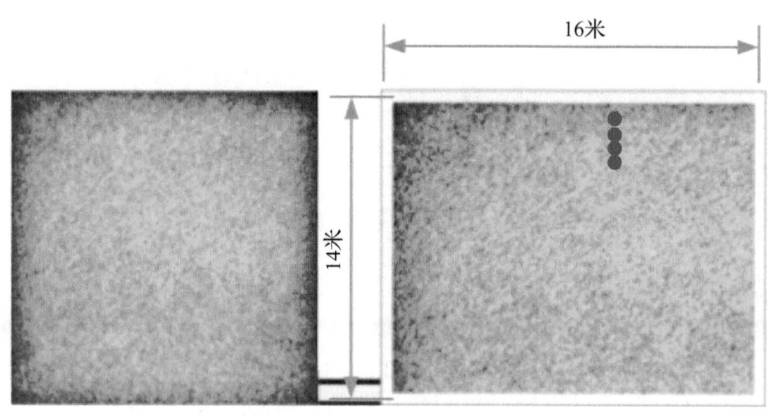

图 3－42　光纤网格实验场地图

通过分布式光纤振动检测仪器在垂直光纤方向测定，从光纤正上方开始 1 米、2 米、3 米和 4 米处分别进行敲击实验，图中圆点为实验点位，在 2 米、3 米和 4 米处均无明显信号，在垂直光纤 1 米处存在微弱信号，如图 3－43 所示。

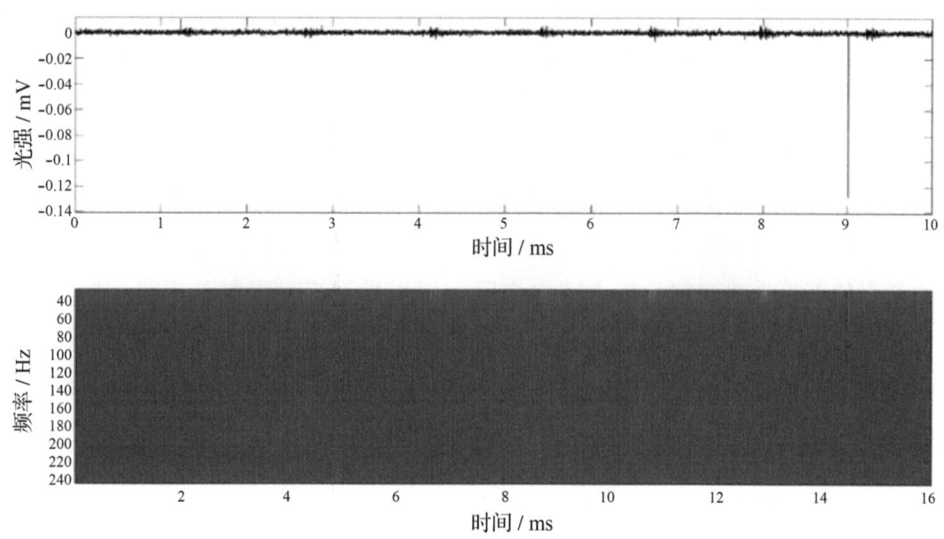

图 3－43　垂直光纤 2 米处敲击信号

在泥土和水泥交接处，普通敲击信号距离边界为1 米，如图3－44 所示。因此，对于光纤铺设距离≥1 米的光纤铺设方式难以实现对敲击等类似事件的光纤网格化精确定位。

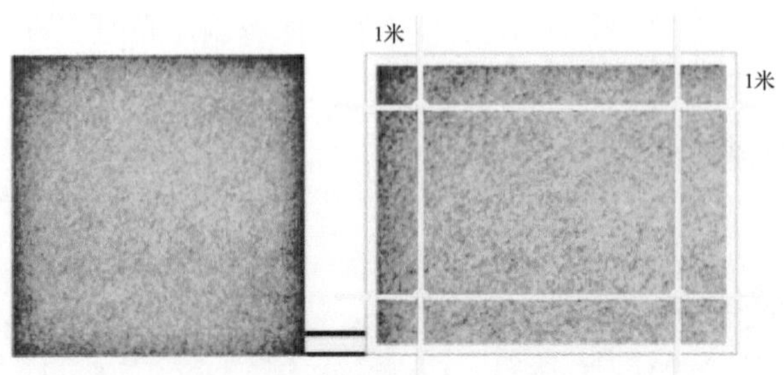

图 3-44　光纤网格定位边界示意图

综上所述，基于光纤布设方式的定位在实际应用中存在较多限制条件。一般要求光纤布设距离极近，但实际的布设环境大大增加了光纤布设难度；除此之外，信号强度能够作用到布设的两根光纤上，因此在实际应用中对于强度较小的振动事件难以应用。下面对基于布设方式的网格定位方法进行总结，其应用限制因素有：

（1）对扰动源相对强度和相对位置要求较高；

（2）要求理想或者较高的振动传输介质均匀程度；

（3）需要预知监测场景，对光纤布设方式要求较高。

在扰动源强度和位置未知的情况下，光纤布设本质上是对扰动源时空分布空间的能量获取；当扰动源振动场域在光纤传感范围以内时，通过寻找最强点来确定中心，在扰动源振动场域部分作用到光纤传感范围时，需要进行一定的测算。因此，利用已有 Φ-OTDR 场域数据进行扰动源场域边界快速准确定位，并且几乎不损失定位精度，是当前阶段利用 Φ-OTDR 场域数据定位扰动源研究的重点。

城市地下管道早期泄漏信号强度微弱，地下环境复杂。针对本书的研究对象，难以找到符合要求的两根既有光纤进行定位测量，而重新布设的难度极大，因此通过布设方式增强地下管道泄漏定位的方法在实际应用中受到极大限制。本部分将聚焦通过单根传感光纤采集到的场域数据，通过研究管道泄漏作用能量场映射情况，开展管道泄漏位置信息的精确定位。同时准确判定事件作用时间，确定振动事件投射到监测数据中的时空边界，为后续研究缩小数据处理范围。

3.4.2　LBP 编码方法

LBP 编码方法是一种图像处理领域用来描述局部纹理特征的方法，它主要用于图像的局部的纹理特征的提取，具有旋转不变性和灰度不变性等显著的优点。LBP 编码方法的流程如图 3-45 所示。LBP 通过算子在每个像素点得到一个编码结果，应用中一般通过对各个 LBP 直方图进行统计来实现图像局部特征的比较。LBP 编码方法具有易于实现、计算方便、性能较高、具有灰度不变性等特点，是数字图像领域广泛应用的纹理特征提取方法之一。

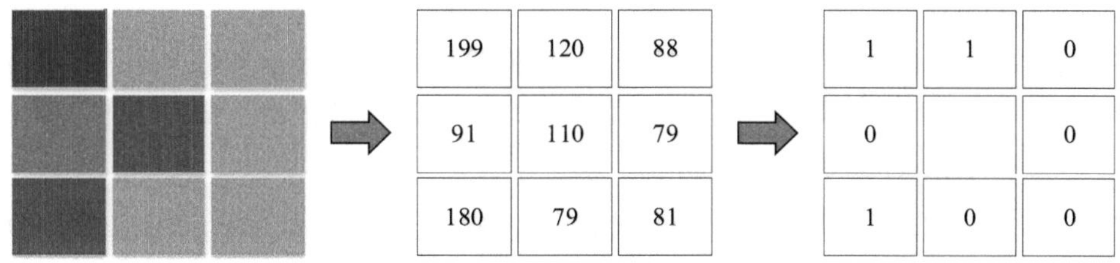

图 3-45　LBP 编码方法过程示意图

一般将 LBP 算子的方形区域视为环形区域，可以满足不同尺度的要求，定义如下式所示。

$$
\begin{aligned}
LBP(P,R) &= \sum_{i=0}^{P-1} s(x)(\xi_i - \xi_c)2^i LBP(P,R) \\
&= \sum_{i=0}^{P-1} s(x)(\xi_i - \xi_c)2^i
\end{aligned}
\tag{3-110}
$$

式中，(P，R) 是中心像素；P 为邻域像素个数；R 为该邻域半径；ξ_c 表示灰度值；ξ_i 表示相邻像素的灰度值；函数 s (x) 表示定义的一个符号函数如下：

$$
s(x) = \begin{cases} 0, x < 0 \\ 1, x \geqslant 0 \end{cases}
\tag{3-111}
$$

LBP 编码方法具有以下两个特点，符合基于 Φ-OTDR 数据的定位需求。

(1) LBP 一般通过将图像切割处理成多个小区域，通过多个小区域的特征比较来反映图像之间的纹理特征差异。Φ-OTDR 监测数据是沿事件和空间连续分布的场域数据，由于灵敏度高和探测速度快，监测数据量庞大，在处理时需要进行切割分块处理。

(2) LBP 原型是基于像素点之间的灰度值比较，只覆盖了一个固定范围内的小区域，反映的是局部特征信息。在 Φ-OTDR 监测定位中，需要在相对小的区域内发现能量变化或者事件的发生，并聚焦在大尺度范围的事件发现。

LBP 特征能够在 Φ-OTDR 监测中准确反映局部特征，能够满足多监测点编码和单监测点编码的需要，准确刻画监测数据的局部结构特征，符合 Φ-OTDR 监测中事件快速发现的要求，而且编码便捷，结果直观，适合用于 Φ-OTDR 监测中扰动事件的快速定位。同时，为了更好地使其在 Φ-OTDR 监测定位中发挥作用，笔者针对 LBP 的不足和 Φ-OTDR 监测特点进行了改进。

(1) 对于 LBP 对整体特征不敏感的问题，在 Φ-OTDR 实际工程监测中，比较容易确定无事件状态，可以通过无事件信号对监测点 LBP 特征进行自适应增益调整，使所有切割后的区域 LBP 特征在一个水平基准上进行比较，很好地改善了 LBP 在全部监测点的表现效果。

(2) 对于 LBP 编码值与图像编码起始位置相关的问题，笔者参考图像领域池化处理思想，对各监测点数据进行时间区域的均值处理，将区域定义为数据窗，通过均值来代替单个监测点或区域监测点一段时间的均值，即窗口均值，将数据窗内数据进行划分并编码。这样操作既解决了传统 LBP 编码对起始位置的依赖，又降低了异常值的影响，一定程度上实现了数据降维处理，提升了计算效率。

对 LBP 编码方法在 Φ-OTDR 监测中的应用改良总结：首先，采用了池化均值处理的方法；其次，为了在 Φ-OTDR 监测中不发生漏报，对区域均值处理进行补偿，笔者采取了移动划窗的方式，保证所有的局部特征都可以检测到；最后，为了实现所有数据窗口编码结果的一致性，方便进行比较和发现事件位置，进行了基于无事件信号的自适应编码。因此，将应用于 Φ-OTDR 监测定位中改良的 LBP 方法命名为自适应移动邻域二值模式定位算法。

3.4.3　基于 AMNBP 的扰动源时空定位算法

本章提出了一种 AMNBP 编码算法，以满足在实际环境中进行快速时空定位的需求，并减少衰落效应的影响。AMNBP 编码算法是一种参考 LBP 方法并将其思想应用到监测定位中的方法。根据 Φ-OTDR 系统的特性，沿光纤方向逐点收集信号。通过使用邻域均值和移动编码的方法，有效地减小了 Φ-OTDR 采集的信号的维数，提高了计算效率，并保留了信号中的关键区分信息。AMNBP 编码算法既可以进行时空二维数据的编码，也可以进行单一维度的编码，可以满足 Φ-OTDR 系统不同情况下采集数据的需要。该方法减少了监测异常值的影响，AMNBP 的编码流程如图 3－46 所示。

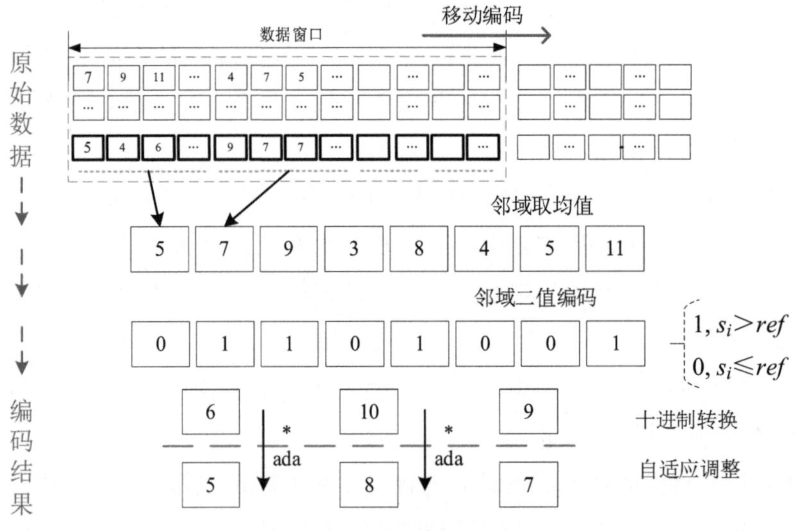

图 3－46　AMNBP 编码流程

AMNBP 的编码步骤如下：

（1）将窗口长度设置为 W，该长度应小于或等于检测事件的长度。窗口中的数据被分成若干部分，每个 $W/4$ 数据集对应一个代码。

（2）将窗口中的四个编码长度与窗口中的平均值进行比较。如果 $W/4$ 数据集的均值小于或等于窗口均值，则编码值表示为 0；否则，表示为 1：

$$s'(t) = \begin{cases} 1, s_i > ref \\ 0, s_i \leqslant ref \end{cases} \tag{3-112}$$

$$ref = \frac{4}{W}\sum_{i=1}^{W/4} S_i \tag{3-113}$$

（3）沿着窗口步长移动，依次获得移动的邻域二值模式编码。

（4）将二进制编码结果进行十进制转换，得到方便观测的十进制编码结果。为了保证背景噪声相同时不同事件序列的区分度，需要重新调整所有数据的平均值和噪声平均值之间的关系，以得到十进制序列：

$$s''(i) = \begin{cases} s'(i) * \dfrac{\overline{s(l)W/4}}{\bar{s}}, if: \bar{s} \geqslant \bar{n} \\ s'(i) * \dfrac{\bar{n}}{\bar{s}}, if: \overline{s < \bar{n}} \end{cases} \tag{3-114}$$

为了选择合适的窗口长度，可以通过计算不同窗口长度下信号的 AMNBP 值来找到最佳窗口选择。本章通过大量实验证明，一般设定窗口长度为采样率的 1/10 可以取得较好的区分效果。

通过比较检测信号和噪声的 AMNBP 值，根据编码步长和空间分辨率设定情况，可以快速检测和时空定位。AMNBP 编码算法的计算复杂度低于频域变换算法和小波算法，而该算法采用的移动平均法进一步提高了计算效率，降低了环境噪声的干扰，并且保证了信号的准确性。

3.5 地下空间自适应移动邻域二值模式定位算法有效性分析

本节在前面实验研究的基础上，在地表确定位置引入常见扰动源干扰事件，作为扰动源定位研究的对照分析内容。

3.5.1 实验设计与数据采集

实验具体布设场景大体与有效性分析结构相同，光纤一端接 Φ-OTDR 监测仪器，然后均匀缠绕管道 20 米，管道埋深 1.2 米，光纤其余部分也埋于地下，并留一段特定区域进行针对性干扰事件，实验区域光纤埋深 0.2 米，总体布设如图 3－47 所示。

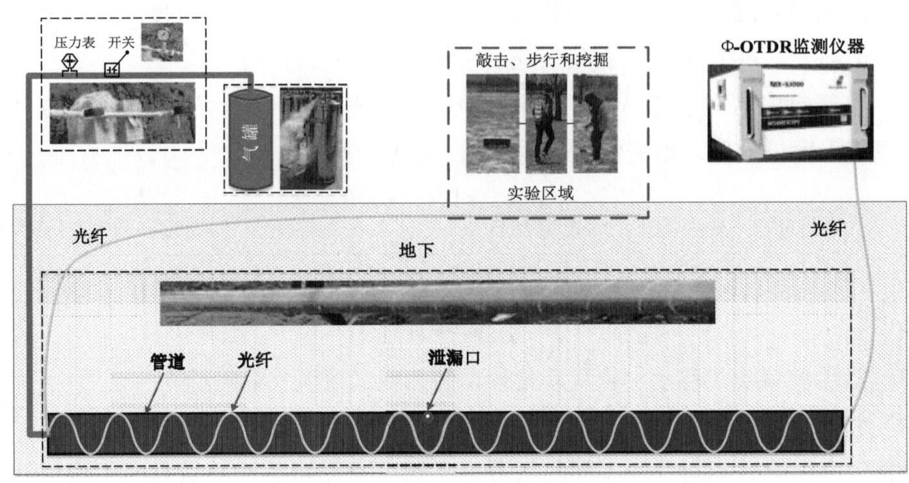

图 3－47　实验场景示意图

在实际环境中，光纤（图中的黄色）通常被埋在土壤中。事件会产生振动，引起 RBS 在光纤相应位置的相变。分布式光纤振动传感技术可监测并定位整段光纤产生扰动的区域，具有长距离监控、可连续定位等优点，现已广泛应用于各种安防、管道监测领域。其定位稳定，施工简便，可对多点工况作用进行准确定位，是目前长距离光纤传感及周界边防领域的重要应用技术，所以，目标信号和参考信号均使用 Φ-OTDR 系统收集。由于原始信号容易受到强噪声的干扰，因此目标信号的特性难以区分。在这种情况下，可以使用 CEEMDAN-KL 增强信号的关键特性。它减少了在定位和识别过程中对任何单个位置或点的干扰。通过具有自适应调整的 AMNBP 编码算法，编码序列提高了计算效率，并提供了出色的区分能力，从而可以识别目标事件。

光纤的长度为 500 m，管道埋深 1.2 m，干扰事件实验区域光纤埋深在 20 cm 左右。实验区域光纤长度近 20 m。在实验区域，引入了两种典型的干扰事件，即敲击和人工挖掘，且在安静的时候记录了无泄漏事件信号。通过 Φ-OTDR 监测系统连续记录监测信号，采样频率为 10 kHz，稳定采集累计时长 200 s，每个空间监测点采样数据点为 200 万行。

3.5.2　AMNBP 编码与结果分析

首先获得地下管道泄漏信号的增强结果，通过 CEEMDAN-KL 分解与重构，得到增强后的管道泄漏信号，如图 3－48 所示。

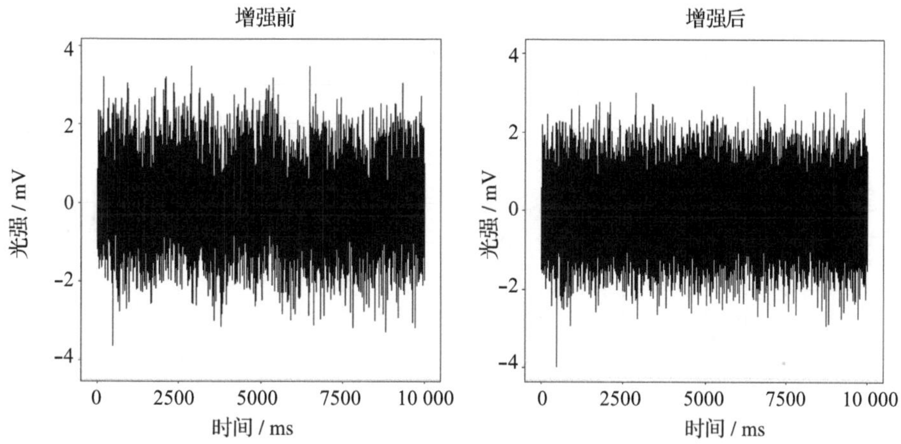

图 3－48　管道泄漏信号增强信号对比

对于两类常见的干扰事件，通过 CEEMDAN-KL 增强三种典型信号，比较结果如上图。其中，横轴表示时间，单位为 ms；纵轴表示光强，单位为 mV。

在实际环境中，敲击和人工挖掘的信号是非线性的且非平稳的。与 EEMD 相比，CEEMDAN-KL 克服了分解中信号混叠的问题，并减少了迭代次数。此外，CEEMDAN-KL 在计算过程中引入了白噪声和 KL 散度，以优化信号重建精度，可以满足在强噪声环境中降噪和增强功能的要求。

通过对 CEEMDAN-KL 处理之前和之后的两种典型干扰事件信号的比较，信号突变类型的特征更加清晰。如图 3－49 所示，（a）（c）分别是敲击和人工挖掘的原始信号，可以发现原始信号的信噪比较低，目标信号的高频波形特性不明显。在 CEEMDAN-KL 处理之后，获得了增强的信号，如图（b）（d）所示。在低 SNR 的情况下，时域波形信号的高频部分得到了有效增强，从而改善了目标信号与噪声之间的区别。另外，对于信号的单点阶跃，如图中（c）（d）所示，可以减少这种异常点的影响。这些结果表明 CEEMDAN-KL 有效地改善了信号的区分特性。

信号增强后，获得了具有更好特性的重构信号。选择编码窗口长度为 1000，获得以上各类事件信号的编码结果值。为了方便观测，对以上监测数据绘制二维热图，如图 3－50 所示。

通过比较检测信号和噪声的 AMNBP 值，可以快速检测和定位信号，如图 3－50 所示。图中的横轴表示时间。每个网格对应 1000 个数据点，采样率为 10 kHz，对应的时间长度为 0.01 s。纵轴表示距离，分辨率为 1 m。使用 AMNBP 编码序列绘制的二维热图可以快速准确地定位目标事件。从图中可以看出，最小位置单位取决于 Φ-OTDR 系统的空间分离率和采样频率。由此可知，管道泄漏事件发生位置为 44～46 m，实现了事件的快速定位。

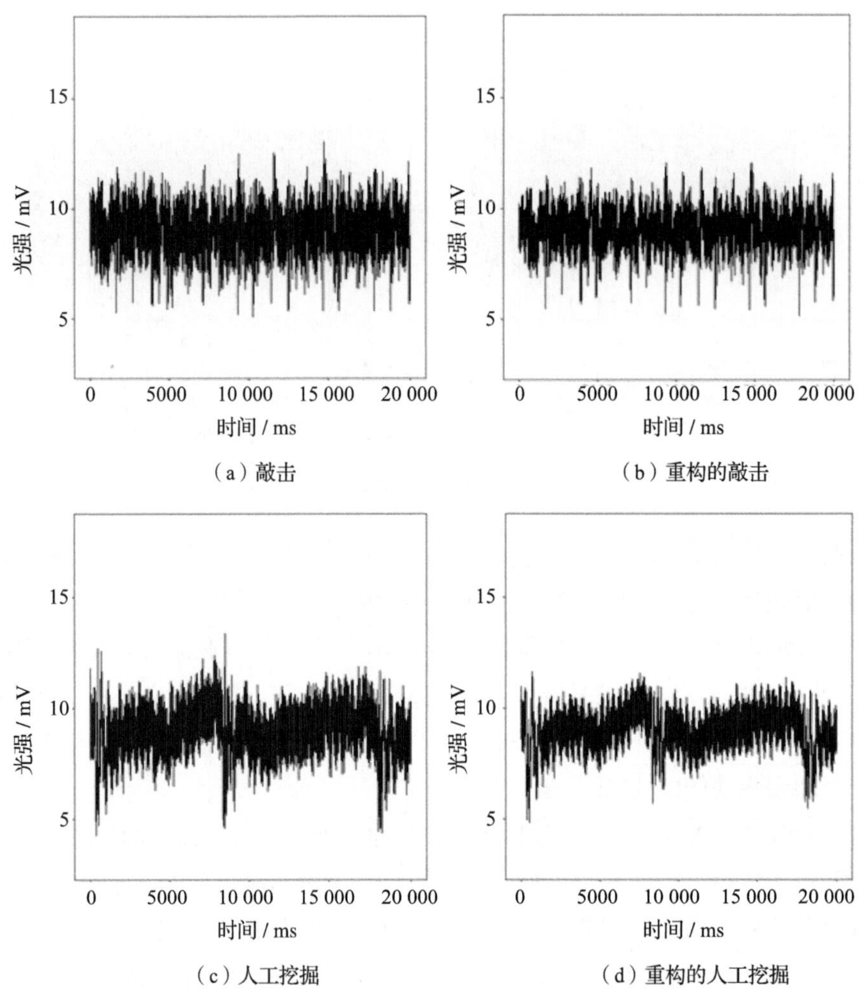

图 3 – 49　干扰事件信号的增强和重建

信号增强后，对收集的噪声进行相同的编码处理，通过编码结果的数值差异可以进行简单的事件判断。下表显示了各种事件的移动邻域二值模式编码值（Moving Neighbor Binary Pattern，MNBP），如表 3 – 3 所示。第一行是平均值。可以看出，噪声平均值略大于其他三种典型事件的 MNBP 值，并且事件判别差异度较小。为了更好地表现编码结果的差异性，通过噪声编码结果进行自适应调整。

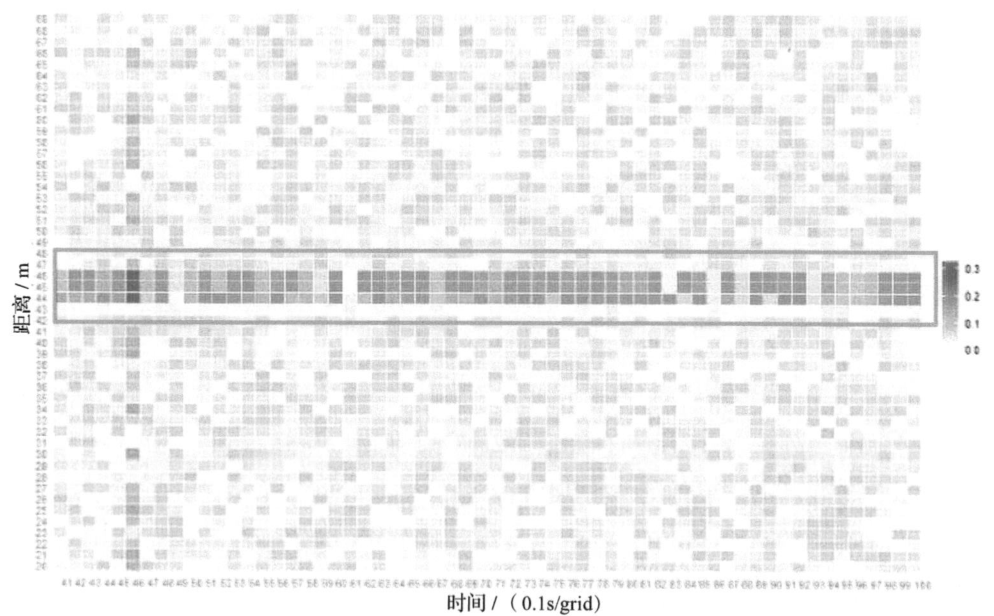

图 3－50　泄漏事件时空定位二维热图

表 3－3　四种类型事件的 MNBP 值，未经自适应调整

序号	泄漏	敲击	人工挖掘	噪声（无泄漏）
平均值	7.69	7.32	7.41	7.95
1	9.00	6	7	6
2	10.00	9	5	13
3	10.00	2	12	3
4	14.00	3	3	3
5	7.00	7	8	3
6	5.00	12	6	12
…	…	…	…	…

在进行自适应调整后，获得各事件的 AMNBP 值。平均增益是 MNBP 值的 30 倍，如表 3－4 所示。因此，可以通过 AMNBP 值实现多类事件的快速判断。

基于噪声实现事件编码结果都自适应调整，如下表所示，实现了 AMNBP 编码值的增益。

表 3－4　自适应调整后的四种类型事件的 AMNBP 值

序号	泄漏	敲击	人工挖掘	噪声（无泄漏）
平均值	143.35	105.01	381.82	7.95
1	132.40	140.24	165.50	6
2	10.87	263.25	831.59	13
3	178.13	43.07	1022.47	3
4	233.61	71.17	165.86	3
5	65.75	425.69	981.97	3
6	65.31	240.50	454.43	12
…	…	…	…	…

将以上四种事件分别与噪声事件对照，对照结果如图 3－51 所示。

图中，纵轴表示不同事件的 AMNBP 值，横轴表示时间，单位是 ms。如图 3－51 所示，米色是噪声的 AMNBP 值，浅蓝色是敲击的 AMNBP 值，深蓝色是人工挖掘的 AMNBP 值，蓝色是泄漏事件的 AMNBP 值。

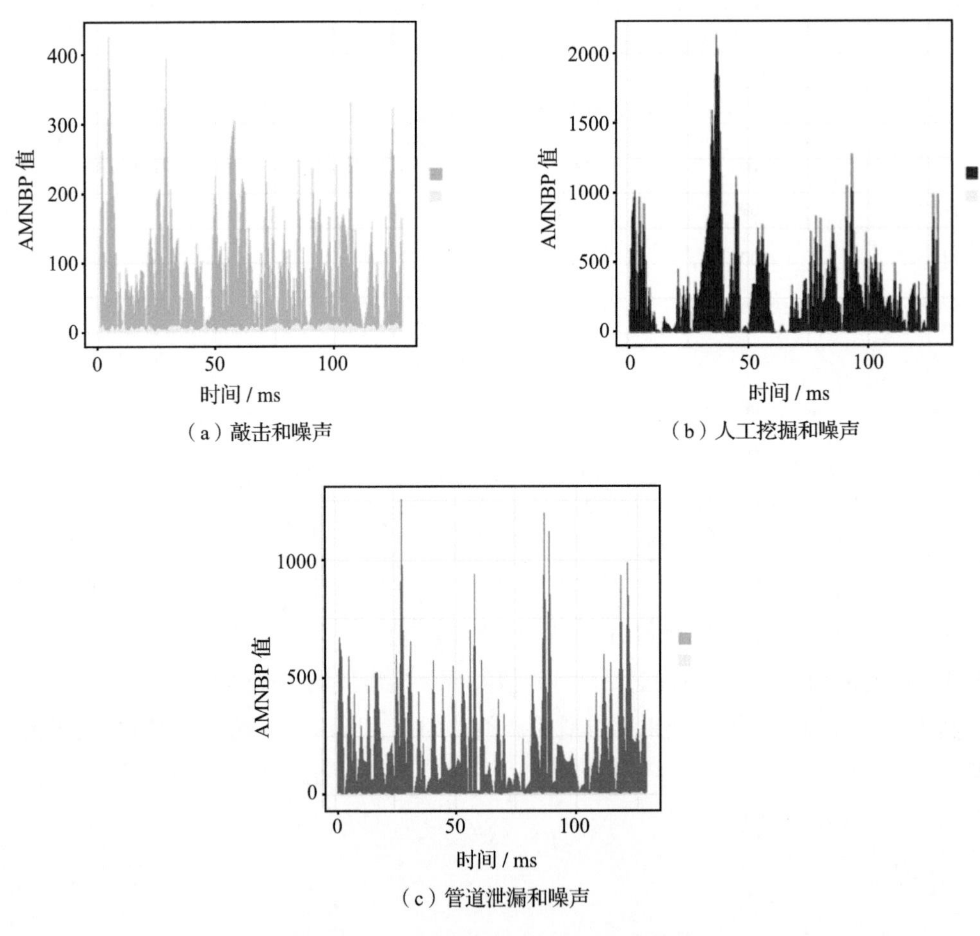

（a）敲击和噪声

（b）人工挖掘和噪声

（c）管道泄漏和噪声

图 3－51　不同事件信号的 AMNBP 对比

从图中可以区分出四种不同类型的事件。自适应调整后，AMNBP 平均增加了 30 倍。同时，AMNBP 图像清楚地反映了事件的频率信息。这表明该方法可以提高 Φ-OTDR系统的定位和识别性能。两类干扰事件编码定位结果如图 3－52 所示，事件范围在 245～248 m。

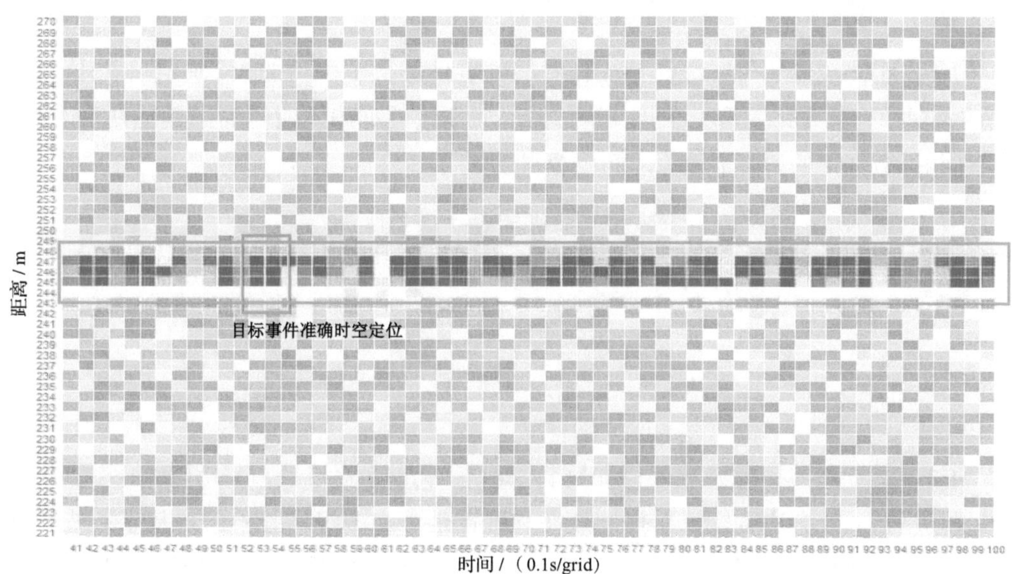

图 3－52　干扰事件时空定位二维热图

为了验证该方法的有效性，笔者选择了基于 AMNBP 和基于小波的 SVM 两种方法来比较定位准确性和计算时间。当数据量较小时，基于小波的 SVM 的计算量较小。然而，数据量也限制了模式的准确性。对于基于频域分析的方法，时频转换需要大量时间，同时，识别结果也不理想，尤其是在信号的观察频率接近时。选取 4 种数据 6000 组进行重复实验，实验的比较结果如表 3－5、表 3－6 和表 3－7 所示。

表 3－5　三种事件的定位准确率

方法名称	泄漏	敲击	人工挖掘
AMNBP 算法	93. 28%	94. 08%	95. 69%
基于小波的 SVM 算法	86. 24%	90. 58%	90. 87%
频域分析	89. 10%	85. 97%	89. 63%

根据上述三种方法在实验中的时间统计，这 30 组实验的平均效率结果如表 3－6 所示。

表 3－6　三种事件的平均定位时间　　单位：s

方法名称	泄漏	敲击	人工挖掘
AMNBP 算法	4. 5693	4. 5697	4. 5689
基于小波的 SVM 算法	5. 7141	5. 714	5. 714
频域分析	6. 8605	6. 8603	6. 8609

为了便于比较这三种方法的特征，对三种事件进行了平均加权以产生平均值。平均结果如表 3－7 所示，可以看出，本章提出的方法的准确性明显高于其他两种方法，并且在相同数据集的情况下计算时间要短得多。

表 3－7　三种方法平均差异性

方法名称	平均准确率	平均用时/s
AMNBP 算法	94. 35%	4. 5693
基于小波的 SVM 算法	89. 23%	5. 7140
频域分析	88. 23%	6. 8606

通过设计三种类型的典型事件并比较三种信号的实验结果，AMNBP 值实现了 30 倍的平均增益，此方法考虑了事件的效率和准确性。在多组实验中，与基于小波和频域分析的 SVM 两种常规方法相比，三种类型事件的平均定位准确率达到 94. 35%，定位计算过程平均用时减少了 27. 32%。实验结果表明，该方法提高了 Φ-OTDR 系统的性能。需要指出的是，这种基于非线性信号增强和自适应编码的方法是 Φ-OTDR 系统在实际应用中非常可行的发展方向。

第四章

地下空间扰动源多维度特征提取与选择

研究扰动源 Φ-OTDR 数据特征提取方法是完成地下扰动源识别的前序工作。Φ-OTDR系统灵敏度高、响应速度快，产生的数据量非常大，对数据处理要求较高。管道泄漏是本书关注的主要扰动源类型，同时具体监测环境可能包含的干扰扰动源还有行走、敲击、挖掘等。由于各类事件呈现不同的振动特点，如何从监测信号提取各类事件代表性特征，需要进行大量的实验比对分析。为了全面提取表征事件的各类特征，本章在通过调研大量参考文献的基础上，整理了 20 种特征提取方法，涵盖信号时域、频率、语音处理等领域，并根据 Φ-OTDR 系统监测特点，对其中部分特征提取方法，例如峰均比、短时间隔过零率等进行了针对性的改进，使其更加契合 Φ-OTDR 数据的特点。

当管道发生泄漏时，根据其内部传输流体不同，传输压力不同，振动呈现出的特性也不同。在实际环境中，通过高灵敏度的 Φ-OTDR 系统采集的管道泄漏信号既包括强度微弱的管道泄漏信号，还包括强度较大的干扰及噪声信号。本章对监测系统拾取的各种振动信息进行深入分析，通过信号处理、语音处理等邻域算法，提取观测事件的振动特征，对具体扰动源特性进行描述与刻画。在此基础上，基于袋外（Out Of Bag，OOB）数据思想的变量选择方法，以发现泄漏事件作为判别事件，通过计算袋外数据错误率对管道泄漏事件的各类特征进行重要性筛选。

特征对于扰动源事件的表征具有差异性，使用这种特征提取与选择方法有助于归纳扰动源中的主要特性。通过对扰动源 Φ-OTDR 数据的特性分析，为加深理解管道泄漏特点和管道泄漏识别等多种研究提供了有力的理论支持。

4.1 地下空间扰动源特征提取

4.1.1 特征提取特点

特征提取是进行荷载识别的一项重要指标，特征一般具有三个特点：

（1）特征具有唯一性，不同种类的荷载作用于光纤时产生的振动信号在大小、频次等方面是不同的，从系统监测的数据中提取这些相关物理量，根据特征的非重叠性对荷载种类进行识别。

（2）特征具有稳定性，它不会随环境的变化、时间的推移以及作用的次数发生改变。一种荷载产生的信号特征始终处于性质稳定状态。

（3）特征需具备普遍性，同一特征下的不同荷载存在差异性。这使得特征数据可以量化，在 Φ-OTDR 系统中，可以对同一荷载进行多次试验并进行定量处理。

提取特征的方法一般包括时域分析法、频域分析法、功率谱提取法等。时域分析法通过信号随时间的变化对监测信号进行处理，频域分析法则是对信号频率进行提取，功率谱提取法是对振动区段的信号值产生的功率进行分析。利用合适的算法，将抽象的数据转化为图像，更直观、更有效地提取信号特征，为地下空间扰动源多维度特征的选择奠定基础。

4.1.2 特征提取方法

本节提出了扰动源多维度特征提取方法。经过大量的调研和实验，笔者整理并总结出信号的20种常见特征表达。这20种常见特征充分表示了选择信号的时域和形状特征，如表4-1所示。为了从多维度准确描述城市地下管道泄漏事件的关键信息，本节首先给出了各特征的基本定义和描述的特征类型，并根据 Φ-OTDR 监测数据特点对其中部分特征进行了改进。然后，通过相关分析和包裹法进行了表征地下管道泄漏事件关键特征组合的筛选，最终得到准确刻画地下管道泄漏事件关键信息的混合特征组合。

表4-1 信号的多维度特征列表

序号	特征名称	特征代码
1	峰均比	pars
2	短时间隔过零率	zcr_signal
3	信号占空比	ampr_signal
4	平均幅度差	amdf_signal
5	峰度系数	kurt_signal
6	偏度系数	skewness_signal
7	波峰比例	peak_rio
8	波谷比例	through_rio
9	长短窗之比	lta_sta
10	主次峰之比	rate_signal
11	形状参数	shape_signal
12	有效值	effective_signal
13	信号功率	power_signal
14	信号能量	energy_signal

续表

序号	特征名称	特征代码
15	中心频率	fre_center
16	频带宽度	fre_range
17	倒谱特征系数 1	MFCC_1
18	倒谱特征系数 2	MFCC_2
19	自相关峰度	acf_kurt
20	自相关偏度	acf_skewness

本节选取的以上 20 种特征，分别覆盖了信号的波形形状、波形统计、连续特点等统计特征，单位能量、区间能量、相对区间能量等能量特征，最强频率、频率范围和衰减趋势、非线性特点等频域特征，自相关图像特征等。从常见的信号处理到相近的语音处理等领域，从时频分析多种方式系统梳理了扰动源监测信号特征多维度描述方式。下文将分类对上表特征进行简单的描述。

（1）峰均比

pars 是信号处理领域中的一种特征提取方法，它反映了信号的整体线性特征。较大的 pars 代表较大的相对峰值和信号的线性范围。当进入特征分析领域时，pars 不会增加任何硬件处理成本，这也避免了衰落的影响。在强噪声干扰的情况下，可以处理极强噪声信号的异常值，可以去除噪声的最强部分，并可以选择信号峰值的稳定部分，从而提升了特征的区分度。pars 被认为是信噪比的倒数估计。根据泄漏信号的特性，对其定义进行如下修改：

步骤 1：获得绝对值 $|sgn(x)|$。

步骤 2：取信号 $|sgn(x)|$ 中 90% 以上分位数的平均值 $\overline{|x|_{peak}}$。

步骤 3：取 $|sgn(x)|$ 均值 $\overline{x_{rms}}$。

步骤 4：获得峰均比。

$$pars = \frac{\overline{|x|_{peak}}}{\overline{x_{rms}}} \tag{4-1}$$

（2）短时间隔过零率

在语音信号处理领域，短期平均零交叉速率通常用于清浊语音的端点检测。过零率是信号符号变化的比率。过零率可以描述来自时域的信号的频率信息。当管道持续泄漏时，泄漏信号就像清音信号，管道泄漏中的噪声信号就像浊音信号。当管道稳定泄漏时，它是一个相对稳定的连续信号。鉴于管道泄漏信号的独特特性和语音处理领域的短时间隔过零率计算特性，笔者改进了短时过零率，保留了短时过零的便利性，并从时域计算速率并扩展信号的频率范围信息特性，称为短时间隔过零率。本部分计算了区间［－a，a］中信号符号变化的比率。改进的计算步骤如下。

步骤1：将原始信号中心化，获得 $|sgn'(x)|$。

步骤2：获得绝对值 $|sgn'(x)|$。

步骤3：设置 $a=0.25$，取大于信号 $|sgn'(x)|$ 的 $1-a$，$|sgn''(x)|$。

步骤4：寻求的短时间隔过零率 $|sgn''(x)|$。

$$zcr=\frac{1}{N}\sum_{m=0}^{N-1}\|sgn''[x(m+1)]-sgn''[x(m)]\| \tag{4-2}$$

（3）信号占空比

在窗口内，设定阈值等于窗口内幅度范围的百分比 a，然后计算窗口内超过该阈值的点数量（累加时间长度）与窗口长度之比。信号占空比是对信号时域波形连续特点的描述。

（4）平均幅度差

信号差分绝对值之和，能够反映引发声波波动的大小。语音处理领域的特征方法，对于变化平缓语音信号进行基音周期估计，具有精度高、可靠性高和计算量小的特点。笔者根据地下管道早期泄漏持续平缓，与语音信号相似，将该特征引入到 Φ-OTDR 监测中，来描述管道泄漏的低频振动特点。其公式如下：

$$amdf=\frac{1}{N}\sum_{n=1}^{N-1-k}|sgn(n)-sgn(n+k)|(0<k<N) \tag{4-3}$$

（5）峰度系数

峰度系数是表征概率密度分布曲线在平均值处峰值高低的特征数。

$$kurt=\frac{\sum_{i=1}^{N}(X_i-\bar{X})^4}{(N-1)S^4} \tag{4-4}$$

（6）偏度系数

偏度系数是描述分布偏离对称性程度的一个特征数，描述信号的时域形状特征。

$$skew=\frac{\sum_{i=1}^{n}(X_i-\bar{X})^3}{(N-1)SD^3} \tag{4-5}$$

（7）（8）波峰比例、波谷比例

一段时域信号中，包含的波峰、波谷数量占总信号点数的比例。用来描述管道泄漏信号时域波形的统计特征。

$$peak=\frac{N_{umpeak}}{N_{window}} \tag{4-6}$$

$$thro=\frac{N_{umthrough}}{N_{window}} \tag{4-7}$$

（9）长短窗之比

当有事件信号作用时，短时信号变化更加剧烈，通过短时窗口信号能量与长时窗口信号能量比较，可以准确描述信号相近区域能量变化特点，是信号能量特征的一种描述指标。其中，长短窗长度比例一般选取为1∶3。

$$lta\_sta = \frac{\frac{1}{3n}\sum_{i=1}^{3n} x_i}{\frac{1}{n}\sum_{i=1}^{n} x_i} \tag{4-8}$$

（10）主次峰之比

当无事件信号作用时，信号平稳，主次峰比值应较小；当有事件信号时，主次峰比值应发生变化。该特征主要用来描述信号的衰落趋势和强度等级。

$$rate\_signal = \frac{Peak_{\text{primary}}}{Peak_{\text{secondary}}} \tag{4-9}$$

（11）形状参数

用来衡量波形形状，描述监测信号的时域波形总体特点，公式：

$$shape\_signal = \frac{\sqrt{\frac{1}{n}\sum_{i=1}^{n} x_i^2}}{\left(\frac{1}{n}\sum_{i=1}^{n} |x_i|\right)} \tag{4-10}$$

（12）有效值

对信号幅值平方的均值开方，类似于每个信号点的平均能量，可反映信号振动能量的大小，是监测信号能量特征的描述指标，该特征的公式为：

$$effective\_signal = \sqrt{\frac{1}{N}\sum_{i=1}^{N} x_i^{\ 2}} \tag{4-11}$$

（13）信号功率

信号功率是信号能量的一种表现形式，是对信号能量的一种测度，表示单位时间内吸收或放出的能量，功率越大，信号单位时间内放出的能量就越多。

（14）信号能量

当有异常事件作用时，根据能量传导定律，信号的能量会发生变化。将信号划分成等间距的小段信号，再对每段信号段进行能量的计算，细化信号的能量特征。

在时域上将待测信号 $x(n)$ 划分成每段长度为 N 的数据，N 的选取决定识别精度以及识别效果，因此，需要确定合适的 N 值。对每帧计算短时能量为：

$$energy\_signal = \sum_{i=m}^{m+N-1} x_i^{\ 2} \tag{4-12}$$

（15）中心频率

中心频率通常定义为信号频域最强幅度对应的频率位置，是对事件频率特征的描述。

$$fre\_center = f_{\{FFT[\mathrm{sgn}(n)]\}_{\max}} \tag{4-13}$$

（16）频带宽度

频带宽度是信号的最高频率与最低频率之差，单位为赫兹，是对信号频域区域特征的一种指标描述。

$$fre\_range = f_{\mathrm{primary}} - f_{\mathrm{secondary}} \tag{4-14}$$

（17）（18）倒谱特征系数 1、倒谱特征系数 2

由于采集到的信号幅值高频率分布在 500 Hz 以下，与人耳可识别语音信号覆盖范围类似，故引用语音信号分析的经典方法：梅尔频率倒谱系数（Mel – Frequency Cepstral Coefficients，MFCC）。该系数反映了信号的频域非线性特征，其过程如下：

①将频率映射到 Mel 频率域上；

②设计 20 个 Mel 滤波器；

③将信号通过滤波器滤波，得到每个滤波器输出结果；

④将每个滤波器结果取对数，做离散余弦变换（Discrete Cosine Transform，DCT），得到系数组，可作为特征向量。

输出了 15 个系数，发现第 1 和第 2 个系数最能体现出信号和噪声的区别，故选择前 2 个系数作为特征。

（19）（20）自相关峰度、自相关偏度

信号自相关性是信号自身不同时间点的相关程度度量，当事件信号包含周期性分量时，自相关函数能够表征出这一周期性特点。笔者根据 Φ-OTDR 监测数据的时间相关性特点，采用自相关图的波形特点作为自相关特征，构造自相关峰度（acf_kurt）和自相关偏度（acf_skewness）特征。

4.1.3 Φ-OTDR 监测数据的特征改进

上述特征是通过对大量提取文献并进行调研整理得来，本部分根据 Φ-OTDR 数据特点对峰均比、短时间隔过零率等特征进行了修改，使得这些特征更加符合 Φ-OTDR 系统监测数据的特征提取要求。改进特征详细说明如下。

（1）峰均比

分布式光纤传感系统由于其高灵敏特点，使得检测到的噪声信号、目标扰动事件信号影响极大；同时存在一些噪声影响，这些都可能造成个别数据点发生畸变。除此之外，由于 Φ-OTDR 系统存在衰落现象，即信号会随着光源的衰落产生散射光强度过低，落入检测死区，致使分布式光纤散射信号的时域波形特征难以应用到特征分析中来。

基于分布式光纤散射光的以上特点，笔者查阅了大量文献，对峰均比进行了改进，

使其更加切合 Φ-OTDR 数据特点。分布式光纤传感信号是基于外部扰动产生的信号，当外部存在扰动时，信号变化明显，峰均比可以很好地适应信号畸变影响，表征出信号在该阶段内的整体特征。同时，分布式光纤传感技术高灵敏度的特点使其对外部噪声也极为敏感，因此噪声传递到光纤的强度常常大于信号传递到光纤上的强度。而对于特征分析领域，极大的峰均比不会增加任何硬件处理成本，而峰均比反映的是信号一段时间内的整体线性特征，这同时规避了分布式光纤信号自身衰落带来的影响。同时，光纤扰动信号关注的是一段时间内是否有扰动事件发生，更多关注的是信号在这段时间内的相对变换特征。

针对强噪声干扰的情况，可以对极端强的噪声信号进行异常值处理，除去最强的噪声部分影响，选择信号峰值的稳定部分，笔者选择的分位区间是≥90%，这样可以增加特征的对比度。此时，峰均比可以看作是信号信噪比的倒数估计。因此，峰均比非常适合用于分布式光纤传感信号的特征提取，以及表征管道泄漏的时域线性整体特征。

（2）短时间隔过零率

在语音信号处理领域，短时间隔过零率常用来进行清音和浊音的端点检测。单位时间内信号通过零值线的次数就称为过零率。过零率可以在一定程度上从时域描述信号的频率信息。浊音大多数对应低频，具有较低的过零率，清音语音的多数能量出现在较高的频率，对应较高的短时平均过零率。

在地下管道监测领域，当管道持续泄漏时，泄漏信号比较类似于清音信号，管道泄漏中的噪声信号类似于浊音信号。管道泄漏信号，除去开始泄漏的瞬间不予考虑，当其稳定泄漏时，属于相对稳定的持续信号。针对管道泄漏信号的独特特性，借鉴语音处理领域的短时过零率计算特点，对短时过零率进行改进，保留了短时过零率计算便捷，能够从时域描述信号频率信息的特点，又同时扩展了短时过零率频率信息的描述范围，这里称之为短时间隔过零率。

短时间隔过零率是将对 $x=0$ 的横轴扩展成为一个区间 $[-a, a]$，计算信号归一化后通过该区间的次数。该特征提取方法有且仅有加减运算，可以改良运算效率，是对目标信号的时域特性直接进行统计意义的理论分析，通过时域的快捷计算获取信号的频率信息特征，既规避了预加重之类的处理成本，同时也避免了强噪声的干扰。

（3）MFCC 特征提取法

MFCC 能够将非线性数据进行线性划分，将难以划分的非线性数据转换成易于划分的线性问题，对于 Φ-OTDR 采集到的监测信号进行划分，对扰动源信号预加重和划窗，经过傅里叶变换获得窗口数据频谱，通过 Mel 滤波器组得到 Mel 频谱，再经过倒谱分析得到频率的倒谱系数，以此来描述信号的频域特征信息。

4.2 地下空间扰动源多维度特征选择

特征选择（Feature Selection）是指从全部特征集合中筛选出符合要求的特征子集。特征选择是一种特征空间降维的方法，需要预设评估标准，从原始特征集中来挑选出符合要求的特征子集，改善分类、回归过程，提高算法泛化能力。

在实际应用中，特征数量较多，特征之间存在相关性容易造成模型含噪，影响泛化能力，以及增加模型复杂度、训练时间较长等问题。

本节选用基于 OOB 思想的随机森林变量选择方法。对于每个决策树，分别计算添加特征之前和之后的拟合结果。通过比较所有决策树中每个特征的平均错误大小，可以实现特征的重要性排名，计算步骤如下。

（1）计算决策树对其对应的 OOB 样本的分类情况（约有 1/3 棵树参与 OOB 估计）。

（2）以投票的方式确定该样本的分类。

（3）计算 OOB-Error：分类错误的样本数占总样本数的比值。

在给定的一组分类器 $h_1(x)$，$h_2(x)$，…，$h_K(x)$，每个分类器的训练集都是从相同分布的数据集 $D=\{Y, X\}$ 中随机抽样得到，其余量函数定义为：

$$mg(X,Y) = av_k I(h_k(X) = Y) - \max_{j\neq Y} av_k I(h_k(X) = j) \tag{4-15}$$

式中，$I(.)$ 是示性函数。余量函数用来度量平均正确分类数超过平均错误分类数的程度，余量值越大，分类预测结果越可靠。用于特征选择的随机森林算法的泛化误差定义为：

$$E^* = P_{X,Y}(mg(X,Y) < 0) \tag{4-16}$$

式中，X 和 Y 表示概率 P 覆盖 X，Y 空间。在随机森林算法中，当决策树梳理足够多时，$h_k(X)=h(X, \theta_k)$ 服从大数定理。一般在随机森林算法中，决策树数量 $n \geqslant 100$。

对于随机森林算法中单个分类器的准确性和多个分类器之间的依赖性，泛化误差存在一个上界。随机森林算法的边际函数定义为：

$$mr(X,Y) = P_\theta(h(X,\theta) = Y) - \max_{j\neq Y} P_\theta(h(X,\theta) = j) \tag{4-17}$$

式中，组分类器的 $\{h(x, \theta)\}$ 的分类性能定义为：

$$s = E_{X,Y} mr(X,Y) \tag{4-18}$$

假设 $s \geqslant 0$，由切比雪夫不等式可以得到：

$$E^* \leqslant \mathrm{var}(mr)/s^2 \tag{4-19}$$

令：

$$\hat{j}(X,Y) = \arg\max_{j \neq Y} P_\theta(h(X,\theta) = j) \tag{4-20}$$

可以得到：

$$mr(X,Y) = E_\theta[I(h(X,\theta) = Y) - I(h(X,\theta) = \hat{j}(X,Y))] \tag{4-21}$$

基于 OOB 数据的错误率或准确率是随机森林泛化能力的一个无偏估计，当树的数目足够大时，随机森林的泛化误差的上界收敛于下面的表达式。

$$E^* \leqslant \frac{\bar{\rho}(1 - s^2)}{s^2} \tag{4-22}$$

式中，$\bar{\rho}$ 是树之间的平均相关系数；s 是度量树型分类器的“强度”的量。由泛化误差上界的定义公式可知，随着树的相关性增加或组合分类器的强度降低，泛化误差的上界趋于增加。因此，随机化有助于减少决策树之间的相关性，从而改善组合分类器的泛化误差。

针对提取的 20 种特征，为了高效和准确地通过特征区分地下空间扰动源事件，需要进行地下管道泄漏关键特征选择。这里采用相关性筛选和包裹式相结合的方式进行特征选择。

针对时域、频域等 20 项特征，通过相关性指标筛选影响管道泄漏的主要特征；然后将全部特征作为分类器输入，对比多项分类器效果来筛选用于特征包裹选择的分类器。

通过反复筛选不同特征组合，计算袋外数据的错误率来评价特征组合选择结果，实现管道泄漏关键特征的选择组合，特征选择流程如图 4－1 所示。

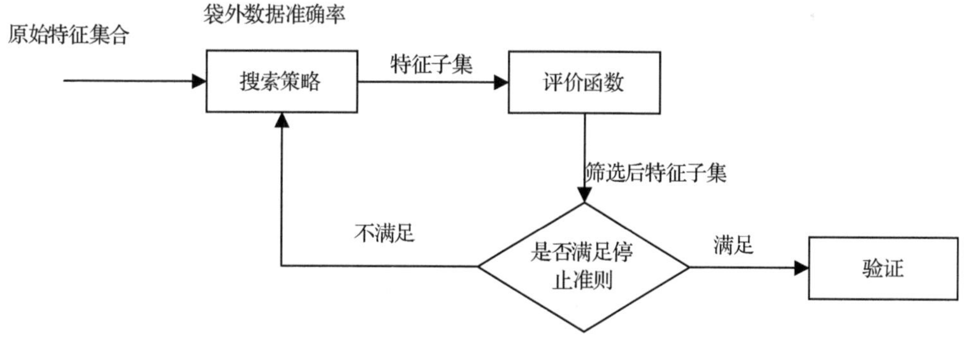

图 4－1　特征选择流程图

基于随机森林错误率（Random Forest Error，RFE）特征选择算法步骤说明如下：

输入：训练集 $Q = \{(a_1, b_1), (a_2, b_2), \cdots, (a_n, b_n)\}$、特征集 $F = (f_1, f_2, \cdots, f_n)$；

输出：特征的重要性排序。

（1）初始化原始特征集合 $F = \{f_1, f_2, \cdots, f_n\}$，特征排序集合 R；

（2）FOR F 不为空 DO；

（3）使用特征集 F 分别进行以逻辑回归算法、极限树算法和随机森林算法训练模型；

（4）分别计算各个模型下各个特征的权重值；

（5）对特征权重值进行排序 $New_{Rand} = sort\ (Rank)$；

（6）新特征排序列表 $Update\ (R)\ = R + F\ (New_{Rand})$；

（7）删除贡献最小的特征 $Update\ (F)\ = F - F\ (New_{Rand})$；

（8）END FOR。

4.3 基于 Φ-OTDR 数据的扰动源特征提取与选择实验

地下空间扰动源的特性分析，第一步是研究扰动源，这包括研究对象泄漏管道，研究当管道泄漏时的信号特性以及特征特点，同时考虑必要的环境噪声和敲击扰动源。本章将对以上包括噪声在内的事件进行特性分析，研究扰动源信号特点及其最佳特征表征方式。

4.3.1 实验设计及数据采集

为了找到管道泄漏的有效特征，在第三章实验设计和数据采集的结果基础上进行分析。同时，保留了敲击和人工挖掘两种干扰事件，以及管道泄漏事件和噪声（无泄漏）事件，共四种事件类型。

其他实验参数：光纤长度 500 m，累计采集时长 200 s，采样频率 10 kHz，每类数据每个空间监测点采样数据点为 200 万行。通过第三章的定位方式可以快速确定事件数据范围，有效缩小了数据处理规模，在此基础上开展特征提取与选择研究。

4.3.2 特征提取分析

为了分析泄漏管道的特性，首先对泄漏信号进行时域和频域研究。

为了方便查看，首先对不同事件各类特征进行特征提取，对于特征提取结果，通过表格方式展示其代表性监测点的数据和特征的平均值。为了方便比较，后续对各类特征的数据分布情况进行了可视化比较。

（1）地下管道泄漏事件特征提取结果如表 4 – 2 所示。

表 4-2 地下管道泄漏事件特征提取结果

序号	特征名称	平均值	1	2	3	4	5	…
1	pars	1.63	2.72	2.58	2.35	2.36	2.20	…
2	zcr_signal	103.41	109.00	87.00	70.00	69.00	65.00	…
3	ampr_signal	245.31	143.14	134.01	149.93	227.87	204.90	…
4	amdf_signal	2.02	2.36	2.22	2.00	2.10	2.22	…
5	kurt_signal	-0.28	0.21	-0.14	-0.26	-0.15	-0.33	…
6	skewness_signal	0.01	0.40	0.24	0.16	0.21	0.15	…
7	peak_rio	0.50	0.51	0.49	0.50	0.52	0.50	…
8	through_rio	0.50	0.49	0.51	0.50	0.48	0.50	…
9	rate_signal	1.03	1.06	1.06	1.09	1.01	1.00	…
10	lta_sta	1.00	0.93	1.01	0.95	0.87	0.99	…
11	fre_center	2507.37	10.00	90.00	90.00	40.00	40.00	…
12	fre_range	616.21	10.00	30.00	10.00	10.00	1210.00	…
13	energy_signal	179637.62	48148.53	53641.62	50639.87	60361.51	71881.26	…
14	power_signal	179.64	48.15	53.64	50.64	60.36	71.88	…
15	MFCC_1	2.24	8.48	8.12	5.83	3.57	3.10	…
16	MFCC_2	-9.58	-10.60	-8.15	-5.23	-5.96	-6.17	…
17	acf_skewness	4.18	8.65	5.21	3.91	1.82	0.58	…
18	acf_kurt	75.69	139.04	64.21	38.17	6.59	2.48	…
19	shape_signal	1.02	1.08	1.07	1.06	1.05	1.05	…
20	effective_signal	12.62	6.94	7.32	7.12	7.77	8.48	…

与此同时，计算管道无泄漏事件各特征值情况，结果如表 4-3 所示。

表 4-3 噪声（无泄漏）事件特征提取结果

序号	特征名称	平均值	1	2	3	4	5	…
1	pars	1.81	2.21	2.23	2.24	2.22	2.21	…
2	zcr_signal	113.88	119.00	125.00	125.00	120.00	110.00	…
3	ampr_signal	233.98	201.10	215.03	206.71	233.44	184.43	…
4	amdf_signal	2.00	2.06	2.11	2.07	1.99	2.01	…
5	kurt_signal	-0.35	-0.28	-0.40	-0.33	-0.15	-0.16	…
6	skewness_signal	0.03	0.01	0.02	0.05	0.08	0.04	…
7	peak_rio	0.50	0.53	0.50	0.48	0.50	0.51	…
8	through_rio	0.50	0.47	0.50	0.52	0.50	0.49	…
9	rate_signal	1.03	1.02	1.03	1.04	1.04	1.12	…
10	lta_sta	1.00	1.01	1.00	1.00	1.00	1.01	…
11	fre_center	3378.73	3750.00	3770.00	3760.00	3810.00	3750.00	…

续表

序号	特征名称	平均值	1	2	3	4	5	…
12	fre_range	281.97	10.00	160.00	200.00	190.00	10.00	…
13	energy_signal	158944.12	28703.26	28124.95	27824.52	27835.27	27873.33	…
14	power_signal	158.94	28.70	28.12	27.82	27.84	27.87	…
15	MFCC_1	1.13	0.97	1.26	0.36	0.82	1.02	…
16	MFCC_2	-9.56	-10.33	-10.41	-8.70	-9.19	-9.93	…
17	acf_skewness	3.46	2.98	2.55	3.64	5.55	2.52	…
18	acf_kurt	60.19	43.57	35.85	56.58	101.53	33.64	…
19	shape_signal	1.03	1.05	1.05	1.05	1.05	1.05	…
20	effective_signal	11.07	5.36	5.30	5.27	5.28	5.28	…

时域分析是信号处理的基础部分，主要包括时域波形、波形变换、峰度、相关分析等。时域分析广泛应用于信号处理，可以帮助分析人员获得观测信号的特征信息，特别是当信号包含相对较低的频率成分时。分别提取管道泄漏信号特征，以及其他常见干扰事件特征，为了方便观察，这里分别列出来各类事件特征的不同分布参数。

同时将敲击事件和挖掘事件的各类特征也进行了提取，提取结果如表 4－4 和表 4－5所示。

（2）敲击事件的特征提取结果如表 4－4 所示。

表 4－4　敲击事件特征提取结果

序号	特征名称	平均值	1	2	3	4	5	…
1	pars	1.83	1.67	1.74	1.97	1.84	1.61	…
2	zcr_signal	93.07	35.00	120.00	78.00	9.00	75.00	…
3	ampr_signal	279.75	186.19	181.16	200.64	142.49	253.44	…
4	amdf_signal	2.98	2.94	2.96	2.94	2.93	2.86	…
5	kurt_signal	0.00	-0.57	-0.23	-0.57	-0.52	-0.41	…
6	skewness_signal	-0.13	-0.03	0.10	0.29	0.22	-0.03	…
7	peak_rio	0.50	0.53	0.51	0.51	0.46	0.49	…
8	through_rio	0.50	0.47	0.49	0.49	0.54	0.51	…
9	rate_signal	1.03	1.00	1.02	1.01	1.01	1.04	…
10	lta_sta	1.00	1.20	1.00	0.91	1.04	0.91	…
11	fre_center	2658.53	10.00	3810.00	10.00	10.00	3810.00	…
12	fre_range	1131.08	1200.00	1220.00	10.00	270.00	50.00	…
13	energy_signal	176 248.79	275 034.90	194 714.90	220 330.50	234 316.50	227 358.90	…
14	power_signal	176.25	275.03	194.71	220.33	234.32	227.36	…

续表

序号	特征名称	平均值	1	2	3	4	5	…
15	MFCC_1	3. 95	2. 35	2. 52	2. 65	2. 77	2. 67	…
16	MFCC_2	-7. 38	-8. 61	-8. 16	-8. 62	-9. 65	-8. 93	…
17	acf_skewness	1. 13	1. 21	0. 90	0. 78	1. 12	1. 09	…
18	acf_kurt	5. 20	1. 09	3. 08	0. 80	1. 39	2. 28	…
19	shape_signal	1. 03	1. 02	1. 02	1. 03	1. 02	1. 01	…
20	effective_signal	13. 22	16. 58	13. 95	14. 84	15. 31	15. 08	…

通过对比敲击事件和泄漏事件特征均值发现：

①特征 pars 能够较好地区分无泄漏事件和敲击事件；

②特征 pars、zcr_signal、kurt_signal、fre_center、fre_range、MFCC_1、acf_skewness、acf_kurt 存在较大的区分性；

③特征 ampr_signal、peak_rio、through_rio、rate_signal、lta_sta、energy_signal、power_signal、MFCC_2、shape_signal、effective_signal 在泄漏事件、无泄漏事件和敲击事件之间的区分性较差。

（3）挖掘事件的特征提取结果如表 4－5 所示。

表 4－5　挖掘事件特征提取结果

序号	特征名称	平均值	1	2	3	4	5	…
1	pars	1. 66	1. 61	1. 61	1. 60	1. 56	1. 56	…
2	zcr_signal	110. 53	110. 00	132. 00	131. 00	132. 00	133. 00	…
3	ampr_signal	272. 26	314. 93	247. 99	271. 11	333. 89	278. 02	…
4	amdf_signal	3. 13	3. 22	3. 32	3. 33	3. 33	3. 22	…
5	kurt_signal	-0. 30	-0. 49	-0. 47	-0. 33	-0. 40	-0. 40	…
6	skewness_signal	-0. 09	-0. 02	0. 01	-0. 07	-0. 20	-0. 14	…
7	peak_rio	0. 50	0. 50	0. 49	0. 50	0. 48	0. 48	…
8	through_rio	0. 50	0. 50	0. 51	0. 50	0. 52	0. 52	…
9	rate_signal	1. 02	1. 01	1. 03	1. 03	1. 01	1. 05	…
10	lta_sta	1. 00	0. 96	0. 98	1. 00	1. 01	1. 02	…
11	fre_center	3191. 86	3780. 00	3780. 00	3780. 00	3780. 00	3780. 00	…
12	fre_range	609. 90	220. 00	190. 00	190. 00	180. 00	190. 00	…
13	energy_signal	225 977. 12	206 003. 90	222 045. 80	230 034. 30	231 115. 90	224 669. 30	…
14	power_signal	225. 98	206. 00	222. 05	230. 03	231. 12	224. 67	…
15	MFCC_1	2. 16	1. 36	0. 82	2. 48	1. 31	2. 13	…
16	MFCC_2	-8. 64	-8. 48	-8. 86	-11. 26	-10. 36	-10. 86	…

续表

序号	特征名称	平均值	1	2	3	4	5	…
17	acf_ skewness	0. 90	0. 51	0. 48	0. 37	0. 30	0. 40	…
18	acf_ kurt	4. 19	2. 38	3. 00	2. 26	1. 36	1. 53	…
19	shape_ signal	1. 02	1. 01	1. 01	1. 01	1. 01	1. 01	…
20	effective_ signal	15. 00	14. 35	14. 90	15. 17	15. 20	14. 99	…

为了比较特征在不同事件上的差异性，对以上 20 种特征分别绘制 4 种事件的特征分布对比图。通过对比分析发现，特征在事件区分度上具有显著差异性，根据特征对事件的区分度大小分别进行介绍。

对以上 4 种事件区分度较大的特征有 16 个，分别是：acf_ kurt、acf_ skewness、amdf_ signal、effective_ signal、energy_ signal、fre_ center、fre_ range、MFCC_ 1、MFCC_ 2、pars、power_ signal、zcr_ signal、ampr_ signal、kurt_ signal、shape_ signal 和 skewness_ signal，分布情况如图 4 -2、图 4 -3、图 4 -4 和图 4 -5 所示。

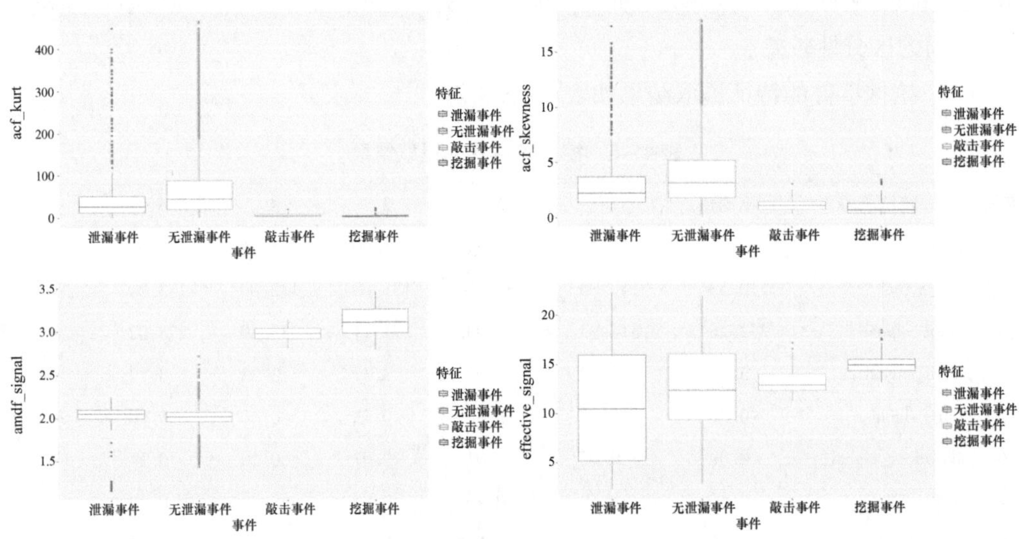

图 4 -2 显著区分度特征分布对比图（1）

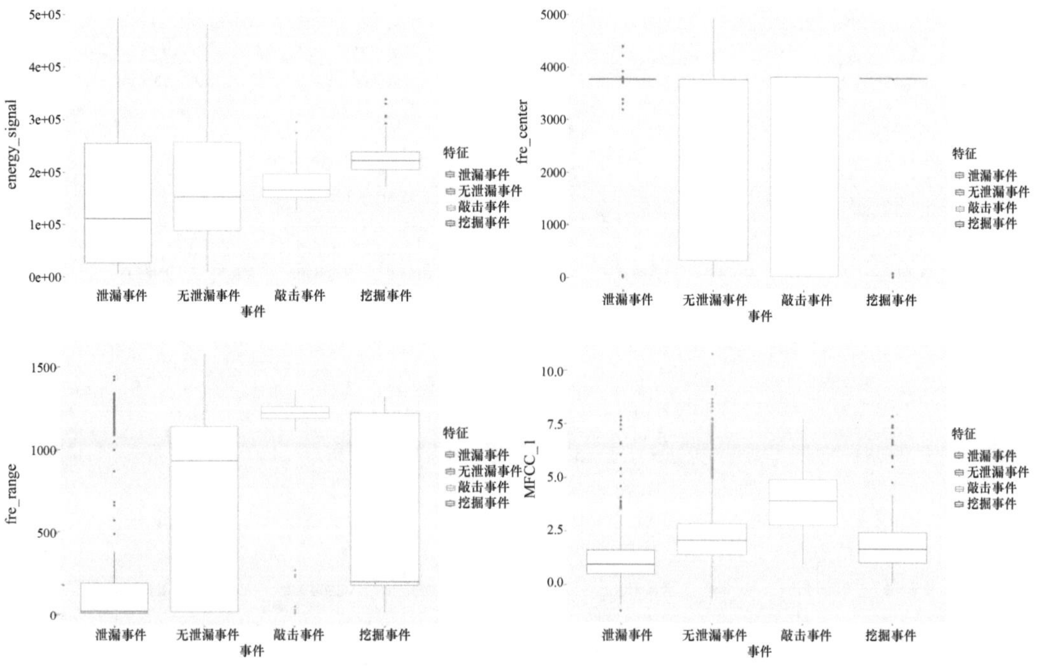

图 4－3　显著区分度特征分布对比图（2）

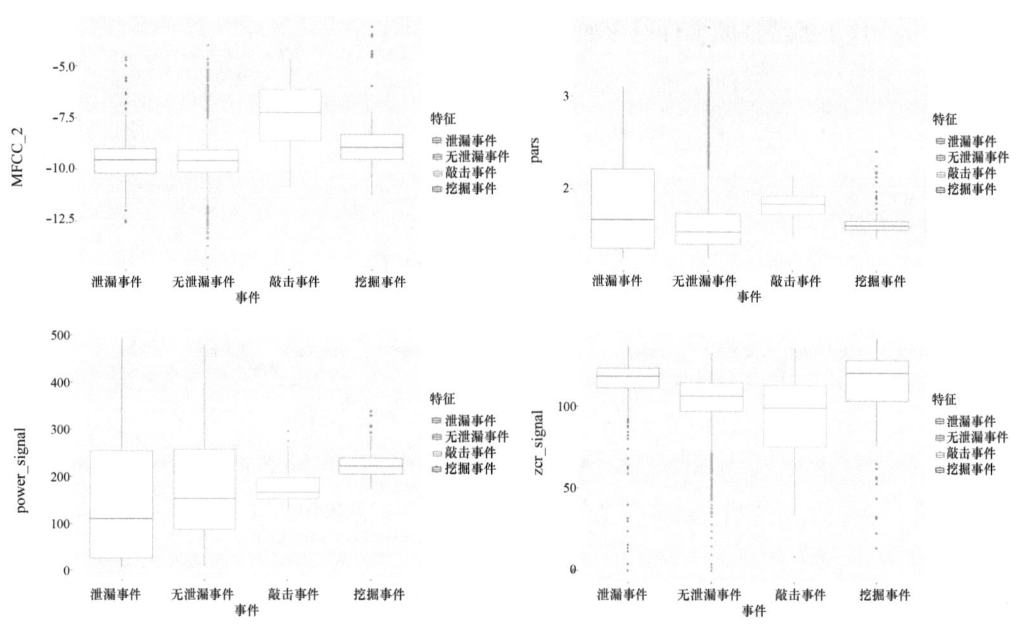

图 4－4　显著区分度特征分布对比图（3）

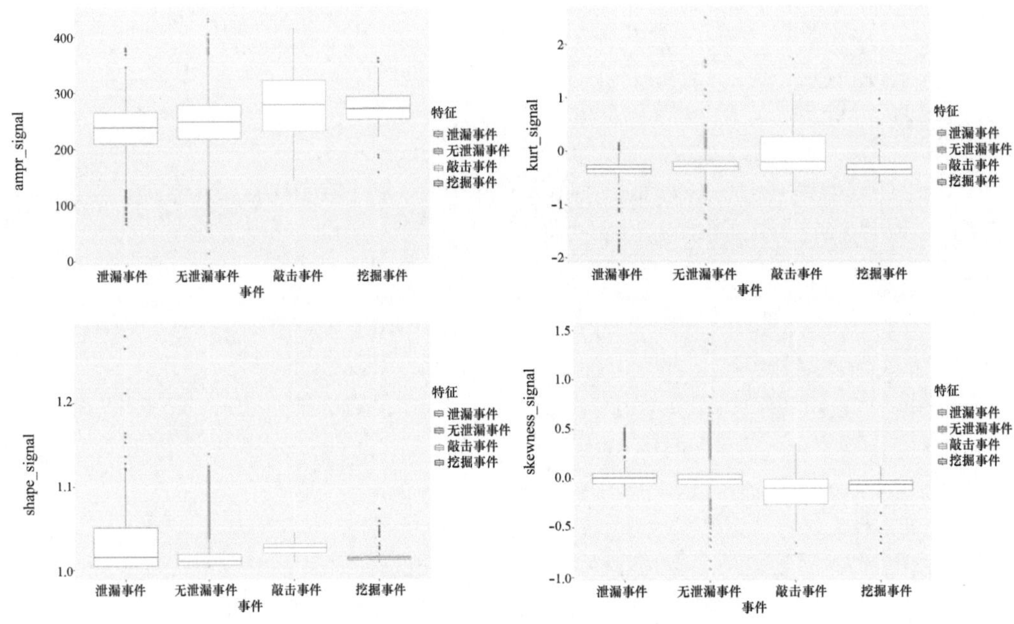

图 4-5　显著区分度特征分布对比图（4）

对 4 类事件区分度较差的特征有 4 个，分别是 lta_ sta、peak_ rio、rate_ signal 和 through_ rio。这 4 类特征的事件对比如图 4-6 所示。

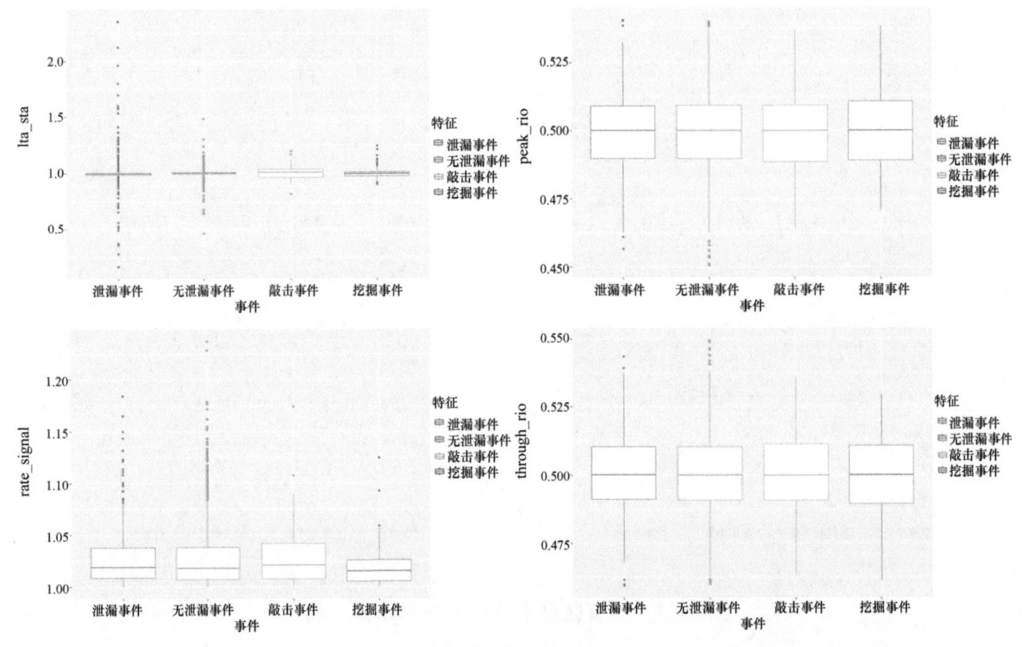

图 4-6　非显著区分度特征分布对比图

通过上述特征与事件对比分析发现，16 种特征对以上 4 种事件具有一定区分度，但在管道泄漏事件上的表现存在差异，需要开展进一步的特征选择工作。找出在干扰事件影响下能够准确区分管道泄漏状态的关键特征组合。

4.3.3 特征选择分析

为了筛选关键特征，以表征管道泄漏的关键信息，首先进行相关性分析，剔除相关性高的部分特征。依次对泄漏事件、无泄漏事件、敲击事件和人工挖掘事件进行特征相关性分析，结果如下。

（1）泄漏事件特征相关性分析

如图 4－7 所示，通过观测相关系数图发现，具有强相关性（包含正相关和负相关）的特征组合有：

① pars、effective_ signal、energy_ singal、power_ signal、shape_ signal；

② acf_ skewness、acf_ kurt、ampr_ signal、skewness_ signal；

③ acr_ signal、MFCC_ 1、fre_ center；

④ peak_ rio 和 through_ rio。

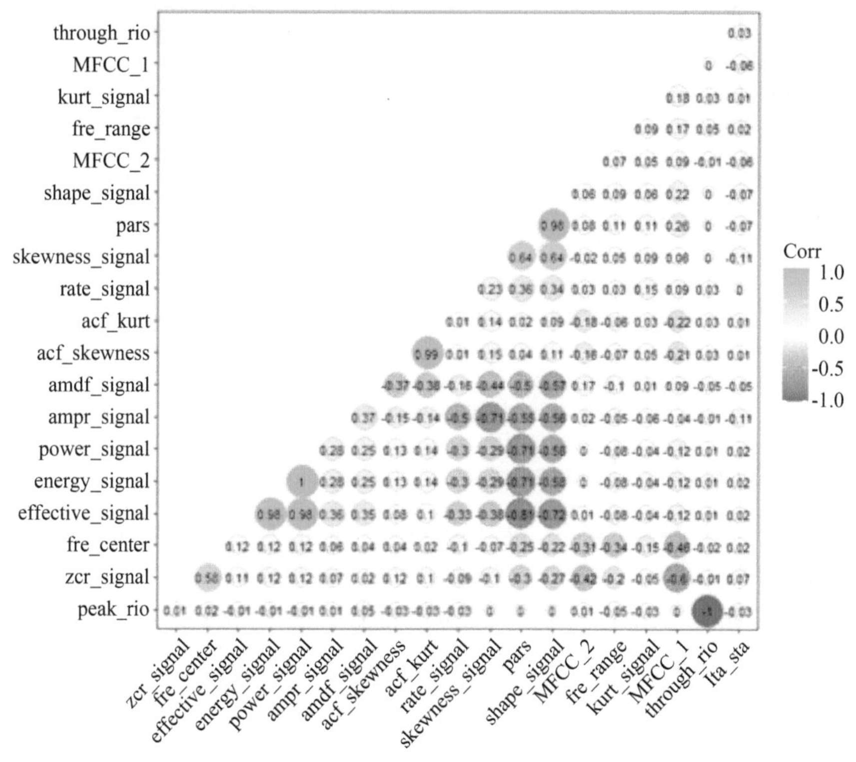

图 4－7 泄漏事件特征相关性分析

（2）无泄漏事件特征相关性分析

如图 4－8 所示，通过观测相关系数图发现，具有强相关性（包含正相关和负相关）的特征组合有：

① acf_ skewness、acf_ kurt、amdf_ signal；

② pars、shape_ signal、skewness_ signal、ampr_ signal、amdf_ signal；

③ kurt_ signal、zcr_ signal、fre_ certer、MFCC_ 1、MFCC_2、kurt_ signal；

④ pars、effective_ signal、energy_ singal、shape_ signal、power_ signal、ampr_ signal、amdf_ signal；

⑤ peak_ rio 和 through_ rio。

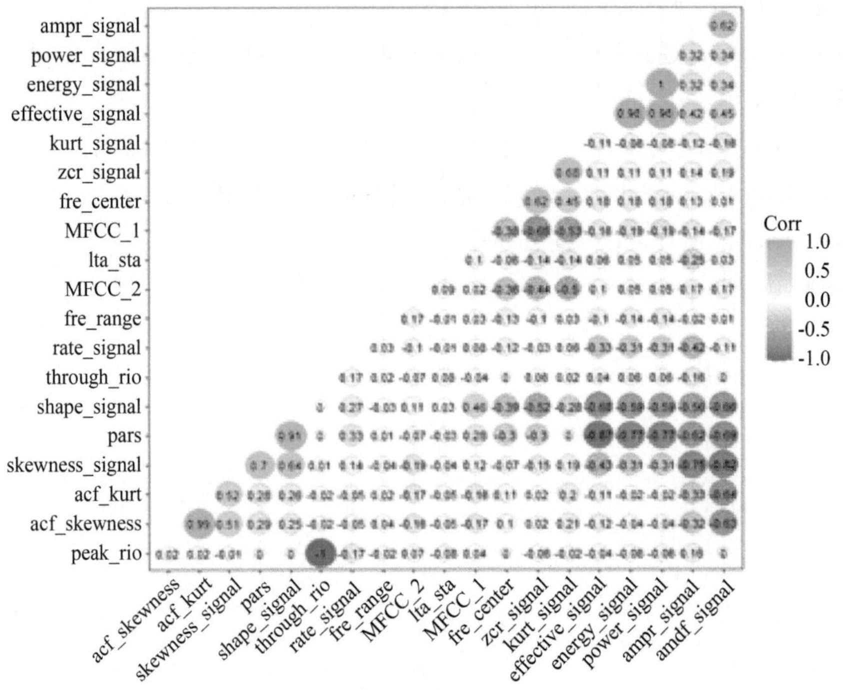

图 4-8　无泄漏事件特征相关性分析

（3）敲击事件特征相关性分析

如图 4-9 所示，通过观测相关系数图发现，具有强相关性（包含正相关和负相关）的特征组合有：

① pars、effective_ signal、energy_ singal、shape_ signal、power_ signal；

② skewness_ signal、ampr_ signal、acf_ skewness、acf_ kurt、MFCC_ 1、MFCC_2、kurt_ signal；

③ peak_ rio 和 through_ rio。

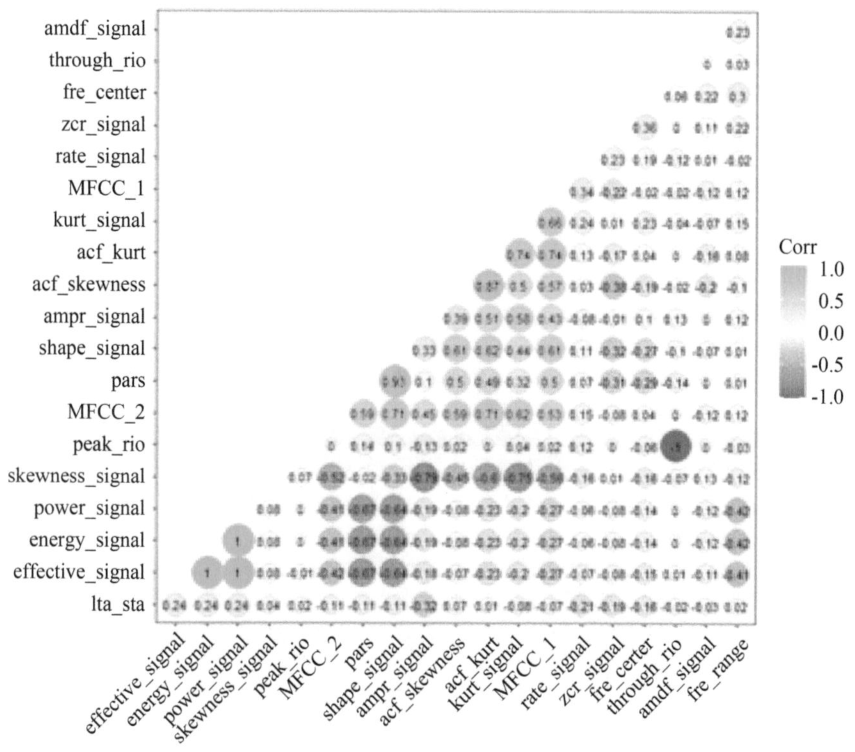

图 4－9　干扰事件特征相关性分析－敲击

（4）人工挖掘事件特征相关性分析

如图 4－10 所示，通过观测相关系数图发现，具有强相关性（包含正相关和负相关）的特征组合有：

① zcr_signal、fre_center、MFCC_1、MFCC_2、pars、shape_signal、acf_skewness、acf_kurt；

② amdf_signal、fre_range；

③ pars、effective_signal、energy_singal、shape_signal、power_signal；

④ peak_rio 和 through_rio。

通过以上相关分析发现以下几点：

① 四类事件中，不具有明显相关特性：peak_rio、through_rio、rate_signal、lta_sta；

② 纵观以上四类事件，具有较为一致的强相关性的特征组合有：pars、effective_signal、energy_singal、shape_signal、power_signal；acf_skewness、acf_kurt；

③ zcr_signal 和 MFCC_1 在管道泄漏事件中具有不同的相关性。

基于以上分析，初步剔除各类事件中显著不相关特征 peak_rio、through_rio、rate_signal、lta_sta；对于高度相关的特征组合，根据其在不同事件中的共现特点，保留 pars、shape_signal、acf_skewness；剔除同类强相关特征 acf_kurt、effective_signal、en-

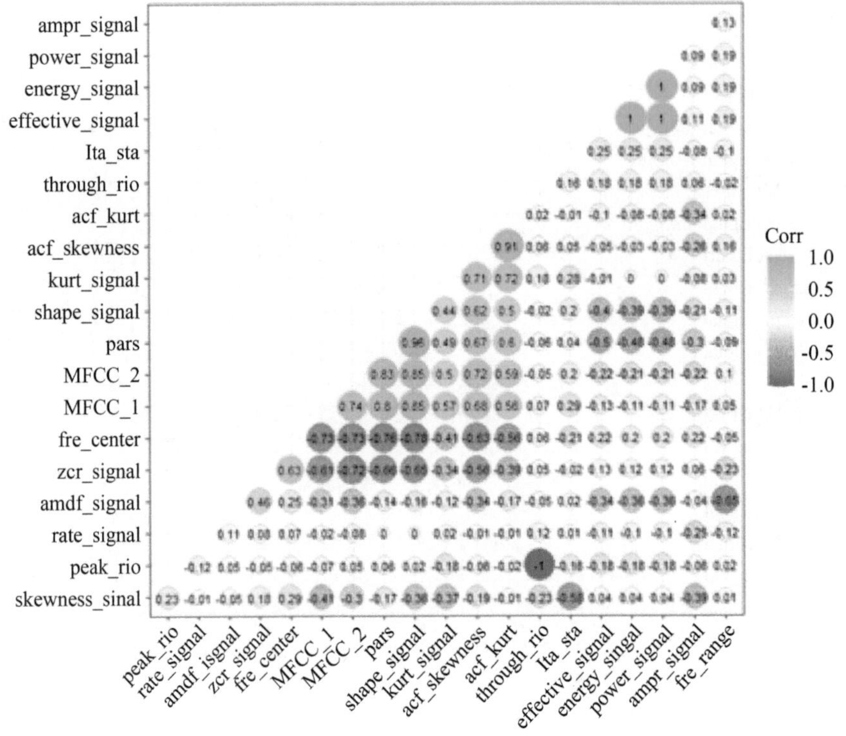

图 4-10　干扰事件特征相关性分析-人工挖掘

ergy_ singal、power_ signal；重点关注 zcr_ signal 和 MFCC_1 两个特征。

于是，得到用于事件表征的特征组合为：pars、shape _ signal、acf _ skewness、zcr_ signal和 MFCC_1；其他需要考虑的特征还有：MFCC_2、amdf_ signal、rate_ signal、fre_ center、kurt_ signal、skewness_ signal、ampr_ signal；即通过相关性分析，剔除了 8 项特征，保留 12 项特征进行包裹式特征筛选。

对 12 项筛选特征提取对象，在采集的管道泄漏数据中选取 2000 组进行分类器选取；同时对无泄漏事件、两类干扰事件分别选取数据 2000 组，进行特征提取与分类器准确性判别。训练集和测试集通过随机划分，划分比例为 7∶3。

可以供对比的分类器有以下常见的 13 种分类算法，简要说明如下：

(1) 朴素贝叶斯（Naïve Bayes，NB）分类算法，是概率分类算法中的基础算法。统计学理论已证明了该算法有广泛的适用性，同时具有明显的不足之处，由于需要进行联合概率计算和复杂结构，导致效率低，而且容易过拟合。

(2) K-近邻分类算法（K-Nearest Neighbors，KNN），又称为 K-最近邻算法，主要根据样本之间的相似度来对数据进行分类。KNN 基本思想是计算待测样本与所知类别训练样本的相似度，得到相似的训练样本，通过“少数服从多数”的原则判断待测样本的所属类别。

（3）分类与回归树决策树算法（Classification and Regression Trees，CART），是一种非参数的统计方法，主要用来进行连续变量和类别变量的分类研究。通过分析不同分类结果下变量之间的相互作用，建立决策树和决策规则，对测试样本进行类别预测。

（4）C5.0算法（C5.0），是通过分析大量的数据，提取其中的特征属性，然后再以规则集的形式展现数据的特征规律，发现数据中潜在的规则。

（5）线性判别分析（Linear Discriminant Analysis，LDA），是一种监督学习方法。其主要思想是将Fisher准则达到极大值的向量作为最佳投影方向，判断依据为使得投影后样本的类间距离最大和类内距离最小。

（6）广义加性模型（Generalized Additive Models，GAM），是在广义线性模型和加性模型的基础上发展而来，可以满足非正态分布变量的分类要求，具有较高的灵活性。

（7）偏最小二乘（Partial Least Squares，PLS），通过最小误差的平方选好数据的最优函数匹配，能够满足相关自变量的回归建模，具有训练样本少、自变量系数易解读等特点。

（8）支持向量机算法（Support Vector Machine，SVM），是指对于一个给定的训练模型集 $G_0=\{(x_i,y_i):x_i\in Rn,y_i\in\{-1,1\}\}l_{i=1}$，为了寻找一个判别函数 f，将模式分为：x_i^- 和 x_i^+，使得：

$$\operatorname{sgn}(f(x_i))=\begin{cases}+1,x_i\in x_i^+\\-1,x_i\in x_i^-\end{cases}\tag{4-23}$$

假设线性函数 f 满足上面的公式，则为线性可分，否则为线性不可分。SVM是把输入向量通过非线性的映射将其映射到一个高维的特征空间，然后再在这个高维的空间中构造一个最优超平面来无限地逼近目标函数。最优超平面法控制学习机所实现的函数类的容量，使得SVM具有良好的泛化能力。

（9）最小二乘法支持向量机（Least Squares Support Vector Machine，LS-SVM）遵循结构风险最小化原则的核函数分类器，针对小样本数据，具有很好的预测分类效果，通过将SVM方法的不等式约束变为等式约束，优化了求解过程。

（10）随机森林算法（Random Forest，RF）是一种基于Bagging算法和Random Subspace算法的集成分类器算法，通过多棵决策树的组合 $h_1(x)$，$h_2(x)$，…，$h_{nTree}(x)$ 提高最终分类的准确性，第五章将进行详细解释。

（11）反向传播算法（Back Propagation，BP）是一种误差反向传播的人工神经网络学习算法。BP算法基本结构由非线性变化单元组成，学习过程由信号的正向传播和误差的反向传播两个过程组成，具有很强的非线性映射能力。

（12）多层感知机（Multi-Layer Perceptron，MLP）是一种前馈人工神经网络，可用于模式识别、动态系统的辨识、控制及时间序列的预测和滤波等非线性信号处理问题中。

（13）径向基函数（Radial Basis Function，RBF）网络具有最佳逼近和全局最优的性能，构造 RBF 网络的关键是核函数中心、尺度以及权值 3 组参数的确定。

对以上四类事件的分类准确率分析如表 4－6 所示。

通过对比发现，随机森林算法对管道泄漏事件识别率较高，同时对多类事件识别的平均识别率最高，因此选用随机森林算法进行包裹式特征选择。使用测试集数据（2400 组混合数据），以袋外数据错误率为特征评价标准，依次筛选适合判别管道泄漏的混合特征组合。

确定混合特征组合，其基本判断原则有以下两点：

① 特征数量越少越好；

② 以袋外错误率为主要判断依据，同时参考计算效率。

因此，基于已确定的 12 个特征进行前向递进计算。首先遍历所有 2 种特征组合，确定 2 种特征组合的最优结果。然后，在此基础上，依次叠加新的特征，重复以上过程，得到最优结果的 3 种特征组合。

不同算法分类准确率比较结果见表 4－6。随机森林算法对四类事件的平均识别率最高，其中，决策树数量为 100。

表 4－6　不同算法分类准确率比较

序号	算法名称	泄漏	敲击	人工挖掘	噪声（无泄漏）
1	Naïve Bayes	86.44%	84.16%	71.30%	86.89%
2	K-Nearest Neighbors	82.56%	88.37%	74.34%	80.08%
3	CART	87.61%	85.77%	77.86%	89.61%
4	C5.0	90.30%	90.56%	73.83%	89.42%
5	Linear Discriminant Analysis	84.96%	85.14%	90.78%	85.38%
6	Generalized Additive Models	89.09%	85.92%	80.08%	84.42%
7	Partial Least Squares	82.90%	83.00%	71.96%	89.88%
8	Support Vector Machine	86.39%	89.01%	65.34%	83.08%
9	Least Squares Support Vector Machine	87.01%	87.96%	78.87%	80.28%
10	Random Forest	90.24%	91.66%	83.60%	89.91%
11	BP Net	84.77%	85.53%	88.53%	88.47%
12	Multi-Layer Perceptron	90.60%	89.32%	78.12%	85.89%
13	Radical Basis Function	87.69%	87.21%	76.89%	81.64%

不同特征组合的平均结果和最佳结果如表 4－7 所示。

为了方便观测，最后绘制特征数量与准确率曲线，确定最优特征组合数量，如图 4－11和图 4－12 所示。分别计算不同数量特征组合的平均准确率（错误率），不同特征组合的平均结果和最佳结果如表 4－7 所示。

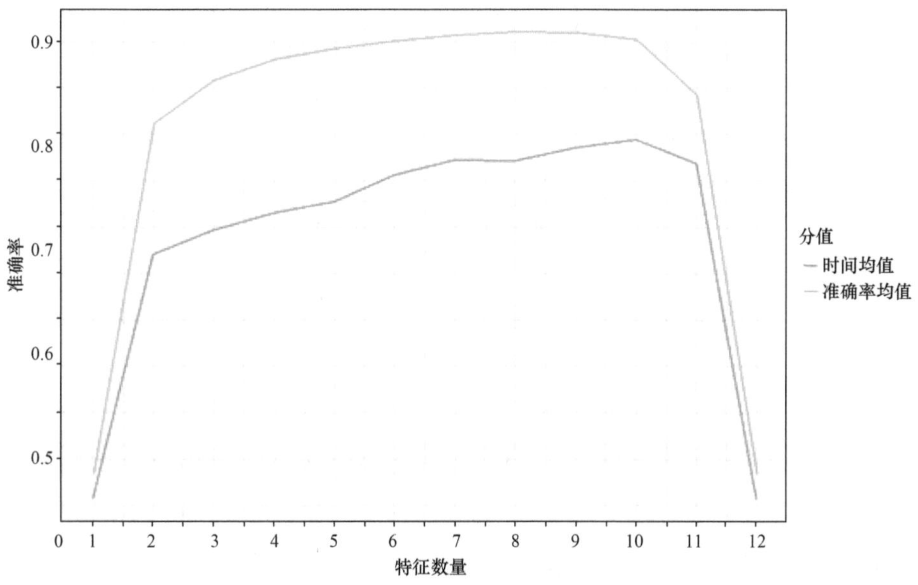

图 4-11　特征数量与评价指标关系（平均值）

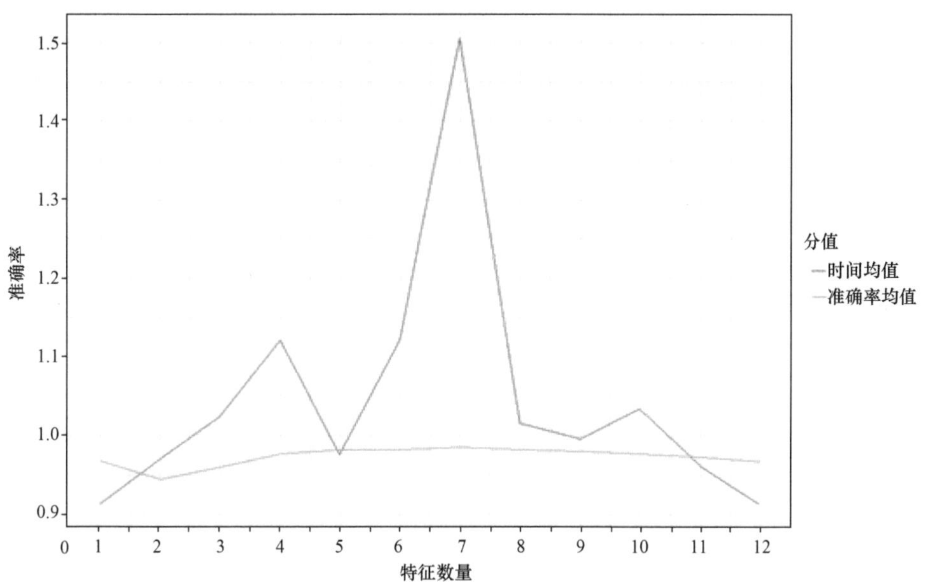

图 4-12　特征数量与评价指标关系（准确率最大值）

表 4-7　不同数量特征组合结果比较

特征组合数量	最高准确率	平均准确率	平均错误率	平均时间/秒
2	94.50%	89.04%	10.96%	5.1257
3	96.00%	90.56%	9.44%	5.1212
4	97.75%	92.41%	7.59%	5.1208

续表

特征组合数量	最高准确率	平均准确率	平均错误率	平均时间/秒
5	98.25%	94.08%	5.92%	5.5141
6	98.25%	95.62%	4.38%	5.5958
7	98.50%	95.53%	4.47%	5.6098
8	98.25%	95.90%	4.10%	5.7170
9	98.00%	95.86%	4.14%	5.9087
10	97.75%	96.21%	3.79%	5.8204
11	97.25%	96.28%	3.72%	6.1667
12	96.75%	96.75%	3.25%	6.3304

综合以上结果，特征数量为 3 时，平均组合准确率和最大准确率均接近全局最大值，同时，其计算时间相对较少。因此，确定特征组合数量为 3。并对不同组合特征结果进行组合计算，确定了峰均比、短时间隔过零率和平均幅度差的混合特征组合，取得了最优的计算结果。

第五章

地下空间扰动源的识别

城市地下管道泄漏监测环境复杂，干扰因素多，如何在强干扰事件影响下，剔除干扰事件并准确识别管道泄漏事件，具有十分重要的理论研究和工程应用意义。当前基于 Φ-OTDR 监测技术的识别研究，大多是在实验室等理想条件下进行的，并未充分考虑环境噪声和其他干扰的影响。此外，基于 Φ-OTDR 的管道监测数据特征研究还不成熟，城市地下管道泄漏事件及其特征准确表征方式亟待更加深入地进行分析与研究。因此，本书提出了基于混合特征和加权随机森林算法的扰动源识别方法，能够准确表征多因素耦合影响下地下管道泄漏事件关键信息，达到准确识别管道泄漏事件的目的。

本章基于前文所述内容，基于改进经验模态分解和 KL 散度信号增强方法，去除了监测信号中的环境干扰因素，增强了监测信号的主要特征；基于自适应移动邻域二值模式的定位方法，实现了扰动源事件的快速定位，同时确定了监测数据的时空边界；通过多维度特征提取方法，获得了地下管道泄漏事件关键信息的表征结果，采用相关性筛选和包裹式结合的方法，选择影响管道泄漏事件判别的关键特征组合。本章根据地下管道泄漏关键特征选择结果，提出基于混合特征和加权随机森林算法的扰动源识别方法，细化地下管道泄漏事件，研究不同压力下的管道泄漏信号增强、数据范围定位和特征分布特点，梳理特征在管道泄漏中的表征优先级，调整集成分类器决策树权重系数，最终通过干扰影响下的多种管道泄漏实验，验证了基于管道泄漏关键混合特征和加权随机森林算法的有效性。实验结果表明，该识别方法在多耦合因素影响下的多种管道泄漏事件识别中具有极高的准确性。

5.1 地下空间扰动源常见识别方法

5.1.1 地下空间扰动源常用识别方法概述

对地下空间扰动源扰动信号进行检测时，需要根据检测出的扰动特征量分析扰动类型并采取相应的应对方案。对地下空间扰动信号进行准确分类，不仅是提高地下空间运行水平的必要依据，也是地下空间灾后救援的重要环节。常用的扰动识别方法有决策树、人工神经网络、支持向量机等。

5.1.1.1 决策树

决策树算法是一种以决策树（Decision Tree，DT）数据结构为基础的分类算法，主要通过把测试样本数据集从根节点排列至某个叶子的节点来实现分类。在分类过程中，树根会对样本的属性进行逐个测试，直至到达某个叶子节点为止。有人利用 S 变换和决策树来实现电能质量扰动的识别，但两者基于 S 变换所提取的特征参数不同，相应的分类规则也不一样。清晰的规则使决策树算法的执行效率高、直观明了，但由于缺乏伸缩性，导致其难以处理大训练集数据。

5.1.1.2 人工神经网络

人工神经网络（Artificial Neural Networks，ANN）是一种基于分布式并行信息处理的算法模型。人工神经网络由大量的神经元组合而成，根据组合方式，主要分为 BT 神经网络、概率神经网络、广义回归神经网络和自组织神经网络等。基于人工神经网络的地下空间扰动信号分类处理方法，一般选取待分析的特征量作为已训练好的神经网络的输入量，通过该神经网络达到扰动分类的目的。有人将人工神经网络和小波变换相结合，在通过小波变换提取扰动特征参数后，分别利用反向传播神经网络和概率神经网络对扰动进行识别与分类。虽然人工神经网络的应用较为广泛，但其存在训练时间较长、收敛性差等缺陷。

5.1.1.3 支持向量机

支持向量机（Support Vector Machine，SVM）的主要工作是选择一个分类面，将两类样本无错误地分开。然而，实际工程应用往往需要分为多个类别，即实现 R^n 上点的 M 分类。因此，以支持向量机发展为研究基础的多分类支持向量机得到了长足发展。有人采用傅里叶变换和小波变换对产生的样本波形进行特征提取，以产生训练和测试样本，并利用 LIBSVM 工具箱通过数据归一、交叉验证、训练建模等程序寻求最优的分类结果，对分类结果进行统计处理，进一步得到数据情况，但在分类过程中，支持向量机核函数和参数的确定较为困难，没有统一的规定。

上述几种方法的提出虽使地下空间扰动信号的检测与分类取得了一定的效果，但要简单、快速、准确地判断出扰动类型并使相关系统做出反应，仍需相关学者更深层次的探索与研究。Φ-OTDR 技术的发展，使其逐渐应用到了地下空间扰动源信号检测方面，解决了业内的一部分问题。

但是当前基于 Φ-OTDR 技术的管道监测领域缺乏有效的特征提取与选择研究，进而影响到地下管道泄漏事件的识别率。一些学者提出了通过峰度等指标的监测分析方法，但是其特征选择缺乏科学依据；此外，基于小波分析来分析管道的泄漏事件识别，受到小波函数选择和阈值的限制，大大影响了识别效率。本章提出了一种基于混合特征和加权随机森林算法的扰动源识别方法，首先，基于随机森林算法内核，通过均方误差筛选变量重要性；然后，阐述了基于混合特征和加权随机森林算法的具体方法，进而实现对管道泄漏事件的准确判断。

本章在第四章研究的基础上，通过研究时域、频域、统计等特征提取方法与扰动源表征关系，提出基于峰均比、短时间隔过零率和平均幅度差的混合特征组合。同时，计算单一特征在管道泄漏事件判别中的重要性，以此来调整决策树投票系数，增加包含管道泄漏事件关键特征的决策树系数，降低共性事件判别特征的投票系数，克服了多种干扰因素的影响，基于混合特征和加权随机森林算法的扰动源识别方法有效提升了算法在多因素耦合下管道泄漏事件识别的准确率。基于混合特征和加权随机森林算法的扰动源识别方法基本框图如图 5－1 所示。

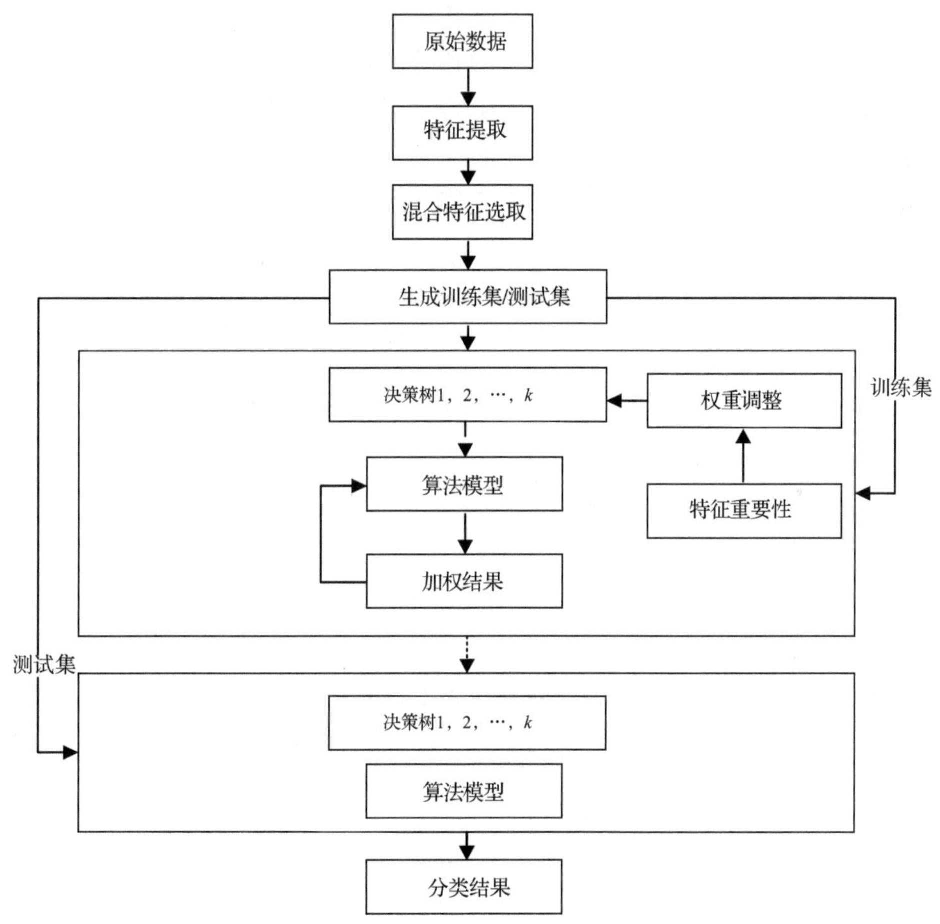

图 5－1　基于混合特征和加权随机森林算法的扰动源识别算法

5.1.1.4 集成学习方法

对于复杂的分类问题，单个分类器难以达到系统要求，为此，Hansen 和 Salamon 提出了集成学习方法。集成学习的主要思想是通过特定的方式集成多个分类器的分类结果，获得结果更加准确、分类能力更高的新的分类器。集成学习是当前机器学习领域的热门研究方向，其狭义定义是使用多个相同类型的机器学习算法来学习或解决同一问题，其广义定义是同时利用多个学习算法学习或解决一个分类问题。

集成学习主要应用于分类领域，因此由集成学习策略组合而成的分类器也被称为集成分类器。集成分类器主要结构包括两部分，第一部分是构建多个基础分类器；第二部分是合并多个分类器的结果。

关于集成分类器的输出，一般采用统计分析策略（比如少数服从多数）产生最终结果。因此，集成学习的研究重点是如何构建更有效的基础分类器。如图 5－2 所示。Krogh 等人认为一个好的集成分类系统中的基础分类器应该同时具备精确性与多样性的特点，此观点也已经被从事集成学习研究的大多数人所认可。

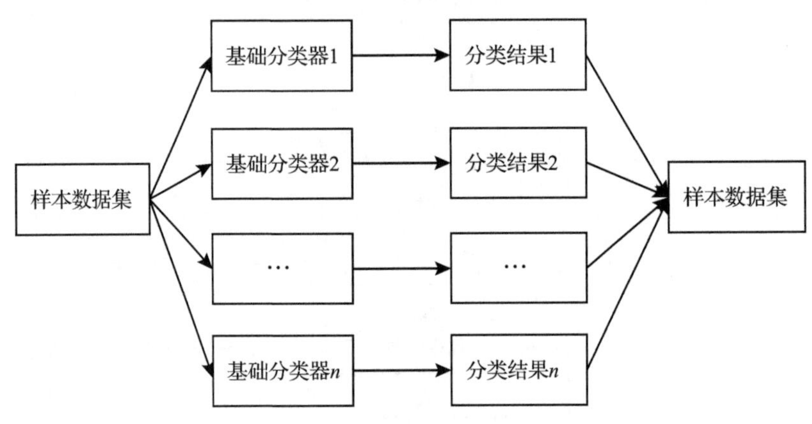

图 5－2 集成分类器结构图

集成学习的研究人员提出了 3 类多样性个体生成策略。

（1）Bagging 策略。以有放回的方式重新选取样本，这样就可以产生多个具有差异性的样本子集。Bagging 策略简单而有效，很多基于这个策略的衍生方法都取得了较好的分类效果，其中比较具有代表性的就是随机森林算法。

（2）Boosting 策略。使用串行方式生成多个基础分类器，训练第 n 个基础分类器的数据子集由前 $n-1$ 个基础分类器的分类表现决定。

（3）特征生成策略。利用数据集的不同特征组合或变换来训练具有差异性的基础分类器。从数据集的全部特征中随机选择一定数目的特征组成多个不同的特征子集，然后使用这些特征子集参与训练过程，就得到有差异性的基础分类器。

Breiman 结合 Bagging 和随机子空间两个方法的特点，提出了经典的随机森林算法。

该算法具有泛化能力强、分类准确、训练快速等特点，近年来在机器学习、数据挖掘等很多领域受到极大关注并被广泛使用。

5.1.1.5 随机森林算法的特征与重要性分析

随机森林算法是由 Leo Breiman 提出的一种分类算法，采用 Bagging 方法生成训练子集，能够有效缓解子模型的预测波动现象。随机森林算法通过回放重复抽取样本，随机建立多个训练样本集合，并构建多棵决策树。待测数据通过训练模型中多棵决策树的投票多少来确定最终分类结果。

随机森林算法是由多个决策树构成的增强分类器，可以处理高维的数据。决策树的基本结构包括根节点、子节点和叶节点，如图 5－3 所示。

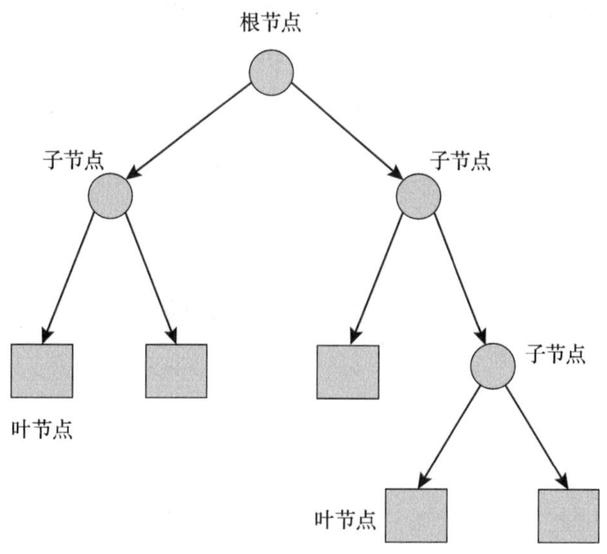

图 5－3 决策树基本结构图

决策树构建过程为：从全部样本集合开始，任意选择一个特征作为根节点，根据特征的取值产生分支，对应样本被划分到新的子节点（分支节点）；每个子节点按照指定准则选用新的特征并产生分支；直至叶节点，获得样本的分类结果，完成决策树的构建。在构建树的过程中，通过最小化风险损失函数作为限制条件，直至完成叶节点的输出。最小化风险损失函数通常采用信息增益和基尼系数：

计算信息增益

$$g(D,x) = H(D) - H(D \mid x) \tag{5-1}$$

计算特征的基尼系数大小，选择最小基尼系数数值的特征：

$$Gini(D,x_i) = \sum_{i=1}^{m} \frac{|D_i|}{N} Gini(D_i) \tag{5-2}$$

随机森林算法是一个决策树的组合，按照 Bagging 的抽样思想，每棵决策树依赖于独立且同分布取样的随机样本集合，对于预测样本的分类结果判断由多个决策树共同分类预测，再通过票决结果的众数决定。随机森林算法引入两个随机性，使得算法不容易陷入过拟合，可以得到基于 OOB 误分率增加量重要性排序或基于分裂时的基尼系数下降量重要性排序。随机森林算法泛化误差取决于每个独立决策树的分类能力以及决策树之间的相关性。这里对随机森林算法的核心步骤进行说明，随机森林算法的核心步骤有三个环节：

第一步：抽样获得多个随机训练样本集合；

第二步：构建决策树，形成随机森林，该过程中涉及决策树分支判断准则；

第三步：利用统计方法获得最终决策结果。

当新数据进入经过训练的随机森林时，每个决策树都有相应的输出。随机森林通过集体投票产生更准确的结果。在此过程中，每个决策树都会对特征进行排名。通过对所有决策树变量的重要性进行排名，可以获得更稳定、更可靠的特征排名结果。

为了对随机森林算法分类结果进行衡量，选取准确率、查全率和 F1 测度三项指标。描述二元分类的混淆矩阵如表 5-1 所示，TP 表示正确分为正类的样本数，TN 表示正确分为负类的样本数；FN 表示错误分为负类的样本数，FP 表示错误分为正类的样本数。

表 5-1　二元分类的混淆矩阵

		实际分类	
		正类	负类
预测分类	正类	TP	FN
	负类	FP	TN

（1）准确率是正确分类数与分类总数的比值，它衡量分类模型的总体准确性：

$$Acc = \frac{TP + TN}{TP + TN + FP + FN} \tag{5-3}$$

（2）召回率是正确分类的正类样本占所有实际为正类的样本的比值，是分类器覆盖性能的度量：

$$Rec = \frac{TP}{TP + FN} \tag{5-4}$$

（3）F1 测度是测量精度和召回率的平均值，是分类器的综合评价指标：

$$\mathrm{F1} = \frac{2TP}{2TP + FP + FN} \tag{5-5}$$

管道泄漏信号受多种因素耦合的影响，这是一种非线性的，具有衰减现象的非平稳信号。混合特征包括信号处理领域的峰均比，语音处理领域的短期间隔过零率和平均幅度差。

然而，泄漏信号和非泄漏信号在强度表征下具有固有关系，而与强度没有直接关系。因此，管道信号在一段时间内的相对变换特性应引起更多的关注。这三个特征基于管道泄漏信号的时频分析而得出。

该组合涵盖了管道泄漏事件的关键信息，同时还包含了事件出现的一般特征信息，因此需要进行特征重要性分析，来判断特征在管道泄漏事件表征中的差异性。

当有异常事件时，波形会发生变化，一般幅值、周期、包络都会发生变化，不同事件对波形的影响是不同的，所以可以将信号的时域和形状特点作为特征用于识别。对于不同的事件类型，特征值具有不同的重要性排序。通过确定单一特征在事件识别中的重要性，来调整随机森林算法中各决策树的权重。气体泄漏特征重要性结果如图5－4所示。

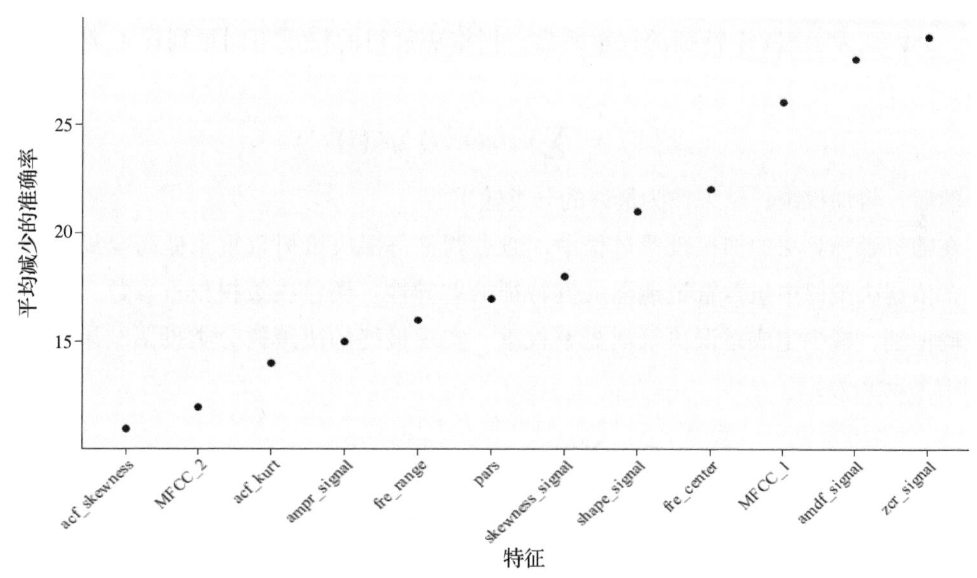

图5－4　泄漏事件特征值重要性排序

从图5－4中可以看出，已选择的混合特征单一重要性降序排列为短时间隔过零率、峰均比和平均幅度差，为了方便处理，将含有峰均比作为基础系数单位1，将含有短时间隔过零率的调整系数设置为3，将含有平均幅度差的调整系数设置为2，通过决策树中含有特征的组合情况，计算特征组合系数均值来定义决策树权重系数，增强了包含的管道泄漏事件关键信息的决策树投票结果。

5.1.2　基于混合特征和加权随机森林算法的地下空间扰动源识别方法构建

加权随机森林算法是一种集成的机器学习方法。它使用随机重采样技术自举和随机节点分裂技术来构建决策树。传统随机森林算法进行分类决策时，采用平均多数投票法，每个决策树分类模型都有一票选择分类结果，最终的分类结果为输出最多的类。但是随机森林算法中的决策树分类效果不同，有的决策树分类效果好，有的决策树分类效果差。所有决策树具有相同的投票权重，直接采用所有决策树平均权重投票，结果容易受到不好分类效果决策树的影响，导致分类效果不佳。

设计一种根据单一特征在事件表征中的重要性进行调整的权重设计方法。每个决策树从混合特征 M 中随机选取特征 m 个，根据特征重要性排序赋予特征不同系数值。以最低重要特征为 1 个单位，依次增加各特征的重要性系数；在计算决策树综合权重时，对以上调整后的特征进行平均加权，从而得到该棵决策树的权重系数，权重系数表示为：

$$weight(i) = \frac{X^{correct}(i)}{X} weight = \frac{\sum_{i=1}^{m} p(i)}{m} \quad (5-6)$$

式中，$p(i)$ 表示第 i 个特征的权重系数。根据决策树的权重不同得到样本类 Y 的加权值：

$$Z(Y) = \sum_{i=1} weight(i)^{*} p_Y(i) \quad (5-7)$$

然后，将加权统计结果作为最终的分类输出。

在随机森林算法的加权投票过程中，通过调整每棵决策树权重来提高全局预测准确率，依据决策树中包含管道泄漏关键特征的差异性，调整决策树权重参数，实现事件准确识别，减少生成错误决策树投票权重，实现最终的决策树分类投票结果。加权回归结果定义为：

$$Y_q = \frac{\sum_{p=1}^{k} w_{qp} y_{qp}}{\sum_{p=1}^{k} w_{qp}} Y_q = \frac{\sum_{p=1}^{k} w_{qp} y_{qp}}{\sum_{p=1}^{k} w_{qp}} \quad (5-8)$$

式中，w_{qp} 为第 q 个样本上的第 p 个决策树的权重；y_{qp} 是第 q 个样本上的第 p 个决策树的预测结果；Y_q 是第 q 个样本的最终预测结果。误差函数定义为：

$$E_{rr} = 0.5\,(y_{qp} - Y_q)^2 \quad (5-9)$$

基于混合特征和加权随机森林算法的实现过程如下。

步骤 1：使用自举抽样方法从原始数据集中提取 N 个训练集，并为每个训练集构建分类和回归树。每个训练集的大小为原始数据集的 2/3。

步骤 2：在树的每个节点中，从所有 n 个特征（$m \leqslant n$）中随机选择 m 个特征。在计算出每个特征所包含的信息量之后，选择 m 个特征之一以溢出节点。

步骤 3：在不修剪的情况下使每棵树最大化地生长。

步骤 4：根据决策树是否含有管道泄漏的关键特征，调整投票权重。

将含有峰均比的决策树投票权重系数作为基础系数单位 1，将含有短时间隔过零率的决策树投票权重系数调整为 3，将含有平均幅度差的决策树投票权重系数调整为 2，将该决策树含有特征的权重系数均值作为该决策树输出结构的权重调整。

步骤 5：N 个决策树构成一个随机森林。当新数据进入随机森林时，将收集所有决策树的加权结果，并使用加权结果确定分类结果。

5.2 地下空间扰动源识别方法有效性分析

5.2.1 实验设计与数据采集

在实验设计上，管道的长度、直径和其他参数都相同。干扰事件的数据采集不重复进行。为了丰富管道泄漏事件类型，在有限的实验条件下通过设定不同的压力，作为细化的地下管道泄漏事件类型。

在前面设计的埋地管道泄漏实验基础上，将管道泄漏压力调整为四个压力水平：0.1 MPa、0.2 MPa、0.3 MPa 和 0.4 MPa，同时保留敲击和人工挖掘两种干扰事件。前面采集无泄漏信号 200 s，三类干扰事件各 200 s；本章实验添加了 4 种压力水平的泄漏信号，累计采集时长 200 s，采样频率 10 kHz，每类数据每个空间监测点采样数据点为 200 万行。实验流程框图如图 5－5 所示。

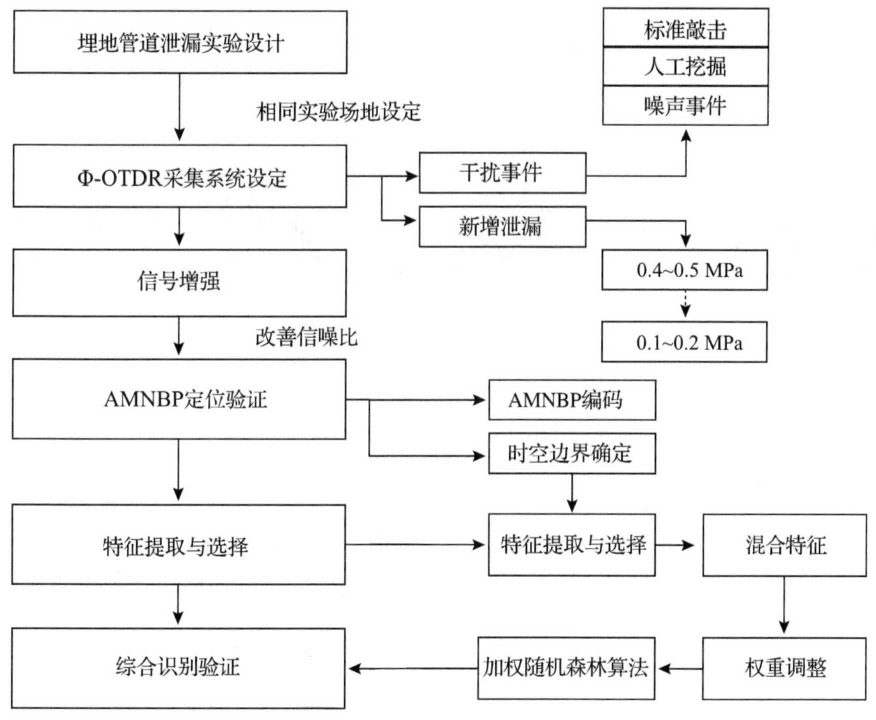

图 5－5　实验流程框图

5.2.2 结果分析

本章处理的数据类型包括管道 4 种不同压力下的泄漏事件、无管道泄漏事件以及敲击和人工挖掘 2 种干扰事件，共计 7 种监测数据类型。各类型监测数据样本量为 100 万行监测数据，监测点位 30 ~ 300 m 范围。噪声（无泄漏）事件和 2 种干扰事件的特征提取情况，第四章已完成相关分析，本章不重复进行该部分内容。下面分别进行 4 种不同压力泄漏信号增强处理、事件定位和识别三项任务。

（1）信号增强结果对照

在数据采集和预处理之后，提取混合特征并建立随机森林模型，这有助于识别泄漏状态和管道类型。切割窗口的长度为 1000，移动窗口的长度为 500。以下部分中的每种信号数据为 2000 组，信号增强效果对比如图 5 - 6 所示。

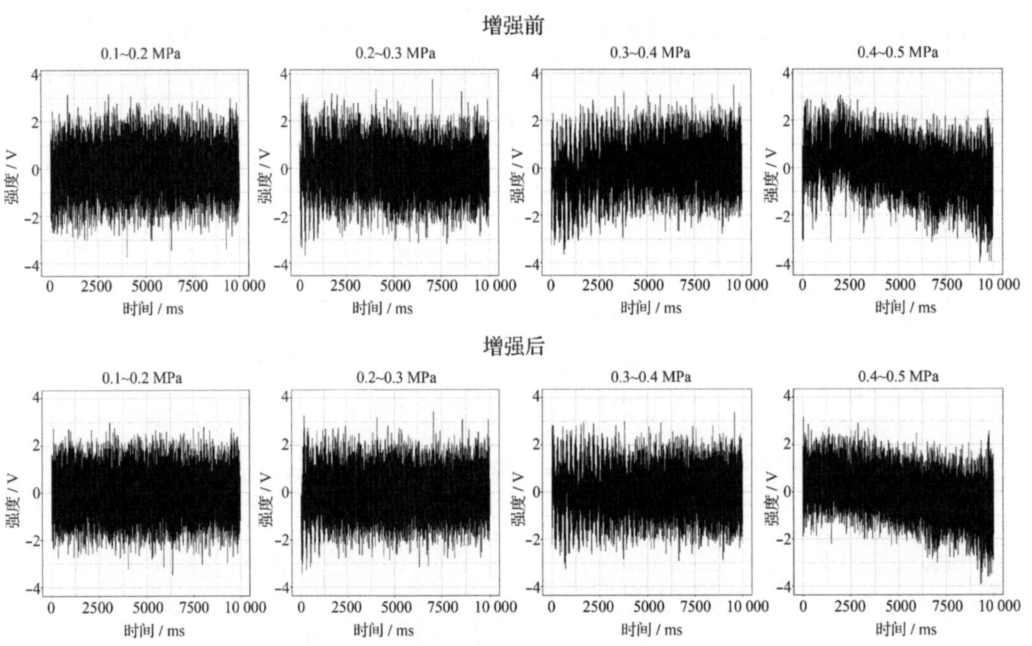

图 5 - 6　四种压力管道泄漏信号增强对比图

选取信号较强的连续 10 个点进行信噪比增强对照，信号增强效果显著，4 种压力泄漏信号的信噪比平均增强达到 9.91 dB，结果如表 5 - 2 所示：

表 5 - 2　四种压力泄漏信号增强效果

	0.1 ~ 0.2 MPa	0.2 ~ 0.3 MPa	0.3 ~ 0.4 MPa	0.4 ~ 0.5 MPa
原始信号	10.7	15.39	17.21	14.69
增强信号	17.96	25.44	29.71	24.52
平均增强	7.26	10.05	12.5	9.83

（2）不同压力泄漏事件定位结果

在0.1～0.5 MPa 的不同压力下对泄漏管道状态进行了数据采集和分析。经过 CEEMDAN-KL 和 AMNBP，可以得到四种不同压力下的管道状态的 AMNBP 值，如表5－3所示。

表5－3　不同的压力泄漏管道编码结果

	噪声	0.1～0.2 MPa		0.2～0.3 MPa		0.3～0.4 MPa		0.4～0.5 MPa	
	（无泄漏）	PNBP	AMNBP	PNBP	APBNP	PNBP	APBNP	PNBP	APBNP
平均值	8.43	7.71	26.58	7.39	29.71	7.07	76.01	7.69	143.35
1	12.00	7.00	38.27	12.00	388.34	7.00	417.68	9.00	132.40
2	6.00	13.00	43.97	3.00	106.61	9.00	285.82	10.00	10.87
3	5.00	3.00	15.12	9.00	57.44	6.00	13.61	10.00	178.13
4	9.00	10.00	23.44	6.00	157.42	1.00	73.98	14.00	233.61
5	12.00	10.00	24.25	1.00	5.54	12.00	83.88	7.00	65.75
6	12.00	3.00	3.21	12.00	189.18	3.00	12.76	5.00	65.31
7	8.00	12.00	9.53	3.00	16.11	8.00	222.31	5.00	1.27
8	14.00	3.00	6.42	12.00	23.26	6.00	79.80	9.00	88.25
9	3.00	11.00	67.19	7.00	192.06	9.00	349.64	2.00	12.15
…	…	…	…	…	…	…	…	…	…

表5－3中，PNBP 编码值无法准确地区分不同压力下的管道状态。在增益调整后，管道的 AMNBP 值与压力趋势一致，显示出非线性增长。为了方便观测 AMNBP 编码后事件的区分性，对各事件编码值绘制面积图，如图5－7所示，AMNBP 编码结果能够较好地区分各类事件。

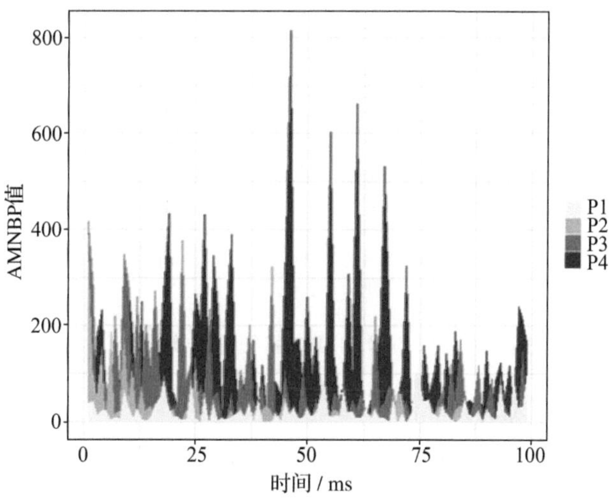

图5－7　管道不同压力的 AMNBP 值

为了确认该方法的有效性和准确性，选择 AMNBP 算法和基于小波的 SVM 算法进行比较。在不同压力下管道状态的诊断结果如表5－4所示。

表5-4 三种方法的准确性和平均用时比较

方法	平均准确率	平均用时（s）
AMNBP算法	94.24%	20.96s
基于小波的SVM算法	93.08%	35.24s
频域分析	90.21%	27.76s

通过对比验证，该方法降低了噪声，提高了管道的状态特征，具有较高的效率和准确性。在不同的管道状态压力下，平均精度达到94.24%，效率提高了33.46%。

（3）混合特征提取与识别结果分析

为了更详细地表征泄漏管道，笔者将气体管道泄漏时的压力控制在0.4~0.5 MPa，0.3~0.4 MPa，0.2~0.3 MPa和0.1~0.2 MPa。关于这四种不同事件12项特征（含混合特征）的分布情况如下图所示（见图5-8至图5-19），根据特征数值分布区间不同，对四类事件的12项特征进行分组绘制，每类压力事件3张为1组图。

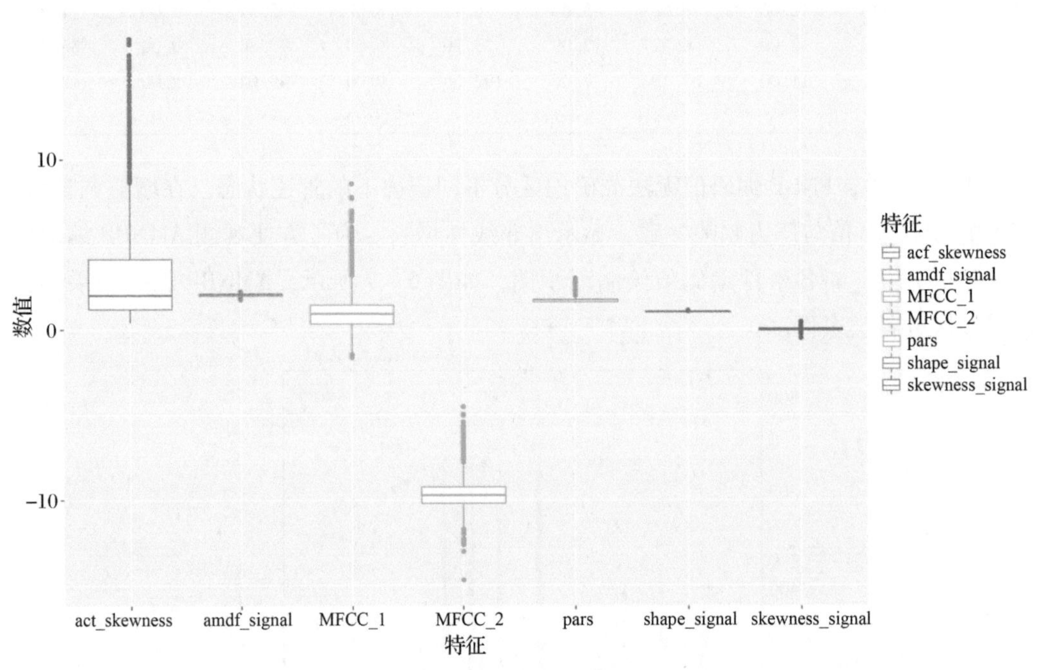

图5-8 0.1~0.2 MPa特征分布情况（1）

通过对比下面4组图发现：

①12种特征在不同压力下的4类事件的分布相对一致，难以通过单一特征区分4类压力泄漏事件；

②特征acf_ skewness、MFCC_ 1、MFCC_ 2、acf_ kurt、ampr_ signal、zcr_ signal、fre_ range具有较大的分布区间，虽然无法直接区分各类事件，但存在潜在的区分特性；

③特征中心频率 fre_ center 随着压力的升高，中心频率分布范围不断增加，对于较高压力管道泄漏事件具有一定的区分性。

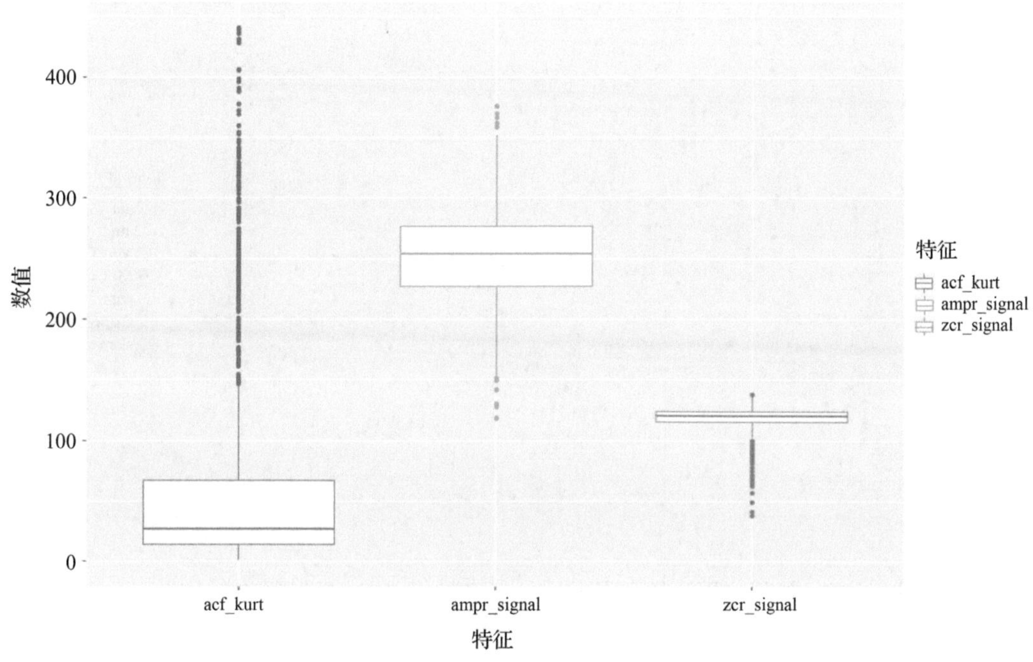

图 5－9　0.1～0.2 MPa 特征分布情况（2）

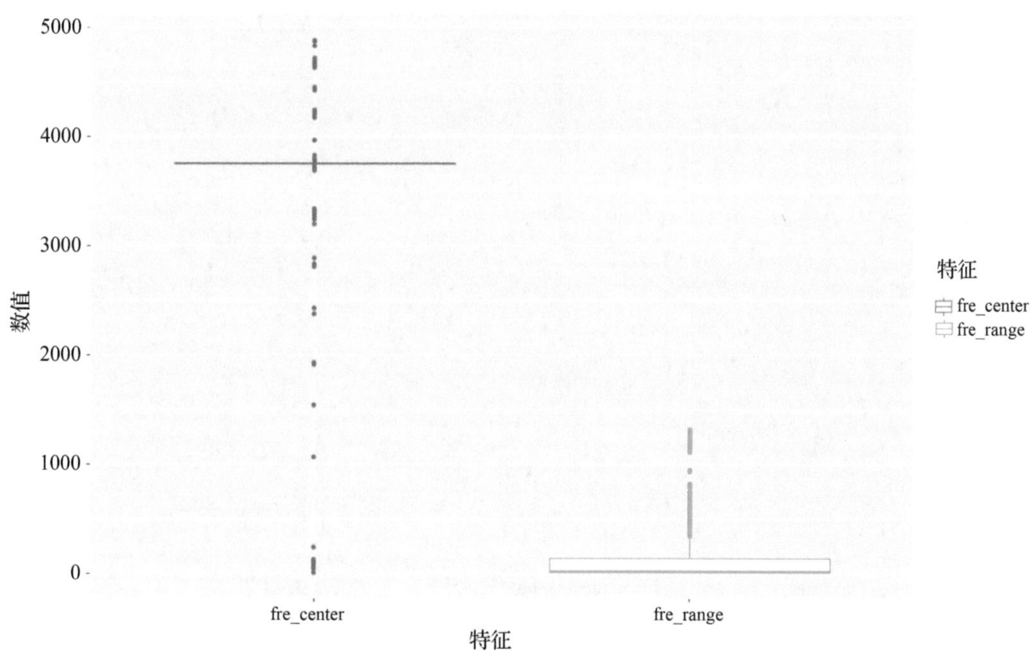

图 5－10　0.1～0.2 MPa 特征分布情况（3）

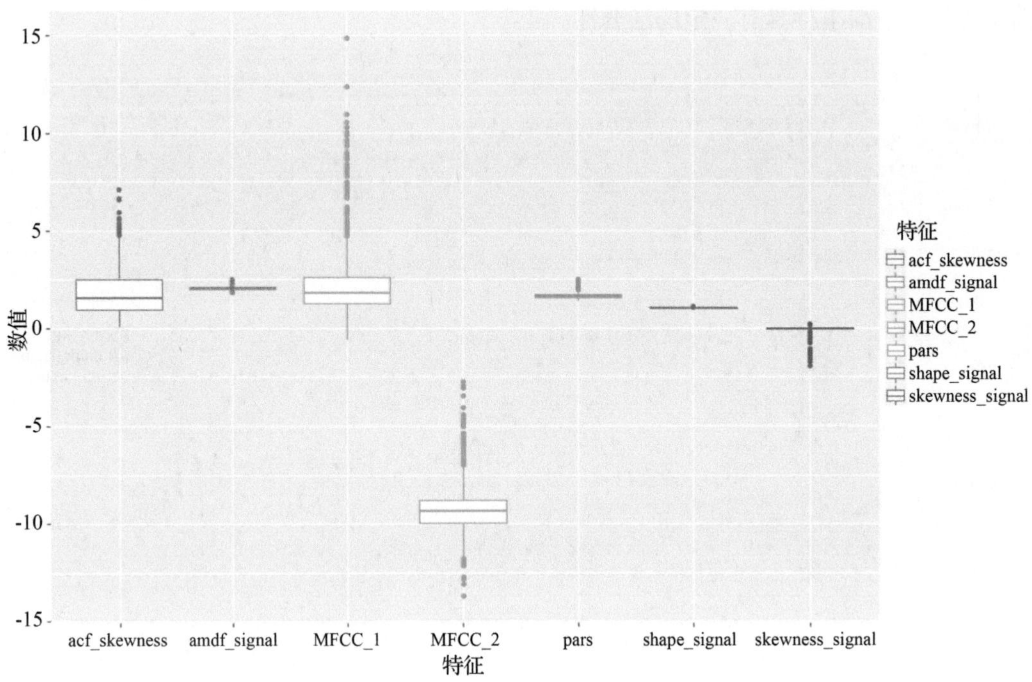

图 5－11　0.2～0.3 MPa 特征分布情况（1）

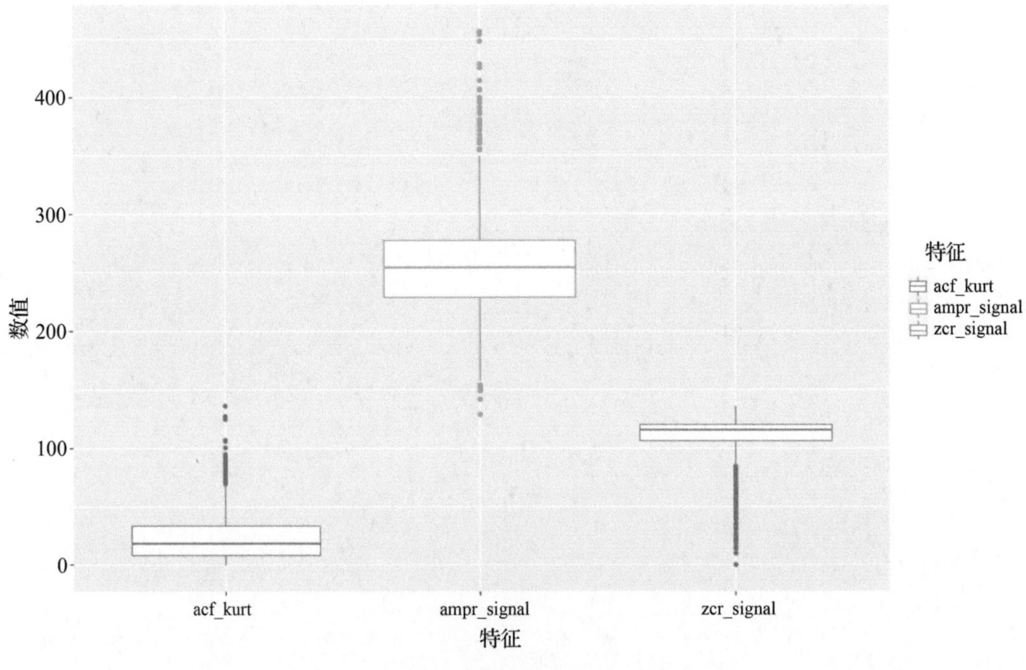

图 5－12　0.2～0.3 MPa 特征分布情况（2）

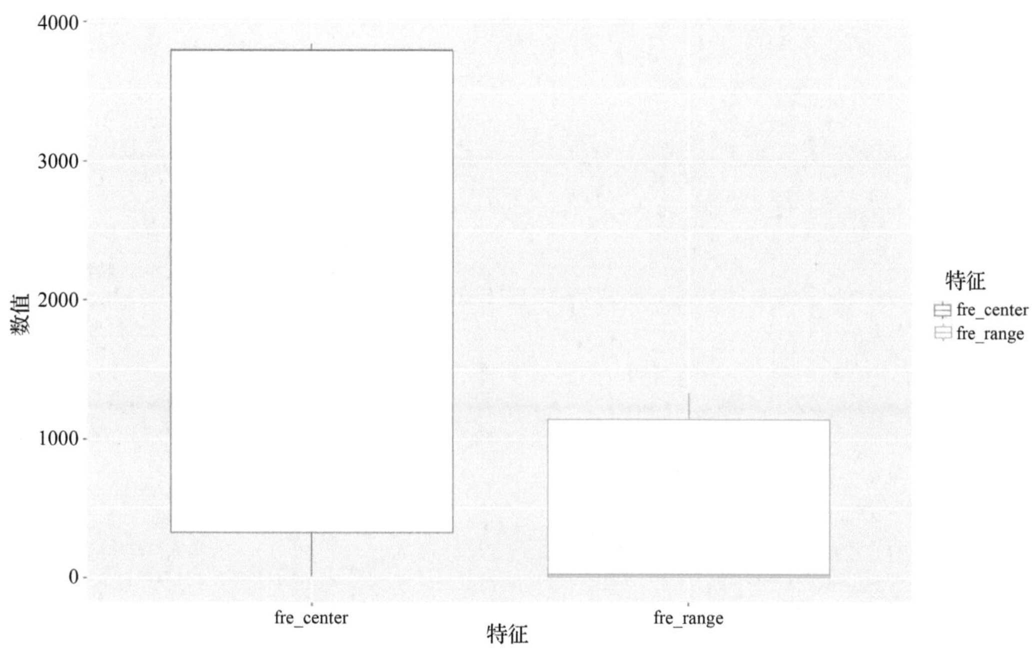

图 5－13　0.2～0.3 MPa 特征分布情况（3）

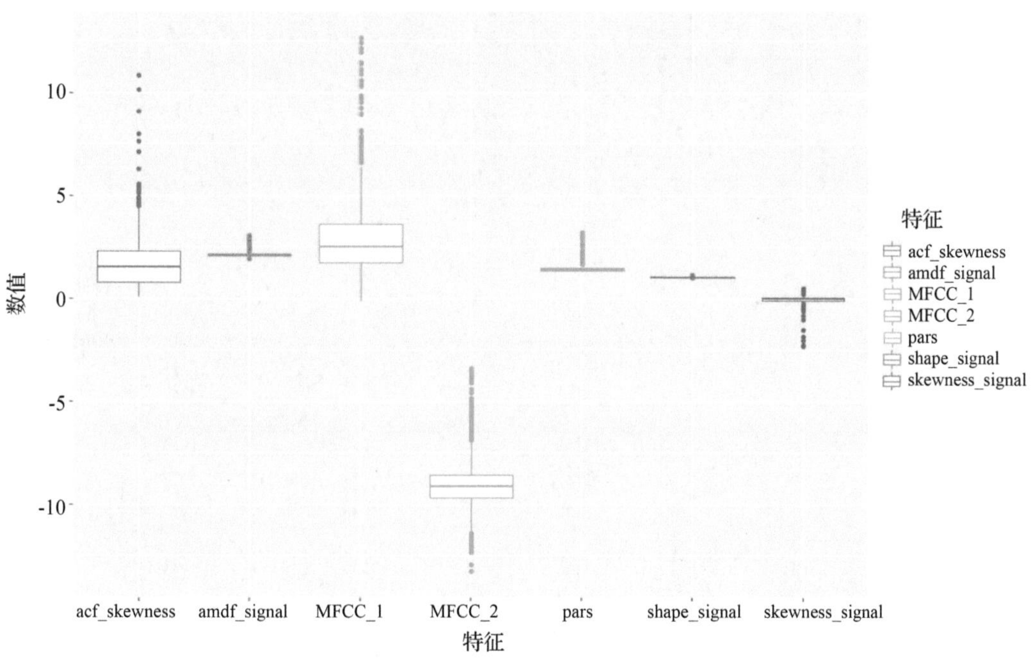

图 5－14　0.3～0.4 MPa 特征分布情况（1）

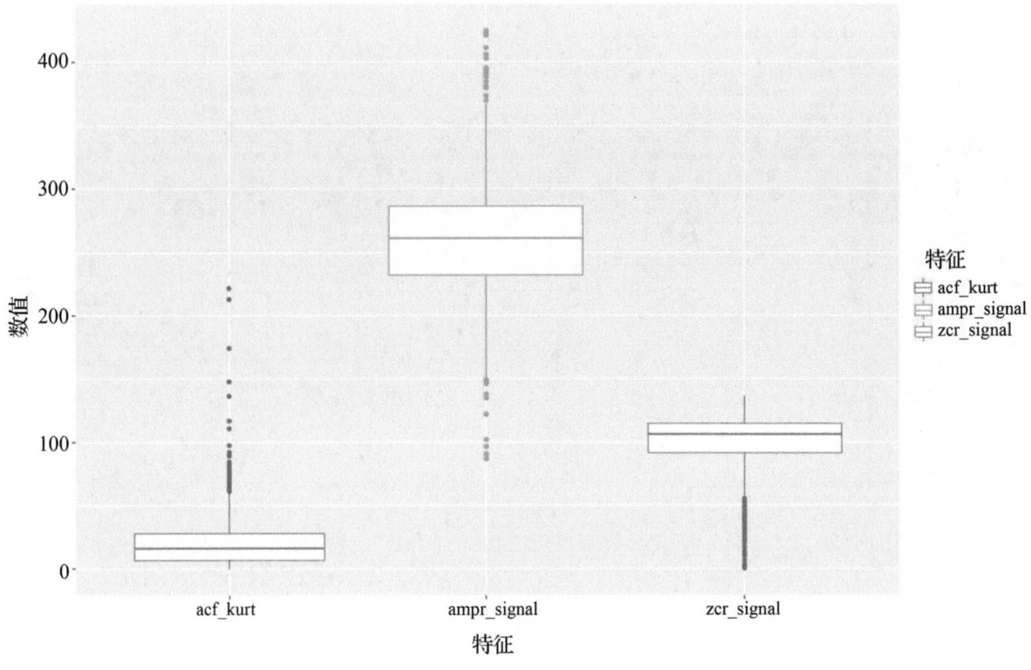

图 5-15　0.3～0.4 MPa 特征分布情况（2）

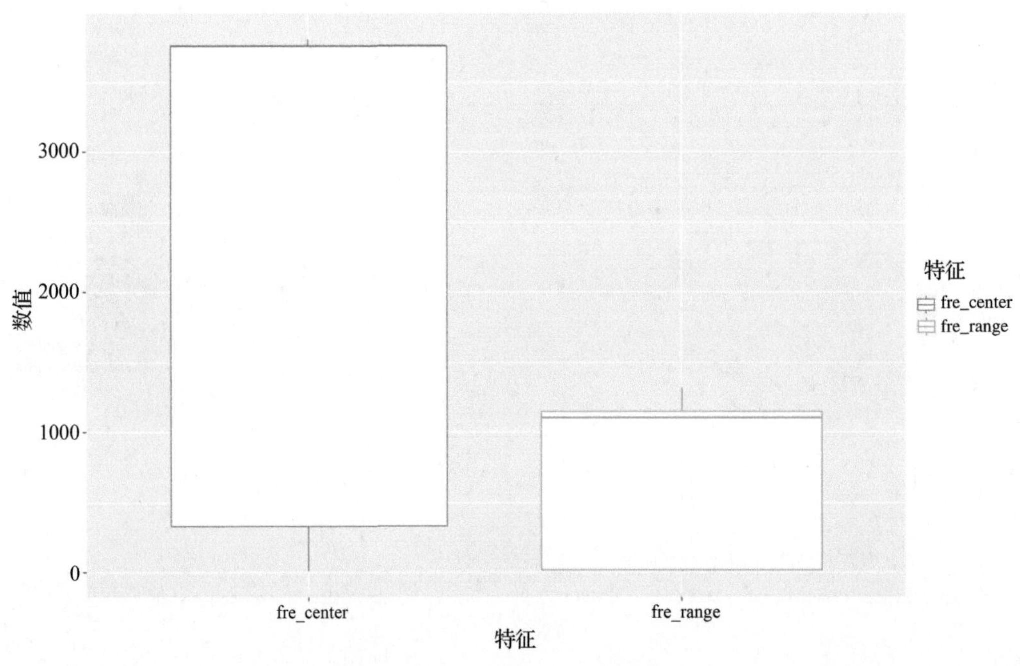

图 5-16　0.3～0.4 MPa 特征分布情况（3）

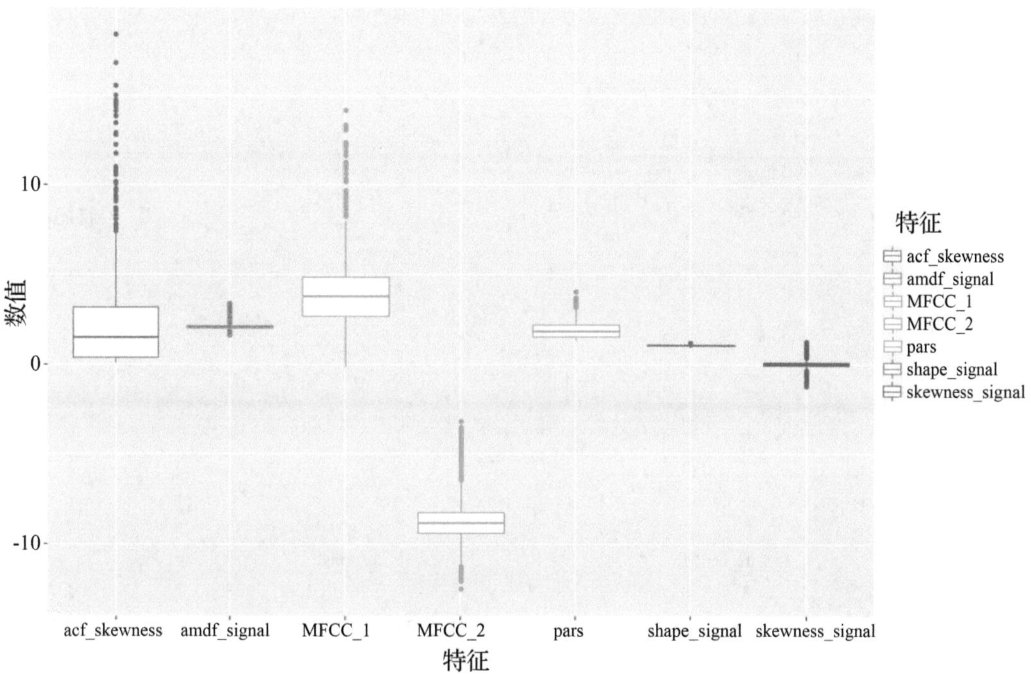

图 5－17　0.4～0.5 MPa 特征分布情况（1）

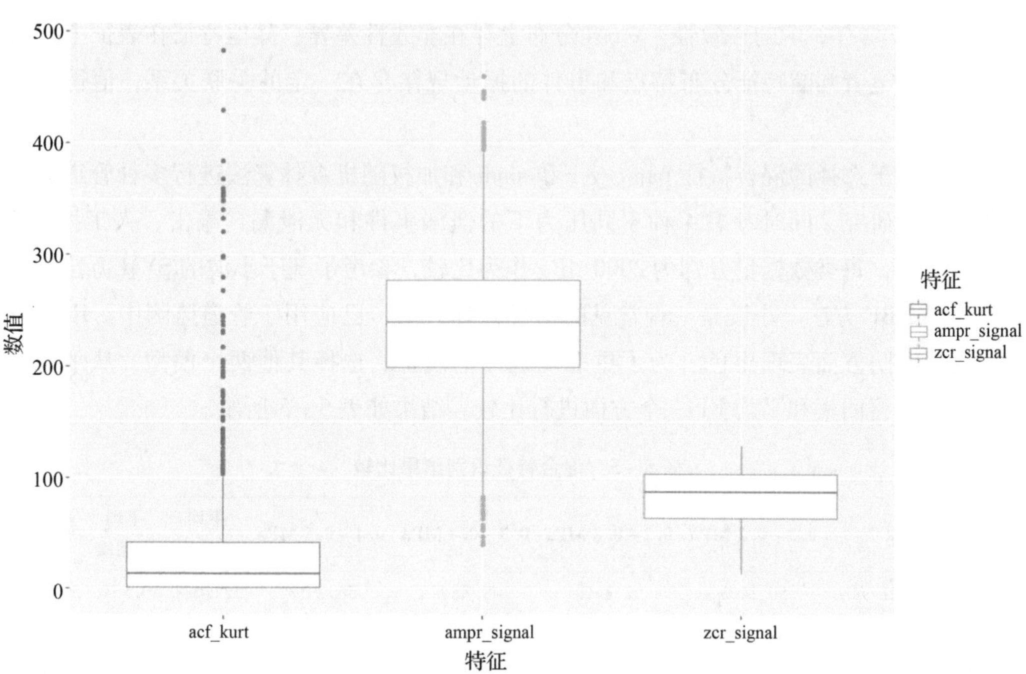

图 5－18　0.4～0.5 MPa 特征分布情况（2）

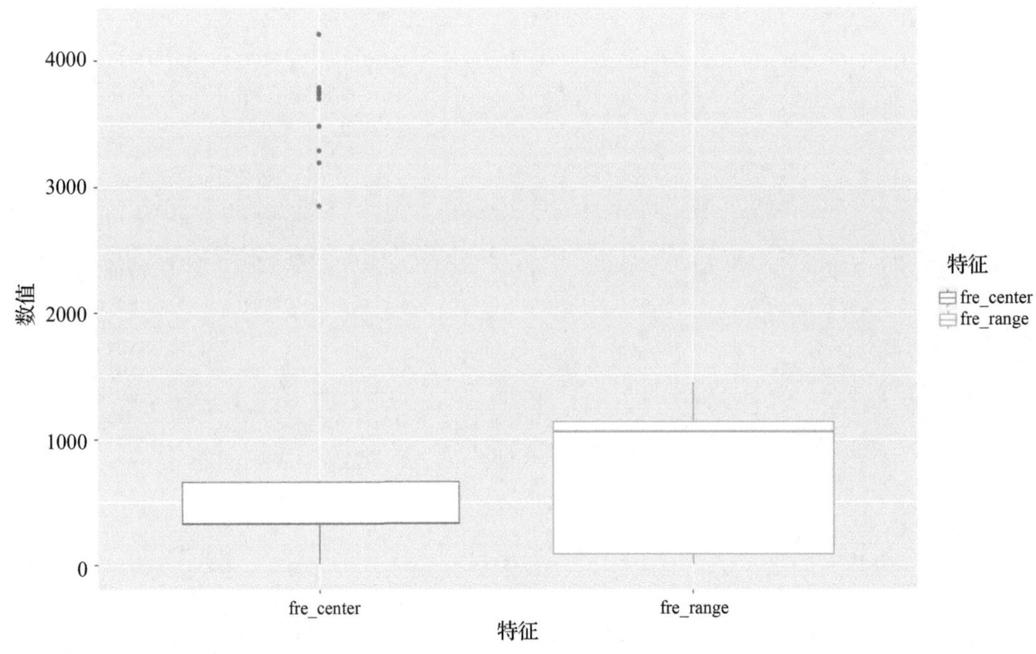

图 5－19　0.4～0.5 MPa 特征分布情况（3）

通过图 5－8 至图 5－19 对比分析发现，12 种特征在 4 类事件表征上不具有明显差异性，说明 4 种不同压力泄漏事件信号强度没有显著差异；此外，通过特征对比发现，pars 和 amdf 具有一定的一致性，zcr 在分布上存在非线性差异；其他特征在表征上效果各不相同，笔者判断特征分布特点和事件的振动规律存在一定的关联关系，值得后续持续研究。

本书基于选择的混合特征 pars、zcr 和 amdf 和加权随机森林算法进行多种管道泄漏事件的识别研究，同时考虑 4 种不同压力下的泄漏事件和无泄漏、敲击、人工挖掘 3 类干扰事件，每类数据量分别为 2000 组。作为比较，参考了基于小波的 SVM 方法和基于峰度的 RBF 方法。小波是一种常见的信号处理方法，已应用于管道监测中。RBF 方法在周界安防方面表现出色。为了更准确地评估模型，选择其他两个模型，从平均准确性、平均召回率和平均 F1 三个方面进行比较，结果如表 5－5 所示。

表 5－5　混合特征识别结果比较

方法名称	0.1～0.2 MPa	0.2～0.3 MPa	0.3～0.4 MPa	0.4～0.5 MPa	平均准确率	平均召回率	平均 F1
基于峰度的 RBF 方法	50.14%	52.34%	49.88%	56.29%	52.16%	49.55%	50.82%
基于小波的 SVM 方法	78.24%	79.18%	78.10%	81.16%	79.17%	77.97%	78.56%
基于混合特征的加权随机森林算法	98.53%	98.44%	97.10%	98.55%	98.16%	98.21%	98.38%

从表 5－5 中可以发现，当仅识别管道泄漏时，小波特征识别方法的准确率接近 80%，而基于混合特征的管道状态识别的平均准确率达到 98.16%。这表明组合特征可以很好地反映管道状态信息，既考虑了管道泄漏的普遍性，又考虑了基于 Φ-OTDR 传感系统的管道的局部特性。

第六章

常用分布式光纤传感技术及噪声来源

第六章主要介绍市面常用分布式光纤传感技术系统及其优缺点，并着重分析了Φ-OTDR 的优势及其特点，最后根据 Φ-OTDR 原理提出实际应用中亟待解决的两个问题，并指出了光纤传感的噪声来源。

6.1 常用分布式光纤传感技术及其特点

随着光纤传感技术的发展，以及社会对施工安全、地下空间安全、安全生产等方面的要求越来越高，对光纤传感的实时测量与监控的需求也越来越迫切。光纤传感经历了单点测量、准分布式检测、全分布式检测的三个阶段。分布式检测因其安装简单，集传感、传输功能于一体，测量准确度高、误报率低、实时性好等特点逐渐成为光纤传感的研究热点和应用方向。

目前常见的分布式光纤传感技术分为以下两类：基于干涉仪结构的分布式光纤传感系统和基于后向散射的分布式光纤传感系统。其中，基于干涉仪结构的分布式光纤传感系统包括 Sagnac 干涉仪、Mach-Zehnder 干涉仪、Michelson 干涉仪及其结合等。基于后向散射的分布式光纤传感系统包括基于拉曼散射的分布式传感技术、基于布里渊散射的分布式传感技术和基于瑞利散射的分布式传感技术。基于布里渊散射的分布式传感技术常见的有 OTDR、Φ-OTDR、POTDR、COTDR 等技术。下面对这两大类系统做进一步介绍。

6.1.1 基于干涉仪结构的分布式光纤传感系统

基于干涉仪结构的分布式光纤传感系统主要根据光的干涉原理，利用光电探测器检测光的强度变化，确定扰动事件的发生。具体原理描述如下。

光纤通过光信号进行传输。随着光纤长度的变化，光纤中光信号的相位随之变化。当光纤受到外界扰动信号的干扰时，光纤的长度和折射率会发生改变，进而引起光的相位发生改变。因为光的相位变化难以通过直接观测得到对应数据，现利用间接测量的方法。基于干涉仪结构的分布式光纤传感系统依据光的干涉原理，将光信号的相位改变转变成光信号的强度变化，而光信号的强度信息可直接通过光电探测器采集。因此，基于干涉仪结构的分布式光纤传感系统通过分析光信号的强度变化确定光的相位变化，进而得到光纤长度和折射率的变化，确定扰动事件的发生。根据分布式光纤传感系统使用的干涉装置的不同，基于干涉仪结构的分布式光纤传感系统可分为 Sagnac 干涉仪、Mach-Zehnder 干涉仪、Michelson 干涉仪等。

图 6－1 为基于 Sagnac 干涉仪的分布式光纤传感技术原理图。Sagnac 干涉仪主要通过对两束功率相同的光是否在返回耦合器的时候发生干涉，进而判定受到外部干扰的位置信息。其结构主要包括两个光源（R_1、R_2）、一个 3 dB 耦合器、光纤环路、激光器和检测单元。两个光源朝相反的方向发出相同功率的光，这两束光在被测光纤环路中分别沿顺时针和逆时针的方向进行传输。如果未受到干扰，光在到达耦合器的时候的相位相同，不会发生干涉；相反，如果受到干扰，两束光通过扰动点的时间顺序不同，相位差导致两束光再次返回耦合器时发生干涉。扰动位置的不同将导致相位差大小不同，基于以上原理可以根据相位差判定扰动的位置。另外，Sagnac 干涉仪的传感臂和参考臂是同一个环路，因此两臂之间不存在光程差，这样就避免了长度不同产生的噪声问题。

针对 Sagnac 干涉仪的改进方法有很多。针对 Sagnac 干涉仪结构中定位长度的影响以及多点振动对干涉造成的影响问题，2014 年，Wang 等人提出了基于 Sagnac 的二次快速傅里叶变换算法，该方法通过两次 FFT，能够更加准确获取第一频率陷波点，使用该改进方法完成了检测长度 41 km、定位精度为 100 m 的多点振动信号的测量。

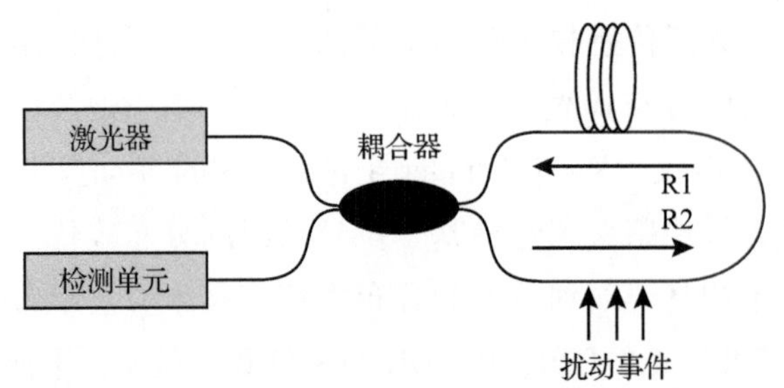

图 6－1　基于 Sagnac 干涉仪的分布式光纤传感技术原理图

（图片来源：分布式光纤传感技术综述）

图 6－2 为 Mach-Zehnder 干涉仪的分布式光纤传感技术原理图。Mach-Zehnder 干涉仪的原理与 Sagnac 干涉仪的原理一致，不同的是对于未发生扰动的零点选择。Mach-Zehnder 干涉仪主要由两个耦合器、信号臂、参考臂、激光器和检测单元等组成。其原理描述如下：当没有扰动时，一路光信号直接通向另一个耦合器，另一路光信号经过延迟光纤后通向另一个耦合器。在未受到扰动时，两束光信号之间的相位差保持恒定，

在第二个耦合器处出现稳定的干涉条纹。当出现干扰时，两束光信号之间相位差的大小不断变化，耦合器的干涉条纹也发生变化，导致探测器检测到的干涉光的强度也随之变化。相对于 Sagnac 干涉仪来说，Mach-Zehnder 干涉仪的分布式传感技术不存在环形光纤传输返回光源的问题，从而保证光源安全和系统稳定工作的要求。

针对多点检测的任务要求，2008 年，华中科技大学研究人员采用 Mach-Zehnder 环形结构，利用干涉技术，实现了检测长度 1 km、空间分辨率 38 m 的多点检测要求。

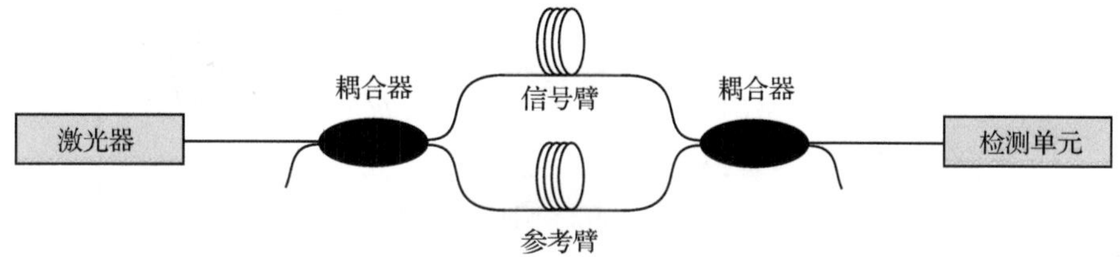

图 6-2 基于 Mach-Zehnder 干涉仪的分布式光纤传感技术原理图

（图片来源：分布式光纤传感技术综述）

图 6-3 为 Michelson 干涉仪的分布式光纤传感技术的原理图。Michelson 干涉仪利用干涉原理，主要由耦合器、信号臂、参考臂、两个反射镜、激光器和检测单元组成。光源经 3 dB 耦合器分别向信号臂和参考臂发送两束光，到达后通过反射镜使光返回。正常时，两臂之间无相位差，光信号在返回耦合器时不会形成干涉，但当有干扰信号时，两臂之间有相位差，光在返回耦合器时形成干涉。Michelson 干涉仪装置结构简单，但是存在传输光影响光源的问题，影响检测装置的稳定性和准确性。

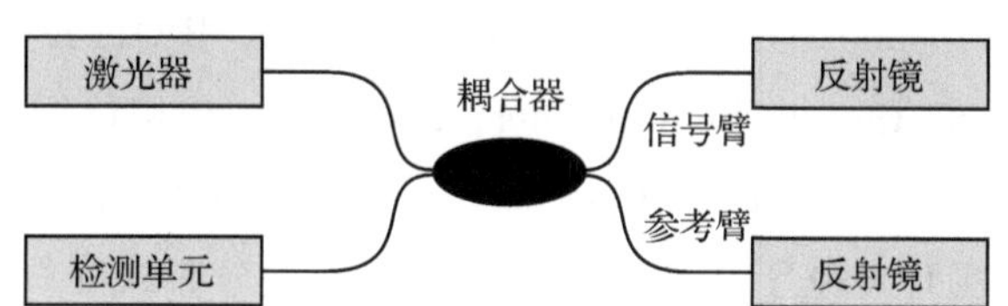

图 6-3 基于 Michelson 干涉仪的分布式光纤传感技术的原理图

（图片来源：分布式光纤传感技术综述）

针对 Michelson 干涉仪的改进方案众多。2001 年，Chojnacki 等人利用脉冲光，完成了振动信号的分布式测量，该方法利用 3×3 耦合器解调技术还原外界振动信号。2011 年，北京邮电大学研究人员改进单个 Michelson 干涉仪，采用双波分复用（WDM）技术实现了长度为 4012 m、空间分辨率为 ±51 m 的扰动信号检测。Michelson 干涉仪结构中使用参考臂，其极易受外界干扰因素影响，需对干涉仪的参考臂进行有效隔声隔振。

单一干涉型光纤传感器在不同结构下有不同的优点与缺点，为了更好地发挥干涉型光纤传感器的优点，弥补单一干涉型光纤传感器的缺点，相继出现了双 Mach-Zehnder、双 Sagnac、Sagnac-Michelson、Sagnac-Mach-Zehnder、双 Michelson 等复合型结构。

图6－4为双Mach-Zehnder光纤干涉仪原理图。该系统由1个激光器、2个探测器、4个耦合器以及光缆组成。在光缆中，3根等长的光纤形成2个对称的Mach-Zehnder干涉仪结构，当没有噪声时，两个探测器不会获得光强波动信号。但当干涉臂A、B上有扰动时，干涉光会向相反方向传输，2个具有一定延时的光强波动信号将到达2个探测器。

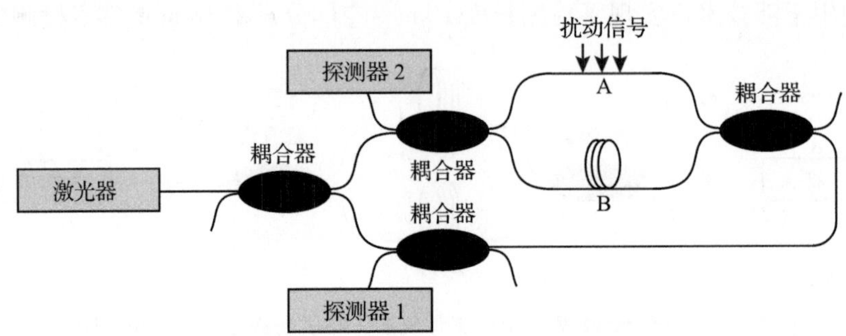

图6－4　双Mach-Zehnder光纤干涉仪原理图

（图片来源：分布式光纤传感技术综述）

6.1.2　基于后向散射的分布式光纤传感系统

基于后向散射的分布式光纤传感系统是利用在光脉冲注入后产生的背向散射光状态变化来确定扰动信息的。根据后向散射光的类型不同，基于后向散射的分布式光纤传感系统可分为光时域反射计（Optical Time Domain Reflectometor，OTDR）、布里渊光时域反射计（Brillouin Optical Time Domain Reflectometer，B-OTDR）、拉曼光时域反射计（Raman Optical Time Domain Reflectometer，R-OTDR）和相位敏感型光时域反射计（Phase-sensitive Optical Time Domain Reflectometer，Φ-OTDR）。其中，光时域反射计和相位敏感型光时域反射计是基于瑞利散射的后向散射光分布式光纤传感系统。详细内容如下所述。

6.1.2.1　基于拉曼散射的分布式传感技术

拉曼散射，是1928年由印度科学家拉曼首次发现的，光波被散射后频率发生改变的现象（后被称为拉曼效应、拉曼散射）。拉曼因此获得1930年的诺贝尔物理学奖。

在分布式光纤温度传感技术中，R-OTDR是应用最为广泛、最先进的技术之一。R-OTDR利用斯托克斯光和反斯托克斯光的光强比值来对温度进行探测。具体原理描述如下：在拉曼散射光中，一类波长大于入射光，称作斯托克斯光；另一类波长小于入射光，称作反斯托克斯光，斯托克斯光和反斯托克斯光的光强比值与温度直接相关。使用该方法可以解决光纤本身的损耗或不均匀性带来的问题。

6.1.2.2　基于布里渊散射的分布式传感技术

布里渊光时域反射计（B-OTDR）主要用于检测温度或者应力的变化。B-OTDR的原理是，受到温度或应力变化等时发生的布里渊散射光与入射光之间存在频移变换，该技术检测频移变化，利用该变化完成测量。但该技术对信号滤波、信号处理要求较高，因为频移变化较小，则进一步要求光源必须具备一定稳定性和窄线宽。基于布里渊散射的分布式光纤传感器可以同时完成对于温度和应变的检测，并且该方案测量精度高、效率高。

当前，基于布里渊散射光的分布式光纤传感技术按照检测光信号的原理可以分为以下四类：布里渊光时域反射技术（BOTDR）、布里渊光时域分析技术（BOTDA）、布里渊光频域分析技术（BOFDA）及布里渊相关连续波技术（BOCDA）。

BOTDA（图 6 – 5）是基于时域分析技术的布里渊散射分布式传感技术。1989 年，日本 NTT 的 Horiguchi 等人提出了一种基于 BOTDA 的光纤无损检测技术，主要利用受激布里渊的放大特性，其中激光器 1 的频率为 v_1，激光器 2 的频率为 v_2，在频率差 $v_2 - v_1$ 等于布里渊频移 v_B 时，将连续光信号放大。BOTDA 主要由两个激光器、传感光纤、信号检测与处理部分组成。在 BOTDA 研究初期，空间分辨率难以满足实际要求，而随着光纤技术和应用光学的发展，现已研制出厘米量级的 BOTDA 系统。在 BOTDA 系统中，为了增强布里渊散射能力，系统使用传输方向相反的两束激光使信号强度受激增大，提高系统的测量范围。但是该系统存在传输方向相反导致光路复杂的问题。

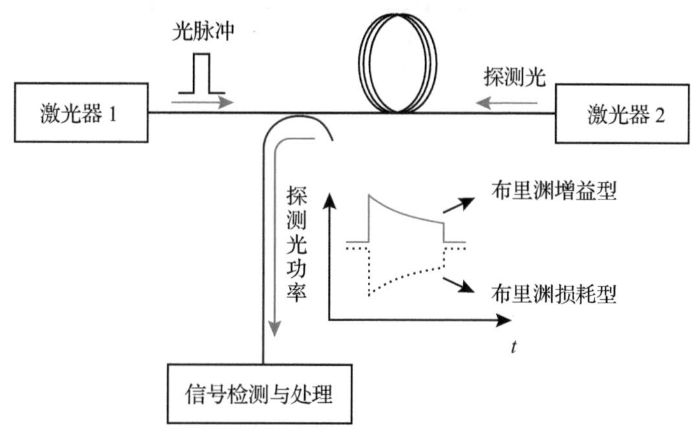

图 6 – 5　BOTDA 原理图

（图片来源：分布式光纤传感技术综述）

BOFDA 与 BOTDA 类似，其都是将频率不同、传输方向相反的两束激光进行合并，调谐二者的频差，使其等于布里渊频移。该技术是分布式布里渊光纤传感器频域实现方案的技术基础。系统结构图如图 6 – 6 所示。系统结构由泵浦激光器，探测激光器，电光激光器、信号源、光电探测器等结构组成。系统的原理如下：首先将探测光的幅度利用可变频率（FM）信号源进行调制，对每个调制信号频率（FM），同时检测注入光纤的探测光强和泵浦光强，利用网络分析仪获取传感光纤的基带传输函数，最后通过频域分析法完成空间定位等任务。

相较 BOTDR 和 BOTDA，BOFDA 在工业应用中的信噪比和动态范围更广，BOFDA 的其他参数则受制于扫描步长，需要的时间较长，不能够实现实时测量的任务要求（图 6－6、图 6－7）。

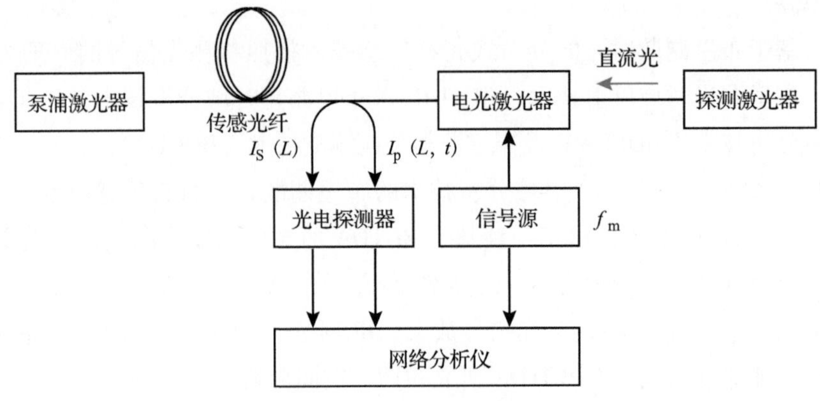

图 6－6　BOFDA 原理图

（图片来源：分布式光纤传感技术综述）

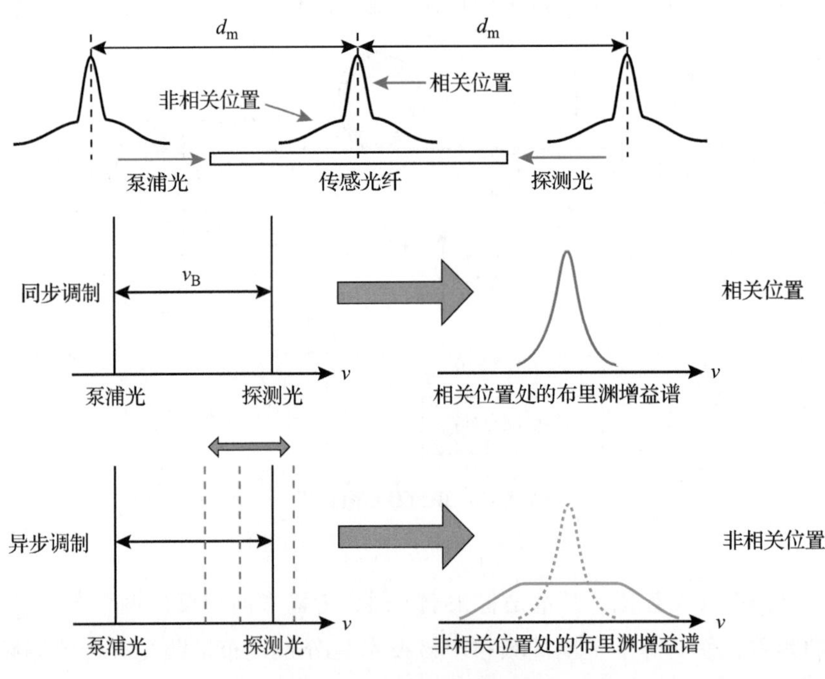

图 6－7　BOCDA 原理图

（图片来源：分布式光纤传感技术综述）

布里渊光频域分析技术受制于扫描步长，对空间分辨率等参数的提高能力有限，受限于此，日本东京大学电子工程系的 Hotate 等人提出了布里渊相关连续波技术方案。

其方案的原理是通过计算泵浦光和探测光的频率或间距的特性完成检测任务。其基本原理结构图如图6－7所示。在布里渊光频域分析技术中，正弦调制泵浦光与探测光的频率在最后的信号结合时，会在传感光纤长度方向上产生周期性的相关峰。

相邻相关峰之间的间距可表达为

$$d_m = \frac{v_g}{2f_m} \tag{6-1}$$

式中，f_m 是FM调制的调制频率；V_g 是光波的群速度。

由式6－1可以得到，相关峰的位置随着调制频率 f_m 的改变而改变，通过该变化，完成分布式测量。布里渊相关连续波方案采用调制信号连续波探测相关温度或应力的变化，该技术的测量速度远大于布里渊光频域分析技术的探测速度。布里渊相关连续波技术方案相比于布里渊光频域分析技术等其他技术，空间分辨率较高，但由于一次测量中光纤上只有一个相关峰，使该方案不适用于长距离传输或并发任务。

6.1.2.3　基于瑞利散射的分布式传感技术

基于拉曼的分布式传感技术适用于对温度的检测任务；基于布里渊散射的分布式传感技术适用于温度和应力作用下的检测任务，但是对于声波、振动等信号的传感技术缺少相关方案。基于瑞利散射的分布式传感技术能够完成对于声波、振动、温度、应变以及线路损耗、连接点和断点的传感任务。在光纤传感线路中，存在扰动信号时，传感光纤中的弹光效应和热光效应会引发传感光纤的散射单元长度和折射率的改变，该变化会进一步引起后向瑞利散射光相位的改变，通过检测后向瑞利散射光的光强变化来求解对应光相位的变化。

基于瑞利散射的分布传感技术包括OTDR、Φ-OTDR、POTDR、COTDR等。基于解调方法可以将上述技术简单分为光强度解调和光相位解调两种方式，对应的分布式传感技术分别包括OTDR、POTDR与Φ-OTDR、COTDR。光强度解调方式的OTDR和POTDR具有定位精确、信号算法简单等优点，但单次计算误差较大，需要多次求取平均值以提高信号信噪比，因此测量所需的时间更长，实时性差，频率响应和灵敏度难以提高。光相位解调方式的Φ-OTDR的信号的信噪比不高，而COTDR采用本振光与后向瑞利散射光干涉的方式，该技术方案对系统的光路和算法复杂度要求较高，限制了激光器的性能要求。

OTDR系统的具体结构图如图6－8所示。OTDR是利用后向瑞利散射光进行探测的一种测量仪器，其由脉冲光、环形器、传感光纤和光探测器等部分组成。在光路中，脉冲光在光纤中进行传播。在脉冲光产生的后向瑞利散射光信号被光探测器接受的时候，右侧的传感光纤的每个位置都会对应一个瑞利散射光强度，而扰动加入时，光强发生变化，进而以光探测器检测光强，即可一一对应发生扰动的位置信息等，同时通过OTDR也可以探测得到右侧传感光纤的损耗情况。

脉冲光注入传感光纤中，假设光纤中任意两点 z_1 和 z_2 返回的后向瑞利散射信号光功率分别为 $P(z_1)$、$P(z_2)$，即可得到 z_1 和 z_2 两点间的光纤平均衰减系数 α：

$$\Delta z = \frac{\tau \cdot c}{2n}\alpha = \frac{10}{z_2 - z_1}\lg\frac{P(z_1)}{P(z_2)} \tag{6-2}$$

在 OTDR 系统中，利用时间可以得到距离相关的信息。例如，利用脉冲光与探测器接收到的后向瑞利散射光之间的时间差，将时域信息转化为距离信息，则有：

$$z = \frac{ct}{2n} \tag{6-3}$$

式中，c 为真空中光速；t 为脉冲光在传感光纤循环一周所花的时间；n 为光纤的折射率。

在式 6－3 中，通过光强的变化可以准确判断出在传感光纤中信号发生光强变化的位置。在前述假设中，假设光功率可测，通过式 6－3 可知道光纤路径上任一点的光纤衰减特性的微小变化。

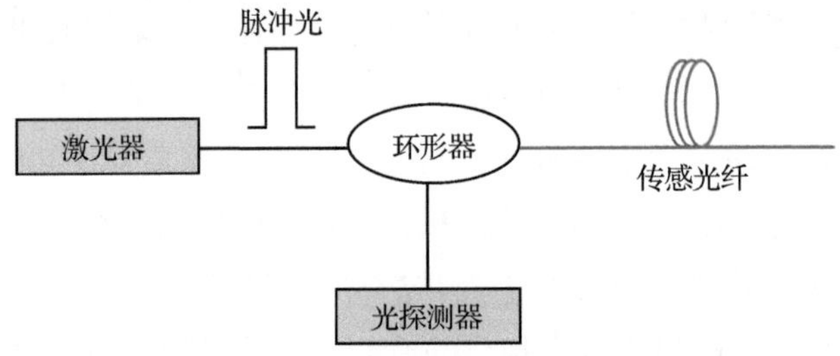

图 6－8　OTDR 系统的具体结构图

（图片来源：分布式光纤传感技术综述）

与 OTDR 系统类似，Φ-OTDR 同样利用光纤的瑞利后向散射原理。但与 OTDR 不同的是，Φ-OTDR 使用的是窄线宽低频移光源，该光源具有更好的相干性。在光纤传感中，当相干光脉冲在脉冲持续时间内，被测传感光纤上的所有散射中心将发出散射光，不同位置的散射光之间产生干涉。当光纤的振动噪声等噪声输入时，光的相位发生变化，该变化最终通过光的强度大小进行判定。相比与 OTDR 系统，Φ-OTDR 系统更加适用于应力和振动的测量与判定，空间分辨率和灵敏度均有很大的提升。

Φ-OTDR 系统主要由窄线宽激光器、环形器、传感光纤、探测器等部分组成。其中，Φ-OTDR 系统的光源为窄线宽激光器。基本原理如图 6－9 所示。在强相干性的脉冲光通过环形器注入传感光纤时，被测光纤所有散射中心将发射散射光，当外界干扰信号作用在传感光纤某个位置时，在此区域光纤内的折射率变化引起后向瑞利散射光的相位随之发生改变，从而导致后向瑞利散射干涉信号与之前北侧光纤发出的散射光的干涉现象不同。

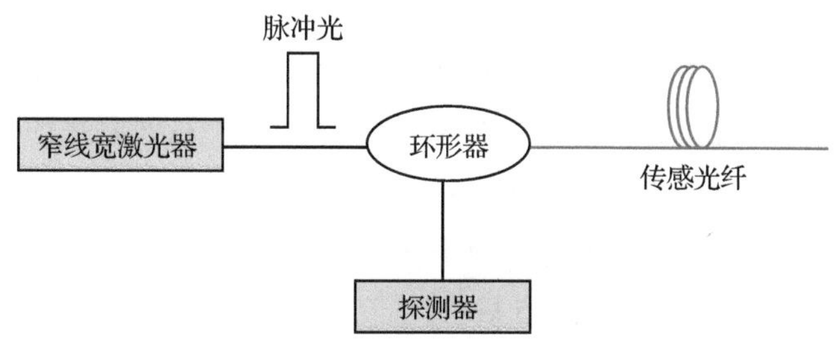

图 6－9　Φ-OTDR 原理图

（图片来源：分布式光纤传感技术综述）

参考其他文献，本书针对 Φ-OTDR 系统国内外发展现状总结如下。

针对 OTDR 中的光纤折射率变化小的问题，1993 年，Taylor 等人提出了相位敏感型的 OTDR（Φ-OTDR）技术，该技术通过强相干性的窄线宽低频移光源等技术解决了 OTDR 的空间灵敏度、分辨率不高问题，成为 Φ-OTDR 技术的开端。2010 年，为解决系统检测中，传递信号中的随机噪声问题，并在传递过程中突出瑞利散射曲线噪声引入前后的曲线差异，Lan 等人将平均移动和差分算法引入，进一步提高了 Φ-OTDR 系统的性能，经实验证实，该方案实现了被测光纤探测范围 1 km、空间分辨率 5 m 的分布式测量。

此后，Φ-OTDR 逐渐引起人们的关注，2011 年，哈尔滨工程大学吕月兰从机制分析的角度，对 Φ-OTDR 系统中的折射率参数、激光频率参数和脉宽等参数在变化时对 Φ-OTDR 波形的影响进行了理论分析与实验验证。

散射光发生干涉的相位变化会引起光强的变化，因此可以通过光强的变化得到对应相位的变化情况。中科院上海光学精密机械研究所（上海光机所）潘政清等人利用数字相干技术完成对于 Φ-OTDR 系统的散射光的相位实时解调。2012 年，Qin 团队在系统中通过引入保偏器件，提高了针对振动信号的处理水平，实验中结果显示，该方法可以完成频响为 2. 25 kHz、振动位置信号信噪比为 7. 6 dB、空间分辨率为 1 m 的测量任务。针对 Φ-OTDR 系统的数字信号处理方法对系统性能的提高具有重要意义，中科院上海光机所梁可桢等人在对 Φ-OTDR 的研究中发现，相对于连续信号来说，使用维纳滤波与数字相干检测技术可以进一步提高系统性能，实验证实，该方法可以实现传感范围为 5 km、空间分辨率为 5 m 的检测任务。为解决 Φ-OTDR 系统中存在的偏振衰落的问题，2013 年，天津大学安阳等人提出了基于琼斯矩阵的双光束干涉相位敏感 OTDR 方案，实验证实，该方法可以实现检测长度为 5 km、空间分辨率为 20 m、信噪比为 9. 5 dB 的测量任务。

针对系统定位任务，2014 年，北京航空航天大学李勤团队提出了一种基于功率谱的定位方法，该方法可以实现检测长度为 9 km、空间分辨率为 100 m、信噪比为 19. 4 dB 的任务。针对外差检测方法的改进，电子科技大学彭正谱团队利用前向一阶拉曼放大外差检测，进一步将外差检测方法中的传感距离提高到 103 km，空间分辨率提升到 15 m；为提高散射周期光频率，中科院上海光机所潘政清所在团队进一步改进了 Φ-OTDR 技术，加入电光调制器，将 Φ-OTDR 中的光散射周期个数扩充到原来的 4 倍，最终得到相对于 Φ-OTDR 4 倍的频率响应；电子科技大学彭飞所在团队为了进一步提高检测距离，将分布式拉曼放大技术引入相干探测技术中，实现二者结合，在保证空间分辨率为 8 m 的情况下，检测距离达到 131. 5 km。

针对耦合器解调算法的改进方案中，2015 年，山东省科学院激光研究所 Wang 所在团队提出了基于 Φ-OTDR 的自相干方案，该团队利用 3 × 3 耦合器解调算法解调不同强度的声波信号，该信号的强度正比于事件信号强度。对于传感光纤的改进，可以使用扁平光纤，南方科技大学 Wu 所在团队通过利用扁平光纤作为传感器，完成系统信噪比为 35 dB、检测范围为 1. 2 km、空间分辨率为 5 m 的探测任务。针对激光器的线宽和温度漂移问题，东华大学 Zhan 所在团队进一步改进 Φ-OTDR 技术，实现系统信噪比为 16 dB、检测范围为 16 km、空间分辨率为 6 m 的检测任务。

除了上述东华大学团队提出的使用温度补偿的方式，上海交通大学 Yang 所在团队于 2016 年提出了相位补偿方案，该方案降低 Φ-OTDR 的检测长度，在传感光纤 30 km 处的瑞利散射事件信号的信噪比达到 8 dB。在机理的分析方面，北京航空航天大学 Zhong 所在团队研究脉冲宽度、脉冲光的峰值功率对系统参数的影响。Φ-OTDR 在上述描述中不能同时检测两种信号，针对此，南京大学 Zhang 所在课题组提出了同时检测应变和振动的 Φ-OTDR 方案，该方案利用激光器扫频进行应变检测，通过固定频率完成对振动信号的检测。实验证实，该方法能够完成距离 9 km 的传感光纤、空间分辨率为 2 m、应变测试精度为 10 nε 的探测任务。

针对相干衰落对传感系统信噪比的不利影响，2018 年，Wang 等人所在课题组分析 Φ-OTDR 分布式声波传感线性特性，针对相干衰落的消除，团队运用 Golay 编码解调单脉冲响应，事实证明，该方法能够提高传感信号的信噪比。针对相干衰落对传感系统信噪比的影响，2019 年，Lin 和 Rao 建立相干衰落模型，从理论上对该衰落特性进行解释，建立独立探测信道，最终通过自由度选择的方式抑制衰落现象。

上述方法是对于 Φ-OTDR 系统的改进，现在有技术将现有多种技术相融合，并取得了不错的效果。针对温度与振动的光纤传感任务，2019 年，Zhang 所在团队设计了一种融合相位敏感型光时域反射计（Φ-OTDR）和拉曼光时域反射计（R-OTDR）的混合分布式系统，该方案可以建立传感光纤声场和温度场，实验证实，该方法可以实现长度为 12 km、温度不确定度为 0. 95 ℃、线性度 R2 = 0. 9986 以及正弦振动频率 100 Hz 的同步测量。

2021 年，Yu 所在团队提出了一种基于 Φ-OTDR 和迈克尔逊干涉仪的分布式光纤振动传感系统，能够沿传感光纤同时检测多个振动并正确解调振动波形、频率、位置和幅度，实现了 6000 m 处背景噪声电平为 -32 dB、SNR 为 28.09 dB 的测量。

与前述系统 Φ-OTDR 不同的是，COTDR 系统通过检测本振光与干涉信号实现了分布式测量。相关原理如图 6-10 所示。该系统由稳定性高的窄线宽激光器、耦合器、AOM、环形器、传感光纤和探测器等几部分组成。该系统的原理描述如下：首先稳定性较高的窄线宽激光器会发出连续光，发出的连续光到达耦合器，耦合器将光源分为两束，其中一束到达声光调制器进行频率调制，经过调制的脉冲光序列会通过一个光环形器，之后注入被测光纤进行后向瑞利散射干涉。另一束光直接输入到下一个耦合器，作为本振光。被测光纤中振动信号会导致不同的后向散射效果，之后，后向瑞利散射信号通过光环形器进入一个耦合器与本振光形成外差相干，通过探测器检测干涉信号，解调出中频信号的功率，完成分布式传感测试。

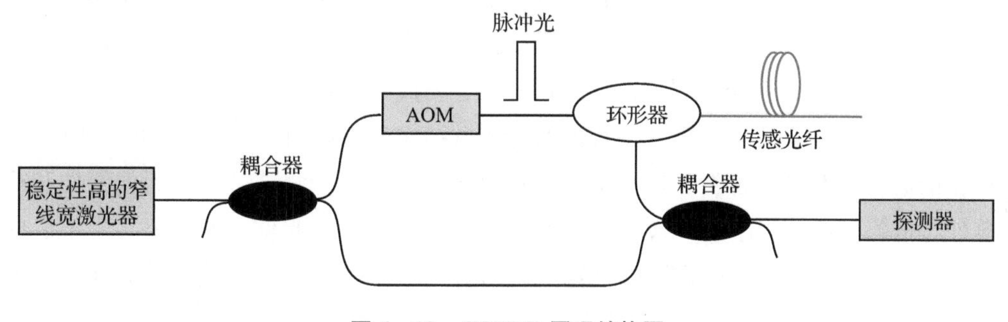

图 6-10　COTDR 原理结构图

（图片来源：分布式光纤传感技术综述）

以下介绍 OCTDR 系统发展历程。

1982 年，英国电信实验室 Healey 和 Mayleon 将本振光与经稳定性较高的窄线宽激光器调制被测光纤信号进行外差相干，将峰值为 5 μW、波长为 1.52 μm 的功率光脉冲注入长度为 30 km 的探测光纤，并完成了测量任务。这标志着 COTDR 的诞生。

针对后向散射光和参考光产生的拍频信号，2010 年，加拿大渥太华大学 Bao 团队提出利用锁相解调的方法，实验证实该方法能够实现空间分辨率为 5 m、最高测量频率为 1 kHz 的测量。2015 年，俄罗斯 Leonid 所在团队改进了 COTDR 模型，该改进模型除了获得 COTDR 获得的信息外，还可以得到信号的幅值、相位信息，并能够分析谱特性、自相关特性等相关特性。针对本振光和散射光的干涉产生噪声的问题，2016 年，上海交通大学何祖源所在团队使用相位噪声补偿的方式，利用辅助参考点进行相位噪声补偿，实现传感长度 30 km、空间分辨率 10 m 的测量任务。针对偏振衰落对 COTDR 系统的影响，电子科技大学饶云江所在团队引入 90°光混频器的 I/Q 零差解调检测，提出了一种新的 COTDR 方案，此方案有利于消除偏振衰落带来的影响，实验证实，该方法可以完成传感范围为 12.56 km、空间分辨率为 10 m 的系统测试。针对高频扰动信号的解调，2017 年，中科院上海光机所叶青、蔡海文团队利用相位解调双脉冲技术，改进 COTDR 方案，该方案设计了时延可调的迈克尔逊干涉，该干涉器利用双脉冲的扰动解调技术，其中脉冲的相位变化为$\frac{0}{\pi}$，相位交替变化的双脉冲，对奇偶序列实现扰动信号的解调。在该方法中，团队实现了正弦、方波以及三角波信号的解调，实验证实，信噪比达到 20 dB，在长度为 9.6 km 的传感范围内实现了 0.5 MHz 的扰动信号的解调。2020 年，Chen 所在团队充分应用全数字正交相位编码技术，提出了基于此的 COTDR 方案，该方法以时移和频移的全数字正交相位编码脉冲作为探测光，实验表明，该方法可以在长度为 15.4 km 的光纤上恢复波形信息。

POTDR 技术是通过测量光背向瑞利散射信号中偏振信息而应用的技术，该技术测量光纤中的偏振态分布，完成分布式光纤传感检测。目前，POTDR 技术有两种常见的解决方案，结构都包括脉冲激光器、光探测器、环形器、偏振控制器、偏振器、被测光纤、数据采集与显示模块等。POTDR 采用线偏振光测量的方法，为了保证最大注入光纤光功率，POTDR 系统需要偏振控制器，为了完成某偏振态光功率的检测，系统一般还需偏振器和检偏器。POTDR 系统的两种测试结构分别如图 6－11、图 6－12 所示，两种测试结构的不同之处在于起偏器件和检偏器件的位置。测试结构将起偏器件和检偏器件与传感光纤直接连接，这种结构不仅实现了对注入光起偏，而且还实现了后向瑞利散射光检偏；方案 2 将偏振器放置于环形器的端口 1 处，而检偏器放置在环形器的端口 3 处。

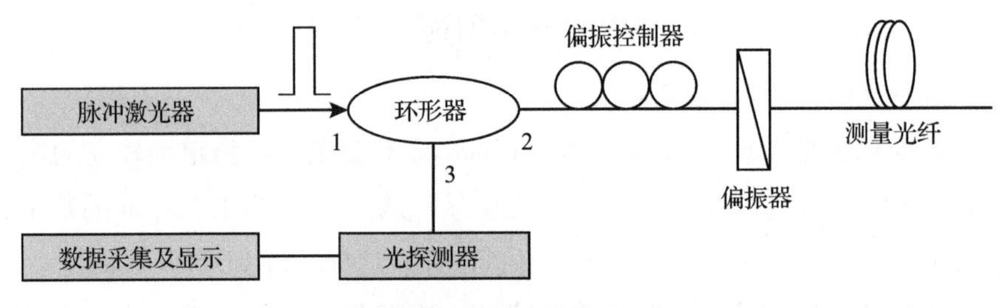

图 6－11　POTDR 测试结构 1

（图片来源：分布式光纤传感技术综述）

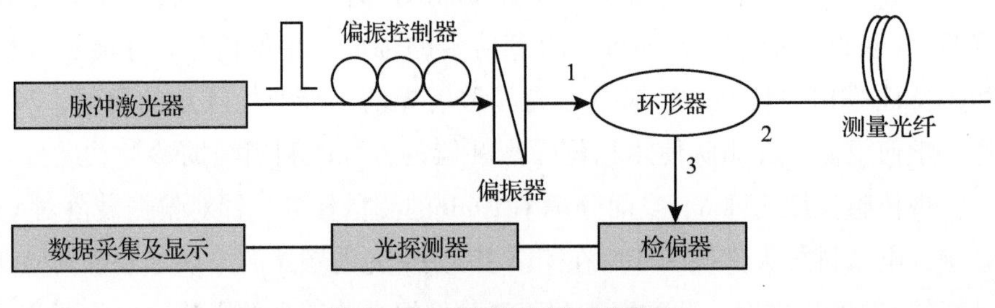

图 6－12　POTDR 测试结构 2

（图片来源：分布式光纤传感技术综述）

当振动信号作用在光纤上时，光纤的折射率变化导致了双折射效应，从而改变了光纤振动点处的光偏振态，振动点位之后的光纤内的光偏振基本保持发生振动以后的偏振态。后向瑞利散射是弹性散射，散射点的偏振态保持不变。当振动信号发生后，振动前后的偏振态的光强将发生变化，POTDR 系统通过对比后向瑞利散射光强的变化就能分析出光纤所受振动的位置，完成分布式振动传感的测量。

POTDR 系统的首次应用于场领域是在 1981 年，Rogers 首次将 POTDR 技术应用于场分布测量领域。在 POTDR 系统里，传感光纤如果有多个振动信号，偏振态变化有较大的概率会呈现首个振动信号。POTDR 系统无法实现多点振动信号的多点定位，并且由于随机因素的影响，其容易出现测量不稳定的问题。目前来说，如何保持光信号未注入传感光纤时偏振态的稳定是 POTDR 技术的关键问题。

除了使用单一分布式光纤传感技术外，并联复合型分布式光纤传感技术也有所应用。并联复合型分布式光纤传感技术是指将光纤干涉仪与 Φ-OTDR 系统并联连接，两套系统独立运行，其中光纤干涉仪负责解调扰动事件信息的时频信息（幅值、相位、频率等相关信息），Φ-OTDR 系统主要完成位置信息的解调。以下将介绍并联复合型分布式光纤传感技术。

为了实现高频响和高空间分辨率的同时测量，2014 年，重庆大学肖向辉所在团队提出了以迈克尔逊干涉技术负责高频信号与 Φ-OTDR 技术负责振动信号相结合的分布式测量方法。该系统利用两个系统提供了不同光波长的连续光和脉冲光。经过实验验证，系统完成最大频响 8 MHz、空间分辨率 2 m 的振动信号还原。

2016 年，北京交通大学 Liang 所在团队提出了相位敏感型光时域反射计（Φ-OTDR）和迈克尔逊干涉仪（MI）相结合的方案，以降低报警率，Φ-OTDR 和 MI 采用波分复用的方式进行工作，其中 Φ-OTDR 提供位置信息，MI 干涉仪进行频域分析。实验发现，通过单个 OTDR，误报警率可以从 13.5% 降低到 1.2%，同时检测概率高达 92%。天津大学 Shi 所在团队利用两个不同波长的窄线宽激光器作为光源完成 Φ-OTDR 事件的定位功能和 Mach-Zehnder 干涉仪事件频率的解调，组成反射仪和干涉仪。实验证实本系统可以完成对 1～50 MHz 频率的检测，在 2.5 km 检测范围内实现了 20 m 的空间分辨率。

除了并联复合型分布式光纤传感技术，串联复合型分布式光纤传感技术也逐渐成为研究的热点。串联复合型分布式光纤传感技术是指将光纤干涉仪与 Φ-OTDR 系统串联连接的技术，通过脉冲光时域信息以及后向瑞利散射光的相位解调信息，实现时频信息和位置的检测。

2000 年，Posey 和 Johnson 等人提出了后向散射技术与干涉仪技术复合型分布式光纤传感系统，实现了全方位后向瑞利散射光干涉和干涉光的相位解调，并以该方法完成检测长度为 400 m 的传感实验。2004 年，美国海军研究实验室进一步研究复合型干涉分布式光纤传感系统，完成了光纤长度为 180 m 的测试，实现在长度为 10 m 的传感光纤上不同频率（分别为 800 Hz、1000 Hz 和 1200 Hz）的振动信号解调，并还原其幅度值。

2013 年，南安普顿大学的 Masoudi 团队在距离为 1 km 的范围内实现了不同位置、不同频率动态应变测量，最小可探测应变为 80 nε，并报道该系统对声波的响应能力，相比之前的 Φ-OTDR，其传感性能迈进了一大步。

2015 年，中国科学院半导体研究所 Fang 所在团队提出了基于相敏光时域反射计和相位生成载波解调算法的分布式光纤传感方案。含有扰动信号的后向瑞利散射光将在迈克尔逊干涉仪里产生干涉，利用相位载波解调出瑞利散射信号，通过试验测得 Φ-OTDR 系统的噪声电平约为 3×10^{-3} rad/Hz，信噪比约为 30.45 dB，且 Φ-OTDR 系统实现了传感长度为 10 km、空间分辨率为 6 m 的实时测量。

下表展示了常用的几种分布式光纤传感技术的特点。

表 6 – 1　常用的分布式光纤传感技术特点

技术名称	基本原理	感测参量	优势	缺点
R-OTDR	拉曼散射光时域反射	温度	单端测量，温度测量精度 ±0.5 ℃，最长监测距离 6 km	仅对温度敏感，空间分辨率低
ROFDR	拉曼散射光频域反射	温度	单端测量，温度测量精度 ±0.01 ℃，空间分辨率 0.25 m，最长监测距离 40 km	仅对温度敏感，光源的相干性要求较高，实现困难
B-OTDR	自发布里渊散射光时域反射	应变 温度	单端测量，可以同时测量温度和应变，最长监测距离 80 km	测量精度和空间分辨率低，同时测量温度和应变，需人为分离
BOTDA	受激布里渊散射光时域分析	应变 温度	双端测量，测量精度高，空间分辨率 0.1 m，最长监测距离 25 km	双端测量成本高，同时测量温度和应变，需人为分离
BOFDA	受激布里渊散射光频域分析	应变 温度	双端测量，测量精度高，空间分辨率 0.03 m，最长监测距离 25 km	双侧测量成本高，同时测量温度和应变，需人为分离
OTDR	瑞利散射光时域反射	压力 振动	单端测量，可测控光纤的断点处位置，最长监测距离 40 km	测量精度和空间分辨率较低
Φ-OTDR	瑞利散射光时域相位变化	振动	单端测量，测量精度高，空间分辨率 0.1 m，最长监测距离 50 km	仅可测量振动信号，易受外界感干扰，信号质量较低

6.1.2.4　瑞利散射和拉曼散射融合传感

为了同时实现对振动信息和温度信息的传感，本部分介绍后向瑞利散射光和后向拉曼散射光的融合传感技术。Φ-OTDR 采用外差相干检测的方式，提高了检测信号的信噪比，同时通过分析外差的拍频信号，引入解缠绕算法，通过对后向瑞利散射光进行处理，重建外部振动信号的相位信息。处理拉曼信号时，通过后向拉曼 Stokes 和后向拉曼 Anti-Stokes 光的双路解调，重建分布式温度场，可以有效地避免由于光源不稳定或者待测光纤中由于扭曲、弯曲等外部环境干扰所带来的误差，使温度的解调更加准确。以 Anti-Stokes 散射光作为信号光，Stokes 散射光作为参考光进行解调时，通过获得待测光纤中的后向 Anti-Stokes 散射光和 Stokes 散射光的比值，可以解调出温度。

同时具有振动和温度场恢复的融合系统实验结构如图 6－13 所示。在本系统中，选用了中心波长为 1550 nm、线宽为 1 kHz 的可调谐窄线宽激光器作为光源。激光器的输出通过 90∶10 的耦合器分为两部分，90% 的一路光通过声光调制器产生脉宽为 100 ns，周期为 150 μs 的脉冲探测光，并且引入了 150 MHz 的频移。声光调制器输出的脉冲光接着经过掺铒光纤放大器放大到 22 dbm 后，从环形器 1 口注入，再从 2 口入射到待探测光纤中。环形器的 3 口接收由探测脉冲沿着传感光纤传输产生的后向散射光。后向散射光经过波分复用器（WDM）后分成三部分，分别是 1550 nm 波段的瑞利后向散射光、1650 nm 波段的 Stokes 后向散射光和 1450 nm 波段的 Anti-Stokes 后向散射光。其中后向瑞利散射光和 90∶10 耦合器的 10% 一路输出的本振光一起进入 50∶50 的耦合器，并由 350 MHz 的平衡探测器接收，用于后续振动信号的恢复。另外两路 Stokes 后向散射光和 Anti-Stokes 后向散射光分别由两个带宽为 20 MHz 的 APD 进行采集，并用双路解调的方法获得温度信息。最后三个探测器的输出信号同时被采样率为 500 MHz 的示波器采集，并由电脑进行最终的信号处理。

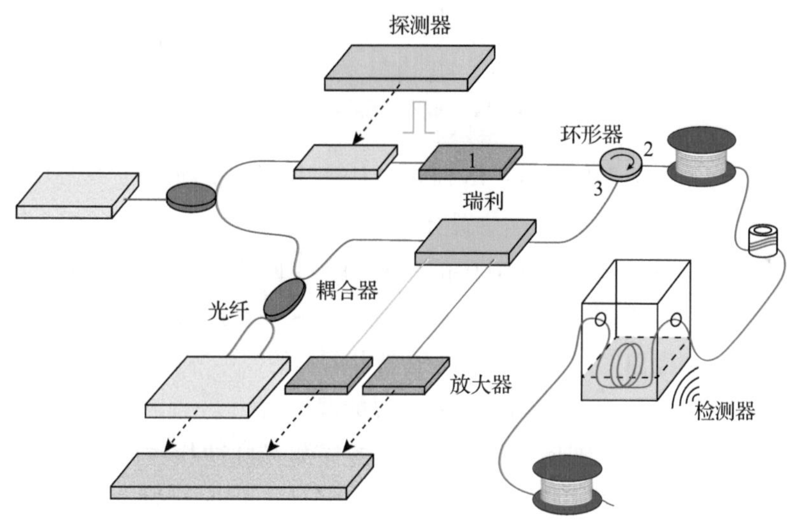

图 6－13　融合系统实验原理图

为了验证融合系统的性能，实验中采用 12 km 的单模光纤作为传感光纤。在传感光纤 11.92～11.98 km 处，将长度约为 60 m 的光纤放置在恒温水箱中进行温度测量。在进行温度测量的同时，用金属锤有规律地敲击恒温箱以验证温度和振动同时测量的功能。同时为了验证本系统对外部声场的还原能力，实验在恒温水箱之前的传感光纤处放置了一个压电陶瓷（PZT），其表面缠绕 10 m 的光纤，用于模拟产生外界声场的振动。使用金属小锤有规律地敲击恒温控制水箱外壁以模拟外部振动，同时恒温水箱的温度由 35 ℃以 5 ℃为步进逐步升高到 55 ℃。在 PZT 处也会同时施加频率为 100 Hz 不同幅度的正弦信号以验证融合系统还原声场的能力。

图 6－14（a）展示了在实验过程中有规律敲击事件的瀑布图。图中横轴代表了距离，纵轴是时间，敲击事件的响应强度由瀑布图中的颜色深浅表示，可以看到图 6－14（a）中很明显的周期性敲击事件，事件对光纤的作用长度大概为 60 m，事件的周期大约为 0.8 s，这与实际的实验情况相符合。图 6－14（b）显示了光纤对敲击事件的频率响应，其中不同频率的响应强度对应了瀑布图中颜色的深浅。

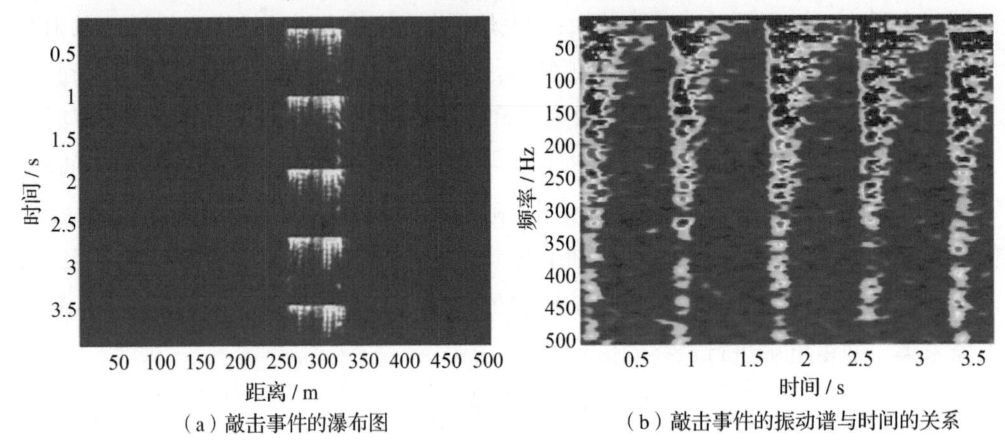

（a）敲击事件的瀑布图　　（b）敲击事件的振动谱与时间的关系

图 6－14　敲击事件测量结果

融合系统温度测量结果如图 6－15 所示。从图中可以看到，拉曼 Anti-Stokes 曲线的功率在 11.95 km 处，相比于其他位置有明显的变化，这个位置正好对应测量光纤放置在恒温水箱中的那一部分，而相对应的拉曼 Stokes 曲线的功率变化却不明显，这是因为拉曼 Anti-Stokes 曲线对温度敏感，而拉曼 Stokes 曲线对温度不敏感。通过对两功率曲线进行解调可获得温度曲线，测得的恒温水箱中的温度如图 6－15（b）所示。首先可以看到温度从室温上升到恒温水箱所设置的温度大约需要 10 m，因此系统的空间分辨率为 10 m，这与实验中所使用的 100 ns 的探测光脉冲相对应。同时从图 6－15（b）中可以明显地看到恒温水箱中的温度为 35～55 ℃，以 5 ℃为步进变化，这与实际实验情形相符合。

在 11.91 km 的 PZT 处施加频率为 100 Hz 正弦信号，以验证融合系统还原声场的能力，图 6－16 展示了在 PZT 上施加 100 Hz 不同幅度的正弦信号时，未经过相位解缠绕和经过相位解缠绕所获得的外部振动信号。其中蓝色曲线是施加较弱正弦振动信号所获得的时域信号，红色曲线是施加较强振动信号所获得的时域信号。可以看到，当在 PZT 上施加弱正弦振动信号时，未经过相位解调的信号仍然能保持正弦的形状。而当施加在 PZT 上的正弦信号加强时，所获得的振动信号不再是正弦形状，而是产生了翻折。图6－16（b）展示了经过相位解缠绕算法之后所还原的外部振动信号。较小的振动信号由于其引起的光纤拉伸量 ΔD 小于探测光波长，因此其仍然保持完好的正弦形状。而原本由于施加了较强外部正弦振动的而产生了翻折的幅度信号也恢复了原来的正弦形状，其频率为 100 Hz，与实验中所施加的外部正弦振动信号频率相符合。

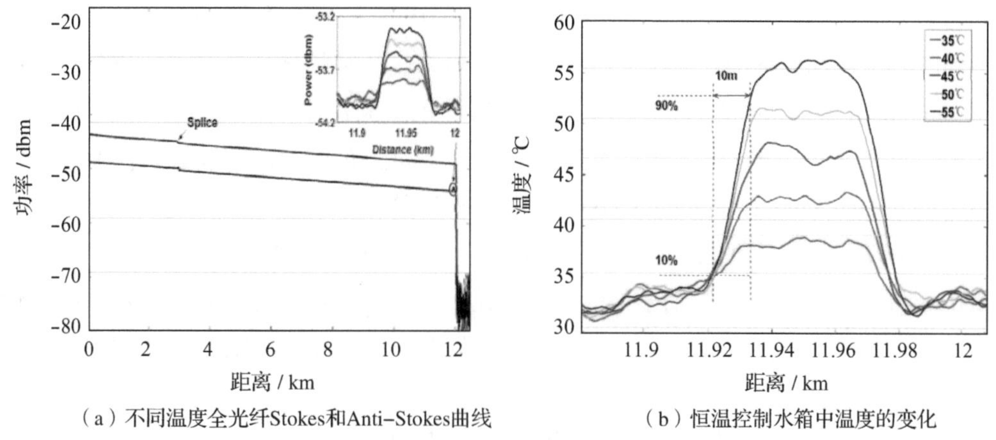

（a）不同温度全光纤Stokes和Anti-Stokes曲线　（b）恒温控制水箱中温度的变化

图 6－15　融合系统温度测量结果

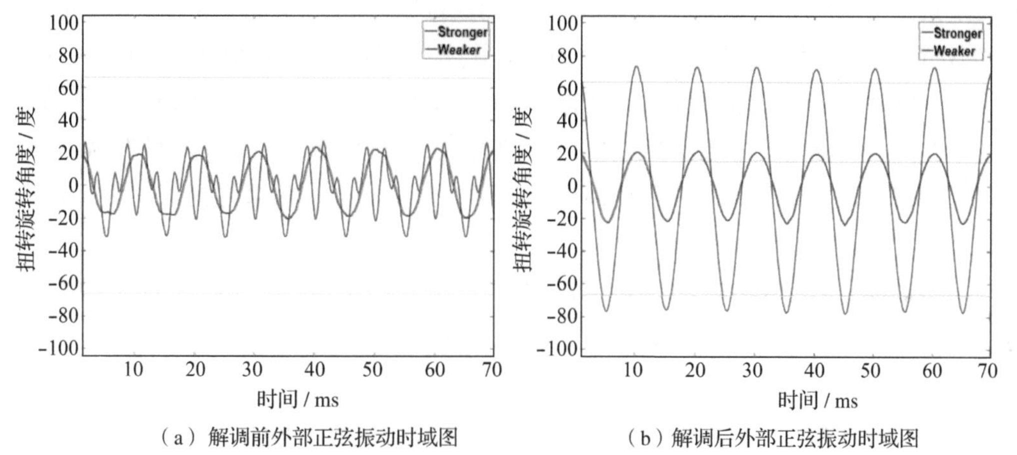

（a）解调前外部正弦振动时域图　（b）解调后外部正弦振动时域图

图 6－16　相位解缠绕算法解调正弦振动信号

6.1.3　Φ-OTDR 系统发展现状及光纤分布式振动研究进展

6.1.3.1　Φ-OTDR 系统发展现状

作为最有前景的分布式光纤传感技术之一，Φ-OTDR 从提出开始，就受到了国内外学者的广泛关注。因其频率响应范围大、探测距离长等优点，在分布式光纤传感领域，特别是在监测振动上有着极大的潜力。随着相关硬件与软件的发展，Φ-OTDR 系统的性能逐年提高，其实用性也逐渐提高。

1976 年，M. K. Bamoski 和 S. M. Jensen 首次提出 OTDR 技术，但是当时只能用于

判断光纤损耗点、断点等引起强折射率变化的扰动点。1993 年，HJF. Taylor 在 OTDR 的基础上提出 Φ-OTDR 技术，最大的不同是选用窄线宽光源来替代传统的宽谱光源，由此增强后向瑞利散射光之间的干涉效应，可以感知扰动引起的相位变化。Φ-OTDR 的提出大大提升了分布式光纤传感系统的灵敏度。1998 年，能够在 6 km 的单模光纤上探测到由 PZT 引起的扰动，系统选用的光源为 50 kHz 线宽的环形激光器，空间分辨率为 400 m。随着掺铒光纤放大器和光纤激光器技术的不断进步，2003 年，K. N. Choi 等人实现了光源的进一步突破，通过掺铒光纤放大器和法布里－珀罗装置，使激光器的频移小于 1 MHz/min，线宽小于 3 kHz，这使得光源的相干性得以进一步提升，极大地提升了 Φ-OTDR 系统的性能。2005 年，J. C. Juarez 使用 Φ-OTDR 技术实现空间分辨率为 100 m、12 km 长光纤上振动事件的检测。此后，许多专家学者对 Φ-OTDR 系统的性能增强进行了广泛的研究和创新，在频率响应范围、测量范围以及相位解调制等关键方向进行了不懈的努力，并且取得了丰富的成果。

系统的频率响应范围与注入光脉冲的重复频率直接相关，为了提升频率响应范围，最简单的办法就是提高脉冲的重复频率，但这么做的同时会导致测量范围缩短，因此在不缩短测量范围的前提下提升系统的频率响应范围就成了研究的热点之一。渥太华大学 X. Y. Bao 的课题组通过带频率差的探测脉冲对实现了频率响应范围的提升，在传感光纤长度为 1.1 km 的情况下，可测得振动的最大频率为 8 kHz，由于两个 AOM 的移频不同，并且两路光纤之间存在光纤延迟，因此可以产生带有频率差的脉冲对。脉冲对的作用相当于在一个采样间隔里额外获得了一个采样点，效果等同于增大采样率，因此可以实现频率响应范围的提升。

该组也提出了将 M－Z 干涉仪与 Φ-OTDR 相结合的结构，通过脉冲的时分复用技术提升频率响应范围，在 1150 m 的光纤长度上实现高达 6.3 MHz 的频率响应。M－Z 干涉仪装置需要连续光，而 Φ-OTDR 需要的是窄脉宽的脉冲光，通过脉冲的时分复用使得两个结构分别工作，M－Z 干涉仪负责测量振动的频率，Φ-OTDR 负责确定振动的位置。

在扩大测量范围的问题上，同样要求在不改变脉冲光重复频率的前提下，尽可能地实现长距离的光纤传感。2009 年，饶云江团队利用双向拉曼放大技术监测 62 km 长的光纤，空间分辨率为 100 m。这种方案提出了传统 EDFA 放大产生的问题，即光在光纤中传输严重衰减问题。双向拉曼放大确保了光在整个光纤内均匀分布。该团队随后提出了外差检测和前向拉曼放大的组合以解决双向拉曼放大中的环路构建问题，实现空间分辨率为 15.7 km、测量范围为 103 km 的传感系统，并且得到了很好的现场验证结果。之后该团队采用反向泵浦的分布式布里渊放大技术，实现了空间分辨率为 20 m、测量范围为 124 km 的传感系统。由于受激布里渊放大因子远大于受激拉曼放大因子，因此在获得相同的放大效应时，布里渊泵浦的功率可以远小于拉曼泵浦的功率。2014

年，该团队以反向泵浦的一阶拉曼放大技术、布里渊放大技术与正向泵浦的二阶拉曼放大技术相结合的方式，设计了测量范围高达 175 km 的 Φ-OTDR 传感系统。

传统的 Φ-OTDR 系统只能得到振动的位置和频率信息，无法获得振动的振幅信息。为了实现振动的定量测量，首先要定量探究光的相位变化，许多相位解调制的办法也相继被提了出来。2013 年，A. Masoudi 等人提出利用 MZ 干涉仪、3 × 3 耦合器与 Φ-OTDR 结合的方式来计算振动引起的相位变化。其 3 个探测器接收的光之间互相有着 120 度的相位差，通过一系列的算法解调，可以得到振动引起的相位与这三束光的关系。但是这种方法要求 3 个探测器的参数保持一致，并且解调算法比较复杂。

2015 年，G. S. Fang 等人提出一种相位产生载波解调技术（Phase Generate Carrier，PGC）。瑞利散射光信号进入不平衡的 Michelson 干涉仪，且其中一个臂受到 PGC 信号的调制，这样 Michelson 干涉仪的干涉光强中的相位项就受到了载波的调制。通过 PGC 解调制算法，可以获得干扰引起的相位变化值。但是这种方法使得原本就非常微弱的瑞利散射光受到更多的损耗，增加了探测的难度。2016 年，Y. K. Dong 等人提出一种基于外差检测的相位解调制算法，称作 I/Q 解调制法。外差信号分别与本地信号相移前后分别进行混频，在通过低通滤波器之后，扰动引起的相位变化即为 I 光和 Q 光的反正切值。这种方法结构简单，但是需要对得到的相位进行相位解缠绕，恢复真实的相位值。

目前，影响 Φ-OTDR 系统的主要因素有以下几点：①传感光纤中的光相位的随机变化；②传感光纤中的光偏振态的随机变化；③光源的功率稳定性问题；④光源的频率漂移问题；⑤光源的单色性问题。因为光偏振态和光相位的随机变化将引起相应后向瑞利散射信号振幅的变化，这可能会被当作振动所引起的变化，从而影响系统的定位准确性；又由于 Φ-OTDR 系统是一种相干检测系统，这就要求激光源有稳定的频率输出，同时又有很好的单色性；而 Φ-OTDR 系统保证定位精度的一个重要的因素就是窄线宽，较窄的线宽可以在提高传感光纤的距离的同时加强相干强度，以获得更高的检测敏感度，而频率漂移将会影响 Φ-OTDR 系统中瑞利散射信号的幅值变化，严重影响定位精度甚至导致系统无法检测到振动。因而如何消除或减小上述因素对 Φ-OTDR 系统的影响，一直是研究的重点。

6.1.3.2　光纤分布式振研究进展

基于相位敏感光时域反射（Φ-OTDR）原理的光纤分布式振动/声传感（DVS/DAS）技术，当前已经大范围铺设，用于在通信光缆的基础上对周围环境中的各种振动源进行高灵敏感知和精确定位。在国家重大基础设施安全领域，基于相位敏感型光时域反射原理的光纤分布式振动/声传感在光电信息线缆、地下燃气管道、桥梁隧道等领域已有广泛应用。

相位敏感光时域反射技术的发展主要分为硬件与软件两个部分。

目前，基于相位敏感光时域反射原理的光纤分布式振动/声传感技术的硬件已逐渐趋于成熟。国际上，知名光纤传感公司如 OptaSense、Silixa 已研发了比较成熟的产品。国内研发的产品硬件感知与检测能力目前已经与国外水平相当，电子科技大学光纤光学研究中心在基于相位敏感型光时域反射原理的光纤分布式振动/声传感硬件的实验监测距离等指标上多次打破国际纪录。目前来说制约该技术的发展瓶颈是无法针对特定应用情景下的特定空间。

不同环境下，环境差异较大，且受环境因素限制较大，特别是在城区复杂地面生活场景的众多扰动源及未知地埋条件下，基于相位敏感光时域反射原理的光纤分布式振动/声传感技术的高灵敏感知优势会导致实际误报率偏高，对于振动信号的识别准确率也成为制约基于相位敏感光时域反射（Φ-OTDR）原理的光纤分布式振动/声传感技术在城市监测中应用及推广的最大技术瓶颈之一。

在基于 Φ-OTDR 传感原理的软件部分，光纤分布式振动/声传感信号检测识别技术方法一直在不断完善。软件识别方法大体可以分为两个阶段。

第一阶段（2017 年以前），在机器学习、深度学习未被广泛应用之前，一方面通过二维图像边缘算子、小波变换和 Hilbert-Huang 变换等经典手段提高检测信号信噪比，降低光源频率漂移（频漂）等系统噪声及通过平稳背景环境对检测结果的影响；另一方面，通过专家系统人为特征提取和对传统机器学习识别模型的探索，提高检测信号的信噪比，提取的特征主要包括时域信号幅值水平过零率、步态周期特征、频谱能量分布特征，时空域图像形态学特征、时频域特征（如小波/小波包能量谱）等；识别模型则以传统神经网络、支持向量机算法（SVM）为主。这些多域分析方法丰富了检测信号的提取信息，但该方法受限于人工标注的问题，使以“固定人工特征提取 + 特定识别模型”为主的经验学习方法无法适应大批量分布节点的数据变化模式，该方法对于不同环境的环境适应能力差。

第二阶段（2017 年至今），在神经网络层数加深的大背景下，在机器学习向深度学习转变的情形下，借鉴深度学习在图像及自然语言处理异常检测等中的成功应用，人们开始使用深度学习网络提取和抽象基于相位敏感光时域反射原理的光纤分布式振动/声传感技术的信号特征，并进行检测识别，避免了人为提取特征复杂性高、识别准确率低、对复杂环境适应性差的问题，该方法在算法的开发效率方面有明显提升。

综上所述，国内外基于相位敏感光时域反射原理的光纤分布式振动/声传感信号检测识别方法具以下共同趋势。

（1）基于相位敏感光时域反射原理的光纤分布式振动/声传感技术的时间维度信息丰富，传统的人工经验和深度学习的特征学习方式对于光纤振动/声传递的信息把握不足，目前未实现时间域多尺度、多层次特征自动提取的一体化任务要求。

（2）基于相位敏感光时域反射原理的光纤分布式振动/声传感的时域和频域时空等

信息受到人们的关注，但在多尺度全方位维度信息的特征提取方面，还有较大的提升空间。同时，对于提取的特征信息的有效性评估尚未健全。

为了进一步提高基于相位敏感光时域反射原理的光纤分布式振动/声传感系统的检测识别性能，国内外学者结合多种机器学习和深度学习等模型，在特征丰富性和模型智能方面进行多层次优化。包括使用极端梯度提升算法、Fisher 特征选择极限学习机，一维、二维和多尺度卷积神经网络（CNN），高斯混合模型（GMMs），卷积原型学习（CPL），隐马尔可夫模型（HMM），概率神经网络（PNN），长短期记忆网络（LSTM），基于注意力机制的 LSTM（ALSTM），双向 LSTM（BiLSTM）等。

表 6－2　结合机器学习模型的 DVS/DAS 信号检测识别方法

机构单位	特征提取维度	识别网络或模型	注意力机制	端到端网络
北京交通大学	temporal	XGBoost	No	False
	temporal	F-ELM	No	False
电子科技大学	temporal	1D－CNN	No	True
中欧大学圣保罗学院	temporal	GMMs	No	False
	temporal contextual sequence	GMMs + HMM	No	False
电子科技大学	temporal structure and contextual sequence	HMM	No	False
天津大学	multiscale temporal	MS-CNN + CPL	No	True
安徽大学	multiscale temporal	MS－CNN	No	True
交通、安全、能源与自动化系统业务领域	time-frequency	2D-CNN	No	False
北京理工大学	time-frequency	2D-CNN	No	False
浙江大学	time-frequency	2D-CNN + SVM	No	False
上海海事大学	time-frequency	PNN	No	False
科隆大学	time-frequency	ALSTM	Yes	False
天津大学	spatial-temporal	2D-CNN	No	False
电子科技大学	spatial-temporal	1D-CNN + BiLSTM	No	True
四川大学	spatial-temporal	2D-CNN + LSTM	No	False

（图表来源：基于 Φ-OTDR 的光纤分布式传感信号处理及应用）

相位敏感光时域反射原理的光纤分布式振动/声传感技术如图 6－17 所示。其中，硬件主要由光缆、解调设备、主机三个部分组成。光缆通常采用单模光纤，其沿地下管道、输电线缆等埋地铺设。光信号解调设备是系统的核心，主要包括光学器件和电学器件两类。由超窄线宽激光器产生一路连续相干光信号，经声光调制器频率调制，调制成光脉冲信号。光脉冲信号由掺铒光纤放大器集中放大，放大后的光脉冲信号依次经隔离器、环形器的端口 1、端口 2 注入光缆。产生的瑞利散射光信号沿光缆返回，由环形器的端口 2、端口 3 接收，再经滤波器滤除噪声信号后经耦合器耦合到达非平衡 M－Z 干涉仪，由耦合器输出 3 路外界扰动信号，引入相位变化信息，通过相位解调获得光纤上的作用信号。解调出的光信号由光电探测转换成电信号，再由波形发生卡进行信号同步采集，数字电信号通过网络等接口实时传输给信号处理主机。信号处理主机为普通电脑主机或者嵌入式主板，用于光纤探测信号的分析、处理。通过指定信号处理算法，最后得到引起声波、振动的事件信息，由光时域反射原理确定其位置，对检测事件进行智能识别和分类。

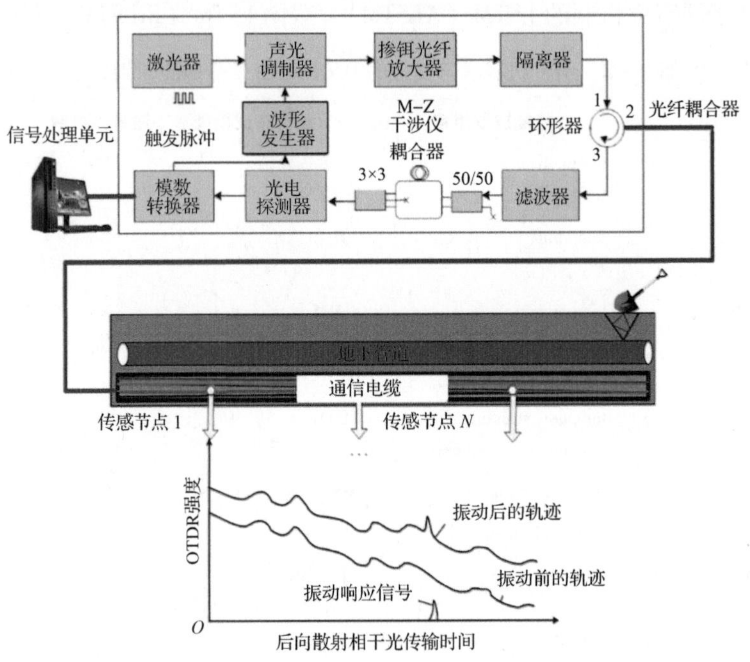

图 6－17 基于 Φ-OTDR 的 DVS/DAS 原理

（图片来源：基于 Φ-OTDR 的光纤分布式传感信号处理及应用）

基于周期性触发脉冲采集各空间点的振动或声音信号，第 k 个触发脉冲周期内采集的整个监测线路信号 x_k 可表示为

$$X_k = \{x_{ki}(i = 1,\cdots,N)\} = [x_{k1},\cdots,x_{kN}] \tag{6-4}$$

式中，N 为空间的采集长度。累积，构建一个 N 维空间、T 维时间的时空信号响应矩阵 A，A 可表示为

$$A = \{x_{ki}(k = 1,\cdots,T;i = 1,\cdots,N)\} \tag{6-5}$$

目前，相位敏感光时域反射原理的光纤分布式振动/声传感信号处理方法面临的主要挑战如下。

（1）在大范围复杂场景下存在多源干扰，目标信号检测困难的问题，特别是在城区干扰源较多的场景下。长距离探测信号衰减、各种器件和环境噪声的叠加，使探测信号的信噪比较低，基于相位敏感光时域反射原理的光纤分布式振动/声传感信号检测困难；对埋地管道铺设来讲，地铁、高铁、公路车辆、工厂生产、人类生活噪声的来源种类多，振动源信号从地面到地下光纤传播过程中相互叠加，对系统的扰动较大，对系统噪声的识别检测复杂困难。同时，地下地质结构，干扰信号分离困难，对于混叠信号中少数具有威胁的目标振动源（如机械施工、人为破坏）信号检测困难。

（2）复杂地面干扰及未知地埋条件下的信号来源混淆，导致信号识别困难。城区地埋条件下，基于相位敏感光时域反射原理的光纤分布式振动/声传感探测信号是振动源与地表及其与地下结构相互作用的结果，针对地下空间地铁等地下环境的设备信号来说，存在地下扰动事件多，扰动来源不明确等影响，同时，通信光缆跨越范围大，地面时空多变，干扰振动来源多，未知突发事件多，这些都使多源信号的识别本身就极具挑战性；地面信号传导到地下空间的信号存在较大的低频干扰，地面振动传播到地下光纤，可分辨的高频信息被滤掉，剩下低频信息，影响光纤信号中的低频特性，使得信号的识别变得异常困难，增加了识别的难度。除了上述地下空间影响、地上传递给地下的低频信号外，地下结构差异大，埋设环境不可预知，且同一地面振动源在地下不同光纤接收点处的探测信号响应不一致。因此，相位敏感光时域反射原理的光纤分布式振动/声传感系统的漏报、误报是不可避免的。目标振动源信号的准确识别难度很大，现有基于人为特征提取、深度特征提取及各种分类器设计的相位敏感光时域反射原理的光纤分布式振动/声传感信号识别方法，均处于初级阶段，特征提取的全面性、有效性及提取方式的智能性还有待进一步研究。

（3）光信号的横向距离信号处理能力较差。未知复杂地埋条件下地面振动源在二维空间的被动定位困难。通常，基于相位敏感光时域反射原理的光纤分布式振动/声传感定位主要是纵向定位，具体来说，指的是基于光时域反射原理，沿光纤线路的纵向定位，而在实际应用中，振动源偏离光纤的横向垂直距离（垂距）及其威胁级别对于精准预警也具有重要作用。但地面振动源在地下传播过程中，信号通过多层混合土壤介质、水泥或金属管廊、空气等多种介质传播到光缆，传播速度不固定，同时受复杂多径干扰的影响，导致基于时延差的信号不能直接应用。因此，面对非均质复杂地下结构的埋设条件，基于相位敏感光时域反射原理的光纤分布式振动/声传感阵列信号的地面振动源二维空间被动定位也是一个具有挑战性的难题。

6.2 光纤传感噪声原理与来源

6.2.1　Φ-OTDR 系统噪声原理

相位敏感光时域反射仪是利用后向瑞利散射原理的分布式光学传感系统，其通过反射技术，将调制后的信号进行探测，经过光电探测器，数据采集卡采集信号。图6－18（a）所示为直接探测型的Φ-OTDR，原理描述如下：首先，光源发出的连续光经声光调制器进行幅度调制，将其调制得到探测光脉冲，之后将调制信号经过掺铒光纤放大器放大后进入传感光纤，利用光纤传感原理（详见6.1.1.3基于瑞利散射的分布式传感技术）产生的后向瑞利散射光经放大滤波后被光电探测器接收，光电信号最后由数据采集卡采集散射存储。当外界扰动或温度变化时，光纤的长度、折射率等参数变化，后向瑞利散射光的相位变化，最后通过检测并分析反射光的光强或相位变化，即可检测识别扰动。Φ-OTDR可以分为直接探测型［图6－18（a）所示］和相干探测型［图6－18（b）所示］。

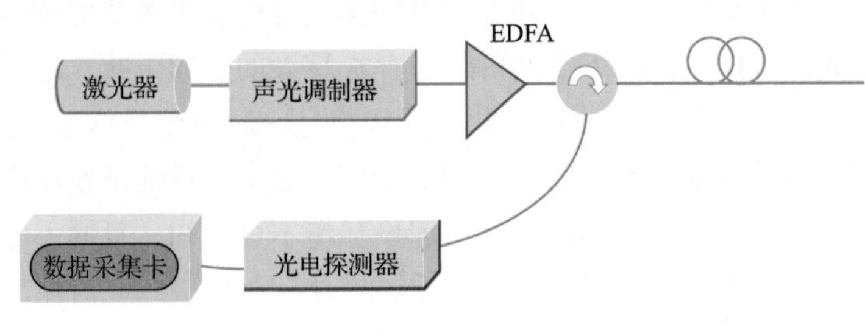

（a）直接探测型

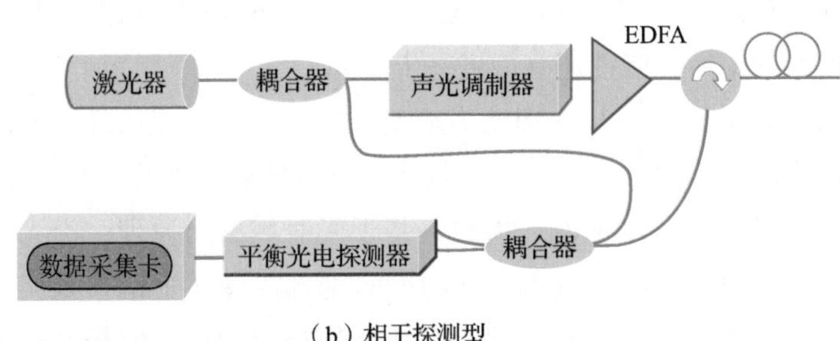

（b）相干探测型

图6－18　Φ-OTDR系统

（图片来源：相位敏感光时域反射仪的信号处理方法综述）

对于Φ-OTDR系统工作原理的详细介绍如下：

信号光的光场表述如下：

$$E_s(t) = A_s\cos(2\pi f_s t + \varphi_s) \tag{6-6}$$

式中，A_s是输入光信号光光场的振幅；φ_s是输入光信号光光场的相位。直接探测到的光的光场强度为：

$$I(t) = E_s^2(t) = \frac{A_s^2}{2} + \frac{A_s^2}{2}\cos(4\pi f_s t + 2\varphi_s) \tag{6-7}$$

当扰动信号（振动、温度、受力、磨损等）作用于传感光纤上时，引起相位φ_s的变化，在探测中，体现为探测信号幅值的变化。间接探测型系统区别于直接探测型系统，在相干探测型系统中，平衡光电探测器还接收了频率为 f_l 的本振光，其光场为：

$$E_1(t) = A_l\cos(2\pi f_1 t + \varphi_1) \quad (6-8)$$

式中，A_l 是输入本振光光场的振幅；φ_l 是输入本振光光场的相位。两束光在光电探测器上混频后光强为：

$$I(t) = A_s^2\cos^2(2\pi f_s t + \varphi_s) + A_s^2\cos^2(2\pi f_1 t + \varphi_l) + 2A_s A_1\cos(2\pi f_s t + \varphi_s)\cos(2\pi f_1 t + \varphi_1) \quad (6-9)$$

式中，$\alpha = e\eta/hv$ 是光电变换的比例常数；e 为电子电量；η 为量子效率；hv 为光子能量。由式 6－9 可知，在相干探测型系统中，可以获取信号的相位与强度信息。扰动信息、扰动类型，可以通过对两种系统收集到的信号强度或相位变化进行建模分析得到。

6.2.2 Φ-OTDR 重要性能参数分析

本节将对 Φ-OTDR 系统中的几个主要性能参数进行分析，主要包括动态范围、传感距离、空间分辨率、误报率和灵敏度等几个方面。

6.2.2.1 动态范围

动态范围是 Φ-OTDR 系统中的重要指标，表征系统的最大测量范围。一般将其定义为：脉冲光刚进入传感光纤产生的后向瑞利散射光功率同噪声的峰值功率差值，单位用 dB 来表示，其公式可以写成：

$$R = \frac{1}{2}10\lg\left[\frac{p_{s_0}}{P_n}\right] \quad (6-10)$$

式中，1/2 这个系数表明 Φ-OTDR 系统只计入单程的信号光；p_{s_0} 指刚进入传感光纤的脉冲光产生的后向瑞利散射光功率；P_n 表示噪声的峰值功率。

想要获得更大的动态范围，一般有以下几种方法：

（1）提高系统的脉冲宽度。通过提高 Φ-OTDR 系统的脉冲宽度，可以提高入纤的脉冲光功率，增强后向瑞利散射信号，能有效地提高系统的动态范围，但对于脉冲宽度的提高有限，过大的脉宽将严重影响系统的空间分辨率；

（2）利用光放大技术提高动态范围。通过光放大，补偿由连续光调制为脉冲光的过程中损失的光功率，可以提高系统的动态范围，但光放大不能过大，光放大过大会在光纤中传播时发生非线性效应，严重影响系统性能，降低系统信噪比；

（3）采用高灵敏度探测器或外差检测的探测方式，这两种方法均是通过提高系统信噪比，提高系统的动态范围。

6.2.2.2 传感距离

传感距离即系统有效探测范围。一般一根光纤同一时刻传播的脉冲光应为不同频率，即单一频率下只能有一束脉冲光传播，这样做的目的是保证干涉能力。因此，注入的脉冲光的频率，即重复频率，成为影响系统传感距离的最直接的因素。分布式振动传感技术系统中对传感距离 L 定义如下：

$$L = \frac{c}{2nf_m} \tag{6-11}$$

式中，c 表示光纤的光在真空中的光速；n 表示纤芯的折射率；f_m 为重复频率。从式 6－11可以看出，系统的传感距离和脉冲光注入的重复频率成反比，即可以通过降低重复频率，达到传感距离延伸的目的。事实上，由于光信号在光纤中存在传输损耗，探测到的后向瑞利散射光强呈指数衰减，另外光纤的熔接以及弯曲也会带来一定的损耗。当光信号衰减到噪声级别时，获得的传感信息将失去意义。除了适当降低重复频率以提升系统的传感距离，也可以引入光放大技术补偿光纤损耗。

6.2.2.3　空间分辨率

空间分辨率定义为所测得测量值在达到最终测量值的10%~90%的上升时间所对应的距离。一般的商用光纤传感系统通常给出了系统的读出分辨率。系统的读出分辨率即时域上相邻两个采样点之间的空间距离，这是由数字示波器或信号采集卡的采样频率所决定的。例如，一个采样频率为20 GHz的示波器，其采样点的时间间隔为50 ps，在传感光纤中的等效空间距离为5 mm，这里读出分辨率同样为5 mm。

在Φ-OTDR系统中，空间分辨率的提高可以通过硬件和软件方式来实现。对硬件来说，可以通过降低系统的脉冲宽度来实现，但是如果脉冲宽度过低，入纤的脉冲光功率将减小，进而影响到系统动态范围。因此，为了有效提高系统的空间分辨率，应当合理选择系统的脉冲宽度。

自Φ-OTDR发明以来，空间分辨率已经由近百米优化至几米，大多是通过减小脉冲宽度或牺牲传感范围实现的。目前来看，减小脉冲宽度可以在一定程度上提升系统空间分辨率，但难以提升至亚米量级。受到脉冲调制速率、脉冲峰值功率等多种因素的影响，通过减小脉冲宽度提升长距离检测的空间分辨率参数的效果十分有限。除此之外，常规系统中的空间分辨率依然受到脉冲宽度的限制。

除了常规的通过减小脉冲宽度来提高空间分辨率的手段外，为了突破脉冲宽度对空间分辨率的限制，人们进行了很多尝试。现有技术提出可以利用扫频脉冲Φ-OTDR技术来解决此问题，这种技术为了达到高信噪比、高空间分辨率的效果的目标，充分利用脉宽内的能量，借鉴脉冲压缩效果显著的线性扫频技术，充分利用微波雷达的相关技术，发送啁啾的探测脉冲，结合匹配滤波器。目前有相关实验验证，利用这一技术分别在19.8 km和75 km传感光纤的无中继放大实验可以实现30 cm和0.95 m的空间分辨率。实验证实，基于扫频脉冲Φ-OTDR技术可以在不牺牲传感范围的前提下有效提升系统的空间分辨率，并首次实现了近百千米光纤长度下亚米量级空间分辨率的传感。

此外可以利用软件方法来处理信号，可以通过信号处理方法提高系统的空间分辨率。为了有效地提高系统的空间分辨率，也可以通过对 Φ-OTDR 振动信号的提取方法进行改进。

6.2.2.4　误报率

误报率是 Φ-OTDR 系统的又一性能指标。在 Φ-OTDR 系统中，误报率同系统性能、振动信号特性及信号处理方法均有很大的关系，这里主要从振动信号特性和信号处理方法两方面来讨论。

对于不同位置、不同类型的振动信号，Φ-OTDR 系统可以很快找出其振动位置，但想进一步确定其振动类型，则需要提取各种不同类型的振动所引起的后向瑞利散射信号的幅度变化情况，建立一个广泛的数据库，以便实时比对。在对振动信号分类来说，不同的 Φ-OTDR 信号处理方法各有其优缺点，如振幅差分法，十分方便快捷，但信噪比不高，误报较为严重；而二维图像边缘检测法，虽然处理起来较振幅差分法麻烦，但其误报率较低。可以将多种信号处理方法结合起来，最终达到降低系统误报率的效果。

6.2.2.5　灵敏度

灵敏度是指在保证误报率为一定值的情况下，能检测到信号的最低接收平均光功率。在 Φ-OTDR 光纤振动传感系统中，灵敏度就是系统对微弱振动信号的响应能力。提高 Φ-OTDR 系统灵敏度可以通过多种方式，如窄线宽光源，光源的线宽越窄，后向瑞利散射信号的干涉作用就越明显，相应地，系统灵敏度也就越高。此外，通过某种方式对传感光纤中的后向瑞利散射信号进行功率补偿，也是一种提高系统灵敏度的方法，如利用双向拉曼抽运技术对信号光进行补偿，极大地提高了系统的灵敏度。

6.2.2.6　响应频率

响应频率用来表征系统能够有效响应的最大频率。在相位解调的过程中，由于系统的激光器噪声、热噪声等噪声的存在，需要采取累加平均的信号处理手段。当对多个采样点取平均值时，也相当于时间域上采样点数的减少，根据香农采样定律，采样率应达到信号频率的 2 倍以上才能保证信号不发生失真，故系统的响应频率表示为系统所能检测到的扰动信号的频率的最大值。响应频率主要受限于输入脉冲光信号的重复频率 f_m。同时，系统一般会对采集到的数据进行累加平均，时间域上的累加平均会导致信号的时域采样点的减少，进一步影响系统的响应频率，设平均次数为 N，则系统的响应频率可表示为：

$$f_{re} = \frac{f_m}{2N} \tag{6-12}$$

式中，f_m 为脉冲光的重复频率；N 是平均次数。由式 6 - 12 可知，为保证系统的响应频率，应当注入足够高的重复频率，同时也可采用滑动平均来代替累加平均以避免时间域上采样点的损失。

与响应频率相关的一个重要参数是系统的响应带宽。对于分布式光纤传感技术，系统的响应带宽受到传感范围的限制，传感范围越大，响应带宽越小。这是因为，一方面，基于振动的大型结构健康检测，对系统的传感范围和响应带宽均提出了较高的要求，如电力电缆的局部放电检测、高压油气管线的泄漏检测等。另一方面，探测脉冲的时间间隔不能小于光在光纤中的往返时间，脉冲重复频率受限。同时，用于提升系统信噪比的累加平均、滑动平均方法进一步限制了系统的有效频率响应范围。如何有效提升系统的响应带宽成为 Φ-OTDR 在这一阶段不可忽视的重要问题。

通常，研究人员为了提升系统响应带宽，采用缩短传感范围、提升系统信噪比等方法，为了提升系统信噪比，降低平均去噪的累加次数。2010 年，Bao 等人采用外差相干探测的方式，实现了 1.2 km 传感范围下 kHz 量级的频率响应；2012 年，他们利用小波去噪技术提升系统性能，在 1 km 传感范围的情况下，实验实现了 8 kHz 频率响应。2013 年，Martins 等人采用半导体光放大器（SOA）提升脉冲消光比来抑制相干噪声，实现了 39.5 kHz 频率信号的检测，传感范围为 1.25 km。这一方法可以有效提升系统响应带宽，但是最大频率响应仍然小于传感范围的限制 c/（4nOL）。

2014 年，Pan 等人在 10 km 传感光纤的实验中实现了 20 kHz 的响应带宽，并较好地重建了 3.4 kHz 方波扰动信号。2015 年，Wang 等人提出了长度带宽积的概念，并在 9.6 km传感范围情况下将响应带宽进一步升至 0.5 MHz，长度带宽积提升 100 倍。2016—2017 年，日本 NTT 公司借鉴该方案，实现了 80 kHz 振动信号的检测，光纤长度为 5 km，较常规 Φ-OTDR 技术，该方案长度带宽积提升了 8 倍。

此外，研究人员将 M－Z 干涉仪与 Φ-OTDR 相结合提升响应带宽，利用干涉仪进行传感，Φ-OTDR 则用于提供扰动位置。

6.2.2.7 信噪比

信噪比（Signal-to-Noise Ratio, SNR）是评估系统信号质量的重要指标，信噪比定义如下式：

$$SNR = 10\log(P_s/P_N) \quad (6-13)$$

式中，P_s 为信号强度；P_N 为噪声强度。

光纤尾端处的光强信号很弱，因为光在传播过程中的固有传输损耗会导致光强衰减，当光纤距离过长时，尾端光信号甚至会淹没在噪声之中，这就导致了光纤尾端的信噪比低于光纤前端的信噪比。

从光学性能的角度，可以利用两种方式将入纤功率提高来达到提升分布式振动传感技术系统中光信号信噪比的目的。一是提高光源的输出光功率，但过高的入纤光功率会导致非线性效应，产生的大量脉冲光的能量发生转移，反而降低了系统的信噪比，并且虽然入纤功率的提高会导致整体光信号抬升，但是随着距离的延长仍然存在“头重脚轻”的现象；二是增大入射脉冲光的脉冲宽度，当脉冲宽度加宽时意味着脉冲内的能量增多，但如上文所述，脉冲光宽度的增大，会导致空间分辨率下降，因此，可以采用分布式放大技术，在光传播的过程中通过提供额外的增益来补偿光纤传输损耗，以实现长距离分布式传感。

为了提高光信号的信噪比，从信号处理的角度，通过数字信号处理的手段是高效且低成本的。其中，将光信号进行累加平均是最简单直接的一种降噪方式，但过多的平均次数会影响系统的响应频率，同时也会削弱待测信号，降低系统灵敏度。此外，在分布式振动传感系统信号处理中，小波变换等算法也已经被证明可以有效提升待测信号质量。

6.2.3　Φ-OTDR 系统噪声来源

虽然基于 Φ-OTDR 的光纤传感技术具有监测范围广、灵敏度高、抗电磁干扰等优点，但在实际应用中，光纤传感技术依然面临以下两个亟待解决的问题：①由于光纤传感是通过测量后向瑞利散射光相位的变化来实现感知的，而外部环境中的扰动事件同样会对光纤中的瑞利散射造成影响。换而言之，光纤传感具有较高的灵敏度，同样会使得其容易受到外界环境的干扰，从而大大降低了光纤传感信号的质量；②光在光纤中传输时会存在一定的噪声，尤其是在接头、熔接点等典型损耗部位，光的强度会进一步受到影响，导致解调出的传感信号信噪比较低，信号质量较差。总体来说，受外部监测环境噪声的影响和光纤传感信号本身特点的制约，采集到的光纤传感振动信号质量差、信噪比低，难以准确地反映被监测对象的状态，严重制约了光纤传感技术的应用场景。影响光纤传感振动信号质量的噪声主要有以下三类。

（1）自然噪声

由于 Φ-OTDR 光纤传感监测技术灵敏度高，任何扰动源产生的振动信号均能被光纤传感感知，导致实际采集到的传感信号包含大量环境振动干扰，影响了光纤传感振动信号的质量。

（2）衰减噪声

由于传感监测光纤通常与被监测物间存在一定的距离，振动信号经介质传递到传感光纤时衰减严重，导致实际采集到的传感信号能量弱、幅值低，质量较差。

（3）模式噪声

由于不同传感光纤间耦合程度、耦合面积和耦合方式存在差异，光信号在不同光纤中传输频率发生漂移，导致在光纤接头处形成寄生调幅，成为影响光纤传感振动信号质量的噪声。

针对分布式光纤信号的降噪问题，国内外研究机构进行了一系列的研究。噪声会使高质量分布式光纤信号变为受噪声污染的含噪信号，当前分布式光纤信号的降噪方法分为两类：空间域降噪方法和变化域降噪方法。空间域降噪方法主要指线性滤波技术，线性滤波技术无法彻底去除分布式光纤信号中的噪声，难以获得满意的分布式光纤信号去噪效果。变化域降噪方法主要通过一定的变换技术对分布式光纤信号进行处理，实现有用信号和噪声的分离，主要有中值滤波器、傅里叶变换、小波变换等方法，其中中值滤波器易将一些近似噪声的有用信号误当作噪声去除，使得信号的信噪比严重下降；傅里叶变换将分布式光纤信号映射到频域内进行处理，但是其只能对平稳的分布式光纤信号进行去噪，对于非平稳性的分布式光纤信号无法实现去噪；小波变换具有较好的时频特性分析功能，相对于传统滤波技术，可以达到较优的分布式光纤信号降噪效果，但在实际应用中，小波变换分解信号的精细度有限，运算速度慢，而且难以与其他方法相结合，容易平滑掉突变信息，因此分布式光纤信号的去噪效果有待进一步改善。

基于以上考虑，本书重点研究光纤传感振动信号去噪技术。鉴于采集到的光纤传感振动信号同时包含时间、距离和相位信息，与灰度图像中包含的长、宽和像素值信息维度一致，因此可以将采集到的光纤传感振动信号看作“图像”进行处理；相比单变量时间序列处理方法，二维信号处理方法可以充分利用数据间的潜在状态和共现关系，具有明显的优势。因此，本书实例中采用二维处理方法中的卷积神经网络对光纤传感振动信号进行处理。该方法通过建立类人脑信息处理机制的网络模型，采取高效的学习策略逐级提取数据的高维特性，可以拟合复杂的非线性函数，具有传统信号处理方法无法比拟的优势。通过本书实例方法的结果分析，该方法提高了光纤传感振动信号的质量，提升了信号的信噪比，使得基于 Φ-OTDR 的光纤传感技术具有更广的监测范围和更加成熟的应用场景。

第七章

光纤传感振动信号优化方法

第 6 章主要介绍了常见的分布式光纤传感技术的原理和发展现状，着重介绍了光纤分布式振动传感的发展现状和制约因素，最后分析了 Φ-OTDR 噪声原理来源，并举例说明重要性能参数及优化方法思路等。本章主要介绍振动信号的软硬件优化方法与行为检测方法，并详细介绍了振动信号的模式识别方法，最后着重介绍了优化光纤传感信号的二维处理方法。

7.1 硬件设备优化方法

在光纤传感系统中，环形激光器和声光调制器发挥着重要作用。石开河等人在对环形锁模激光器结构进行分析的基础上，设计了一种可补偿像散的激光谐振腔，可以输出低时间抖动、高重复率、质量较好的超短脉冲源，提高了光纤传感信号的质量。Zhang H. W. 等人基于掺铒光纤激光器的速率方程，建立了多通道内腔光谱技术（ICST）的分析模型。在考虑放大自发辐射的情况下，分析了模式竞争对稳定输出迭代过程的影响，实现了传感通道的自动调谐，提高了光纤传感信号的质量。Zhang L. Q. 等人提出了一种自动功率稳定（功率波动 <0.155 dB）、窄线宽（0.0171 nm）、波长可调谐（10.69 nm）的掺铒光纤激光器，在室温下工作的功率波动 <0.155 dB，中心波长漂移 <0.19 nm，提高了光纤传感信号的质量。张成等人提出了一个以波长 λ 与功率 P 作为输出量，以驱动电流 I 与温度 T 作为输入量的 2×2 关系矩阵，利用这个关系矩阵，直接计算出调谐驱动电流与温度的最佳值，使得激光器调谐过程变得更加高效准确。Shi J. 等人提出了一种基于光纤环形激光器（Fiber Ring Laser，FRL）内腔传感的高分辨率测量方法，采用内腔传感技术，提高了光纤传感信号的质量，将传感系统的温度分辨率数量级从 10^{-3} 提高到 10^{-6}。李晓风等人设计了一种基于腔内全光纤模式复用器/解复用器（MUX/DEMUX）的单模环形光纤激光器，实现可切换的 LP_{01} 模、LP_{11} 模、LP_{21} 模及混合模式的激光输出，极大地改善了波长偏移问题。Wan H. D. 等人提出了一种基于稀土光纤双花生结干涉仪（Rare earth-Doped，Double-Peanut Fiber Interferometers，

RD-DPFIs）的单波长光纤环形激光器。该激光器具有较高的输出稳定性和成本效益，可用于光通信和传感系统。Chu T. W. 等人深入研究了初始光功率、腔损耗、测试气体浓度和掺铒光纤放大器位置对系统性能的影响，通过引入掺铒光纤放大器（EDFA）实现高灵敏度的光纤腔增益，提高了光纤传感信号的质量。周飞等人提出了一种基于 Sagnac 环的波长可调谐的单双波长光纤激光器，采用环腔结构，使得光谱稳定性在室温情况下表现良好。Yang S. W. 等人提出了一种基于掺铒光纤放大器（Erbium Doped Fiber Amplification，EDFA）和光纤环形微波光子滤波器（Microwave Photonic Filter，MPF）的温度传感方案，通过在光纤环中引入传感元件，有效地抑制光纤环的损耗，提高光纤传感信号的质量。Liaw S. K. 等人提出了一种基于半导体光放大器（Semiconductor Optical Amplifier，SOA）的光纤环形激光器，光信噪比（Optical Signal-to-Noise Ratio，OSNR）为 63. 56 dB，极大地提高了光纤传感信号的质量。

Song G. B. 等人利用两个增益光纤产生的二阶斯托克斯光作为微波信号，避开了低频噪声区，信噪比高达 39 dB，提高了信号的质量。唐明等人提出了级联式和并联式无限冲激响应微波光子滤波器（Infinite Impulse Response Microwave Photonic Filter，IIR-MPF），将其应用于空分复用相干光传输系统中，实现可重构的芯间信号切换，该方案具有高达 39 dB 的切换消光比。Cai Y. F. 等人在光学结构中增加了与信号干涉仪参数相同的参考干涉仪，通过放置的两个 3 × 3 耦合器分别对感测信号和噪声信号进行解调，信噪比平均提升了 23 dB。Bai Y. 等人提出了一种基于 Sagnac 干涉仪的环形腔单模光纤激光器，在室温下，该激光器在 1988. 21 nm 的共振波长下稳定工作，光信噪比约为 55 dB，提高了光纤传感信号的质量。Martins H. F. 等人通过在传感光纤中建立超长拉曼光纤激光腔（Ultra-long Raman Fiber Laser，URFL），使得传感信号中的相对强度噪声被完全消除，光信噪比提高了 3 dB。Yu X. 等人提出了一种基于非本征法布里—珀罗干涉仪的自滤波高分辨率蓝宝石光纤传感器，通过滤除由异质光纤拼接和光纤尖部反射引起的输入光串扰噪声，获得更高质量的信号。Mao L. M. 等人提出了一种基于半导体光放大器（Semiconductor Optical Amplifier，SOA）的光纤环形激光器（Fiber-Ring Laser，FRL）用于动态应变传感器系统，该传感系统对动态应变信号具有良好的响应，客观地提高了光纤传感信号的质量。Peng Z. Q. 等人利用超快激光直写技术，在石英光纤中获得 45 dB 以上的瑞利散射增强，以改善后向散射信号，提高信噪比。王枫等人提出了一种结构简单的双波长光纤激光器，以一对双波长掺铒光纤重叠光栅为波长选择器件，以掺铒光纤为增益介质，提高了光纤传感信号的质量。孙俊杰等人设计了环形腔掺铒光纤激光器，利用 π 相移光纤光栅的窄带滤波特性提高了光纤传感信号的质量。

虽然上述方法在一定程度上能够提高光纤传感信号的质量，但相较于信号处理的方法，通过提高光纤系统中激光器和其他光电系统精度来提高光纤传感信号质量的方法受到的制约因素较多，导致该方法不仅成本较高，而且信号增益有限，应用场景进一步受到制约。

7.2 噪声补偿与消除

7.2.1　光源频漂噪声补偿

7.2.1.1　二次差分法

相位敏感光时域反射（Φ-OTDR）技术在利用光波的相位信息对振动信号进行感知时，对光源频率稳定性的要求很高。激光源的频漂（LFD）是影响Φ-OTDR性能的关键因素，它会引起信号波动，严重限制系统的低频测量能力。Φ-OTDR系统中，探测脉冲内大量散射点共同作用的等效相位与探测位置、外部扰动和激光频率有关，当激光频率发生改变时，等效相位也会发生变化，由于激光频移是一个缓慢的过程，因此它影响的是低频探测能力。有团队提出了一种二次差分法来补偿Φ-OTDR中激光频率漂移的影响。

在外差Φ-OTDR系统中，由探测器接收到的拍频信号可以表示为：

$$I(z,t) \propto Q(f)\cos\left[\frac{4\pi n}{c}f(t)z - 2\pi f_{AOM}t + \varphi(t) + \theta_R(f(t),\mathrm{z})\right] \tag{7-1}$$

式中，n是折射率，f_{AOM}是拍频，$f(t)$是激光频率，z是探测器接收信号处对应的光纤位置，$\varphi(t)$是外部扰动引起的相位变化，$\theta_R(f(t),z)$是由大量散射点共同引起的等效相位。由于激光频漂（LFD）的影响，$f(t)$随着时间改变，在解调相位结果中引入额外的时变项$\left[\frac{4\pi n}{c}f(t)z+\theta_R(f(t),\mathrm{z})\right]$，这就在低频区域产生了一个噪声底，限制了Φ-OTDR在测量小的低频扰动时的性能。

在实际进行相位解调操作时，需要选择两个位置A和B进行差分操作，从而得到AB之间的相位变化，A和B在扰动区域两侧，同时A和B之间的长度D_{AB}需要大于受扰动的光纤长度和空间分辨率，确保能够提取出扰动信号。进行差分操作后AB之间的相位差可表示为：

$$\Delta\Phi_{AB}(t) = \frac{4\pi n}{c}D_{AB}f(t) + \varphi(t) + \theta_R(f(t),\mathrm{z}_B) - \theta_R(f(t),\mathrm{z}_A) \tag{7-2}$$

显然，差分操作大大降低了LFD产生的常见噪声和位置A前其他环境扰动产生的影响，但LFD对区域AB间的影响仍不可忽略。因此，在此差分运算后的测量结果中仍然存在低频噪声。

二次差分的原理如图 7-1 所示。在非振动区域选取另外两个参考点 C 和 D，CD 间的距离与 AB 间的距离一致，由于探测脉冲在整个光纤上产生的后向散射信号具有相同的频率，所以 C 和 D 之间的相位差值结果也包含了 LFD 引起的相位噪声，CD 间进行差分操作，得到 $\Delta\Phi_{CD}(t)$，然后再与 $\Delta\Phi_{AB}(t)$ 进行差分，以此消除长度 D_{AB} 上的相位噪声。$\Delta\Phi_{CD}(t)$ 的表达式为：

$$\Delta\Phi_{CD}(t) = \frac{4\pi n}{c}D_{CD}f(t) + \theta_R(f(t), z_D) - \theta_R(f(t), z_C) \tag{7-3}$$

然后将 t_2 时刻的作差结果与 t_1 时刻的作差结果相减，就可以得到 AB 间 t_2、t_1 时间段的相位变化：

$$\begin{aligned} &[\Delta\Phi_{AB}(t_2) - \Delta\Phi_{AB}(t_1)] - [\Delta\Phi_{CD}(t_2) - \Delta\Phi_{CD}(t_1)] \\ &= \varphi(t_2) - \varphi(t_1) + \Delta\theta_R \end{aligned} \tag{7-4}$$

式中，$\Delta\theta_R$ 为：

$$\begin{aligned} \Delta\theta_R = &\{[\theta_R(f(t_2), z_B) - \theta_R(f(t_1), z_B)] - [\theta_R(f(t_2), z_A) - \theta_R(f(t_1), z_A)]\} \\ &- \{[\theta_R(f(t_2), z_D) - \theta_R(f(t_1), z_D)] - [\theta_R(f(t_2), z_C) - \theta_R(f(t_1), z_C)]\} \end{aligned} \tag{7-5}$$

可以看出，由 LFD 引起的相位噪声项 $\frac{4\pi n}{c}D_{AB}f(t)$ 已被消除，但出现了一个新的噪声项 $\Delta\theta_R$，显然当 $\Delta\theta_R$ 远远小于 $\frac{4\pi n}{c}D_{AB}f(t)$ 时，该方法可以有效地抑制 LFD 引起的相位噪声。由于 $\theta_R(f(t), z)$ 的随机性，需要在实验中研究 $\Delta\theta_R$ 的影响。

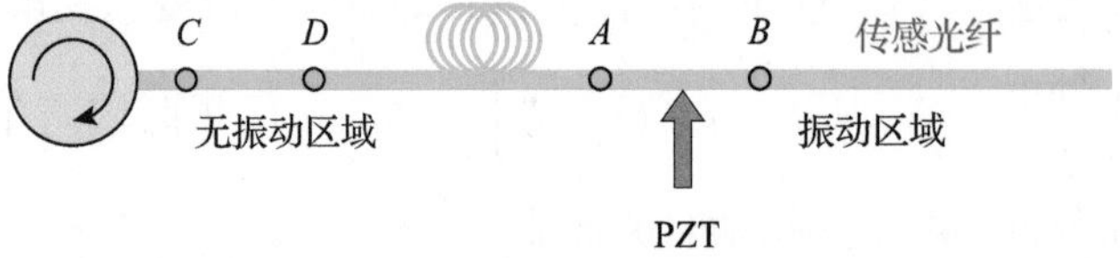

图 7-1　二次差分算法原理图

本书设计了如图 7-2 所示的实验验证装置。该装置是一个外差 Φ-OTDR 系统，一个线宽为 100 Hz、中心波长为 1550.12 nm 的窄线宽激光器的输出光波通过 90:10 耦合器分成两路，90% 的那路光波被 AOM 调制成探测脉冲，AOM 也向光波引入了 40 MHz 的频移，脉冲宽度为 100 ns，对应空间分辨率为 10 m，10% 的那路光波作为参考光波，探测脉冲经 EDFA 放大后，通过环形器进入传感光纤中。返回的背向瑞利散射光通过一个 3 dB 耦合器与参考信号混合，并用平衡光电探测器接收其拍频信号。将 PZT 放置在待测光纤大约 5 km 处。

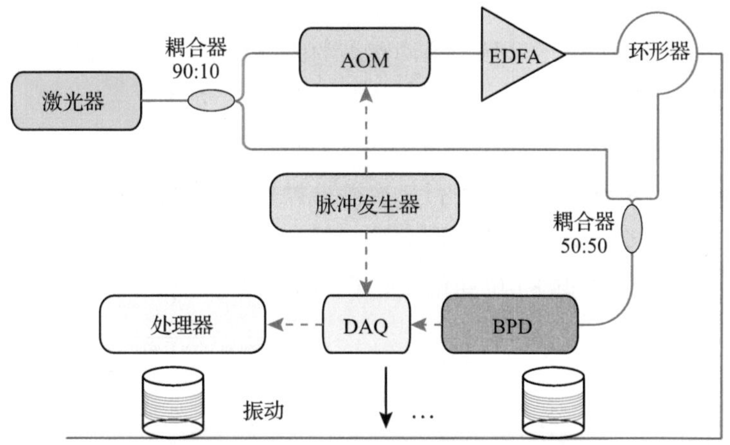

图 7－2　实验验证装置

在 PZT 上施加一个 0.5 Hz 的正弦信号，探测器接收到的拍频信号如图 7－3 所示。

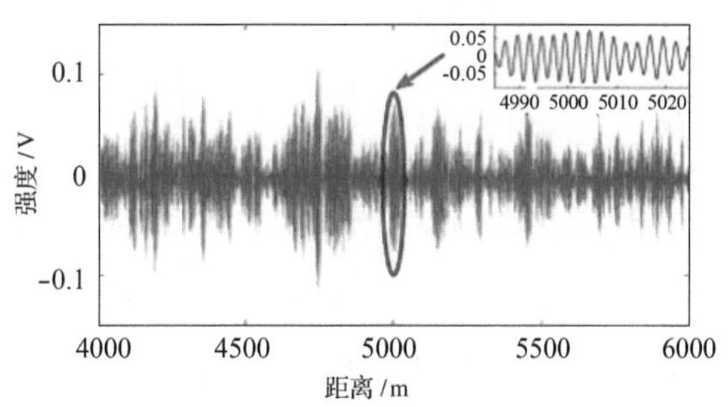

图 7－3　沿光纤分布的相干信号

不进行差分操作时，解调结果如图 7－4 所示。图 7－4（a）中无法解调出正确结果，进行差分操作时，可以解调出正弦信号，如图 7－4（b）所示，但其中包含一个缓慢向下的分量。该分量不在驱动信号中，是低频噪声，主要是由 LFD 引起的。

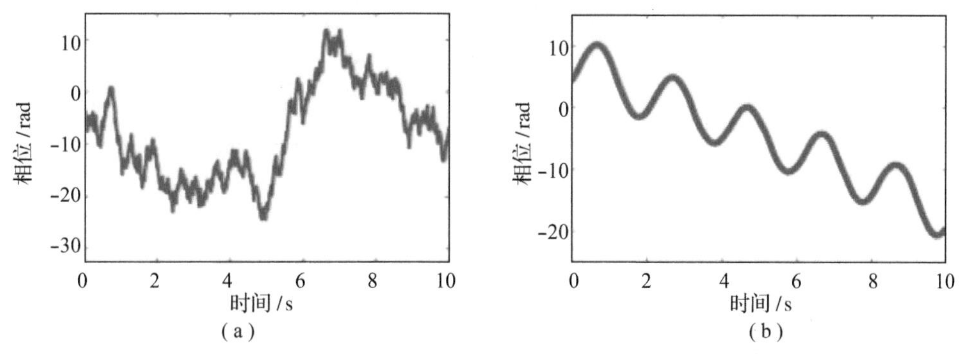

图 7－4　在 5.1 km 附近进行差分操作前后的相位信号

在无扰动时，使用差分操作观察 LFD 引起的相位噪声，选择进行差分操作的两点距离都是 80 m，如果两点间的区域与另两点间的区域相距很近，则 LFD 引起的相位噪声相似，而在距离较远的情况下，相位噪声的差异较大，如图 7-5（a）所示。图 7-5（b）为使用二次差分法后的相位解调结果，蓝色曲线是进行差分操作的两点与另外进行差分操作的两点距离很近时，进行二次差分操作的结果，红色曲线是进行差分操作的两点与另外进行差分操作的两点距离较远时，进行二次差分操作的结果，可以看出对于蓝色曲线，LFD 引起的相位变化降低了 95% 以上。

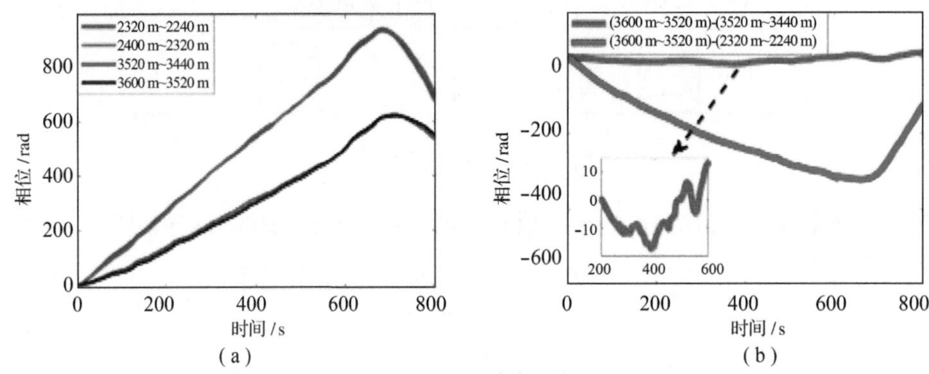

图 7-5　一次差分和二次差分后，在光纤不受扰动位置处的相位信号对比

对实际振动信号进行二次差分法，图 7-6 中的蓝色曲线为差分法的结果，黑色曲线为对选择的参考区域进行差分法的结果，其相位变化与原始信号的向下分量（蓝色曲线）一致，红色曲线为二次差分法的最终结果，可以看出对 LFD 引起的低频噪声抑制效果明显。

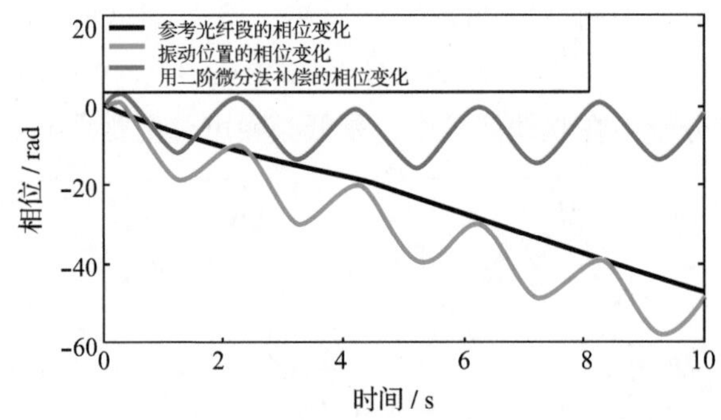

图 7-6　二次差分法解调前后得到的不同频率振动信号对比

为了验证该方法的局限性，在压电陶瓷上加入了许多不同频率和振幅的驱动正弦信号，实验中测得了在 PZT 上施加 0.05 V（对应于 5.9 nε 应变），0.1 Hz 的正弦信号，如图 7-7 所示，说明用二次差分法仍然可以很好地检测出慢而小的正弦信号。

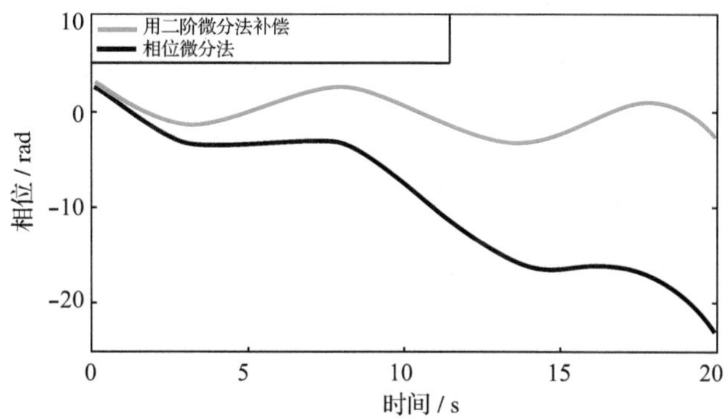

图 7-7　二次差分法对 0.1 Hz 振动的解调结果

用步进电机对光纤进行慢速驱动，测试二次差分法对准静态微扰的效果，并与 M-Z干涉仪（MZI）的测量结果（参考信号）进行比较，MZI 的两臂长度几乎相等，以避免 LFD 的影响。结果显示，虽然差分法（红色曲线）可以显示拉伸引起的相位变化，但拉伸前后的稳定状态给出了误导信息，从拉伸前的向下斜率和拉伸后的向上斜率可以判断，差分法对拉伸引起的应变估计过高，同时，二次差分法（蓝色曲线）与参考信号具有良好的一致性。结果显示，拉伸前后的稳定状态与参考信号的相位变化相似，说明二次差分法对抑制 LFD 引起的噪声的有效性。

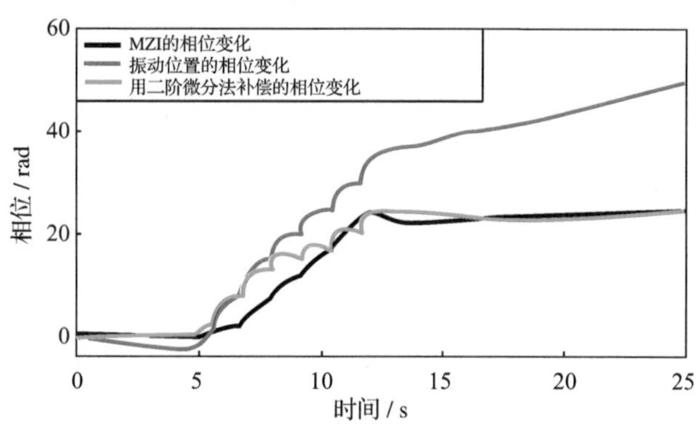

图 7-8　二次差分法对静态应变的解调结果

本书在传统的 Φ-OTDR 系统中提出了一种二次差分方法来消除 LFD 的影响。该方法能有效地补偿 LFD 引起的相位变化。它不需要任何额外的元件，因为选择二次差分法的参考信号可以直接从传感信号中提取出来。实验表明，该方法能有效地降低低频噪声的幅值，降低幅度达 95% 以上。因此，该方法对低频和准静态微扰的测量非常有益。

7.2.1.2　辅助干涉仪法

本书提出了另外一种利用辅助 M-Z 干涉仪（MZI）来补偿频率漂移影响的方法，

也可对激光器频漂进行补偿，有效提高 Φ-OTDR 系统对低频信号的探测能力。该方法通过接收辅助 MZI 的信号，对频率漂移进行连续监测，然后对传感路径得到的信号进行校正。

由于激光频率的漂移，$\frac{4\pi n}{c}D_{AB}f(t)+\theta_R(f(t),z_B)-\theta_R(f(t),z_A)$引起了一个噪声项，实验结果表明，激光频移引起的噪声主要是低频噪声，影响 Φ-OTDR 测量小的低频扰动。

本书提出的利用 MZI 补偿频率漂移的基本思想是实时监测激光频率。一旦频率已知，就可以推导出由频率漂移引起的相位变化。将该相位变化从解调相位中减去，就可以得到由微扰引起的实际相位变化。基于辅助 MZI 的激光频移补偿系统如图 7－9 所示。

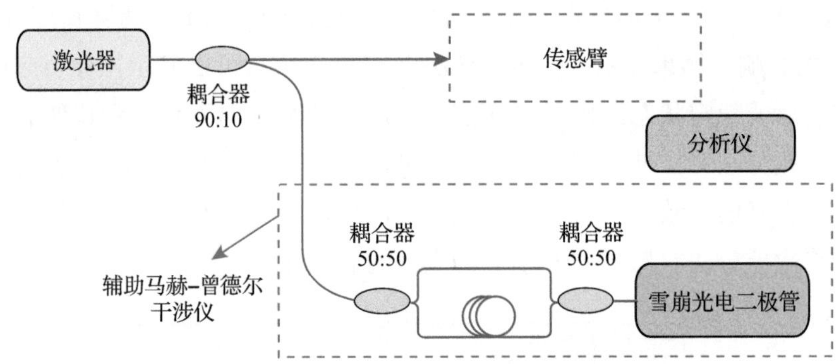

图 7－9　基于辅助干涉仪补偿的 Φ-OTDR 系统

该辅助 MZI 由两臂组成，在其中一臂插入长度为 D_{MZI} 的延迟光纤，这样从 MZI 输出的信号为：

$$I_{MZI}(t)=P_1+P_2\cos[2\pi nD_{MZI}f(t)/c] \tag{7-6}$$

式中，P_1 为干涉信号的直流分量，P_2 为交流分量的幅值，两者都可以在预测量中得到。对于一个特定的 MZI，P_1、P_2 和 D_{MZI} 为常数，所以式 7－6 中激光频率 $f(t)$ 与光强 $I_{MZI}(t)$ 直接相关，由 $I_{MZI}(t)$ 可得辅助 MZI 中的相位为：

$$\Phi_{MZI}(t)=\text{unwrap}\left\{\arctan\left(\frac{\text{Hilbert}[I_{MZI}(t)-P_1]}{I_{MZI}(t)-P_1}\right)\right\}=2\pi nD_{MZI}f(t)/c \tag{7-7}$$

所以，激光频率在 t_1 到 t_2 时刻的变化可表示为：

$$\Delta f(t_2,t_1)=f(t_2)-f(t_1)=[\Phi_{MZI}(t_2)-\Phi_{MZI}(t_1)]c/2\pi nDD_{MZI} \tag{7-8}$$

这样在 t_1 到 t_2 时刻使用差分法得到的光纤段 AB 间的相位变化为：

$$\begin{aligned}&\Delta\Phi_{AB}(t_2)-\Delta\Phi_{AB}(t_1)-\frac{2^*D_{AB}}{D_{MZI}}[\Phi_{MZI}(t_2)-\Phi_{MZI}(t_1)]\\&=\varphi(t_2)-\varphi(t_1)+[\theta_R(f(t_2),z_B)-\theta_R(f(t_1),z_B)]-[\theta_R(f(t_2),z_A)-\theta_R(f(t_1),z_A)]\\&=\Delta\varphi(t_2,t_1)+[\theta_R(f(t_2),z_B)-\theta_R(f(t_1),z_B)]-[\theta_R(f(t_2),z_A)-\theta_R(f(t_1),z_A)]\end{aligned} \tag{7-9}$$

式中，$\Delta\varphi$（t_2，t_1）是外部扰动引起的相位变化，但是该方法不能消除［θ_R（f（t_2），z_B）$-\theta_R$（f（t_1），z_B）］－［θ_R（f（t_2），z_A）$-\theta_R$（f（t_1），z_A］的影响，该值与大量局部散射中心的散射特性和空间分辨率有关，为了探究该值的影响，用数值仿真的方法，根据光的传播公式 $E=A\cos$（$wt-kz$），则第 i 个散射点的场强为：

$$E_i(t,z)=r_i{}^*\cos[2\pi(c/\lambda_0+\kappa t)t-4n\pi(c/\lambda_0+\kappa t)\cdot(z+l_i)/c] \tag{7-10}$$

式中，r_i 是第 i 个散射点的背向散射系数，值取 0 到 1，κ 是频漂速度，l_i 是第 i 个散射点离位置 z 的距离，则空间分辨率内所有散射点合成场强为：

$$E(t,z)=\sum_{i=1}^{D^*L_s}E_i(t,z) \tag{7-11}$$

式中，D 为散射点密度，Ls 为空间分辨率，则在位置 z 处所有散射点共同作用下的相位为：

$$\Phi(t,z)=\text{unwrap}\left\{\arctan\frac{Hilbert[E(t,z)]}{E(t,z)}\right\} \tag{7-12}$$

仿真时让 z 为 0 方便计算，空间分辨率不变时实际效果是一致的。图 7－10 给出了由激光频移引起的散射信号等效相位演化的 5 个仿真结果。在每次模拟中，后向散射系数和后向散射体的分布是不同的。可以看出，相位变化随频漂波动的总体趋势是单调的，且相位变化有小的随机波动，这是因为散射信号是大量随机后向散射脉冲的综合结果。同时，在相同的参数下，等效相位 θ_R（f（t），z）引起的相位变化约为 15 rad，而$\frac{4\pi n}{c}D_{AB}f$（t）引起的相位变化约为 62.8 rad。

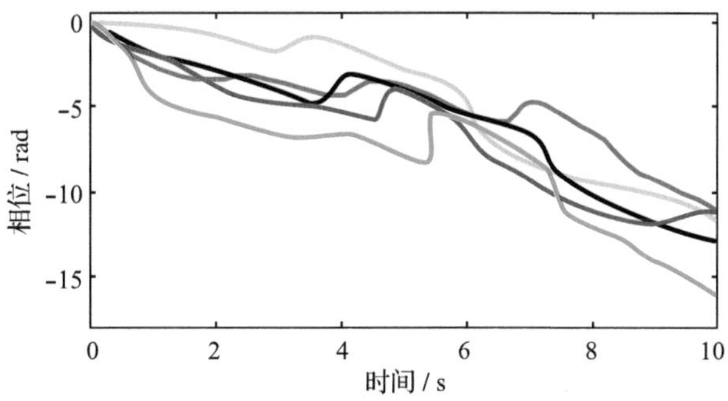

图 7－10　叠加在一起的散射信号整体相位随频漂波动的模拟结果

由于 $\theta_R(f(t),z)$ 项对于不同的局部散射参数有相似的总体趋势，所以 $[\theta_R(f(t_2),z_B)-\theta_R(f(t_1),z_B)]-[\theta_R(f(t_2),z_A)-\theta_R(f(t_1),z_A)]$ 引起的相位变化会远远小于 $\frac{4\pi n}{c}D_{AB}f(t)$ 引起的相位变化。

验证实验装置如图 7－11 所示，在外差 Φ-OTDR 系统中加入了辅助 M－Z 干涉仪（MZI）系统。

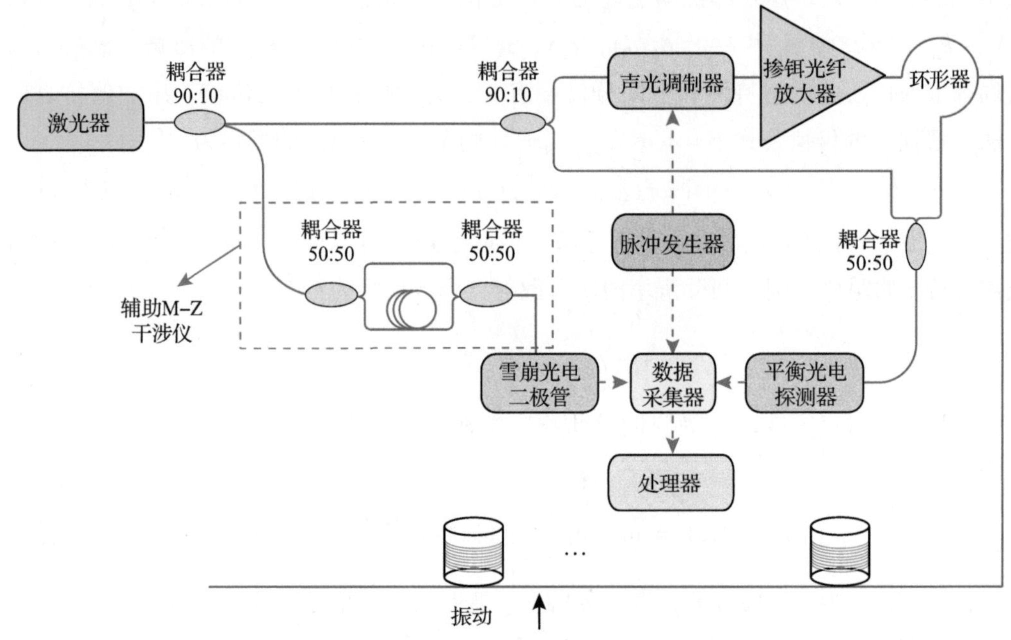

图 7－11　M－Z 干涉仪辅助的 Φ-OTDR 系统

实验中收集到的拍频信号和外差解调结果如图 7－12 和图 7－13 所示，可以看出解调信号中有一个向下的分量。

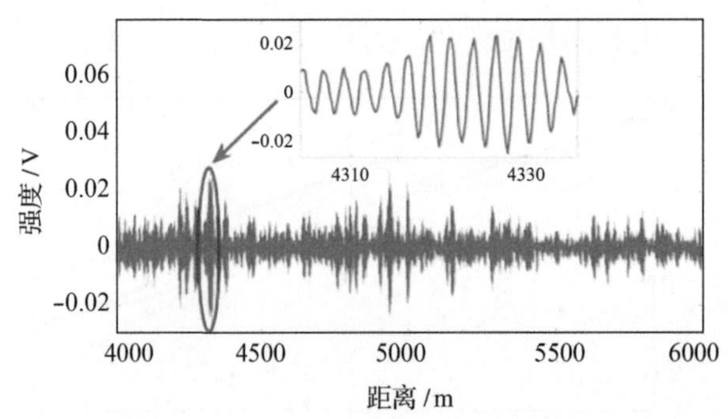

图 7－12　Φ-OTDR 的时域信号

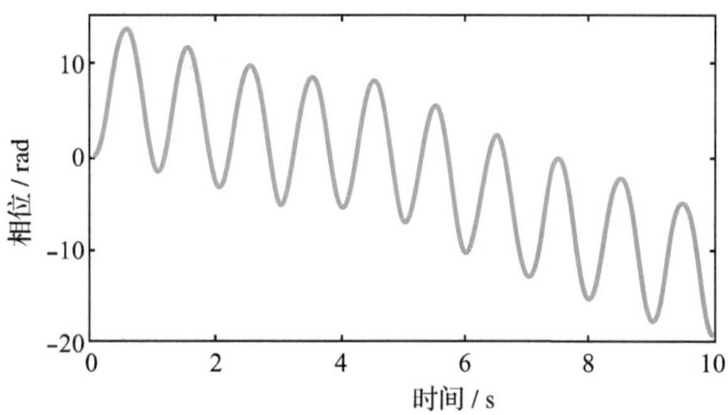

图 7－13　采用差分法得到的 5.1 km 处的相位变化

在正式测量前，先进行 10 s 的预测量，由辅助 MZI 系统得到 P_1、P_2 的值。在正式测量时，取每个探测脉冲发出后由 MZI 获得的前 50 个数据的平均值来跟踪激光频漂波动。辅助 MZI 系统输出的信号如图 7－14（a）所示，由输出信号推导出的激光频漂波动引起的相位变化如图 7－14（b）所示。

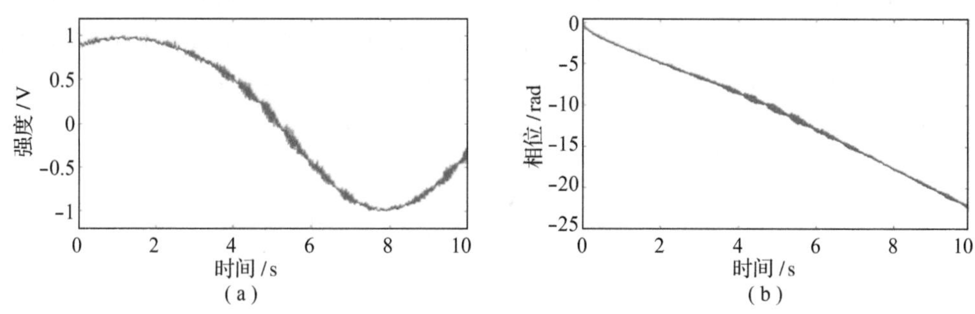

图 7－14　辅助干涉仪的输出信号和解算出的由光源频漂引起的相位变化

使用辅助 MZI 补偿频漂波动后最终输出信号有很好的效果，如图 7－15 所示。

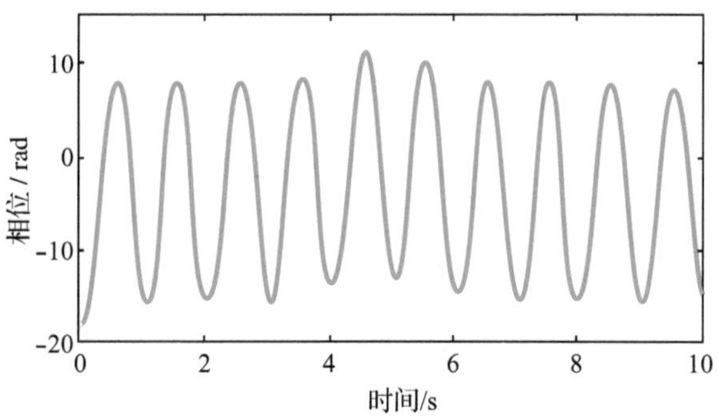

图 7－15　辅助干涉仪补偿后最终得到的相位变化

为了验证该方法的有效性，对几种不同频率的振动进行了测试。图 7－16（a）为频率分别为 0.2 Hz 和 0.5 Hz 的两种振动的时域结果，结果表明，所提出的补偿方法能较好地补偿由频漂波动引起的相位噪声，且解调结果与驱动信号吻合良好。同时，从图 7－16（b）所示的功率谱中可以看出，直流波段附近的噪声得到了明显的抑制，尤其在 0.5 Hz 附近，低频噪声降低了 10 dB。

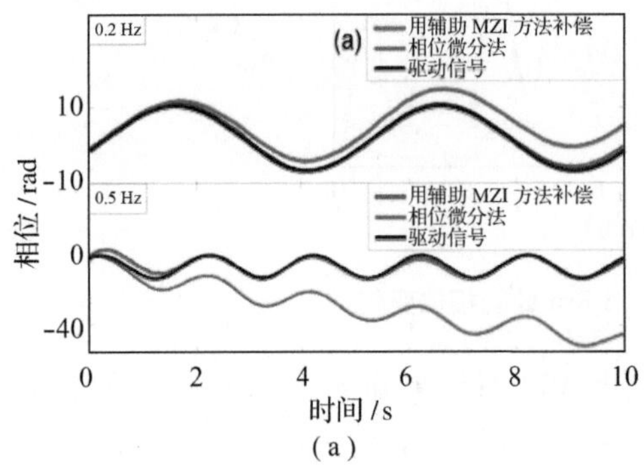

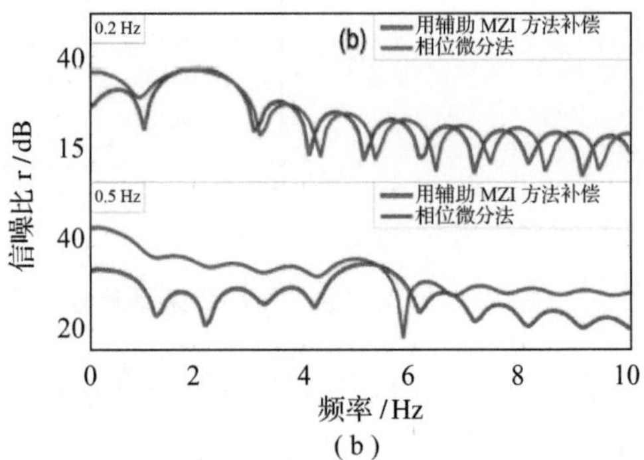

图 7－16　补偿前后的测量波形和功率谱

为了验证该方法的局限性，在 PZT 上施加频率为 0.1 Hz，振幅为 0.05 V，对应于 5.9 nε 应变的正弦信号，所提出的方法仍然可以检测到较慢且较小的正弦信号。图 7－17为测量得到的结果，可以看出补偿后可以很好地测得低频振动的信号。

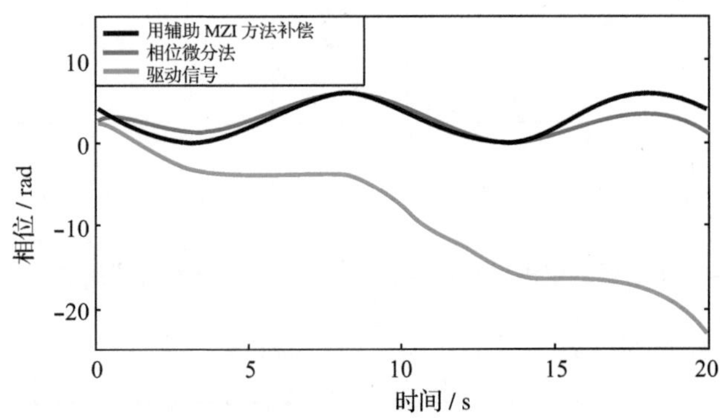

图 7－17　对 0.1 Hz 信号的测量结果

当频率漂移方向发生变化时，验证该方法还是否有效，选择在没有外界干扰的情况下进行测量，持续时间为 1000 秒。图 7－18 中的蓝色曲线为差分法的结果，红色曲线为使用 MZI 的结果，从曲线中可以看到频漂波动的方向在 700 秒左右发生变化，在频移方向改变前，MZI 的相位与差分相位吻合较好，而在频移方向改变时，两条曲线发生了偏移。因此，该方法仅在激光频率单向漂移时有效。

本书提出了一种在传统的 Φ-OTDR 系统中使用辅助 M－Z 干涉仪（MZI）来补偿激光频率漂移影响的方法。利用辅助 MZI 对频漂波动进行跟踪，然后利用跟踪结果对主信号进行相位校正。通过一系列实验验证了该方法的有效性。在极限试验中，频率为 0.1 Hz、振幅为 5.9 nε 的振动被成功地检测到。

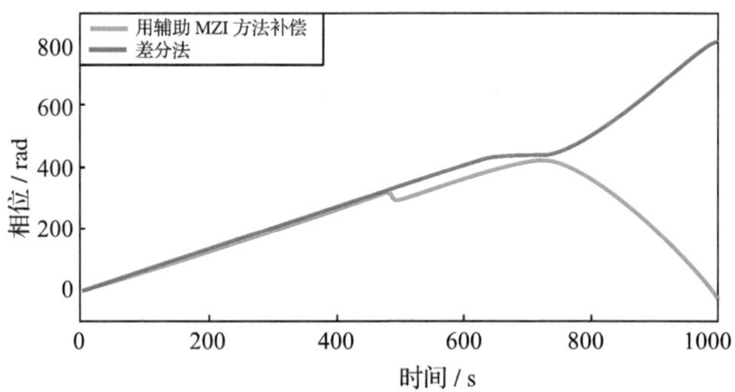

图 7－18　差分法和 MZI 辅助干涉仪法的比较

7.2.2　衰落噪声抑制

7.2.2.1　基于空分复用的衰落噪声消除

相位敏感光时域反射探测脉宽内多个散射位置产生的背向瑞利散射（RBS）光的干涉对外部扰动进行传感，RBS 的相位变化与外界扰动成线性关系，通过解调 RBS 的相位，即可获得外界的扰动信息。然而 RBS 轨迹是锯齿状的，在不同位置产生的大量背向瑞利散射光之间会出现相干衰落的问题，导致瑞利衰落噪声（RFN）的出现，瑞利衰落噪声是后向散射信号的波动，它会造成一些低强度区域，这些区域可能接近甚至低于系统噪声底，这使得系统在这些低强度区域很难正确解调相位信号，从而产生错误的测量结果。

本书提出了一种基于多芯光纤（MCF）的空分复用（SDM）Φ-OTDR 技术，并提出了一种方法，基于频谱相似性的方法来处理由空分复用获得的几个独立信号，从中选择相似性强的两个信号取其平均值作为输出信号。

如图 7－19 所示，若 A 段和 B 段中间距离为 L，当振动存在于 A 段和 B 段中间时，会导致长度变化，从而导致相位变化为：

$$\Delta\varphi = \frac{4\pi n}{\lambda}\Delta L \tag{7-13}$$

在进行相位解调时，强度噪声会转变为相位噪声，当背向瑞利散射光进入死区时，信号强度的信噪比将会降低，此时使用差分法解调出的相位信号会出现失真，相位信噪比与选择的差分位置的信号幅度有关，表示为：

$$SNR_{\varphi} = \frac{\sigma_{\varphi}^2}{\sigma_n^2[1/A^2(t_1) + 1/A^2(t_2)]} \tag{7-14}$$

式中，σ_n^2 与 σ_{φ}^2 分别是噪声强度与外部干扰的方差，$A(t_1)$ 与 $A(t_2)$ 分别代表选择的差分位置的信号幅度，可以看出 $A(t_1)$ 与 $A(t_2)$ 越大，相位信噪比越强。由于光纤个体间的差异，不同光纤通道中背向瑞利散射光的起伏状态不同。

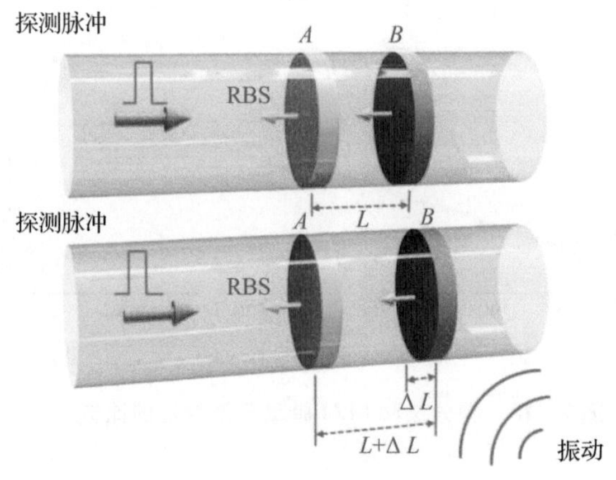

图 7－19　多芯光纤的空分复用 Φ-OTDR 技术原理

图 7－20 中绿色实线为多芯光纤中第 1 根光纤解调得到的归一化幅度曲线，黄色实线为多芯光纤中第 2 根光纤解调得到的归一化幅度曲线，红色虚线为设置的阈值，为了得到一个好的解调相位结果，阈值需要保证在其以上区域的输出端至少有 10 dB 的信噪比。

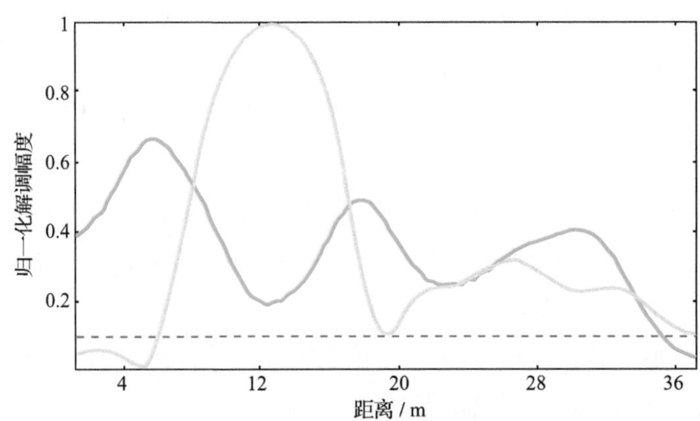

图 7－20　不同纤芯中信号幅度的波动情况

为了选择最优的信号进行振动信号重构，有两种方法，一种方法是动态选择解调幅度大的光纤中的信号，此处解调出来的相位信号噪声低。另一种方法是先对光纤 1、2，一直到光纤 n 中的信号进行 IQ 解调，当重构的信号质量好的时候，它们的频谱特性会非常相似，而当重构的信号有较多的噪声干扰时，因为噪声的随机性，其频谱特性相似度会变低，所以可以选择一个短的时间窗口，对其进行快速傅里叶变换，求两两光纤中频谱特性的相似度，并以相似度最高的两根光纤中的信号的平均值作为输出信号，其相关系数算法为：

$$\rho(A,B) = \frac{1}{N-1}\sum_{i=1}^{N}\overline{\left(\frac{A_i - \mu_A}{\sigma_A}\right)}\left(\frac{B_i - \mu_B}{\sigma_B}\right) \tag{7-15}$$

式中，μ_A 和 σ_A 分别是 A 的均值和标准差，μ_B 和 σ_B 分别是 B 的均值和标准差。若还没有处理完所有数据，则在时间轴上移动时间窗口，继续之前的操作，直到处理完所有数据再进行信号重构，流程图如图 7-21 所示。

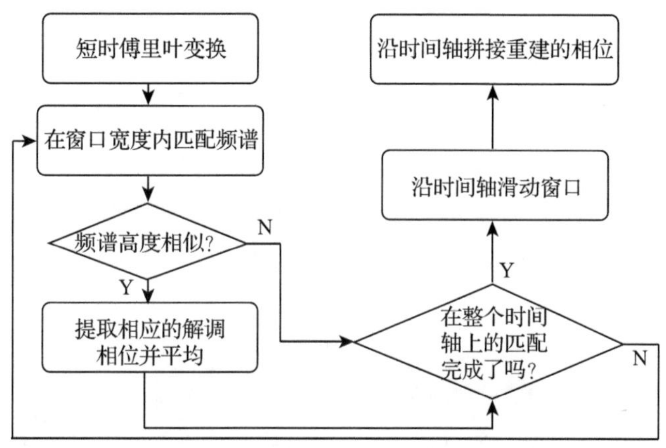

图 7-21　利用短时傅里叶变换进行判断的过程示意图

实验验证装置如图 7-22 所示，为 1 个普通的外差 Φ-OTDR 系统。线宽为3.7 kHz、工作于1550 nm 的窄带连续波激光器发出的光经过一个90∶10 的耦合器被分为两路，一路作为探测光，一路作为本振光，探测光通过一个声光调制器（AOM），产生一个100 ns 宽、1 kHz 重复频率和 200 MHz 频移的探测脉冲，探测脉冲经由掺铒光纤放大器（EDFA）放大后，通过环形器注入 200 m 的单模光纤中，然后再进入多芯光纤中。其中，多芯光纤长度只有 50 m，多芯光纤缠绕在 PZT 上，并连接在单模光纤上。本实验只用了多芯光纤中的 3 根光纤，并将其以 S 形串联，也就是探测光只有从多芯光纤中的一根光纤中出去后才能进入另一根光纤中，这样就可以只使用一个 PD 将信号分离开，实现了空分复用。但需要注意的是，多芯光纤中的第 2 根光纤的探测光的进入口与多芯光纤中的第 1 根光纤和第 3 根光纤的探测光的进入口相反，所以需要将第 2 根光纤的相位解调结果进行翻转才能正确实现信号重构算法。

为了保证同一位置处的振动能同时显示在多芯光纤中的每根光纤上，多芯光纤中的每根光纤必须足够紧凑，同时，多芯光纤中的串扰值很小，因此可以忽略测量中的芯间串扰，多芯光纤的切面结构如图 7-23 所示。

在 PZT 上施加 10 Hz 的正弦信号，图 7-24 给出了在没有衰落的情况下，多芯光纤中 3 根光纤分别解调的结果。这是用传统方法对 3 根光纤的信号进行解调后，从大量数据中选取的结果。从图中可以看出，在相同的外部扰动下，每根光纤的解调相位结果都很好，并且具有高度的一致性。

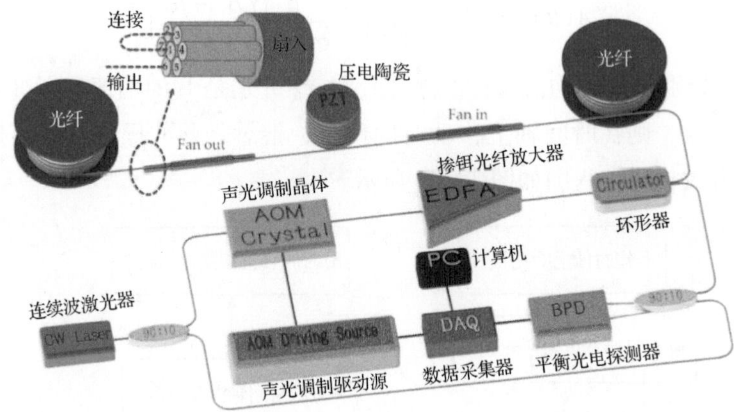

图 7－22　利用多芯光纤进行传感的分布式光纤振动传感系统

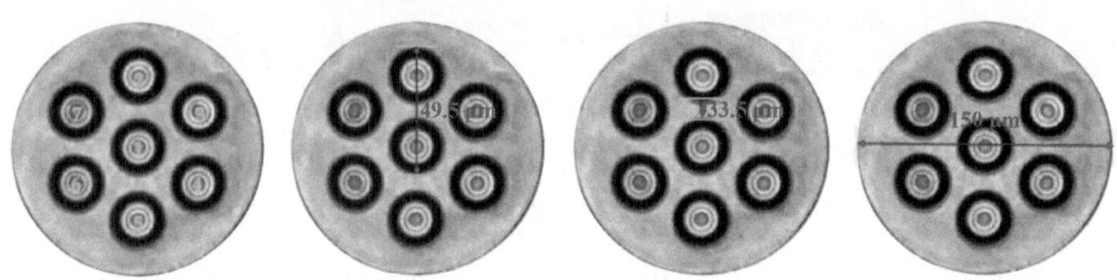

图 7－23　多芯光纤截面示意图

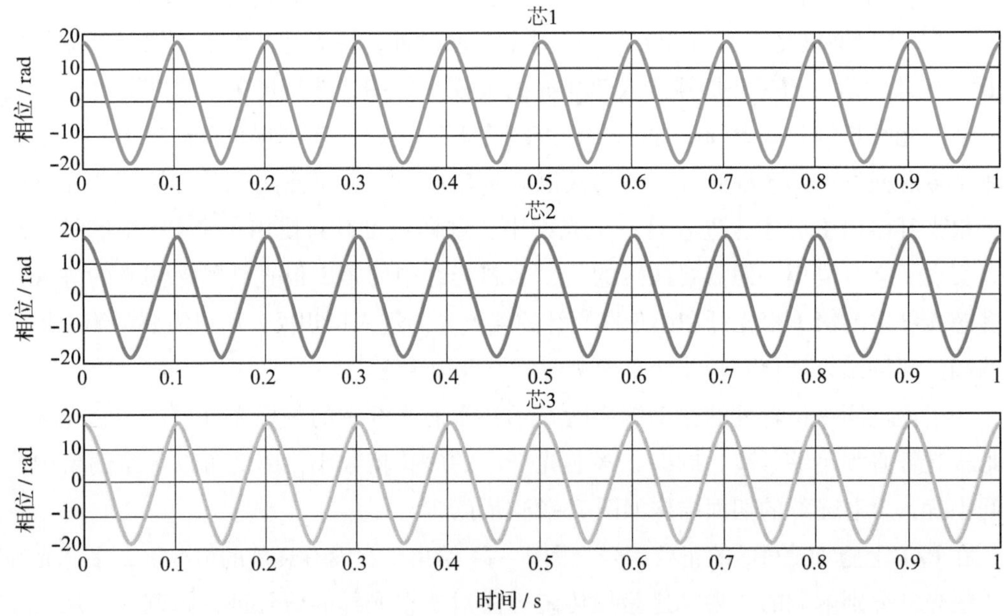

图 7－24　3 个不同纤芯测得的相位信号

图 7－25 显示了最大振幅选择算法（MAS）约 20 秒的输出。由于实际振幅有一些小的波动，使用平均值来减轻这些波动的影响。在这里，将平均的时间窗口宽度设置为 100 个点，对应 0.1 秒。

图 7－25 中的第 1、2、3 行分别是多芯光纤中 3 根光纤的相位解调结果，可以看出，从这 3 根光纤中提取的相位在一些不同的时间范围内都有畸变。图 7－25 中第 4 行中的黄色曲线是多芯光纤中的第 3 根光纤的幅度解调结果，其值这么小是由于探测光经过串联的第 1 根光纤和第 2 根光纤后衰减导致的，第 5 行是 MAS 算法的选择结果，它主要选择了第 1 根光纤和第 2 根光纤中的信号，这就是由于第 3 根光纤中的幅度弱导致的，第 6 行是经过 MAS 算法后得到的重构信号，其中的信号畸变得到了消除。

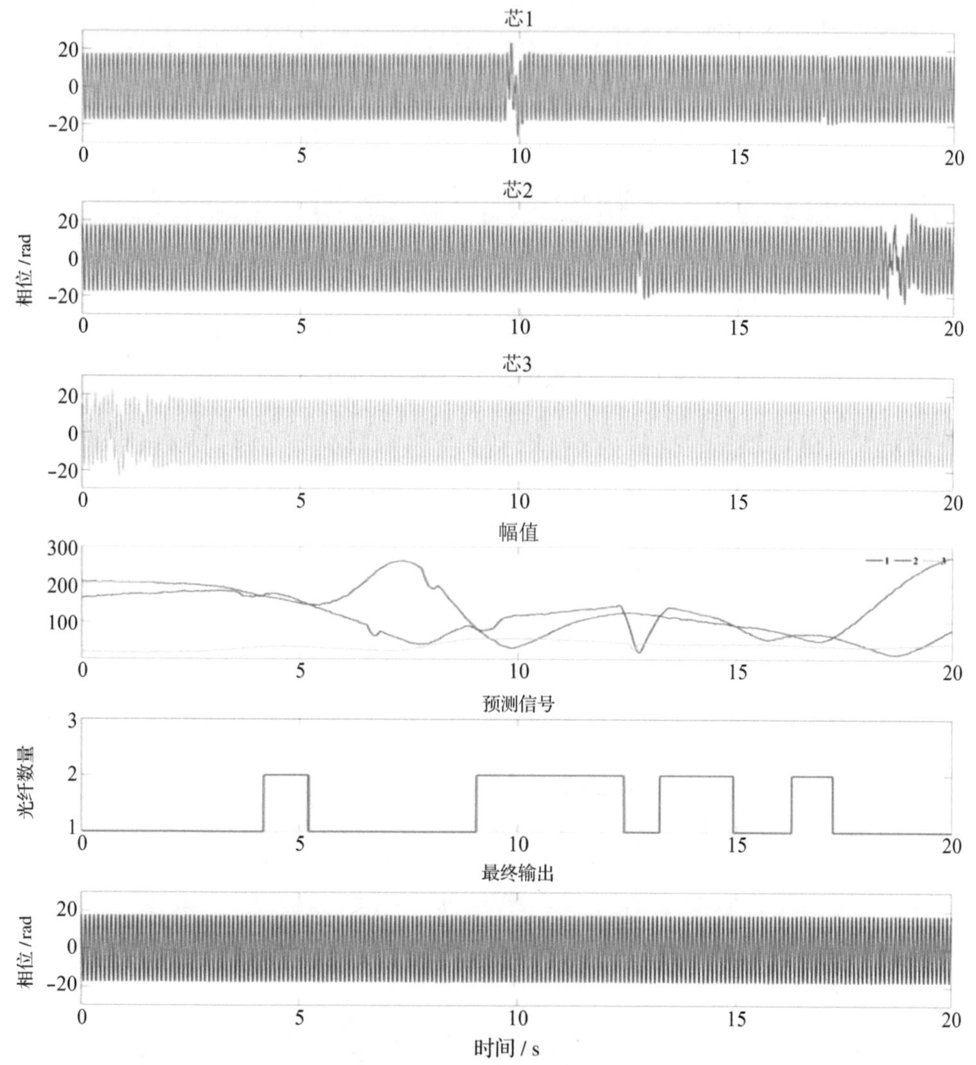

图 7－25　从不同纤芯拍频信号中解调得到的相位信息，以及预期的信号和最终的解调结果

图 7－26 是 PD 接收到的多芯光纤中 3 根光纤的拍频信号，可以看出第 3 根光纤中的拍频信号很小，这是由于 3 根光纤串联导致的，探测脉冲在不同光纤的连接处会产生衰减，随着级联程度的增加，拍频信号会由于接连的损耗而不断变小。

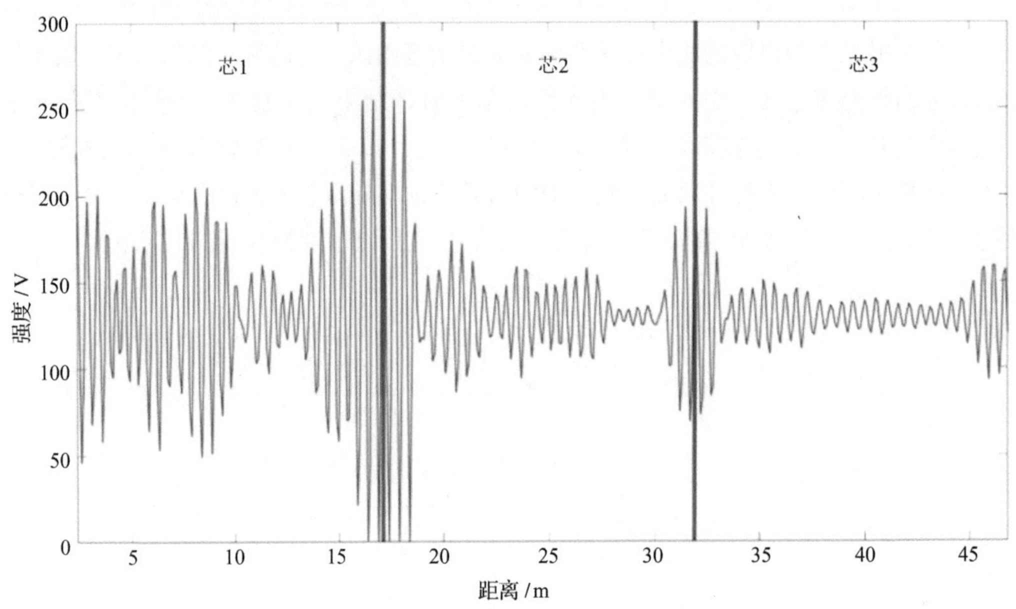

图 7－26　3 根纤芯中中频信号的强度

使用最大谱相似选择算法（MSSS）的 20 s 输出结果如图 7－27 所示，短时傅里叶变换的时间窗口为 1 s。可以看出，图中前 3 行代表多芯光纤中的第 1、2、3 根光纤短时傅里叶变换的集合，每根光纤在某个时刻都有除了 10 Hz 以外的其他频率分量，第 4 行显示了频谱两两比较的相似性，通过获取某一特定时刻的最大相似度，可以得到预测信号，预测信号表示 MSSS 在每个时刻提取的信号来源，即选取 2 根光纤所得到的数据，如第 5 行所示。最后 2 行为 MSSS 得到的重构信号的时域和频域图。显然，该方法也获得了最佳跟踪，从第 1、2、3 根光纤中提取的相位在时间上很好地避免了失真。

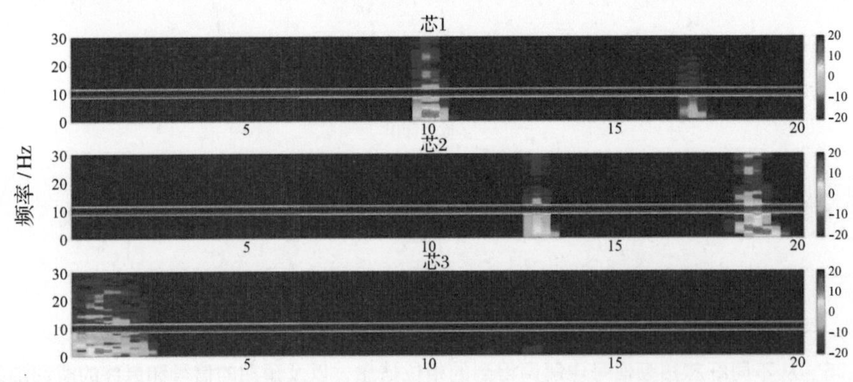

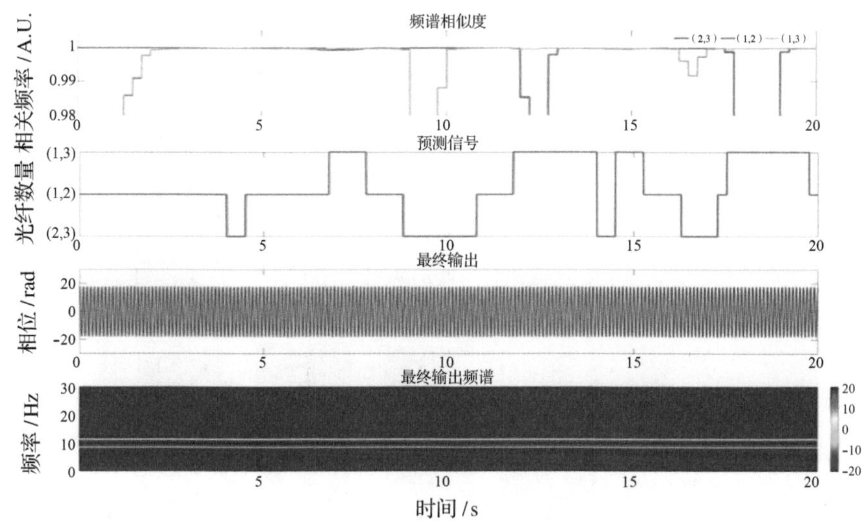

图 7－27　3 根纤芯综合求解相位的结果

本研究测试了不同时间窗口对 MAS 和 MSSS 的影响，结果如图 7－28 所示。其中纵坐标是信号的失真率，MSSS 的 3 条曲线代表短时傅里叶变换计算中滑动窗口不同的重叠程度，结果表明，一开始随着滑动窗口增大，失真率大大降低，但随着滑动窗口进一步增大，失真率缓慢升高，这是由于时间窗口太小，容易被随机噪声影响，时间窗口太大，又不能对信号的衰落进行实时反应。总体时间窗口选择 0.1 s 较好，MSSS 比 MAS 的抑制效果更好。

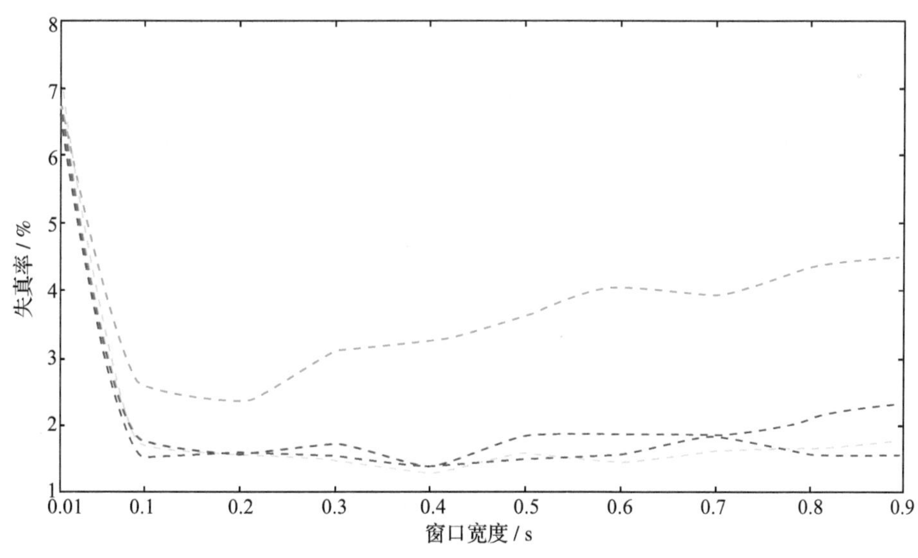

图 7－28　不同窗宽造成的信号解调失真率

图 7－29 是时间窗口选择 0.1 s 时，MAS、MSSS 和多芯光纤中第 1、2、3 根光纤各

自的信号失真率。

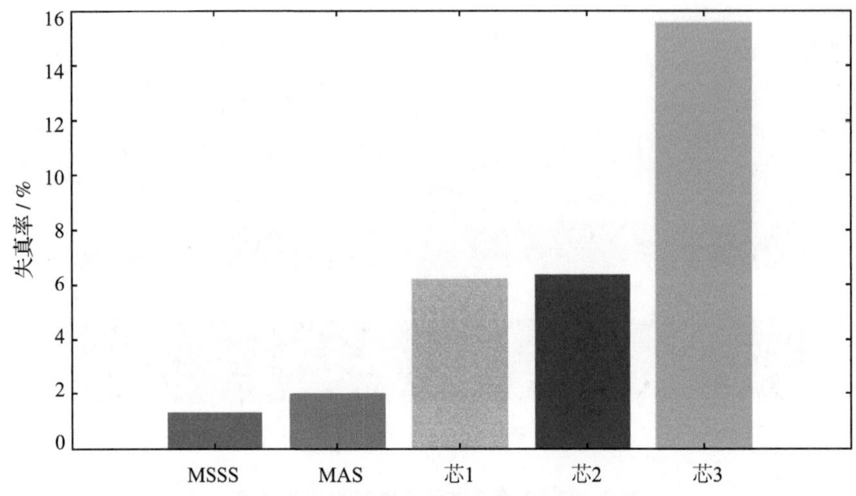

图 7-29　时间窗口选择 0.1 s 时解调结果的失真率

图 7-30 比较了 MAS 和 MSSS 的处理速度，时间主要由 IQ 解调占据。当时间窗口为 0.1 s 时，MAS 时间短；当时间窗口为 1 s 时，MSSS 时间短，但时间窗口一般不会选择 1 s 这么长。

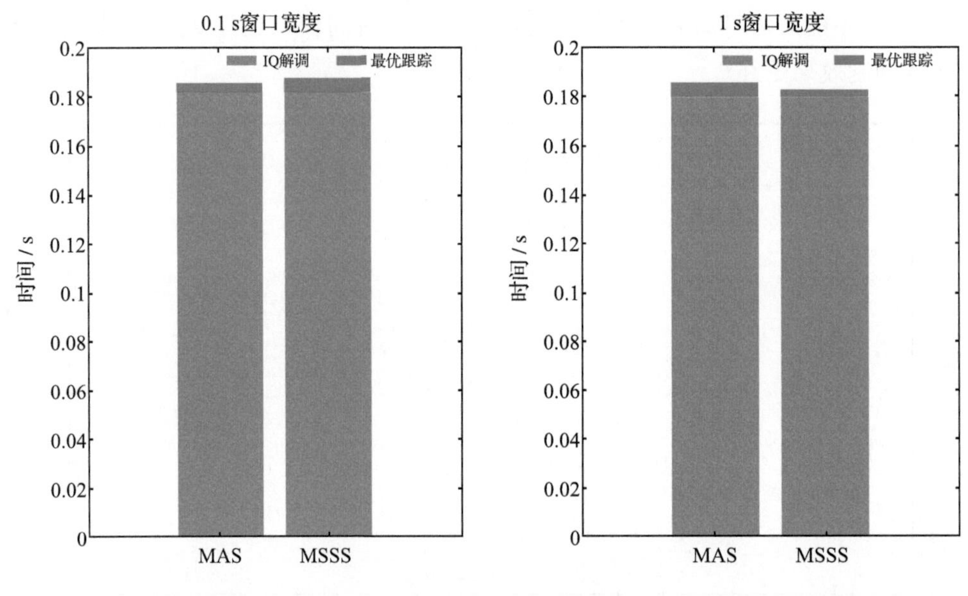

图 7-30　耗时比较

为了提高 Φ-OTDR 系统的衰落抑制能力，在不改变传感系统仪器硬件结构的基础上，使用基于多芯光纤的空分复用结构，并基于此结构改进了最优跟踪算法 MSSS，在系统连续运行时，失真率由 9.4% 降至 2% 以下。

7.2.2.2　基于多频光的偏振衰落噪声消除

目前，已经有学者提出了具有多个频率的系统来实现衰落抑制。然而，这种方案的实时数据处理仍然是一个挑战，很难在需要实时测量的场景中应用。本书提出了一种基于具有 3 个不同探测频率的 Φ-OTDR 系统的连续衰落抑制方法，以及一种用于选择任何时间的最佳相位信号的跟踪算法。

在外差 Φ-OTDR 系统中，带通滤波后光电探测器的光电流可以表示为：

$$i_{het} = 2E_{lo}E_b \exp[\mathrm{j}(\Delta\omega \mathrm{t} + \Phi(\mathrm{t}))] \tag{7-16}$$

式中，E_{lo}是光本地振荡器的电场，E_b是 RBS 光的电场，$\Delta\omega t$ 是调制器提供的频移，而 $\Phi(\mathrm{t})$ 是 RBS 的相位。我们可以简化为：

$$i_{het} \propto E_0 \cos[\Delta\omega t + \Phi(\mathrm{t})] \tag{7-17}$$

式中，E_0 是电场的大小。由于背向散射信号的变化是高度非线性的，因此在传感应用中，通常取振动区域前后两点作差分，以此来分析该区域的相对相位变化。如图 7-31 所示，当观察长度为 L 的区域时，我们可以考虑两个区域：A 和 B。无论光纤损耗如何，A 和 B 的背向散射电场由式 7-16 给出：

$$\begin{aligned} E_A &= E_0 \cos[(\Delta\omega t + \Phi_A)] \\ E_B &= E_0 \cos[(\Delta\omega t + \Phi_B)] \end{aligned} \tag{7-18}$$

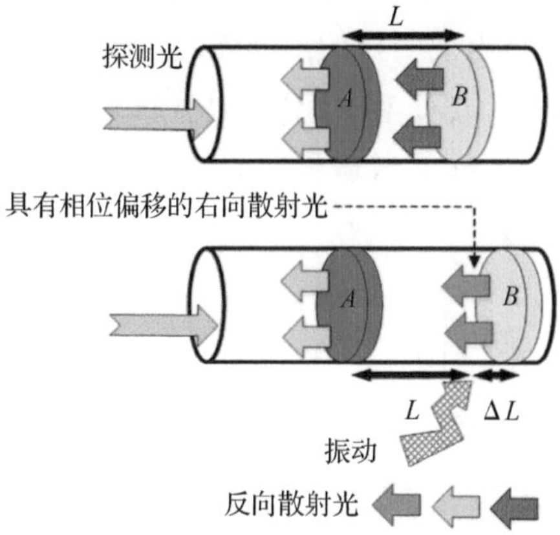

图 7-31　动态应变的原理和对振动前后相位的影响

图 7-31 显示了外部扰动如何在光纤上引起额外应力并导致长度发生变化。长度的变化与两个区域之间相对相位的变化直接相关。在两点之间的任何外部扰动都会改变背向散射光的相位：

$$\Delta\Phi = \frac{4\pi n}{\lambda}\Delta L \tag{7-19}$$

式中，n 是光纤的折射率，λ 是探测光的波长。可以通过解调相位差变化来监测发生在两点内的任何扰动事件。

由于带通滤波用于提取每个拍频，所以系统中的带内噪声继承了与拍频信号相同的频率 $\Delta\omega$。如果我们将有源器件的噪声视为宽带白噪声并带通滤波它们，那么我们可以将输出光电流改写为：

$$i_{het+Noise} = K\cos[\Delta\omega t + \varphi(t)) + N\cos[\Delta\omega t + \varphi_n(t)] \tag{7-20}$$

式中，K 是背向散射信号的幅度，N 是随机噪声幅度，$\varphi_{(t)}$ 是 RBS 的相位，$\varphi_n(t)$ 表示噪声信号的相位。因为我们在光电探测器之后带通滤波了白噪声，所以我们可以预期噪声幅度 N 的分布是高斯分布的，噪声相位 $\varphi_n(t)$ 的分布是均匀的。我们使用了 IQ 解调系统，在低通滤波后，我们得到以下两项：

$$\begin{cases} i_I = \dfrac{K}{2}\cos[\varphi(t)] + \dfrac{N}{2}\cos[\varphi_n(t)] \\ \dfrac{K}{2}\sin[\varphi(t)] + \dfrac{N}{2}\sin[\varphi_n(t)] \end{cases} \tag{7-21}$$

然后可以通过式 7-21 获得背向散射信号的相位：

$$\Phi_{total} = \tan^{-1}\frac{\dfrac{K}{2}\sin[\varphi(t)] + \dfrac{N}{2}\sin[\varphi_n(t)]}{\dfrac{K}{2}\cos[\varphi(t)] + \dfrac{N}{2}\cos[\varphi_n(t)]} \tag{7-22}$$

式 7-22 显示了相位解调结果受噪声影响的程度。如果随机噪声项变高，反正切会发生变化，提取的相位信号将出现明显的不准确性。即使是其中一个位置的噪声信号也会影响最终的相位信号输出。φ'_A 和 φ_A 分别是 A 区域解调的相位值（包括噪声）和期望的相位值，如果 φ'_B 和 φ_B 是 B 区域解调的相位值（包括噪声）和期望的相位值，可以表示为：

$$\begin{cases} \varphi'_A = \varphi_A + \varphi_{NA} \\ \varphi'_B = \varphi_B + \varphi_{NB} \end{cases} \tag{7-23}$$

式中，φ_{NA} 和 φ_{NB} 是噪声引入的相位值。

$$\begin{cases} \Delta\varphi = \varphi_A + \varphi_B \\ \Delta\varphi' = (\varphi_A - \varphi_B) + (\varphi_{NA} - \varphi_{NB}) \end{cases} \tag{7-24}$$

类似地，$\Delta\varphi$ 是我们想要计算的真实相位差，而 $\Delta\varphi'$ 是我们实际上可以在输出处实际获得的相位差。如果从 A 或 B 接收到的信号没有良好的 SNR，则 $\Delta\varphi'$ 项将不会携带有关所施加扰动的有效信息。

根据已有的研究，探测脉冲光频率的变化会改变来自每个区域的 RBS 的相位。这意味着如果在 A 或 B 中有一个探测频率存在衰落，则 RBS 在不同频率上的强度可能非常强，必须正确选择这些不同的探测频率，以获得最小可能的相位相关性。为了消除每两个频率之间的相位相关并拥有独立的探测光，不同的频率必须满足：

$$\Delta f = f_2 - f_1 \geqslant v_g/4L \tag{7-25}$$

式中，f_1 和 f_2 是探测光的频率，v_g 是光纤中的群速度，L 是 A 和 B 之间的物理距离。

所提出的方法利用衰落区域的变化来减轻衰落现象。具有多个探测频率的基于 Φ-OTDR 的振动传感器的光学布置如图 7－32 所示。频率为 ω_0 的 CW 激光器（1550 nm，RIO ORION 激光器模块）的输出光被分成本地光和传感光。考虑 $L=30$ m，需要附近频率之间至少有 1.66 MHz 的差异才能将它们视为独立。在这种情况下，我们使用 100 ns 的脉冲宽度，它在 FUT 中覆盖了 10 m，并且 $L=30$ m，符合上述标准。

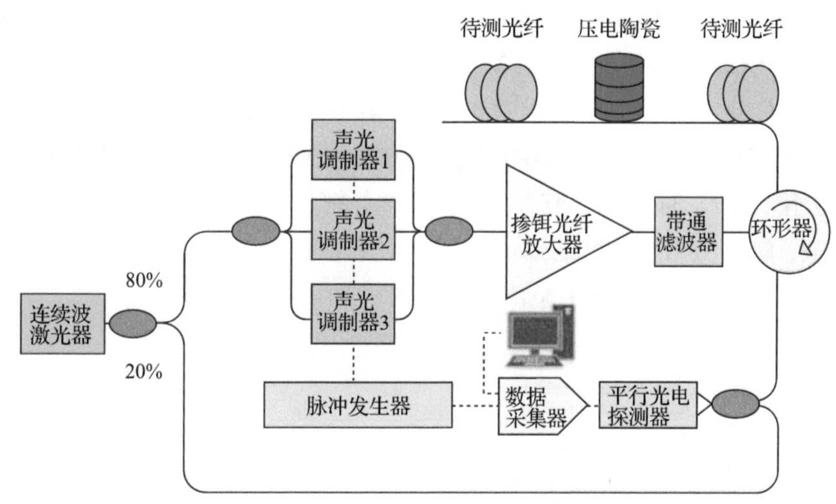

图 7－32 基于频分复用的分布式振动测量系统实验装置图

由于对每个特定的频率，衰落点也会随时间改变，因此选择 1 个时间窗口，固定采集曲线数量，对采集曲线上固定点的幅值做平均操作，用该值来判断此处是否处于衰落点。由于要使用两区域 A 和 B 相位差来恢复 AB 之间的振动信号，所以分别将 3 种拍频 A 点处的振幅乘以 B 点处的振幅，选择其中的最大值处的拍频信号进行相位解调并作差，不断重复此过程。为了连接不同探测频率从一个频率跳变到另一个频率时的相位解调结果，最后应用高通滤波器去除相位信号在相减后的不同偏移量，然后再进行解缠绕。

3 个声光调制器创建一个探测脉冲并将其频率偏移 40 MHz、80 MHz 和 150 MHz（分别为 $\Delta\omega_1$、$\Delta\omega_2$、$\Delta\omega_3$）。这 3 个脉冲彼此同步，所有脉冲的宽度为 100 ns，重复频率为 1 kHz。在掺铒光纤放大器中放大后，探测脉冲通过环形器进入 FUT。第一段光纤是 450 m，然后是缠绕 30 m 光纤的 PZT，并施加 25 Hz 正弦波激励。然后，一根 1079 m 的光纤位于 FUT 的远端。从 FUT 以 $\Delta\omega_0+\Delta\omega$ 频率返回的 RBS 在接收器处与 OLO 混合，产生 3 个中频。具有 200 MHz 带宽的平衡光电探测器将光信号转换为电信号。8 位数据采集系统以 1 GHz 采样率捕获输出数据。脉冲发生器同步所有 3 个 AOM 和数据采集系统。

由于散射体沿光纤的分布不均匀，因此 RBS 幅度电平会因位置不同而不同，并且遵循瑞利统计。经过带通滤波和IQ解调后，每个解调频率都会有许多低幅度区域，这可能会导致衰落，如图7－33（a、b、c）所示。我们考虑将一个阈值添加到图中，它可以保证在其上方区域的输出处至少有10 dB的SNR。如果我们将输出分成几个部分(如图7－33左侧的虚线)，并选择每个部分中幅度最高的信号作为输出信号［图7－33(d)］，就可以减少低信噪比区域的数量。图7－33显示了450 m光纤上的解调幅度。蓝色曲线几乎始终保持在预定义阈值的顶部并远离死区，而单个频率则数十次落入死区。然而，每个频率的低幅度点的位置是不同的。我们统计分析解调曲线中的幅度值，得到图7－34所示的概率分布。在图7－34（a、b、c）中，峰值点对于每个频率都趋向于左侧。考虑到10 dB的阈值，向左移动意味着更多的区域低于阈值并且有更多的衰落风险。但是，通过选择每个部分中最高的曲线，我们可以将曲线向右移动，低于阈值的部分更小。图7－34显示了所有频率的概率分布与从每个部分选取最大值的比较。低于40 MHz、80 MHz和150 MHz阈值的点的百分比分别为9.8%、12.2%和13%。在图7－34（d）中，显著下降到1.5%。

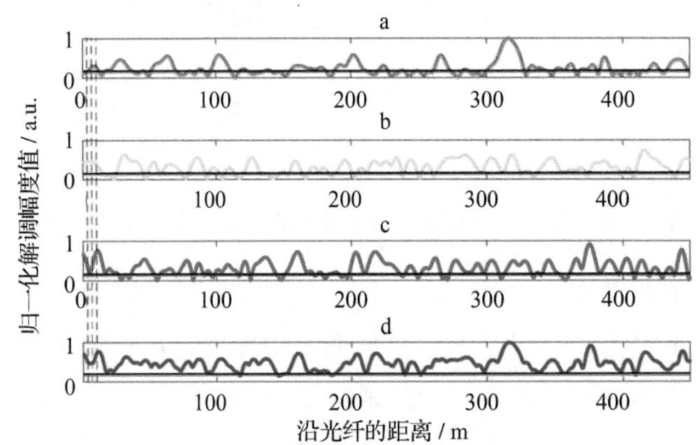

a：40 MHz；b：80 MHz；c：150 MHz；d：虚线之间每个选定部分的最大值，水平黑线表示阈值，垂直虚线是空间截面。

图7－33　450 m光纤上的解调幅度

图7－35展示了最佳跟踪算法的流程图。最初，我们将解调结果输入流程图并定义A和B，以及平均窗口的大小。在对每个拍频的A和B列执行平均值后，结果会产生两个值：M_k1和M_k2。所以，如果需要良好的相位差解调结果，则振动两侧的幅度必须足够高。因此，对振幅质量的快速评估是必要的。

考虑到两个布尔变量之间“与”的逻辑运算，只有当两个变量同时为“1”时，结果才会为“1”。“与”可以用乘法来表示。因此，在下一步中，我们将M_k1和M_k2相乘以获得每个给定频率的“与”结果。我们比较了这些结果以选择最大值，该最大值指示哪个探测频率在接下来的曲线中具有最佳相位信号。每一轮处理后，平均窗口向下滑动一个曲线，再继续执行。在为相位提取选择最佳信号后，其余过程类似于普

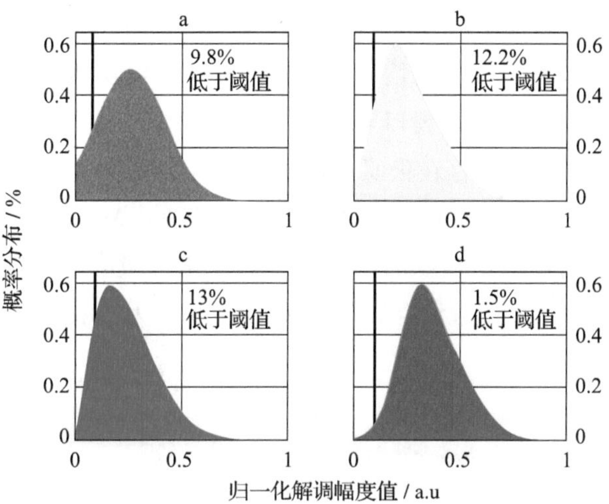

a：40 MHz；b：80 MHz；c：150 MHz；d：每个部分选取最大值的概率分布（所有记录的数据）。垂直黑线表示阈值。

图 7－34　解调信号大概率分布图

通的 Φ-OTDR 系统。整个传感光纤的每个位置都进行了相同的处理。同时，当从一个频率跳到另一个频率时，为了将来自不同探测频率的相位解调结果连接起来，我们应用高通滤波器去除相位信号的不同偏移，并展开每个探测频率的解调相位。

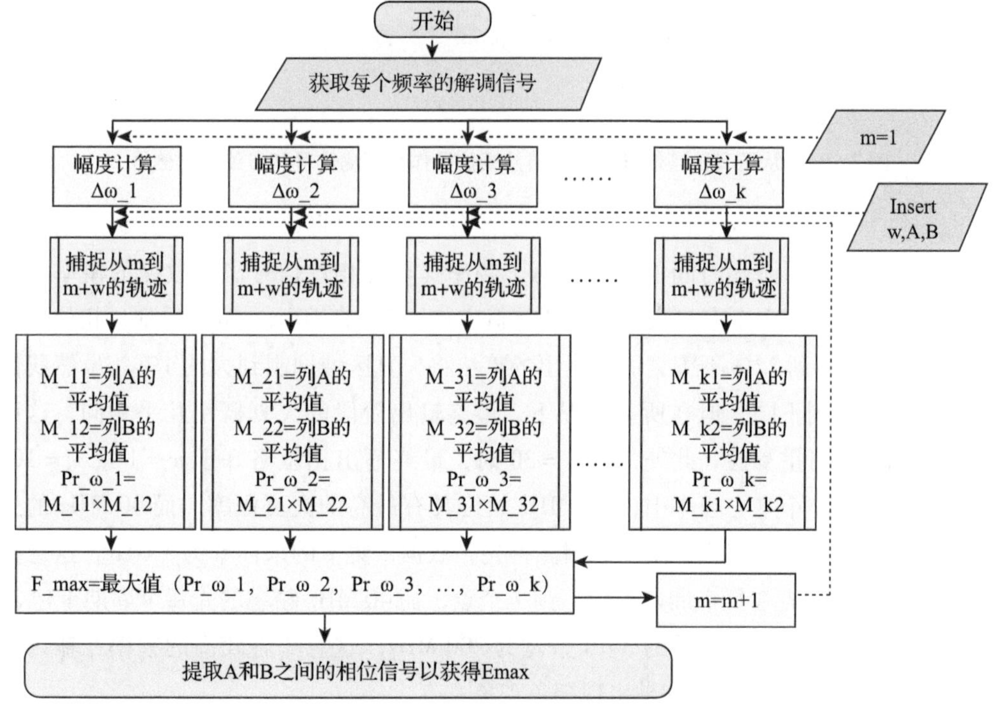

w 是平均窗口大小，A 和 B 是规范两侧的位置，k 是独立频率的数量，m 是一个计数器。

图 7－35　预测最佳相位信号的流程图

为了测试和评估我们提出的算法，我们连续记录了 375 秒的数据。这个长期记录的数据保证了来自所有区域的 RBS 信号有足够的时间来经历各种可能的状态。图 7 - 36 显示了大约 13 s 的输出，平均窗口 $w = 100$。从 40 MHz、80 MHz 和 150 MHz 曲线中提取的相位在某些时间范围内存在失真。通过在失真实际发生之前的适当时间，从失真信号跳到性状良好的信号来实现最佳轨迹，我们实现了 $\Delta\varphi$ 的变化，而不是 $\Delta\varphi$ 本身的变化。从算法的最新输出中提取的相位信号的变化直接附加到前一个信号。因此，最终输出非常平滑，性状良好且没有失真，如图 7 - 36 所示，振动区域两侧都没有发生衰落。

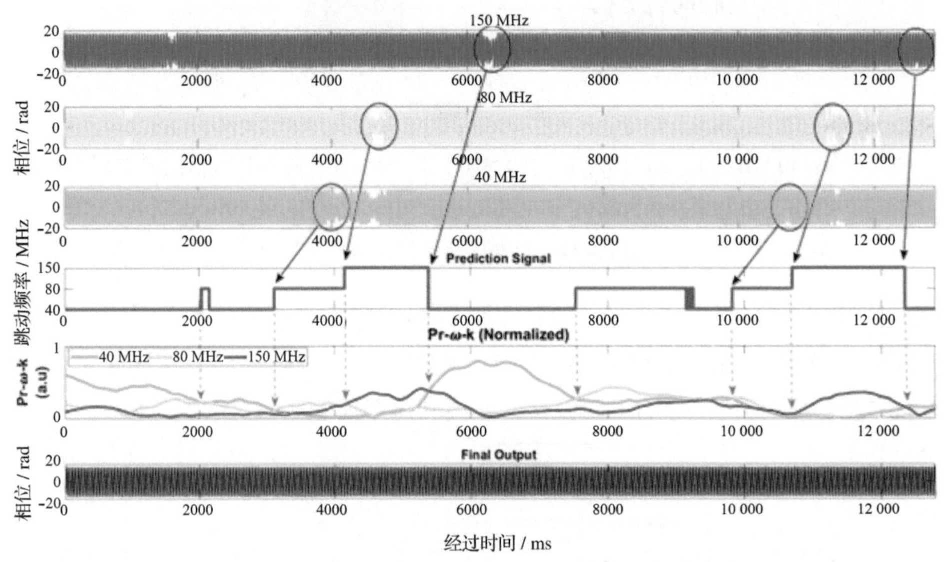

图 7 - 36　从所有拍频信号中提取出拍频信号作为预测信号和最终输出信号

由于整个记录的数据很长，所以对于统计分析，我们将整个时间分成 5 个独立的时间范围，以研究系统随时间的变化。每个频率提取的相位信号出现故障的概率，以及我们提出的算法在 3 个窗口大小上的故障概率如图 7 - 37 所示。可以看到，相位信号失真的概率从 7% 到 22% 不等，而所提出的算法将失真区域抑制到大约 1%。虽然我们观察到的时间范围不同，但在所有情况下，最终输出阶段的失真概率几乎相同，这证实了系统的高度可重复性。此外，当 $w = 30$ 时，最终输出相位略好于 $w = 1$ 或 $w = 100$ 的输出相位。在 3 个唯一频率中，150 MHz 始终具有最高的失真概率，而 40 MHz 的失真概率最低。这种现象有两个主要原因。首先，数据采集卡的采样率为 1 GHz，这意味着 150 MHz 频率的光在每个周期重建不到 7 个点，而 40 MHz 频率的光每个周期重建 25 个点；其次，平衡光电探测器的 3 dB 带宽为 200 MHz，这意味着较高的频率在输出端的 SNR 较低，因此，它们更容易出现褪色现象。

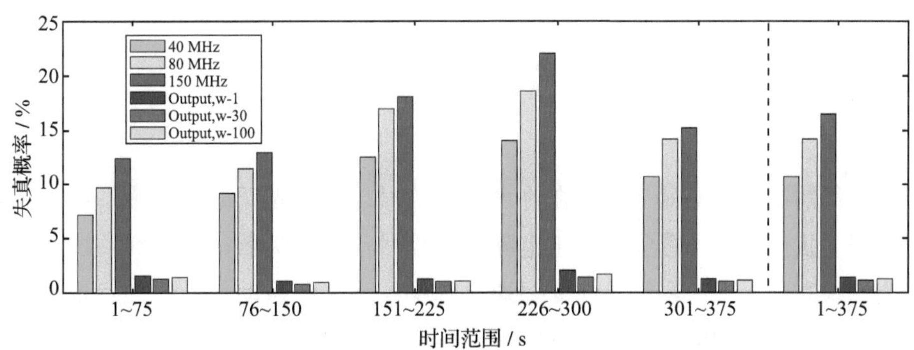

图 7－37　时间函数的系统分析

为了进一步评估平均窗口大小对所提出方法的影响，图 7－38 中展示了不同平均窗口大小（$w=1\sim100$）的失真概率。通过增加窗口大小，故障逐渐减少。最好的结果是从 $w=32$ 获得的，即 1.15%。在 $w=32$ 后，概率略有增加，但在 $w=50$ 后几乎保持不变。这是因为虽然平均减少了突然的波动，但长时间的平均过程阻止了系统对 RBS 强度本身的变化做出快速反应。因此，系统的灵敏度下降，算法无法预测相位信号随时间的失真，导致输出信号质量不佳。

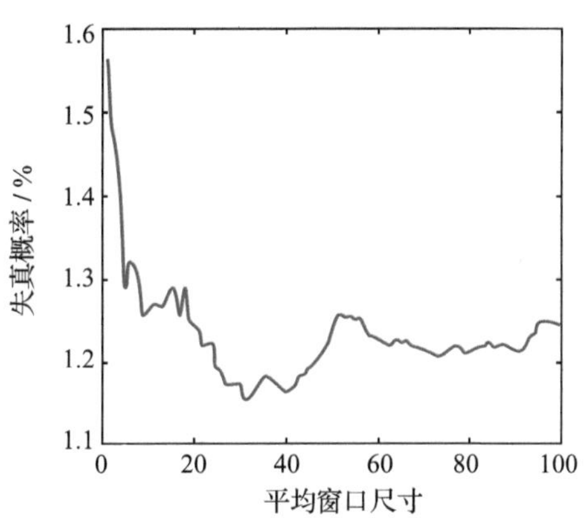

图 7－38　不同平均窗口尺寸的失真概率变化

本研究提出的算法可以在衰落实际发生之前对其进行预测，并通过跳转到更好的相位信号来避免失真。本书已通过实验评估和统计分析了所提出方法的性能。衰落效应引起的失真在连续实时运行下，可抑制到 1.15%。该方法高效且可重复，适用于实际的在线用途。

7.3 软件优化方法

传感光纤铺设的环境复杂，存在许多干扰信号，由于光纤振动传感系统对环境敏感，一些弱干扰信号不可避免地产生电噪声使信号信噪比降低，影响到系统对真实的振动行为的检测效果。这客观要求需要通过降噪技术抑制振动信号中的背景噪声，提高信号信噪比，对振动信号进行进一步有效处理。

传统的信号去噪技术包括均值滤波、中值滤波和维纳滤波等，前两者计算简单，对高频噪声有抑制效果；后者对高斯噪声的处理效果良好。随着小波理论的发展，图像降噪领域中小波降噪得到广泛推广。小波降噪多分辨率、去相关性、选基灵活，效果优于低通滤波器。谱相减法原理简单，对宽带噪声有良好的抑制效果。其基于经验模态分解（EMD）的降噪方法的研究，尤其在机械振动的故障诊断领域应用广泛。

光纤传感信号处理方法从光纤传感信号本身出发，通过抑制噪声、增强信号幅值，从而提高信号信噪比，提升信号的识别和判读能力，具有无须改变系统硬件结构便可提高传感信号信噪比的优点。软件优化方法将从信号滤波和信号增强两个方面进行阐述。

7.3.1 信号滤波优化方法

信号滤波作为信号处理中的基本操作，可以滤除信号中的噪声，提高信号信噪比，下面将从传统信号滤波技术和基于神经网络的信号滤波技术两方面阐述光纤传感信号滤波优化方法。

（1）传统信号滤波技术

曲俊海等人提出了一种基于 Haar 小波的光纤陀螺信号实时滤波方法，滤波后信号噪声降低 40% 以上。文仲寺等人提出了一种协同滤波降噪的方法，使用低通滤波、小波降噪、小波包分解及降噪等方法将信号的信噪比提高 5.1 dB。刘琨等人提出了一种基于全相位滤波技术的光纤布拉格光栅降噪解调算法，该算法根据信号的数字频率特征快速配置适应于该信号的滤波器系数，实现对不同采样间隔下传感信号的适应性降噪。曹京京等人针对传统的小波软、硬阈值函数去噪的不足，提出了一种改进的对数阈值函数并确定了最优的小波基和分解尺度，信噪比比传统的软、硬阈值方法提高了 1.5 ~4 dB。吴亚明等人提出了基于小波包的分布式光纤信号降噪方法，通过引入小波包对原始分布式光纤信号细分，采用不同方法对分布式光纤细节信号进行去噪处理，去噪效果要明显优于当前的光纤信号降噪方法。陈辉等人提出了基于曲波变换算法的 Φ-OTDR 系统信号处理方法，通过曲波变换将后向瑞利散射组成的灰度图像分解成一系列的曲波系数，根据蒙特卡洛阈值准则进行降噪处理。倪郁东等人提出了一种时域和复域小波变换相结合的光纤周界振动信号滤波方法，该方法利用光纤信号的时域小波特征来抑制干扰信号，利用信号复域小波特征中的能量分布和相位特征构造出光纤信号的特征，提高了光纤传感信号的信噪比。Radek M. 等人提出了一种光纤传感信号的自适应滤波方法，通过主成分分析和独立成分分析，解决常规的频率选择性滤波器存在问题，提高了光纤传感信号的信噪比。Cui B. B. 等人提出了一种混合滤波器，使用改进的经验模式分解（Empirical Mode Decomposition，EMD）方法分解原始漂移，采用一种称为 G-FLP 的预测滤波方法对获得的固有模式进行降噪，提高了光纤传感信号的信噪比。

Wang B. 等人提出了一种光纤传感相位噪声滤除方法，该技术通过使用光纤延迟环路来补偿远程光频域反射（Optical Frequency Domain Reflection，OFDR）中的激光相位噪声，提高信号的信噪比。Bin Zaini M. K. A. 等人提出了一种光纤传感信号数字匹配滤波（Digital Matched Filtering，DMF）技术，利用光谱中不同反射峰具有不同灵敏度的固有特性，滤除了信号中的环境噪声，实现了对环境温度、折射率等多参数的传感。Zhu P. Y. 等人提出了一种基于训练信号分类误差的改进小波去噪方法，通过在选定的假阳性率下最大化真阳性率，根据经验不断调整和优化初始滤波阈值。结果表明，改进的小波滤波阈值比传统的小波阈值具有更好的性能。Yu Z. H. 等人通过增加一个与信号干涉仪参数相同的干涉仪作为参考通道，分别采用基于最小均方差（Least Mean Square，LMS）算法和归一化最小均方差（Normalized Least Mean Square，NLMS）算法的两种自适应滤波方案对干涉型光纤水听器的传感信号进行去噪处理。Qin Z. Q. 等人提出了一种基于小波变换的光纤传感信号降噪方法，通过降低时域噪声以获得更优的空间分辨率。Qu S. 等人提出了一种基于压缩传感（Compressive Sensing，CS）的信号处理方法，利用正交匹配追踪（Orthogonal Matching Pursuit，OMP）算法在阈值规则确定的稀疏度下恢复信号，滤除了信号中的噪声。Zhang H. 等人提出了一种基于局部 James-Stein 中心像素权重（Local James-Stein Center Pixel Weight，LJSCPW）的滤波算法，该算法具有较强的鲁棒性且提高了分布式光纤传感信号的质量。Qi H. 等人提出了一种基于改进小波变换的信号滤波算法，该方法考虑信号间的相关性，结合小波分解尺度自适应方法，消除了由于尺度不匹配而未滤除的噪声。Kadum J. E. 等人提出了一种在布里渊光时域分析仪（Brillouin Optical Time Domain Analysis，BOTDA）中对检测到的射频信号进行低通滤波以降低噪声的新方法，结果表明，采用射频滤波可以降低信号的噪声水平。Martinek R. 等人针对常规频率选择性滤波器难以适用信号频谱堆叠的情况，提出了一种自适应信号滤波算法，通过对信号频谱进行选择，避免了信号受到各种干扰而失真的问题。

上述传统信号滤波方法在一定程度上能够去除信号的噪声，但存在一定的不足。

通常情况下，传统信号滤波算法效果与所选滤波窗口长度相关，滤波窗口长度短，容易在局部陷入停滞，滤波效果不能满足需要；滤波窗口长度增加，滤波计算量成指数增加。

（2）基于神经网络的信号滤波技术

基于神经网络的信号滤波技术通过学习信号和噪声的高维特征，从而滤除信号中的噪声。Laarossi I. 等人提出了一种深度卷积自适应滤波方法，通过应用域随机化方法对基于拉曼的分布式温度传感器系统进行训练，滤除了拉曼后向散射信号中的噪声，提高了信噪比。陈吉平等人根据 Φ-OTDR 信号结构特点，提出了基于 1 - D CNN 特征学习的滤波方法，对原始的光纤传感管道数据抽取、分割并使用小波包降噪，提高了光纤传感信号的质量。党淑雯提出了一种基于提升小波神经网络的自适应阈值选取滤波方法，通过小波提升格式转换、提升小波分解、自适应阈值选取及小波神经网络，实现对光纤陀螺输出信号的滤波，提高了光纤陀螺的精度。吴亮等人提出了一种基于小波降噪和概率神经网络的信号滤波技术，结合信号的时、频域特征，滤除了光纤传感信号中的噪声，很大程度地减少了传感信号的误报率。Ren N. K. 等人提出了一种利用两个级联人工神经网络（Artificial Neural Network，ANN）进行匹配光纤布拉格光栅（Fiber Bragg Grating，FBG）滤波解调的改进方法，第一个网络用于选择匹配的光纤光栅，第二个网络用于解调来自光纤光栅的传感信号，提高了光纤传感信号的质量。Zhang K. 等人提出了一种不需要信道状态信息的基于机器学习的光纤非线性信噪比估计方法，滤除了信道中的噪声。Zhai W. S. 等人提出了一种基于光子移相器的射频信号远程光纤传输相位噪声抑制方案，通过反馈网络可自动有效地抑制温度变化和机械扰动引起的相位噪声。Zimmermann A. C. 等人提出了一种基于人工神经网络（Artificial Neural Network，ANN）和窄带光纤布拉格光栅（Fiber Bragg Grating，FBG）滤波器的光纤传感信号滤波方法，利用人工神经网络对滤波后的信号进行组合，在温度传感方面取得了更好的效果。

上述基于神经网络的信号滤波方法虽然取得了较好的滤波效果，但少有对网络模型的研究。因此，将神经网络和现有滤波模型进行结合成为近期研究的热点。

7.3.2 信号增强优化方法

本部分将从传统信号增强技术和基于神经网络的信号增强技术两个方面阐述光纤传感信号增强优化方法。

（1）传统信号增强技术

在传统信号增强领域，Sheng L. W. 等人提出了一种基于单模光纤受激布里渊散射的高增益、高频率选择性弱光信号放大器，有效地增强了光纤传感信号。郑亮等人通过分析压缩感知理论的基本原理，提出一种基于压缩感知理论正交匹配追踪算法的信号处理方法。与传统 Φ-OTDR 系统中的信号处理方法对比，新方法拥有更高的信噪比。饶云江等人提出了一种基于双向拉曼放大的 Φ-OTDR 信号处理方法，通过拉曼放大补偿后向瑞利散射光的功率，增强了光纤传感信号。Hugo F. 等人提出了一种基于一阶双向拉曼放大和外差检测组合的光纤传感信号放大方法，通过增强光纤传感信号，提升了 Φ-OTDR 系统的性能。俞本立等人通过在 Φ-OTDR 光纤传感系统中采用统计计算方法进行误差抑制，根据时差分析提出振动分离方法，增强了光纤传感信号。黎威等人设计了一种基于弱光纤布拉格光栅阵列的增强相位敏感光时域反射振动传感系统，增强了光纤传感信号，提高了事件识别的准确率。王杰等人提出了一种基于双向拉曼放大的光纤传感信号增强方法，利用双向拉曼抽运对信号光进行拉曼放大，补偿了光纤传输损耗，延长了光纤传感系统的传感距离。杨顺智等人提出了一种二次互相关光纤传感信号增强算法，通过对两路接收信号做互相关运算，增强了光纤传感信号。李康等人提出了一种基于双端一阶分布式拉曼的光纤传感信号放大方法，通过前向拉曼泵浦光能量向探测信号光转移为其提供增益，实现了对信号光的放大。Olcer I. 等人提出了一种降低光纤分布式声振动传感系统中衰落噪声影响的新方法，该方法基于 Φ-OTDR 信号的时间自适应处理，可以获得 10 dB 以上的信噪比增益。Chen H. 等人利用经验模态分解（Empirical Mode Decomposition，EMD）算法将原始瑞利散射迹线分解为一系列本征模函数和一个残差分量，利用皮尔森相关系数（Pearson Correlation Coefficient，PCC）在无振动位置去除多个分量，增强了光纤传感信号。Meng Y. J. 等人提出了一种自适应传感信号增强方法，该方法利用主成分分析法估计传感信号的初始噪声水平，利用自适应方法恢复最佳布里渊增益谱，提高了光纤传感信号的质量。Bai Q. 等人提出了一种基于增益开关调制的布里渊光时域反射计信噪比增强方案。通过揭示增益开关的调制机理，提高了布里渊光时域反射信号的信噪比。Zhou Z. X. 等人提出了一种改进光纤声传感器性能的新方法，该方法基于一种新的自适应阈值函数进行小波分析，对于特定的语音信号，既保留了细节特征又降低了噪声，显著增强了光纤声传感信号。

虽然上述信号增强方法能够有效提高信噪比，但实时性和处理精度不足，无法处理具有大量数据且信号质量较差的光纤传感振动信号。

（2）基于神经网络的信号增强技术

基于卷积神经网络的信号增强技术作为神经网络在信号领域的又一成功应用，受到了广泛的关注。Ahmed I. 等人提出了一种基于生成性对抗网络（Generative-Departarial Network，GDN）的激光传感信号增强方法，该方法通过建立一个端到端的深度网络模型，能够直接处理原始信号。王威等人提出了一种改进的经验模态分解（Empirical Mode Decomposition，EMD）算法，以支持向量机（Support Vector Machine，SVM）作为建模算法，以历史振动信号作为模型参数，通过所建模型预测光纤陀螺的振动信号，从而实现了光纤陀螺信号的补偿。He N. Y. 等人将光纤传感器收集的信号视为音频信号，提出了一种具有长短期记忆（Long Short-Term Memory，LSTM）的完全残差卷积神经网络，提高了光纤传感信号的质量，得到了更高的传感识别精度和更强的抗环境干扰能力。熊兴隆等人提出了一种多重分形谱参数和改进概率神经网络相结合的光纤振动信号增强方法，采用改进的概率神经网络算法对光纤传感信号进行增强，提高了光纤传感异常事件的识别准确率。Nakamura M. 等人提出了一种实、复数值人工神经网络的光纤传感信号增强方法，提高了光纤传感系统中偏振信号的跟踪能力。Catanese C. 等人利用神经网络解决了非线性效应对光纤传感信号带来的影响，通过神经网络学习光纤系统中的非线性效应的特点，抑制了光纤传感系统中的非线性损失，提高了光纤传感信号的质量。Manie Y. C. 等人提出了一种基于拉曼放大器和极端学习机（Extreme Learning Machine，ELM）的光纤光栅传感信号放大算法，利用极端学习机精确地检测出每个光纤光栅传感器的中心波长并进行增强。

相较于传统信号增强算法，基于神经网络的信号处理方法由于其非线性特征，在处理此类任务时具有优势。然而，基于神经网络的信号增强算法也存在一定的缺陷：①神经网络作为一种类人脑的仿生算法，深层的神经网络能提取更加复杂的特征信息，但训练难度也随之增加，反而会使网络性能下降，因此需要选择合适的网络深度；②神经网络的训练过程是网络参数寻优的过程，需要高昂的计算代价；③训练集作为神经网络的数据基础，其质量决定了神经网络的性能，因此需要大量的数据以达到较好的网络性能；④受制于神经网络的泛化能力，对完成某单一图像增强任务的网络并不适用于其他信号的增强任务；⑤考虑到神经网络的“黑箱”属性，无法建立与之相对应的数学模型，导致很多现象无法有效地解释。虽然神经网络具有上述缺点，但越来越高效、越来越轻量的神经网络在处理相关任务时，大大降低了时间复杂度，表现出比传统信号处理方法更优的处理效果，是值得深入研究的一个重要方向。

7.4 振动行为检测方法

分布式光纤振动传感系统是对监控范围内的振动行为进行预警、定位和识别的传感系统。该方案是通过分析处理光纤传感系统对作用在传感光纤上的应力性行为而产生的光信号变化来实现的。

分布式光纤振动传感系统的特点是分布式、连续检测、实时处理，这要求系统的采集速度非常高，单位时间内的数据处理量很大，给传感系统的信号处理过程带来了困难。除了硬件上满足分辨率高、实时性强等要求外，利用软件对分布式光纤传感系统的信号进行处理对于改善系统误报率、漏报率、定位精度、识别正确率和实时性的关键指标具有重要意义。在软件处理方法中，由于传感光纤所处的环境非常复杂、数据处理量大，进一步导致信号处理难度大，要使系统性能满足应用要求，需要综合使用多种信号处理技术，并根据应用要求采取合适的信号处理算法，这一过程中所涉及的信号处理技术包括光纤振动信号的检测技术、信号增强技术、模式识别技术。

在实际应用中，首先要求系统能及时区分异常振动信号与噪声信号并及时预警。对振动信号和扰动的噪声信号的检测，采用基于特征的阈值对比法和基于模型的概率比较法来对信号进行处理。基于模型的概率比较法的思想是基于振动信号与噪声信号的模型，对所需处理的信号进行概率统计，进而对振动信号和扰动信号进行分类。该方法需要对振动信号和噪声信号分别进行建模，通过假设某种特征量在噪声信号和振动信号中服从某种概率分布，最后比较出现的实际信号的特征量出现在两种信号中的概率，来对信号是属于噪声信号还是振动信号进行判决，如 HMM 模型法和统计模型法等。然而，由于算法的建模过程复杂，且环境中的噪声信号多种多样，这一类检测方法的移植性差，且计算量大，这类方法很难应用到环境复杂且数据并发量大的分布式光纤传感系统的振动检测中，因此，一般采用基于特征的阈值对比法，来对光纤振动信号进行检测，其一般用于信号的初始检测中。

阈值对比法，是端点检测技术中最常见、也是最有效的方法。对于分布式光纤传感系统，其在无振动输入情况下采集到的噪声信号，可看作是变化幅度小的平稳的白噪声信号；而由于振动事件引起的光相位或光强变化，采集到的振动信号在信号强度、变化速率以及频率能量分布上不同于噪声信号，因此可以采用通过设计指标值算法，参考噪声信号设定指标值的阈值，然后比较实时信号的指标值与对应阈值的方法，来对振动事件进行检测和预警。

阈值对比法的类型，依据所采用的信号类型，可分为时间域检测方法、频域检测方法、尺度域检测方法及空间域检测方法。

7.4.1　时间域检测方法

时间域检测方法，常见的阈值如短时能量、短时过零率等。其理论是通过对比信号在能量和变化速率上是否存在异常于无振动情况的相关阈值来判别有无振动发生，在此介绍最快速的阈值算法、双门限比较法等。最快速的阈值算法是将一定采样时间内的信号曲线进行差分计算，然后对差分曲线的绝对值迭代相加，得到信号的强度指标值。这类算法常用于散射型光纤传感系统中。该方法需要对一定采样时间的信号曲线进行差分计算，使得探测的响应频率大幅减少。针对这个问题，Lu 等人提出了一种滑动平均和滑动差分检测法，在利用滑动平均方法降低信号中的随机噪声的同时，利用滑动差分方法得到信号中的细节信息，从而提高了系统的频率响应范围。短时能量和短时过零率的双门限比较法用来区分振动信号与低频噪声信号，为语音信号端点检测中常用的方法，短时能量可用来区别振动信号或语音信号与较小的噪声信号，当噪声信号与振动信号能量差别不明显时，通过短时过零率可区分振动信号与低频噪声。Wu 等人最早将这一方法应用到了光纤振动信号的端点检测中，并提出了相应的改进方案，在检测有效振动信号的同时，在一定程度上排除了自然环境中风、雨等低频干扰信号；由于离频噪声信号的短时过零率与振动信号不存在明显差异，可将短时过零率的限值从 0 值改为某一个计算得到的参数值，这种算法得到的阈值称为短时过电平率，这一方法包含了信号的能量特性，也包含了信号的频率特性，对低频或高频的噪声信号均有良好的筛选效果。

除了上述两种时域方法外，时域信号的特征量峰值比例判断方法也具备实时性的特点，但该方法对于信噪比较低的信号存在漏检或虚警的问题。时间域检测方法具有原理简单、计算速度快、物理意义明确等优点，可在对振动信号进行监测的同时保证系统的实时性。然而在复杂环境中，噪声信号和未知因素引起的干扰信号使得信号往往是时变、非平稳的，且信号本身的信噪比也较低，这使得时间域检测方法存在漏检或虚警的情况。

7.4.2　频域检测方法

频域检测方法的基本原理是检测带振动信号的白噪声信号与不带振动信号的白噪声信号的不同，其基于“有色的”振动信号相较于无振动情况下的白噪声信号在频率分布上的差异，来检测是否存在振动信号。这一类的方法最先应用于语音端点检测中。1980 年，Kobayashi 等人以傅里叶变换为基本原理，提出了一种基于频域信息的端点检测方法，包括频域参数、子带能量特征、频谱方差特征、谱相关参数等多种特征参数提取方法。

McClellan 等人将信息熵的概念引入到信号端点检测中，提出了谱熵的定义，并将基于谱熵的端点检测方法应用在语音编码中。实验证明，该方法对噪声具有较好的鲁棒性，在复杂环境下的检测效果明显优于基于能量的检测方法。自此后，谱熵法成为最为经典的频域端点检测方法，在谱熵法的基础上，有很多改良检测方法被提出。例如，Hou 等人用短时能量对谱熵参数进行加权，提出了基于加权谱熵的端点检测算法，这一方法被验证在非平稳的机械噪声环境中有良好的检测效果；Li 等人提出了一种自适应子带谱熵检测算法，这一方法对各类噪声环境的自适应性更强，且在低信噪比环境下的检测效果优于同类方法；Liu 等人将自适应子带谱熵检测方法与加权谱减法相结合，在检测的过程中对信号首先进行降噪处理，从而提高了信号的信噪比，不同背景噪声下的实验表明，这一方法进一步优化了端点检测的效果。

除了傅里叶谱，倒谱也是一种信号变换的方法。基于倒谱频域特征的端点检测方法也是一种常见的频域端点检测方法，最早由 Haigh 等人于 1993 年提出，将加权欧氏距离引入到倒谱频域，定义的倒谱距离可反映噪声信号与振动信号（尤其是语音信号）

的差别。

频域检测方法的环境自适应性强，能在低 SNR 条件下完成对信号中的突变信号进行检测。但其算法需要对大数据进行傅里叶变换，计算时间长，对 DOFVS 系统的实时性有很大的影响。

7.4.3　尺度域检测方法

针对信号的多尺度信息量大的特点，尺度域检测方法是通过对信号进行小波分析，观察信号在不同尺度上的信号特征来检测是否存在振动信号的。小波分析在端点检测中的研究最初也是从语音信号开始展开的，通过对振动等信号进行小波分解或者小波包分解后，观察各层小波系数或小波包系数的特征参数，比如，Zhao 等人提出的一种用贝叶斯分类模型对各层小波系数方差进行假设检验的尺度域端点检测法，这一方法是优于传统的基于能量和过零率的时间域检测方法的；Dong 等人提出了基于带噪信号在小波变换的各层子带上的能量分布的端点检测方法，当环境中的白噪声的能量均匀分布在各层子带时，这一方法能在低信噪比条件下正确判断语音段和噪声段；Qiu 等人提出了引入小波能量熵对语音信号进行端点检测，并通过改进自然加权因子使算法具有自适应性。利用小波分析的多分辨率特性和时频局部化的特点，可对光纤传输信号中的突变信号进行检测；Zhang 等人通过对信号进行离散小波分解，选取特定的某层小波系数作为检测对象，设置阈值进行比较检测该层小波系数中突变出现的位置，由于单层小波系数只对应特定的频带范围，因此能将该范围之外的噪声和干扰过滤掉，降低了噪声对检测效果的影响。与小波分析类似的还有基于 Hilbert-Huang 变换的检测方法，利用经验模态分解可得到信号的多尺度滤波特性和固有模态函数的分布特性。

相对于时间域检测方法，尺度域检测方法与频域检测方法对环境的自适应性强，能在低信噪比条件下对信号中的突变信号进行检测。但其相对于时间域检测方法的劣势是算法复杂度高，计算时间长，对多点分布式传感系统的实时性有影响。

7.4.4　空间域检测方法

空间域检测方法，是通过相邻空间节点的相关性来检测一段光纤范围内是否有振动发生，该方法仅仅适用于 OTDR、Φ-OTDR 等多点传感系统。Zheng 等人提出当某一位置周围各采样点时域信号的特征量连续出现的点数超过某一阈值时，可定为振动信号，否则为干扰信号。

基于时间域和空间域的检测方法拥有算法简单、易于实时处理的特性，但在低信噪比环境下，检测性能急剧下降；基于频域和尺度域的检测算法能使检测效果得到不同程度的改善，但计算复杂，实时性差，且均对环境中的噪声进行了假设，对环境的适应性较弱。现有的分布式光纤振动传感系统，大多采用单类检测方法，导致系统在不同环境下表现出的检测效果并不稳定。另一方面，阈值对比法根据阈值是否适应环境变化而改变可分为动态阈值法和静态阈值法，但在系统的初始化阶段，仍要根据环境先对阈值的一些固有参数进行设定，且阈值参数设置的合理性对检测准确度有较大影响。

7.5 光纤振动信号的模式识别技术

分布式光纤振动传感系统在实际应用中，有时需要区别振动信号的类型，比如安防系统要区别振动是人为入侵产生的，还是环境气候或者动物造成的。采用监督模式识别方法对各类振动行为产生的振动信号进行分类，可有效区分不同类型的振动行为。

对振动信号进行模式识别的第一步是提取信号特征。提取有代表性的信号特征，是有效识别入侵行为的关键。常见的信号提取方法有基于时域的提取方法、基于傅里叶变换的特征提取方法、小波分析等。时域特征能够体现信号的振动强度、振动频率和振动时间，这种提取特征的方式简单快速，实时性强，但对于时域波形相似的振动信号难有好的区别效果；傅里叶变换也是常见的信号分析方法，通过分析信号在频谱或功率谱上的分布特征，能达到理想的分类效果；小波分析通过将信号进行多尺度的分解，能得到振动信号在其不同子频带上的能量分布特征；Mel 倒谱系数是语音信号识别领域中一种常见的信号特征，与小波分析相似，也是借助滤波器组将振动信号划分到多个子频带，提取信号的能量分布信息。

S. Mahmoud 等人使用一种自适应时域（Adaptive Level Crossing，ALC）算法提取光纤振动信号的特征，通过人工神经网络对信号特征进行分类识别。该方法的物理意义明显，计算简单，但是在低信噪比的情况下，各类信号的时域特征差异并不明显，因此单一的时域特征提取方法在复杂环境中的识别率并不理想。Zhu 等人提出了一种基于时频数据分析的光纤入侵信号模式识别方法，这一方法在光纤光栅传感系统中有较好的识别效果，解决了纯时域特征分析下难实现的模式识别问题。Shi 等人提出了一种基于小波变换的特征提取方法，通过计算不同尺度下入侵信号的小波系数的方差作为区分特征，通过对特征进行简单的分类，可有效区分不同类型的入侵信号、环境噪声及人为引起的非入侵扰动信号。Li 等人则利用小波包对信号进行分解，计算信号在子频带上的能量分布作为特征向量，利用 BP 神经网络作为分类器识别行人、动物和车辆在传感光纤上产生的振动信号。Tejedor 等人将频率倒谱系数（MFCC）特征提取方法、小波包能量特征提取方法、小波包化 Shannon 熵特征提取法进行对比，将不同方法得到的光纤振动信号特征输入 RBF 神经网络中进行实验。实验发现，采用小波包 Shannon 熵特征提取方法，对光纤振动信号的识别效果更好。

可以看出，已有的信号特征研究，主要还是采用单一类型的特征作为信号的识别依据，这一特征提取方式简单，但容易受到环境的干扰，在复杂环境中的识别准确率较低，目前，已经出现了基于时域、傅里叶的频域特征和小波分析等方法的有监督、无监督等机器学习、深度学习方法。

在完成对训练集样本信号的特征提取之后，需要选择合适的分类器模型，训练出一个实际分类器。在该分类器经测试满足分类效果要求后，使用该分类器对待分类光纤振动信号进行识别。在众多分类器模型中，支持向量机分类模型在解决小样本、高维度的识别问题中，相较于人工神经网络等分类算法，能避免过拟合的问题，有更为优良的分类效果，因此在图像分类、语音识别、故障诊断等领域得到了广泛的研究和应用。

7.6 光纤传感信号二维处理研究方法

光纤传感信号二维处理方法属于信号处理范畴。从信号维度上来说，光纤传感信号同时具有时间、距离和相位信息，和灰度图像一样属于二维信号。将光纤传感信号作为二维信号进行直接处理的研究较少。然而，随着人工智能的快速发展，图像处理算法在光纤传感系统上的应用也受到了研究人员极大的关注。

孟彦杰等人提出了 Kuwahara 滤波算法对布里渊光时域（Brillouin Optical Time Domain Analysis，BOTDA）传感图像进行去噪，根据滤波窗口内相邻像素之间的相关性恢复中心元素值，从而滤除环境噪声。Qin Z. G. 等人提出了一种降低时域噪声的 curvelet 去噪方法。将原始的后向散射迹线视为一幅灰度图像，利用 curvelet 变换消除随机噪声。Soto A. M. 等人将图像中的非局部均值（Non－Local Mean，NLM）处理算法引入布里渊光时域分析系统中，在不改变系统硬件结构的基础上，信噪比提升了 14 dB。He H. J. 等人将图像处理中的双边滤波算法引入 Φ-OTDR 信号处理过程中，并使用洛伦兹函数对双边滤波算法的空间邻近度因子进行了优化，光纤传感信号的信噪比最大提升了 14 dB。赵世琦等人提出了一种基于灰度图像直方图均衡与梯度法相结合的光纤传感信号滤波技术，以同一光脉冲所探测得到的信号为行向量，同一空间位置的信号为列向量，构建了相干传感信号的二维灰度图像，通过图像直方图均衡处理，在一定程度上滤除了由环境干扰所引入的噪声信号，提高了信号的信噪比。何丹丹等人提出了一种新型光纤传感信号增益均衡处理方法，通过计算光纤二维灰度图像各像素点的梯度值，利用二维最大熵阈值法选取最佳阈值，实现了对光纤传感信号的消噪和增益处理。孙茜等人提出了一种基于图像形态学的时空二维信号特征提取方法，不仅提升了光纤传感信号的识别精度，而且降低了系统的时间复杂度。Zhu T. 等人提出了一种基于边缘检测的光纤传感信号的增强方法，将 Φ-OTDR 信号合成时间—距离的二维图像，并利用 Sobel 边缘检测算子对图像进行边缘检测，将原始信号的信噪比提升了约 1 dB。刘薇等人提出了一种二维小波滤波算法，用于布里渊光时域分析系统中光纤传感信号的降噪，该方法充分利用测量信号时间上的相关性，变换结构简单，运算速度快，比传统小波变换信噪比提高约 10 dB。张博提出了一种基于信号二维矩阵傅里叶变换的传感振动信号解调方法，实现了对多点振动信号位置和频率信息的同时提取，提高了系统信号处理效率。杨经国使用 Φ-OTDR 系统传感信号合成了时间—距离二维图像，并使用引导滤波算法对去除基底后的二维图像进行了滤波处理，提升了 Φ-OTDR 系统扰动定位曲线的信噪比，最大可达 11. 05 dB。王大伟等人提出了一种基于改进近似熵的管道泄漏光纤传感信号滤波方法，将传感信号的分形盒维数和改进近似熵同时作为二维参数平面的两个输入，通过在该平面设置阈值范围，辨识管道泄漏信号，并滤除了信号中的噪声。Qing S. S. 等人根据分布的应变数据构造相似性度量矩阵，并将其转换为灰度图像，通过计算得到灰度图像的显著性映射，并利用二值化显著图作为滤波算子进行卷积，有效地滤除了光纤传感信号中的噪声。

相较于一维信号处理方法，二维光纤传感信号处理方法充分考虑到不同时间信号间的潜在关系，在提升传感信号信噪比、提高传感系统性能方面也表现出了巨大的潜力。同时，将神经网络和二维光纤传感信号处理方法相互结合，不仅可以保留光纤传感数据的共现和潜在状态，而且可以充分发挥神经网络在处理二维信号时的优势，是近期光纤传感信号处理领域的研究热点。

第八章

光纤传感振动信号噪声分析与地下场景数据集构建

Φ-OTDR 易受到外部监测环境中噪声的影响，导致采集到的光纤传感振动信号的信噪比较低。同时，受光纤传感系统自身特点以及光纤耦合方式等因素的影响，光纤传感振动信号的质量进一步降低，因此本章将重点研究光纤传感信号的去噪方法。

8.1 地下空间光纤传感振动信号的噪声分析

光纤传感振动信号极其微弱，易受外界环境的干扰。光纤传感振动信号存在的噪声主要可以分为四类：环境噪声、衰减噪声、模式噪声和系统噪声。本节将针对上述四种噪声进行分析，为后续光纤传感振动信号的处理和数据集的构建提供支撑。

8.1.1 地下空间光纤传感振动信号环境噪声分析

城市地噪声场由自然地噪声场和人文地噪声场二者组成。随着城市化的发展，人文地噪声场对光纤传感振动信号的环境噪声影响正逐渐增大。自然地噪声场是指城市区域、地球活动的微动背景，以及地震、潮汐、强风及其引起的各种风振等，是城市近地表的风振传递到城市地下和自然振动信息的总和，反映了城市近地表场地的背景噪声，即地下“静”环境。人文地噪声场是指各种人文活动在城区产生的地噪声场的总和，反映了城市化发展过程中衍生的次生地下噪声场。人文地噪声场源包括建筑物、机械、交通、人流等，人文地噪声场反映了城市近地表地下“动”环境。在现代城市建设中，人文地噪声的环境复杂，由于大量地面和地下施工，地脉动源成分非常复杂，强度大。长期来看，人文地噪声会逐渐改变部分区域地下结构，进而改变场地沉积层的共振频率，影响上覆大型建筑安全。由此可得人文地噪声场会影响城市地噪声场。随着我国城市化进程加快，人文活动对城市空间的改造过程引起次生的地球物理场，可能降低城市地下环境的品质，如何量化地下噪声环境，是城市地球物理学的研究内容，是本书处理地下空间的重要参考，对地下空间的信号噪声的消除具有重要意义。

通过地噪声研究地下结构的历史悠久，最早可以追溯到 20 世纪 50 年代。Aki 于

1957 年首先提出了空间自相关法用于噪声提取 Rayleigh 波相速度。Henstridge 优化了空间自相关法，扩展了 SPAC（Spatial Auto-Correlation）方法的适用范围，在 20 世纪 90 年代得以发展。Apostolidis 等人在希腊塞萨洛尼基市进行地脉动台阵实验，得到场地相速度频散曲线，反演出的地下速度结构和钻井资料表现一致，证明了该方法的有效性。

我国的地噪声研究开始于 20 世纪 80 年代。1986 年，王振东对地脉动台阵观测分析引进空间自相关法。1994 年，杨学林和吴世明探讨了推断地基土质构造的可能性的时候可以利用地脉动。2007 年，何正勤等人对地脉动台阵的野外观测方法、仪器设备、数据采集和空间自相关测定相速度及相关的数据处理方法进行了对比研究，证明了该方法的可靠性。

本书针对自然地噪声场和人文地噪声场的差异，尝试对自然地噪声场和人文地噪声场进行分离，并以采集到的地下管网泄漏信号和周界安防入侵光纤传感振动信号进行处理，对地下环境噪声进行分析。

（1）自然地噪声场

自然地噪声场是地下噪声的主要来源之一，表现为某特定区域内地球活动的微动背景，包括地壳振动、强风、潮汐及其引起的各种微振动。地下自然噪声场可以看成是由地下垂直入射的 SH 波和 P 波反射叠加而形成的一类噪声，是传递到地下自然振动信息的总和。地下自然噪声场反映了近地表场的“背景”噪声，即地下的“静”环境。秦维秉等人通过采集地下噪声数据并分析发现地下自然噪声满足以下特性。

①微动源是平稳的。

微振动和微动源间是稳定性关系，因此，微振动可以看作是一种平稳随机过程。若将波形 $X(t)$ 看作随机函数，则其各种概率特性参数（均值、自相关）均保持不变，即可以用多次记录的振动波形和均值来确定微振动过程的特征，表示为：

$$m_x(t_1) = \lim_{n\to\infty}\frac{1}{n}\sum_{k=1}^{n}x_k(t) \tag{8-1}$$

$$R_x(t_1,t_1+\tau) = \lim_{n\to\infty}\frac{1}{n}\sum_{k=1}^{n}x_k(t)x_k(t_1+\tau) \tag{8-2}$$

式中，$m_x(t_1)$ 为常数，是该随机过程的均值；$R_x(t_1, t_1+\tau)$ 为该随机过程的自相关函数；τ 为时间位移。

②具有各态历经性质。

对于微动过程来说，某一观测点上，某次观测的某个波形在某段时间内的观测曲线的概率特征值能够代表其总体的平均值。换而言之，对于平稳过程而言，其均值和自相关函数可以用一个样本函数在整个时间轴上的平均值代替。

③任何特定时间所观测的一族波点呈高斯正态分布，表现为微动过程的期望值为 0，即：

$$\frac{1}{T}\int_{0}^{T} x(t)\,\mathrm{d}t = 0 \tag{8-3}$$

式中，T需取足够的时间。

④微动源为白噪声。

微动过程波形具有无数个频率分量，表现为由强度相等的正弦波叠加而成。该过程均值为0，但功率谱密度为常数。

综上所述，地下自然噪声场具有一致性、稳定性和相关性，因此，地下自然噪声可以理解为一类随机噪声。

（2）人文地噪声场

人文地噪声场是另外一种地下噪声，表现为某一特定区域内由人文活动引起的振动，来源包括建筑物、机械、交通、人流等。人文地噪声场是各种人文活动传递到地下产生噪声场的总和，反映了近地表场的“次生”噪声，即地下的“动”环境。通过对人文地噪声场进行采集、分析，表明人文地噪声场具有非一致性、不稳定性和不相关性的特征，表现为偶发、间歇性瞬时强振幅，因此，人文地噪声可以理解为一类脉冲噪声。

（3）其他噪声场

受到光纤传感监测环境和传输方式的制约，还会存在大量的其他类型的噪声，包括地壳板块运动产生的振动噪声、地下水大规模涌动产生的振动噪声等，表现出较强的不确定性和偶然性。

总体来说，实际采集到的光纤传感振动信号是多种噪声综合作用的结果。自然地噪声场作用于光纤传感振动信号时，表现为时间轴上随机产生的大量起伏扰动，其值在给定瞬间内不能预测。人文地噪声场作用于光纤传感振动信号时，表现为在时间轴上无规则出现的突发性干扰，其值在短时间内幅度较大。其他噪声场作用于光纤传感振动信号时，表现为信号的突变，其值在某一瞬间达到极值。在上述三种噪声场中，自然地噪声场广泛存在于光纤传感振动信号中且不可避免，对光纤传感振动信号质量造成了严重的影响，在一定程度上降低了光纤传感振动信号的信噪比，是光纤传感振动信号中的主要噪声之一；地下人文噪声场多半由人引起，其他噪声场则仅存在于某些特定场景下，具有一定的特殊性。因此，本书重点研究自然地噪声场的滤除方法。

8.1.2　地下空间光纤传感振动信号衰减噪声分析

衰减噪声场为某一区域内使传感信号振幅衰减因素的总和，其广泛存在于周界安防、结构监测等领域。不同于自然地噪声场和人文地噪声场，衰减噪声场并不是实际意义上的噪声。通常情况下，被测物与传感光纤之间存在一定的距离，振动信号经介质传播到达传感光纤时存在一定的衰减，导致采集到的光纤传感振动信号较为微弱，不能完全反映被测物的状态。由于其效果类似于噪声的作用，因此定义此类噪声为衰减噪声。造成信号在大地介质中衰减的因素很多，其中介质吸收和几何扩散衰减是信号波传播过程中的主要损耗。

①介质吸收衰减

由于大地介质的非完全弹性属性，信号波在传播过程中会引起摩擦，导致信号波在传输过程中的能量会被介质吸收，导致波的振幅变小。在同性介质中，振幅的衰减可以表示为：

$$A(x) = -A_0 e^{-\alpha t} \tag{8-4}$$

式中，A_0 为信号幅度，$A_0 = A(x)_{x=0}$；α 为波的衰减系数，式 8－4 表明，信号波的振幅随着传输距离的增加呈指数规律衰减，衰减速率取决于衰减系数 α。

进一步说明，为了描述介质吸收波能力的强弱，定义品质因子 Q，表示为：

$$Q = \frac{\Delta E}{2\pi E} \tag{8-5}$$

式中，ΔE 为波在一个周期内的能量损耗，E 为存储的弹性能量。由式 8－5 可以看出，品质因子 Q 为无量纲常数，是介质的固有属性且与信号波的频率无关。

②几何扩散衰减

波由振动源向四周传播时，波的表面积越来越大，振动越来越小，称为几何扩散衰减。在均匀介质中，波以球面的形式向前传输，即在同一球面上的点振动幅值相当。离振动源距离为 r 处的信号波位移可以近似表示为：

$$u_p \approx \frac{1}{4\pi r v_p^3} \Phi'(t - \frac{r}{v_p}) \frac{r}{u_p} \tag{8-6}$$

式中，v_p 为介质中的纵波速度，由式 8－6 可以看出，位移 u_p 与传播距离成反比，与振源函数的一阶导数成正比。当信号波穿越不同介质层时，部分波会以一定角度进入另一介质，其余波会被全反射或者变成滑行波，造成一定的能量损耗。

通常情况下，近地表地面中不存在突变岩性体，在一定范围内，信号发散与吸收衰减特性在宏观上具有相对稳定的函数关系。综上，地下衰减噪声场具有均匀性、稳定性和连续性，表现振幅在某段时间内持续稳定。地下衰减噪声场作用于光纤传感振动信号时，表现为噪声基底在一段时间内较高，其值在特定范围内上下浮动。因此，地下衰减噪声场可以理解为一类均匀噪声。

8.1.3　地下空间光纤传感振动信号模式噪声分析

模式噪声是光纤传感系统中的另外一种噪声，是由光纤接口处耦合程度、耦合面积和耦合方式等原因引起的噪声。具体来说，光纤传感系统中的光源具有强相干性，在一定程度上存在模式间色散，导致光纤信号间发生干涉；当光信号传输至光纤接头处时，光纤接头不完善导致只有部分光信号通过接头，信号功率损耗严重；一旦第一条光纤存在微弱振动或光源的频率发生漂移，通过不完善接头的光信号功率会随时间变化，从而形成寄生调幅，成为噪声。具体分析如下。

设激光器的幅度谱为 Q（w），功率谱为 Q^2（w），光纤芯子折射率分布近似于抛物线，则光纤某个标量模 μ、v 的横向场可以表示为：

$$E_1(r_1,\theta_1,L,t)=\int\left\{Q(\omega)\sum_{\mu_1v_1}E_{\mu_1v_1}(r_1,\theta_1)\times\exp[j(\omega t-\beta_{\mu_1v_1}L)]\right\}d\omega \quad (8-7)$$

式中，下标“1”表示第一条光纤，β 是传输系数，L 表示第一条光纤的长度，$\sum(\cdot)$ 表示相干叠加。

$$E_{\mu v}(r,\theta)=(a_{\mu v}\cos v\theta+b_{\mu v}\sin v\theta)F_{\mu v}(r) \quad (8-8)$$

式中，$F_{\mu v}$（r）是高斯－拉盖尔（Gauss-Laguerre）函数，$a_{\mu v}$、$b_{\mu v}$ 为激发系数。

对于光纤传感来说，激光器谱宽较窄，则某一频率的传输系数 β（ω）可近似表示为：

$$\beta(\omega)\approx\beta(\omega_0)+\left.\frac{\partial\beta}{\partial\omega}\right|_{\omega=\omega_0}(\omega-\omega_0)\approx\beta_0+\tau(\omega-\omega_0) \quad (8-9)$$

式中，ω_0 代表中心频率，τ 代表单位长度的群时延。将式 8－9 代入可得：

$$E_1(r_1,\theta_1,L,t)=\sum_{\mu_1\nu_1}\{E_{\mu_1v_1}(r_1,\theta_1)\exp(-i\beta_{0_{\mu_1,v_1}}L)\times \int Q(\omega)\exp[j(\omega t-\tau_{\mu_1v_1}L(\omega-\omega_0)d\omega\} \quad (8-10)$$

若第一条光纤和第二条光纤在耦合处横截面未全吻合，但场形匹配且无反射，则第一条光纤场形保持不变，依据应用标量模式场的正交特性，第二条光纤的激发系数可以表示为：

$$\begin{Bmatrix}a_{\mu_2v_2}\\b_{\mu_2v_2}\end{Bmatrix}=\sum_{\mu_1\nu_1}\{I^{\cos,\sin}_{\mu_2\nu_2,\mu_1\nu_1}\times\int Q(\omega)\exp[j\omega t-j\tau_{\mu_1\nu_1}L(\omega-\omega_0)]d\omega\} \quad (8-11)$$

式中，

$$I^{\cos,\sin}_{\mu_2\nu_2,\mu_1\nu_1}=\int_{A_e}E_{\mu_1v_1}(r_1,\theta_1)\exp(-j\beta_{t_1,v_1}L)F_{\mu_2v_2}(r_2)\begin{Bmatrix}\cos v_2\theta_2\\\sin v_2\theta_2\end{Bmatrix}dA \quad (8-12)$$

式中，A_e 为两光纤耦合处的重合面积，下标“2”表示第二条光纤。模式 μ_2、v_2 余弦项的统计平均功率为：

$$\langle a_{\mu_2\nu_2}\cdot a^*{}_{\mu_2v_2}\rangle=\sum_{\mu_1v_1}\sum^{*}_{\mu_1{}'v_1{}'}\{I^{\cos}_{\mu_2v_2,\mu,\nu_1}(I^{\cos}_{\mu2},\mu_1,v_1)^*)\times \int Q^2(\omega)\exp[-j(\omega-\omega_0)(\tau_{\mu,v_1*}-\tau_{\mu_1v_1})L]d\omega\} \quad (8-13)$$

式中，〈〉表示平均。进一步观察可以发现，其中的积分项可以表示为 Q^2（w）的傅里叶变换，即光源的自相关函数。对于高斯功率谱的光源，可得出自相关函数为：

$$R(\Delta t_{11'}) = \exp\left[-\frac{(\Delta\omega)^2}{16\ln 2}(\Delta t_{11'})^2 \right] \tag{8-14}$$

式中，$R(\Delta t_{11'})$表示光源的自相关函数，$\Delta t_{11'} = (\tau_{\mu_1 v_1} - \tau_{\mu'_1 v'_1}) \times L$ 表示时延之差。光纤接头的耦合效率为：

$$\eta = \frac{\text{光纤 2 的功率}}{\text{光纤 1 的功率}}$$
$$= \frac{\sum_{\mu_2 v_2} \left\{ \sum_{\mu_1 v_1} \sum_{\mu_1' v_1'} R(\Delta t_{11'}) \left[I^{\cos}_{\mu_2 \nu_2, \mu, \nu_1} (I^{\cos}_{\mu_2 \nu_2, \mu_1' \nu_1'})^* + I^{\sin}_{\mu_2 \nu_2, \mu_1 \nu_1} (I^{\sin}_{\mu_2 \nu_2, \mu_1' \nu_1'})^* \right] \right\}}{\sum_{\mu_1 \nu_1} (| a_{\mu_1 v_1} |^2 + | b_{\mu_1 \nu_1} |^2)} \tag{8-15}$$

式中，分子表示第二条光纤的功率，分母表示第一条光纤的功率。式 8－15 表明，耦合效率 η 将随光源频率变化而浮动，在给定参数下，可以找出耦合效率浮动范围与光纤长度的关系。

进一步说明，如果用一个频率为 Ω 的正弦波调制激光管，模式噪声将会出现非线性失真，失真程度可以通过对输出波形频谱中的高次谐波幅度的分析获得。实际上，正弦调制将引起辐射波长类似的变化，于是有：

$$\beta = \beta_0 + \frac{\partial \beta}{\partial \lambda}[\Delta\lambda \sin(\Omega t)] \tag{8-16}$$

式中，$\Delta\lambda$ 为正弦波的波长变化幅度。

$$\frac{\partial \beta}{\partial \lambda} = \frac{\partial \beta}{\partial \omega}\frac{d\omega}{d\lambda} = -\tau_0 \frac{2\pi C}{\lambda_0^2} \tag{8-17}$$

因此，上式可以写成

$$\beta = \beta_0 + \Delta\beta \sin(\Omega t) \tag{8-18}$$

式中，$\Delta\beta = -\tau_0 \dfrac{2\pi C}{\lambda_0}$。

考虑传感光纤与检测器间存在错位的情况，则检测器接收的功率可以表示为：

$$\rho = \sum_n \sum_m \left\{ R[(\tau_m - \tau_n)L] \int_{A_0} \vec{E}'_n(r,\theta) \cdot \vec{E}'_n(r,\theta)^* dA \cdot e^{-j(\beta_m - \beta_n)L} \right\} \tag{8-19}$$

式中，A_0 为检测器可接收的光纤面积。将式 8－19 代入，其中相位因子为：

$$\begin{aligned} \exp[-j(\beta_m - \beta_n)L] &= \exp[-j(\beta_{0m} - \beta_{0n})L - j(\Delta\beta_m - \Delta\beta_n)L\sin(\Omega t)] \\ &= \exp[-j(\beta_{0m} - \beta_{0n})L] \cdot \{ J_0(\Delta\varphi_{mn}) \\ &\quad + 2\sum_{p=1}^{\infty} J_{2p}(\Delta\varphi_{mn})\cos(2p\Omega t) \\ &\quad + 2j\sum_{q=0}^{\infty} J_{2q+1}(\Delta\varphi_{mn})\sin[(2q+1)\Omega t] \} \end{aligned} \tag{8-20}$$

式 8－20 的级数展开利用了贝塞尔函数的性质。$J_n(\cdot)$ 表示 n 阶贝塞尔函数，$\Delta\varphi_{mn}=(\Delta\beta_m-\Delta\beta_n)\times L$。式 8－20 从理论上说明了接收信号中存在高次谐波，即模式噪声不仅存在且会有一定的非线性失真。

综上分析，模式噪声是一种较为复杂的现象，与热噪声、散弹噪声等不同，模式噪声是乘性噪声。它随时间做无规则的变化，是光纤传输信道中各种动态参量变化组合的结果。因此，本书提出，对光纤传感振动信号中的模式噪声进行滤除，可以提高光纤传感振动信号的质量。

8.1.4　光纤传感振动信号系统噪声分析

光纤传感系统作为一种光电系统，受到外部光路的扰动、前置放大器和二极管等元器件固有噪声的影响，存在一定的系统噪声。较低的系统噪声水平更加利于信号的检测。本部分将介绍光纤振动信号系统中的光电二极管噪声、前置放大器噪声、激光器噪声、探测器噪声、光放大器噪声以及系统外噪声几部分。

8.1.4.1　光电二极管噪声

光电二极管作为光电系统中的常用元器件，可以将系统中采集到的光信号转化为电信号，便于后续处理。在光电二极管中，其噪声主要包括：暗电流噪声、热噪声和半导体散粒噪声。

（1）暗电流噪声

暗电流噪声作为光电系统中一种常见的噪声，是一种由光导电元器件、光电管等受光元件在无光条件下产生的流动电流引起的噪声。暗电流噪声受温度影响较大，且时间越长，暗电流噪声越大。

（2）热噪声

热噪声是一种无源噪声，是设备系统中电子的布朗运动而引起的噪声，其存在于所有的电子器件中。热噪声的电压均方值可以通过式 8－21 计算。

$$\bar{U}_T^2=4KT\int_{f_1}^{f_2}R(f)\,\mathrm{d}f \tag{8-21}$$

式中，K 为波尔茨曼常数，T 代表绝对温度，$R(f)$ 表示电路中总的电阻值，其大小随着频率变化而变化。f_1 和 f_2 表示等效噪声频率的下限和上限。当电路为纯电阻时，$R(f)$ 的大小与频率无关，当系统温度稳定时，热噪声只和系统等效电阻和带宽有关，不受频率变化的影响，因此，热噪声以相同的形态分布在所有频谱中。

（3）半导体散粒噪声

散粒噪声又称为散弹噪声，是一种由设备中有源器件电子发射不均匀所引起的噪声。在大多数的半导体器件中，散粒噪声是系统噪声的主要来源。散粒噪声的电流可以通过计算得到。

$$\bar{I}_s^2 = E(2q\Delta fI + 2q\Delta fI_{PD} + 2q\Delta fI_D) \tag{8-22}$$

式中，$E(\cdot)$ 表示取均值，q 为电子的总电量，Δf 为噪声频率上下限之差，I 为背景光电流，I_{PD}为光电流，I_D 为暗电流。因此，可以看出散粒噪声与系统中的电流与带宽有关，与温度无关。而系统中的暗电流和光电流仅在高频时与系统频率相关，因此，散粒噪声的频谱在高频时与频率相关，而在中、低频时与频率无关。

8.1.4.2　前置放大器噪声

在光纤传感系统中，前置放大器是另外一种常用器件。考虑到光纤信号的特点，一级放大器往往不能满足要求，需要对光纤传感信号进行多级级联放大。若 P_{n0}为原始噪声的功率，P_{n1}，P_{n2}，P_{n3}，…，P_{ni}分别表示一级放大器、二级放大器、三级放大器、i 级放大器噪声输出表现，则噪声总功率 P_n 可以表示为：

$$P_n = K_1 \cdot K_2 \cdots K_i \cdot P_{n0} + K_2 \cdot K_3 \cdots K_i \cdot P_{n1} + \cdots + P_{ni} \tag{8-23}$$

式中，K_1，K_2，…，K_i 分别表示一级放大器、二级放大器……i 级放大器的增益。前置放大器噪声不仅和放大器本身噪声表现相关而且和放大器的增益相关。噪声经过层层级联放大后，会在一定程度上影响光纤传感信号的质量。

综上而言，无论是光电二极管噪声还是前置放大器噪声，均是光纤传感系统的内部噪声。通常利用系统噪声系数作为衡量电路或者系统内部噪声大小的度量，噪声系数越小，可探测到的有用信号越小，系统性能越好。对系统电路进行优化设计、选择正确的晶体管放大级的静态工作点、设计合适的噪声自相关滤除算法和对系统进行零点追踪补偿等方法均可以在一定程度上消除系统噪声。因此，本书研究内容不涉及系统噪声的信号处理滤波方法。

8.1.4.3　激光器噪声

在激光器输出激光的过程中，无法保证输出的激光的幅度和相位是恒定的，激光器输出激光的幅度和相位的抖动会引起激光器噪声。在基于相位敏感光时域反射原理的光纤分布式振动/声传感系统中，利用干涉效应对微弱信号进行检测，稳定的激光输出是基于相位敏感光时域反射原理的光纤分布式振动/声传感系统获取高质量信号的关键。因此，基于相位敏感光时域反射原理的光纤分布式振动/声传感系统对激光器的噪声指标提出了很高的要求。理想情况下，激光器输出的是具有恒定频率和幅度的激光。激光器输出的单频激光可以用如下的公式表示：

$$E(t) = |E_0|\sin(\omega_0 t + \varphi_0) \tag{8-24}$$

式中，$|E_0|$是输入激光光波幅值，ω_0 是输入激光频率，φ_0 是输入激光的相位。在理想情况下，$|E_0|$和 φ_0 都是固定不变的。在真实情况下，激光器输出光的幅值和相位都不是稳定的，输出激光表示如下：

$$E(t) = |E_0 + E(t)|\sin(\omega_0 t + \varphi_0 + \Delta\varphi(t)) \tag{8-25}$$

式中，$|E_0 + E(t)|$ 幅值随时间改变而变化，称为激光强度噪声，$\varphi_0 + \Delta\varphi(t)$ 是激

光相位的输出，相位的随机抖动称为激光器的相位噪声。对于基于相位敏感光时域反射原理的光纤分布式振动/声传感系统，激光器光源噪声的存在会对探测的有效信号造成干扰，影响系统表现。

8.1.4.4　探测器噪声

探测器在整个光纤传感系统中承担着光电信号转换的作用。光信号必须转化为可以识别的模拟信号，因为系统的信号解调和处理都是基于电信号进行操作的。探测器可以将光强的变化转换成相应的电压幅值的变化，但是在信号转换过程中带来的噪声也是不可避免的。探测器噪声分类如下。

（1）热噪声

热噪声是器件本身就存在的特性，是由内部载流子热运动造成的。在信号空载的情况下，探测器仍然存在热噪声。在元器件中，内部的载流子会存在随机的热运动，这就造成了热噪声。在信号处理中，一般用白噪声表示元器件的热噪声。器件的热噪声可以用以下的公式描述：

$$\sigma_t^2 = (4\kappa_B T/R_L)F_n\Delta f \tag{8-26}$$

式中，κ_B 是玻尔兹曼常数，T 是绝对温度，R_L 是器件的负载，Δf 是器件的带宽，F_n 是一个关于热噪声的常系数。

（2）散粒噪声

散粒噪声是由于光生载流子的不规则运动导致的。散粒噪声表示为：

$$\sigma_s^2 = 2q(I + I_d)\Delta f \tag{8-27}$$

式中，q 是电子的电荷量，I 是信号电流，I_d 为暗电流。当输入信号光进入探测器后，引起探测器内的光电元器件产生相应的信号电流，无信号时会有非常微弱的电流在探测器内部器件产生，称为暗电流，在计算中将其忽略。

探测器的噪声在实际的系统中是不可消除的，想要进一步抑制系统噪声，必须采取信号处理的手段。

8.1.4.5　光放大器噪声

基于相位敏感光时域反射原理的光纤分布式振动/声传感系统结构中，当信号光功率不足时会采用光放大技术做补偿。光放大的同时伴随着放大器自发辐射（Amplified Spontaneous Emission，ASE）噪声，它的产生伴随着整个光放大过程，泵浦源将粒子能级翻转之后，受激粒子会有一部分发生随机的自发辐射，这些自发辐射也有可能进一步参与受激辐射，放大形成噪声脉冲，且它的频带覆盖整个增益带宽。一般情况下，用于自发辐射的粒子增多就意味着提供信号放大的粒子减少。虽然随着光放大技术的发展，放大器自发辐射脉冲噪声得到了很大的改善，但是仍无法消除，因此引入放大器的同时也伴随着放大器自发辐射引入的脉冲噪声。

8.1.4.6 系统外噪声

由于分布式光纤传感系统往往工作在环境比较复杂的野外，这就导致系统正常作业时除了受上述系统内噪声的影响，也会受到工作环境的干扰。光纤作为无源器件，它自身不会产生噪声。对于基于相位敏感光时域反射原理的光纤分布式振动/声传感系统来讲，外界的声音信号以及其他轻微的扰动都可以被基于相位敏感光时域反射原理的光纤分布式振动/声传感系统监测到，这种由于外界环境变化引起的扰动被视为环境噪声。环境噪声的存在会影响对待测物理量的评估，因此为了保证有效的测量，需要对仪器和传感光纤做特殊的防护措施，以隔绝外界环境的干扰。

8.2 光纤传感振动信号预处理

Φ-OTDR 系统通过测量光纤中后向瑞利散射光信号强弱的变化来对外界的振动扰动进行分析。由于光纤中瑞利散射光比较微弱，特别是随着传感距离的增加，光纤远端的瑞利散射光信号会随着入射脉冲光的衰减而更加微弱，很容易被判断为随机噪声。在对散射光信号进行分析前，需要对信号进行一定的预处理以提高信号的信噪比，便于信号中有效信息的提取。

上一节对光纤传感振动信号中的噪声进行了分析。对光纤传感得到的信号数据，要进行适当的数据预处理，常见的数据预处理方法有线性归一化处理、非线性归一化处理、0 均值标准化处理、L2 范数归一化处理、滑动平均法处理。本节将对这些常用的预处理方法进行介绍，同时，将介绍为解决长距离传输的信号衰减而提出的基于空间的信号去趋势化处理。

8.2.1 线性归一化处理

线性归一化处理作为信号预处理中最常用的方法之一，通过将采集到的光纤传感数据限定在一定的范围内（比如 [0, 1] 或者 [−1, 1]），从而消除奇异样本数据导致的不良影响，常用的线性归一化函数如下：

$$x' = \frac{x - x_{min}}{x_{max} - x_{min}} \tag{8-28}$$

式中，x'为数据归一化后的值，x 为原始数据的值，x_{max}为原始数据中的最大值，x_{min}为原始数据中的最小值，利用式 8−28，可以将原始数据映射到 [0, 1]。同理，若将原始数据映射到 [−1, 1]，可以利用式 8−29 实现。

$$x' = \frac{2x - x_{max} - x_{min}}{x_{max} - x_{min}} \tag{8-29}$$

对于采集到的光纤传感振动二维信号，同样可以利用式 8－29 进行归一化处理。相应的 x_{max} 为二维光纤传感振动信号中的最大值，x_{min} 则为二维光纤传感振动信号中的最小值，线性归一化处理后的结果如图 8－1 所示。

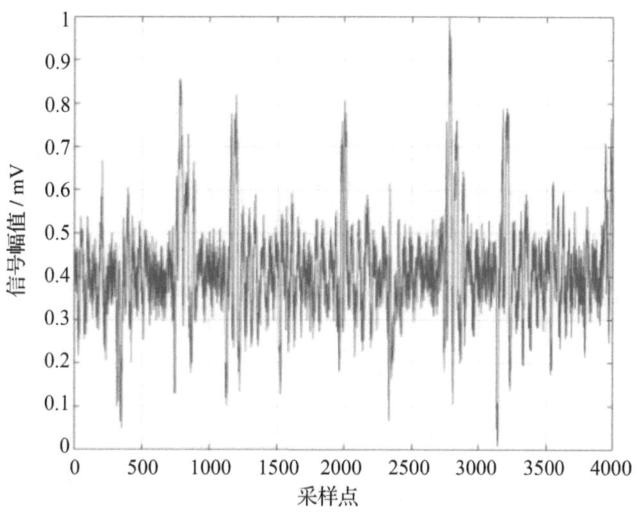

图 8－1　光纤传感振动信号的线性归一化处理

通过线性变换方法可以将数据映射到某一特定区间内，这虽然可以消除量纲和数据量集带来的影响，但由于在对数据归一化处理的过程中仅参考了数据中的最大值和最小值，所以该方法过分依赖两个极端值。

8.2.2　非线性归一化处理

和线性归一化处理类似，非线性归一化处理利用某些非线性数学函数对数据进行映射。当数据中有部分数值较大而部分数值较小的时候，非线性归一化处理方法能够减小数据间的差异。通常，映射函数包括正切函数、指数函数和对数函数。由于采集到的光纤传感振动信号存在负值，因此以指数函数为例，对上述采集到的光纤传感振动信号进行非线性归一化处理，结果如图 8－2 所示。

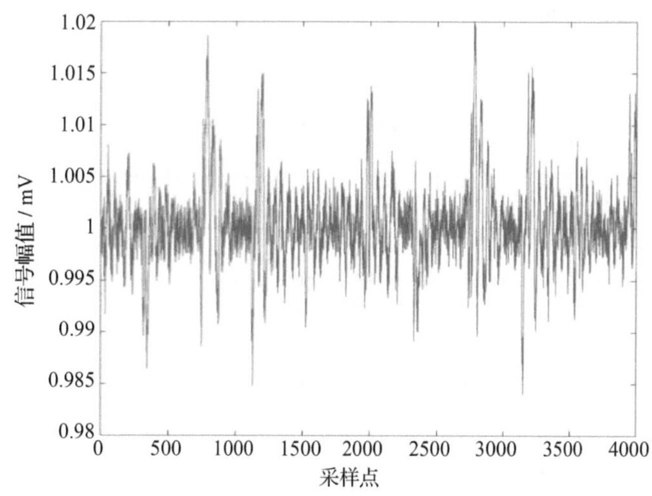

图 8－2　光纤传感振动信号的非线性归一化处理

8.2.3 0均值标准化处理

不同于上述两种方法，0均值标准化处理通过将原始数据归一化为均值为0、方差为1的数据，使得集中的数据满足同一分布规律。0均值标准化处理方法公式如下：

$$x' = \frac{x - \mu}{\sigma} \tag{8-30}$$

式中，μ 为原始数据的平均值，σ 为原始数据的标准差。对于二维信号而言，μ 和 σ 分别对应二维信号的平均值和标准差。利用0均值标准化处理，可以去除原始数据中的量纲。对光纤振动信号进行0均值标准化处理后的数据如图8-3所示。

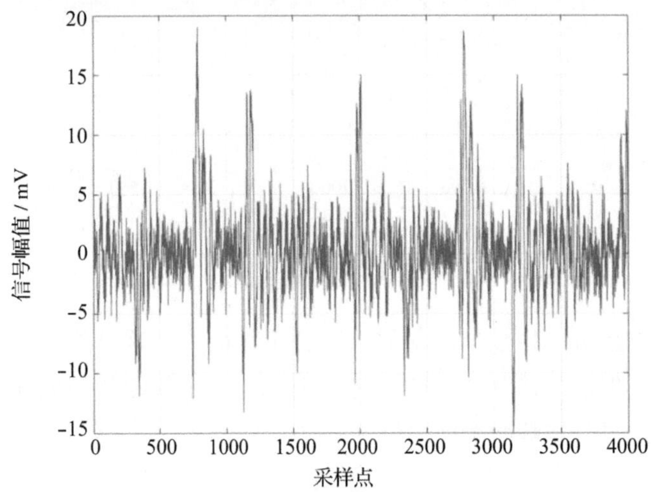

图8-3 光纤传感振动信号的0均值标准化处理

8.2.4 L2范数归一化处理

L2范数归一化处理就是向量 x（x_1，x_2，…，x_n）的每个数据都除以向量的 $\|x\|_2$，向量 x（x_1，x_2，…，x_n）的L2范数可用如下公式定义：

$$norm(x) = \sqrt{x_1{}^2 + x_2{}^2 + \cdots + x_n{}^2} \tag{8-31}$$

要使得归一化到 x 单位L2范数，即建立一个 x 到 x' 的映射，使得 x' 的L2范数为1，则可得到式8-32：

$$\begin{aligned} 1 = norm(x') &= \frac{\sqrt{x_1{}^2 + x_2{}^2 + \cdots + x_n{}^2}}{norm(x)} \\ &= \frac{\sqrt{x_1{}^2 + x_2{}^2 + \cdots + x_n{}^2}}{norm\ (x)^2} \\ &= \sqrt{\left(\frac{x_1}{norm(x)}\right)^2 + \left(\frac{x_2}{norm(x)}\right)^2 + \cdots + \left(\frac{x_n}{norm(x)}\right)^2} \end{aligned}$$

$$= \sqrt{x'^2_1 + x'^2_2 + \cdots + x'^2_n} \tag{8-32}$$

即 x 的 L2 范数可用公式进行表示：

$$x_i' = \frac{x_i}{norm(x)} \tag{8-33}$$

8.2.5　滑动平均法处理

在 Φ-OTDR 系统运行过程中，每一个入射光脉冲都能使传感光纤返回一条反映光纤上各点当前状态的散射曲线，不同周期曲线横坐标相同的点对应于光纤上同一点不同时刻的情况。因此，将不同周期曲线的同一点按时序排列，可以得到一条反映该点处散射光强变化的曲线，其本质相当于以光脉冲的重复频率对该点处散射光强进行连续采样。将其推广到光纤上的每一点，即可得到传感光纤沿线各点的时域信息。

对于此类具有一定重复性的信号，可采用区域平均法或滑动平均法来过滤信号中的随机噪声。区域平均法和滑动平均法均是将多个周期的散射曲线叠加并求平均值，但在具体的周期选取上有所差异。假设采集到的瑞利散射曲线共有 N 条，分别记为 L_1，L_2，L_3，…，L_i，…，L_N（L_i 表示第 i 条瑞利散射曲线），平均次数为 M 次，平均处理后得到的信号曲线分别记为 l_1，l_2，l_3，…，l_i，…，l_S，当采用区域平均法进行去噪时，$S = N/M$，处理结果可由式 8－34 表示：

$$l_i = \frac{1}{M}\sum_{r=i}^{i+\frac{N}{M}-1} L_r, i \in [1, N/M] \tag{8-34}$$

区域平均法将 N 条散射曲线分为 N/M 组，对每一组曲线进行累加并求平均值，最后得到 N/M 条处理后的信号曲线。当平均次数 M 足够时，区域平均法可以滤除信号中大部分的随机噪声，但同时会将信号曲线数量减少 M 倍，相当于采样频率也减少 M 倍，这大大降低了传感系统对于振动信号的频率响应范围。

当采用滑动平均法进行去噪时，上述的 S 改为 $S = N - M + 1$，处理结果可由式 8－35 给出：

$$l_i = \frac{1}{M}\sum_{r=i}^{i+M-1} L_r, i \in [1, N - M + 1] \tag{8-35}$$

滑动平均法将平均次数的窗口固定为 M，在 N 条原始数据曲线中滑动窗口进行平均处理，最后得到 $N - M + 1$ 条曲线，这种方法较大程度地保留了数据，有利于后续进一步分析处理。信号的平均去噪方法虽然原理简单，但其计算量不大，处理实时性好，简单有效，所以大量应用于信号的在线处理当中。

8.2.6　去趋势化处理

Φ-OTDR 通常采用相干度较高的窄脉冲激光光源探测后向瑞利散射光的相位变化来

实现微弱扰动量检测。由于光在传播过程中不断衰减，为了获得更远的探测距离，通常采用信号放大的方式提高传感距离。如饶云江教授团队将拉曼放大器与 Φ-OTDR 相结合，成功实现 74 km 传感距离和 20 m 空间分辨率，但在信号放大的同时，不可避免地会引入噪声，如何提高信噪比，这对数据处理方面提出了更高的要求。目前，基于 Φ-OTDR 光纤传感扰动监测的信号分析主要分为数据预处理和类型识别两方面。数据预处理阶段主要是对监测系统噪声的抑制，预处理质量直接影响后续信号类型识别的好坏。常用的数据预处理方法主要包括中值滤波、滑动平均滤波、高斯滤波、小波阈值去噪等。

Φ-OTDR 在振动传感方面的优势弥补了电缆外破隐患监测中存在的传感器布放困难、测量盲区、组网复杂等问题，利用与电缆同沟铺设的光缆，将分布式光纤传感技术应用到电缆防外破隐患监测中，通过相应算法可识别定位外破振动信号。在实际测量中，因环境温、湿度等因素影响，激光的波长及功率均存在缓慢漂移，无扰动入侵时监测曲线依然会缓慢波动，由此带来的低频噪声可能会淹没真正的扰动信号幅度变化；另外，由于相干衰落效应的影响，相位信号的强度会随机起伏，衰落噪声可能导致严重的误报或漏报。在现场条件下，Φ-OTDR 分布式光纤传感系统噪声种类繁多且复杂，传统的点式传感器数据去噪方法应用效果并不理想，研究适用于现场的 Φ-OTDR 电缆外破隐患监测数据预处理方法，对提高信噪比，减少误报率具有重要意义。

Φ-OTDR 分布式光纤传感系统激光信号功率在传输与散射过程中随着距离的增加逐渐衰减，系统监测到的前端信号强度与末端信号强度差别较大。为了后续处理时统一判决门限，需对扰动监测数据进行归一化处理，去除光功率距离衰减趋势。

去除光功率衰减趋势有两种方法：一是根据已知光纤材料的衰减系数，套用衰减公式进行去趋势化处理；二是根据实际数据波形提取代表趋势变化的“基线”进行去趋势化处理。前者为理论计算法，不能排除后期环境等因素变化对光纤衰减系数造成的影响，且无法适用于带有拉曼放大的 Φ-OTDR 系统；后者可自适应衰减系数变化，减少环境干扰，更适用于实际工程应用。因此，采用基线法进行 Φ-OTDR 扰动信号的去趋势化预处理。

Φ-OTDR 光纤传感电缆外破监测系统采样频率为 f，在空间上（光纤长度）采集 M 个点，在时间上采集 N 个点，监测原始数据存储为 $M \times N$ 的二维数组 $D_{M \times N}$，其中 D（i，j）表示空间点 i 在时刻 j 的振动强度。则第 j 时刻全线的振动数据为 D（：，j），为 $M \times 1$ 列向量，对该向量数据进行大窗口均值滤波与拟合，得到处理后的趋势基线 D（：，j），则去趋势化处理后的扰动信号为：

$$Y_j = \frac{D(:,j) - \bar{D}(:,j)}{\bar{D}(:,j)} \tag{8-36}$$

需要注意的是，在提取趋势基线时应使用无扰动时的数据，如夜间的数据，处理之后效果更佳。

抽取夜间无扰动时的原始数据20组，将20组不同时间的空间域数据取平均值得到代表空间衰减的原始信号，按上述方法提取趋势基线，如图8－4所示。

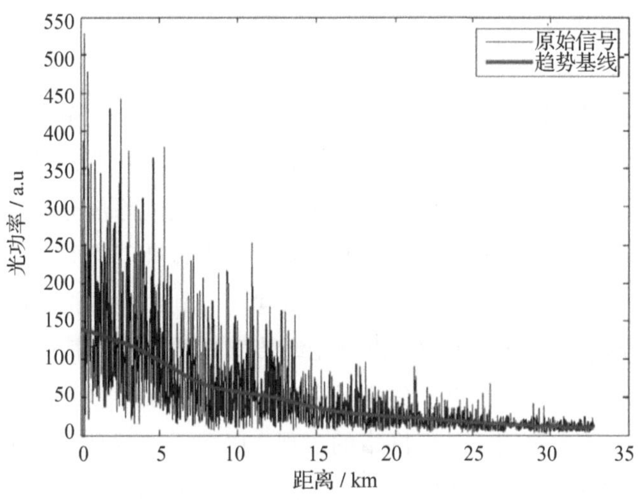

图8－4　Φ-OTDR原始信号趋势基线

（图片来源：Φ-OTDR光纤传感电缆防外破监测数据预处理方法）

从图8－4可以看到，Φ-OTDR原始信号在空间距离上呈不规则衰减趋势，这是因为现场环境噪声、光纤接续损耗、温湿度等不同因素变量叠加，对光功率衰减系数造成了不一的影响；提取的趋势基线可以较好地反映原始信号的衰减变化趋势，实际应用效果较好。根据提取的趋势基线结合上式，则某一采样时刻的空间－强度（列向量）原始数据去趋势化后的信号如图8－5所示。

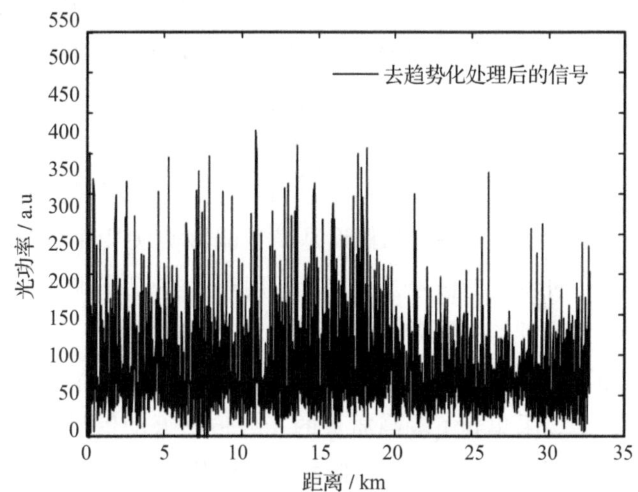

图8－5　去趋势化处理后的信号

（图片来源：Φ-OTDR光纤传感电缆防外破监测数据预处理方法）

由两图对比可以看到，去趋势化处理后的信号基本消除了数据衰减趋势，信号幅度基本一致。去趋势化处理后可统一信号幅度，避免扰动幅度淹没在趋势之中，有利于后续进一步处理。利用此方法提取的趋势基线以及上式可继续用于二维数组$D_{M\times N}$每一列的（时间方向）空间－强度原始数据趋势去除，达到空间域数据全部去趋势目的。

8.3 地下空间光纤传感数据集的构建

采集到的光纤传感振动信号存在环境噪声、衰减噪声、模式噪声和系统噪声。在环境噪声中，人文地噪声和其他噪声均存在一定的偶然性和突发性，属于临时噪声。系统噪声则通过光纤传感系统自身的标定，可以在一定程度上消除部分系统噪声。本书针对自然地噪声、衰减噪声和模式噪声进行处理。考虑到模式噪声的不确定性和差异性，本书利用传统方法处理光纤传感振动信号中的模式噪声，利用卷积神经网络的方法处理自然地噪声和地下衰减噪声。在本书中，由于光纤传感振动信号的特殊性，并无针对此类数据的训练集，因此需要构建可用于滤波网络训练的数据集。作为神经网络的基础，数据集的质量在一定程度上决定了神经网络的表现，因此，本节对构建的自然噪声光纤传感振动信号数据集和衰减噪声光纤传感振动信号数据集进行描述。

8.3.1 标准光纤传感振动信号的采集

本书构建的光纤传感振动信号数据集，通过神经网络学习某些非线性特征，用以滤除噪声。考虑到有监督学习算法具有的优势，本书构建基于强监督学习的光纤传感振动信号处理卷积网络。对构建的神经网络进行训练时，训练样本需已知输入和对应的输出，训练过程本质上是一个学习从输入到输出映射关系的过程。

在构建可供网络训练的光纤传感振动信号数据集时，主要有以下两点考虑：①在机器学习中，独立同分布假设是模型能够实现某种特定功能的前提，光纤传感振动信号作为一种特定的信号，没有专门用于此类信号训练的公开数据集。②在实际应用中采集到的光纤传感振动信号受到环境噪声的影响，信号质量较低，且没有与之对应的高质量光纤传感振动信号作为输出标签。通过在消声室构建“相对”安静的振动信号感测环境，采集到了较高质量的光纤传感振动信号作为标准参考信号，并以此为基础，根据不同需求生成一系列低质量光纤传感振动信号。如此构建的光纤数据集可供神经网络训练使用。

在消声室中，光纤紧贴地面进行铺设，振动信号由标准的敲击器产生，光纤信号采集设备选用日本光纳株式会社生产的型号为 NBX-S3000 的仪器设备。具体的实验场景如图 8－6 所示，光纤信号采集设备如图 8－7 所示，敲击器如图 8－8 所示。

图 8-6　实验场景图

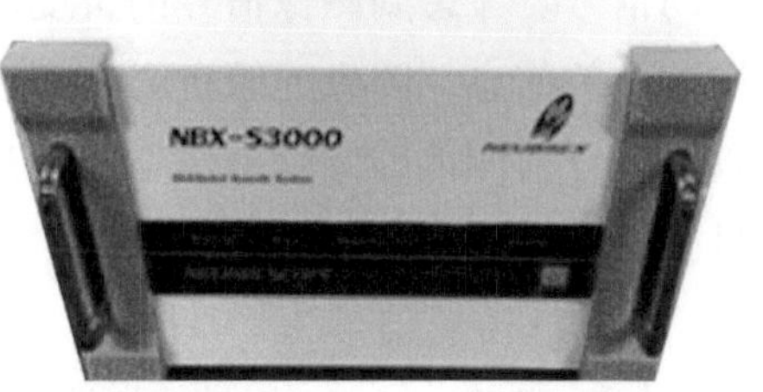

图 8-7　NBX-S3000 光纤信号采集设备

图 8-8　实验用的敲击器

本书选择的光纤长度为 10 m，空间分辨率为 0.1 m，采样周期为 4 kHz。振动信号发生器放置在距离光纤一端 5 m 左右的地方。由于光纤传感振动信号数据量较大，因此以 1 秒为间隔，分段保存采集到的振动信号，实验持续 5 h，共采集到 15 354 组光纤传感信号数据。在消声室中采集到的光纤传感振动信号如图 8-9 所示。

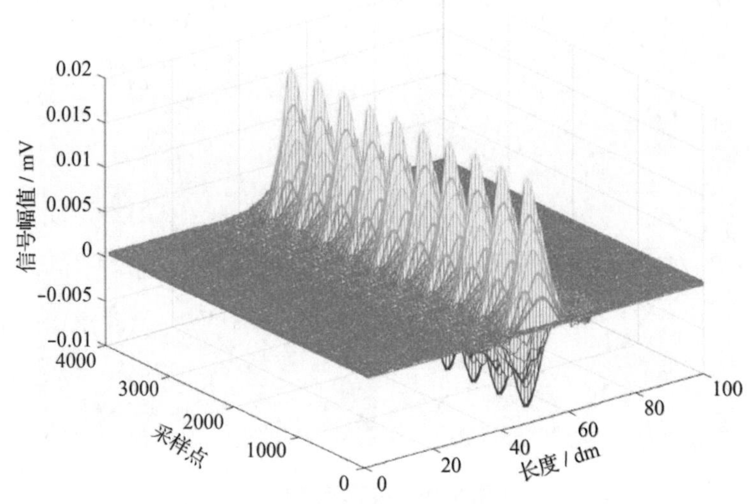

图 8 -9　在消声室中采集到的光纤传感振动信号三维视图

由图 8 -9 可以看出，在消声室中采集到的光纤传感振动信号具有明显的波峰和波谷，能够明显区分出每个振动信号。考虑到图像信号的长度可以表示一个维度上的信息，宽度可以表示另一个维度上的信息，图像的像素值（颜色）还可以表示另外一个维度上的信息，因此，可以将光纤监测的时间信息与空间信息结合起来，并根据灰度图像的特点，实现光纤信号图像重建。

假设光纤监控长度为 L，则光纤传感信号为 $X = [X_1, X_2, \cdots, X_L]$。$X_1$，$X_2$，…，$X_L$ 表示与位置相关的时间序列中的信号振幅 1，2，…，L。令 $X_1 = [x_{11}, x_{21}, \cdots, x_{N1}]^T$，其中，$x_{11}$表示空间位置为“1”、时刻为“1”时光纤传感信号幅度值。依此类推，X 可以表示为一个大小为 $N \times L$ 的矩阵：

$$X = \begin{bmatrix} x_{11} & x_{12} & \cdots & \cdots & x_{1L} \\ x_{21} & x_{22} & \cdots & \cdots & x_{2L} \\ \vdots & \vdots & \ddots & & \vdots \\ \vdots & \vdots & & \ddots & \vdots \\ x_{N1} & x_{N2} & \cdots & \cdots & x_{NL} \end{bmatrix} \tag{8-37}$$

式中，矩阵中的每个元素 x_{ij}表示空间位置为“i”、时刻为“j”时光纤传感信号幅度值。对于灰度图像，总共有 256 个颜色，需要建立光纤传感信号和颜色图像间的映射关系，即将采集到的光纤传感信号映射到［1，256］。通常情况下，为了保持原始信号间的关联关系，选用线性映射对采集到的光纤信号进行变换。假设 x_{max}是矩阵中最大的元素 $x_{max} = \max(X)$，x_{min}是矩阵中最小的元素 $x_{min} = \min(X)$，原始光纤信号的幅度范围为［x_{min}，x_{max}］。通过式 8 -38 对信号进行线性变换。

$$x_{out} = kx_{in} + b \tag{8-38}$$

式中，x_{out}表示线性映射后的值，x_{in}表示实际采集到的光纤传感器的值。k 为线性映射系数，b 为截距项。k 和 b 可以通过式 8－39 得到。

$$\begin{cases} k = \dfrac{256}{x_{\max} - x_{\min}} \\ b = 1 - kx_{\min} \end{cases} \tag{8-39}$$

则矩阵 X 中的每个元素进行归一化处理之后获得新的元素值 x_{ij}^{new} 为：

$$x_{ij}^{new} = INT(kx_{ij} + b) \tag{8-40}$$

式中，x_{ij}是原始矩阵的元素值，INT（x）表示得到最大整数不大于 x 的整数函数。因此式 8－40 变为：

$$X^{new} = \begin{bmatrix} x_{11}^{new} & x_{12}^{new} & \cdots & x_{1L}^{new} \\ x_{21}^{new} & x_{22}^{new} & \cdots & x_{2L}^{new} \\ \vdots & \vdots & \ddots & \vdots \\ x_{N1}^{new} & x_{N2}^{new} & \cdots & x_{NL}^{new} \end{bmatrix} \tag{8-41}$$

式中，x_{ij}^{new}是线性映射后的元素值，对应在“i”时刻具有“j”空间位置的像素值。二维光纤传感信号的图像如图 8－10 所示：

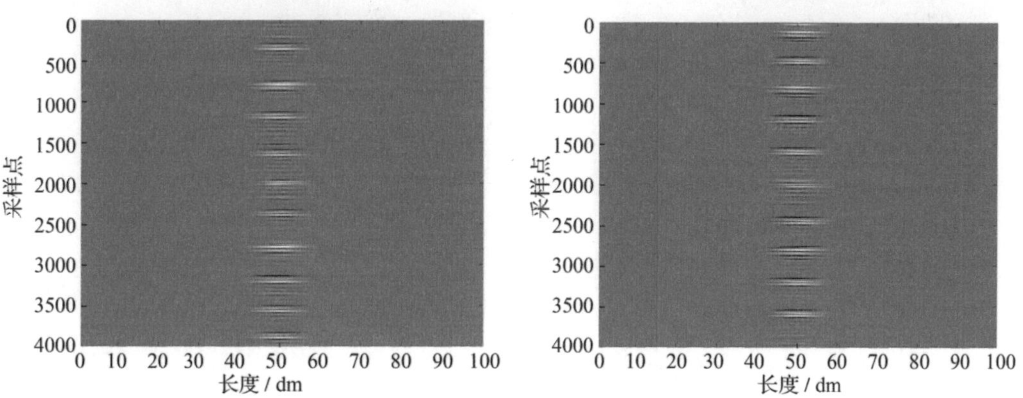

图 8－10　不同时刻的光纤传感信号二维图像

由图 8－10 可以看出，利用图像的展示方法能够直观反映出光纤传感信号中振动源的位置和时间信息，为了进一步说明采集到的振动信号的特点，图 8－11 分别从长度和时间两个维度展示在消声室中采集到的标准光纤传感振动信号。

由图 8－11（a）可以看出，放置在距光纤一端约 5 m 处的敲击器产生的振动信号不能作用到 3.0 m 处，所以光纤采集到的是噪声信号，在消声室中，噪声处于较低的水平。由图 8－11（b）可以看出，虽然在消声室中同样存在噪声，但噪声水平较低，采集到的振动信号具有明显的波峰和波谷，信噪比较高。图 8－11（c）为 280.75 ms 时光纤采集到的信号，由于敲击器的频率为 10 Hz，所以在该时刻采集到的振动信号幅度值较低。相反，如图 8-11（d）所示，在 527 ms 时，采集到的振动信号具有较高的幅度值。由下面 4 幅图可以看出，在消声室中采集到的光纤传感振动信号质量较高，可以将采集到的振动信号作为光纤传感振动信号标准数据集。同时，为了有效扩展数据集，使网络具有更好的泛化能力，通过调整敲击器的位置和敲击频率以获得更多的标准光纤传感振动信号。

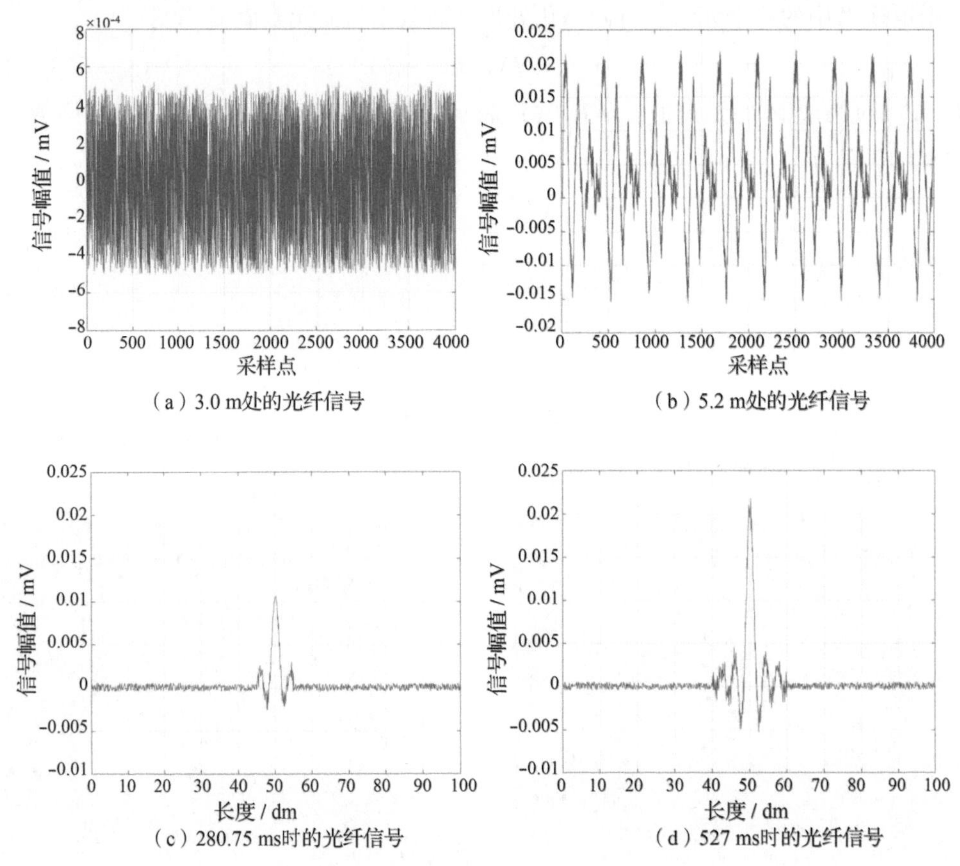

图 8-11　在消声室中采集到的标准光纤传感振动信号

8.3.2　自然噪声光纤传感振动信号数据集的构建

上节中，通过在消声室中采集高质量光纤传感振动信号，得到了可供网络训练的标签数据。在此基础上，基于在消声室中采集到的光纤传感振动信号构建含有地下自然噪声的低质量光纤传感振动信号作为输入。分析可知，自然地噪声场具有一致性、稳定性和相关性，是一类随机噪声，因此可以利用白噪声替代自然地噪声。

首先，在对采集到的光纤传感振动信号添加白噪声时，需要根据情况生成特定信噪比的信号。考虑到信噪比定义为信号和噪声的功率之比，其可以通过式 8-42 计算。

$$SNR = 20\log(\frac{V_s}{V_n}) \tag{8-42}$$

式中，log 表示以 10 为底的对数，V_s 表示信号的最大幅值，V_n 表示噪声的最大幅值。*SNR* 的单位是 dB。在实际应用时，无法得到确切信号和噪声的最大电平值，考虑到光纤传感振动信号的采集环境是消声室，所以可以近似看作无噪声信号，利用该信号的幅度最大值，再结合根据给定的信噪比，从而推导出噪声电平。具体方法如下。

设 X 为采集的光纤传感振动信号，则

$$X = \begin{bmatrix} x_{11} & x_{12} & \cdots & \cdots & x_{1L} \\ x_{21} & x_{22} & \cdots & \cdots & x_{2L} \\ \vdots & \vdots & \ddots & & \vdots \\ \vdots & \vdots & & \ddots & \vdots \\ x_{N1} & x_{N2} & \cdots & \cdots & x_{NL} \end{bmatrix} \tag{8-43}$$

式中，矩阵中的每个元素 x_{ij} 空间位置为“i”、时刻为“j”时光纤传感振动信号幅度值。设 $x_{\max}$ 为光纤传感振动信号 X 中的幅度最大的电平值，则根据信噪比定义，计算得出噪声的最大电平 x_{noise} 为：

$$x_{noise} = \frac{x_{\max}}{10(SNR/20)} \tag{8-44}$$

考虑到白噪声的特性，因此需产生均值为 0、方差为噪声最大电平的一半的白噪声。部分添加白噪声的光纤传感振动信号的图像如图 8－12 所示，加噪信号均经过 0 均值标准化处理。

由图 8－12 可以看出，对光纤传感信号添加白噪声，虽然振动信号的强度不变，但随着添加的噪声幅度越来越大，振动信号慢慢湮灭在噪声中，信号的信噪比恶化，信号质量变差。为了更加直观反映加噪后的光纤传感信号，图 8－13 选取部分 5 m 处的光纤传感信号进行展示。

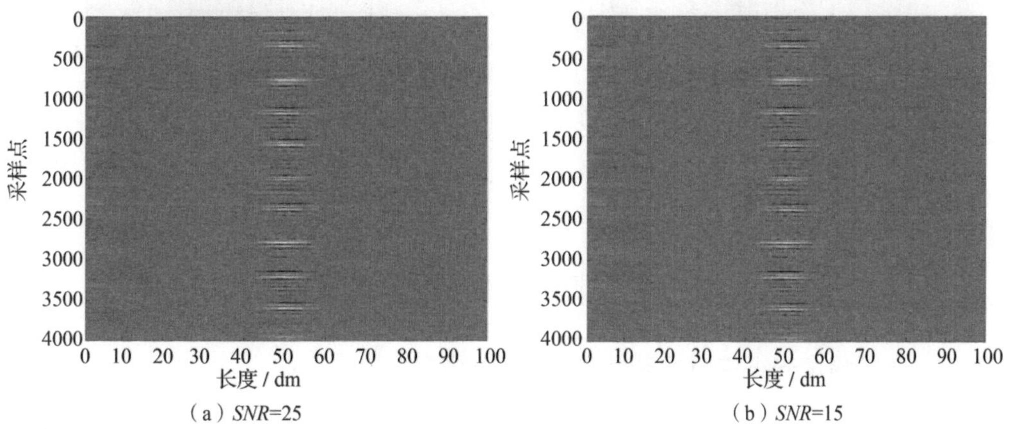

（a）*SNR*=25　　（b）*SNR*=15

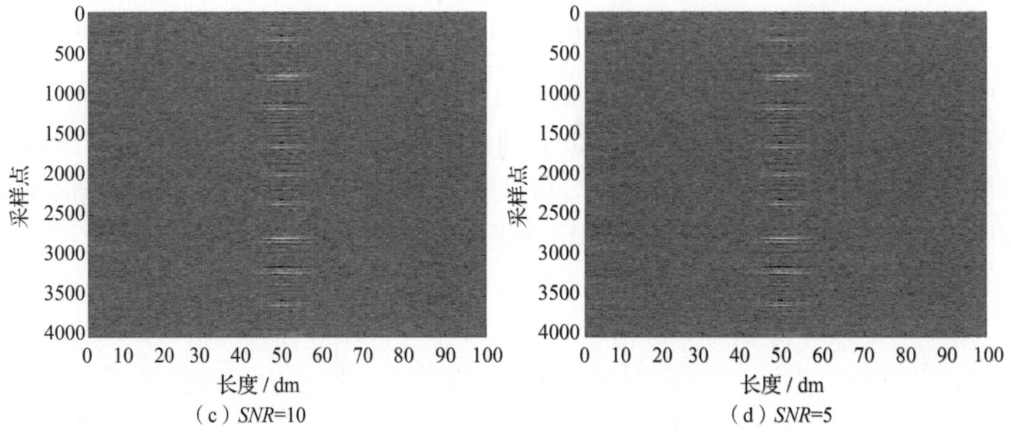

图 8－12　不同信噪比下光纤传感振动信号的图像

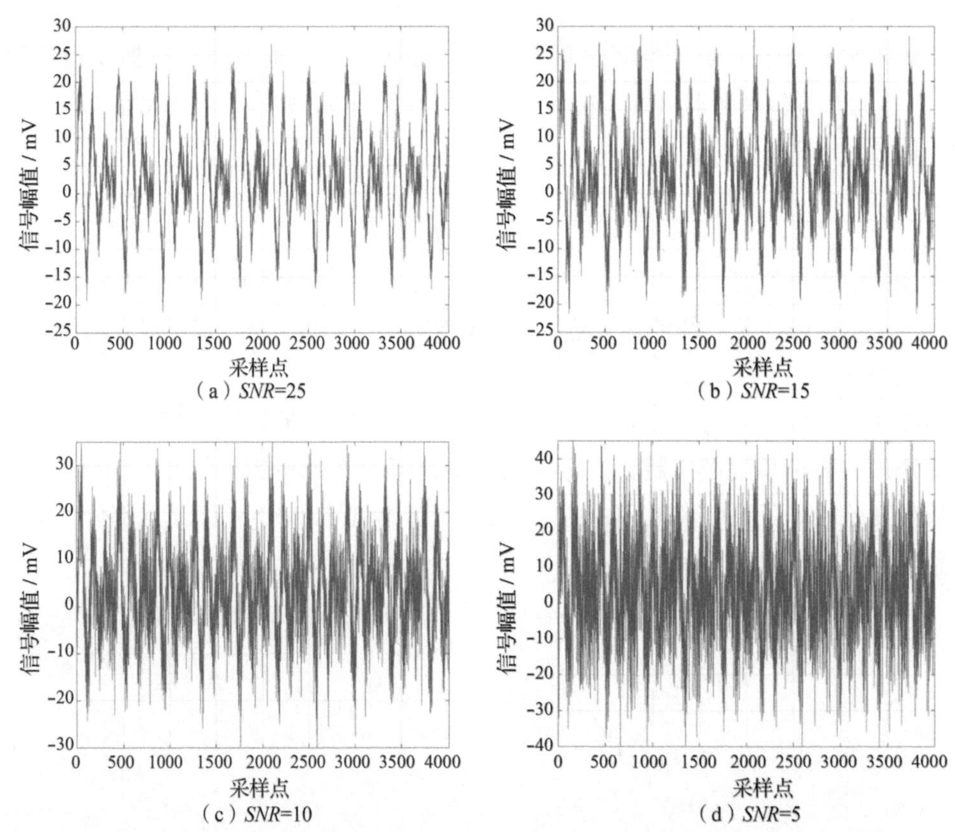

图 8－13　构建的不同信噪比的含噪光纤传感振动信号

8.3.3　衰减噪声光纤传感振动信号数据集的构建

光纤传感振动信号经过衰减后幅度变小，不利于后续光纤传感振动信号的识别，若采用卷积神经网络对光纤传感振动信号进行增强，需要构建可供神经网络训练的光纤传感振动信号数据集。

在构建衰减噪声光纤传感数据集时，主要有两种方法：①通过衰减函数对采集到的光纤传感振动信号进行不同程度的衰减从而模拟不同距离下采集到的振动信号；②通过改变光纤传感振动信号的噪声基底模型模拟不同距离下采集到的振动信号。 考虑到第一种方法在对信号进行衰减时很难仅对信号的幅度进行处理而不作用于噪声，相反，通过提高噪声基底的方法不仅能够达到和第一种方法相同的效果，而且更加易于实际操作。因此，选用提高信号噪声基底的方法构建衰减噪声光纤传感振动信号数据集。

目前，通过对目标信号添加均匀噪声是提高信号噪声基底最常用的一种方法。因此，产生具有特定方差和均值的均匀噪声是构建光纤传感数据集的关键。均匀噪声作为信号与系统中常用的噪声，是指其概率密度函数满足均匀分布的噪声。在构建光纤传感数据集时，通过改变均匀噪声的方差和均值即可实现具有不同衰减系数的光纤传感振动信号。

均匀噪声的密度函数可以表示为：

$$f(x) = \begin{cases} \frac{1}{b-a}, a < x < b \\ 0, 其他 \end{cases} \tag{8-45}$$

式中，a 为均匀噪声的下限，b 为均匀噪声的上限。均匀噪声的均值可以通过式 8-46 计算：

$$E(X) = \frac{b-a}{2} \tag{8-46}$$

式中，a，b 分别代表均匀噪声的下、上限。均值噪声的方差可以通过式 8-47 计算得到：

$$\begin{aligned} \mathrm{var}(x) &= E[X^2] - (E[X])^2 \\ &= \frac{1}{3}(a^2 + ab + b^2) - \frac{1}{4}(a-b)^2 \\ &= \frac{1}{12}(a^2 - 2ab + b^2) \\ &= \frac{1}{12}(a-b)^2 \end{aligned} \tag{8-47}$$

式中，a，b 分别代表均匀噪声的下、上限，$E(X)$ 表示均匀噪声的均值。由信号的信噪比定义可知，信号的信噪比可以通过式 8-48 计算得到：

$$SNR = 10\log(\frac{P_s}{P_n}) \tag{8-48}$$

式中，P_s 表示信号的功率，P_n 表示噪声的功率。对于离散信号而言，信号的功率可以

表示为 $E\ [X^2]$。因此，式 8－48 可以变为：

$$SNR = 10\log\left(\frac{E[X_s^2]}{E[X_n^2]}\right) \tag{8-49}$$

式中，X_s 为信号中的离散点的数值，X_n 为噪声中的离散点数值，$E\ (\cdot)$ 表示求均值。对于均匀噪声来说，其功率可以进一步表示为：

$$E[X^2] = \frac{1}{3}(a^2 + ab + b^2) \tag{8-50}$$

式中，a，b 分别代表均匀噪声的下、上限。进一步说明，在均匀噪声中，为了能够起到提高噪声基底的作用，产生的均值噪声通常为正数。为了方便计算，令 $a=0$，式 8－49 可以变为：

$$SNR = 10\log\left(\frac{E[X_s^2]}{E[X_n^2]}\right) = 10\log\left(\frac{3E[X_s^2]}{b^2}\right) \tag{8-51}$$

则均匀噪声的上限 b 可以表示为：

$$b = \sqrt{\frac{3\cdot E[X_s^2]}{10\log\frac{SNR}{10}}} \tag{8-52}$$

通过对采集到的光纤传感振动信号添加均匀噪声并进行 0 均值标准化处理，能够有效降低光纤传感振动信号的幅值。部分添加均匀噪声的光纤传感振动信号图像如图 8－14 所示，加噪信号均经过 0 均值标准化处理。

由图 8－14 可以看出，对光纤传感信号添加均匀噪声，提高了噪声基底，导致振动信号相对噪声的幅值减小，信号的信噪比降低，信号质量变差。同样，为了更加直观反映加噪后的光纤传感信号，图 8－15 选取部分 5 m 处的光纤传感信号进行展示。

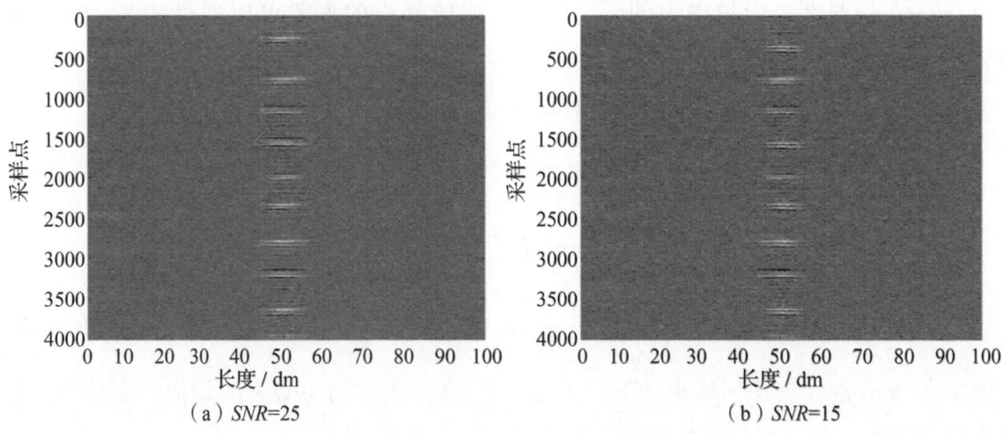

（a）*SNR*=25　　（b）*SNR*=15

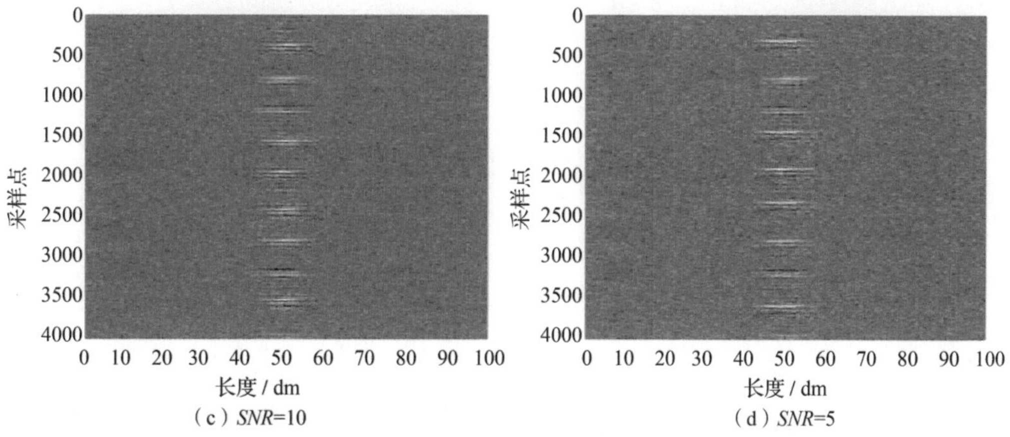

（c）*SNR*=10　　（d）*SNR*=5

图 8－14　不同信噪比的衰减光纤传感振动信号的图像

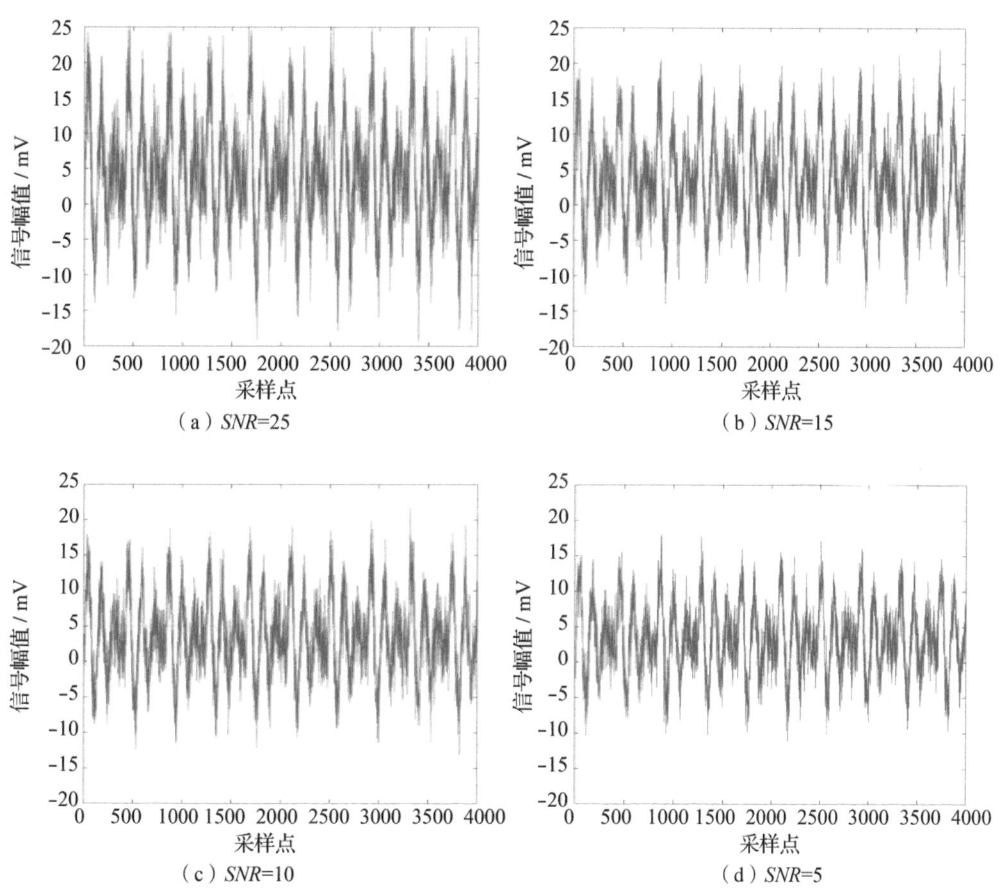

（a）*SNR*=25　　（b）*SNR*=15

（c）*SNR*=10　　（d）*SNR*=5

图 8－15　构建的不同信噪比的衰减光纤传感振动信号

需要特别说明的是，在实际处理过程中，无须将光纤传感信号转换为图像进行处理，而是直接对归一化处理后的二维光纤传感信号进行处理，不仅节约了计算成本而且保留了信号的原始信息。

第九章

基于二维形态学的光纤传感振动信号去噪方法

Φ-OTDR 振动传感器目前已广泛运用在管道泄漏监测、隧道桥梁安全等领域。但是 Φ-OTDR 振动传感器系统灵敏度高的特点，使得系统末端的光电检测器检测到的振动信号中包含大量振动信号和无关的噪声信号，这就需要利用信号处理办法对无关的噪声信号进行分类或滤除。目前，Φ-OTDR 振动传感器发展至模式识别阶段，这就更加需要对大量的振动数据进行后期的分类和训练。本章采用第八章构建的地下空间光纤传感数据集，在去噪或分类算法上，对采集到的信号进行分类，滤除无关信号，进而实现提高系统信噪比和后期事件分类的任务要求。

本章将主要介绍针对光纤振动传感信号的去噪方法。信号去噪，即信号处理方法，该方法包括滤波、平移、伸缩、加工等处理方法，也就是对某一类信号进行空间维度的变换，例如图像压缩、语音压缩、噪声抑制、拟合任务、图像增强等。当前，用于光纤信号的去噪方法众多，最常见的有滤波技术、卷积技术、傅里叶变换和加窗分析法等，而信号分析方法常见的有时域法、频域法、尺度域和空间域等。时域法关注信号时域特性，如时间的先后顺序、信号的波形、频率等；频域法则是通过将信号变换到另外一个空间来研究。在地下空间实验中，地下空间传感振动环境噪声、地下空间传感振动衰减噪声、地下空间传感振动模式噪声和地下空间传感系统噪声会伴随振动信号一起被采集，信号处理的实质就是保留所需的信号并去除所有干扰信号。

光纤传感振动信号中主要包含多种噪声。本章将针对光纤传感振动信号环境噪声中的自然噪声进行处理。根据降噪原理不同，本书将降噪算法分为谱减法、小波分解（Wavelet Decomposition，WD）、经验模态分解（Empirical Mode Decomposition，EMD）、压缩感知降噪（Compressed Sensing，CS）、图像降噪、自适应时域匹配滤波（Adaptive Temporal Matched Filter，ATMF）和神经网络降噪等方法。

本章首先集中介绍常见的几种降噪算法，之后针对上述建立的地下空间光纤传感数据集的数据结构，通过二维处理方法对采集到的光纤传感振动信号进行滤波，形态学滤波作为一种二维的结构性滤波方法，可以对某些结构进行抑制。通过构建一个基于形态学滤波的卷积神经网络，并对网络进行训练，可以有效地滤除自然噪声，提高信号的信噪比。

9.1 谱减法

谱减法在声信号降噪处理中是最常用、最经典的算法，尤其对于宽带噪声的降噪。谱减法的主要思想是：用带噪信号的频谱或功率谱减去噪声信号的频谱或功率谱得到有效信号的幅度谱，将其相位恢复后通过逆傅里叶变换得到降噪后的时域信号。其基于的假设条件是噪声信号与有效信号之间是相互独立的，且在频域上呈加性关系。除此之外，用相邻的静音段信号的频谱或者功率谱估计带噪信号中噪声信号的频谱或功率谱，其基于的假设条件是假设噪声信号是局部平稳的。相对于其他语音降噪方法，谱减法的假设条件最少，物理意义最直接，计算速度最快，而且降噪的效果也比较好，因此受到广泛的应用。但其傅里叶变换的局部性特征较差。针对此的改进主要是使用小波降噪方式。以下将详细介绍谱减法的具体原理。

假设所在短时傅里叶谱估计中认为它是随机平稳的，基于光振动信号化是短时平稳的。现假设 $s(m)$、$n(m)$ 和 $y(m)$ 分别代表振动信号、噪声信号和带噪信号，$S(\omega)$、$N(\omega)$、$Y(\omega)$ 分别表示其短时傅里叶谱。在假设振动信号和噪声信号互不相关的条件下，得到信号的加性模型：

$$y(m) = s(m) + n(m) \tag{9-1}$$

对信号进行加窗处理，得到平稳加窗信号 $s_w(m)$、$n_w(m)$ 和 $y_w(m)$

$$y_w(m) = s_w(m) + n_w(m) \tag{9-2}$$

对式 9－2 做短时傅里叶变换得：

$$Y_w(\omega) = S_w(\omega) + N_w(\omega) \tag{9-3}$$

对式 9－3 两端做平方计算，得到信号功率谱关系式：

$$|Y_w(\omega)|^2 = |S_w(\omega)|^2 + |N_w(\omega)|^2 + S_w(\omega)\cdot N_w^*(\omega) + S_w^*(\omega)\cdot N_w(\omega) \tag{9-4}$$

由于噪声信号和振动信号之间是互不相关的，因此 $s(m)$ 和 $n(m)$ 相互的统计均值为 0，因此振动信号的功率谱估计为：

$$|\hat{S}_w(\omega)|^2 = |Y_w(\omega)|^2 - E[|N_w(\omega)|^2] \tag{9-5}$$

在谱减法流程中，假设条件为噪声是高斯白噪声，因此可用噪声信号的短时功率谱的均值 $E[|N_w(\omega)|^2]$ 来估计振动信号的短时功率谱，从而得到短时幅度谱。然而，对于光纤振动信号，其所含噪声并不是高斯白噪声，另外一种方法是直接使用噪声信号的短时幅度谱 $N(\omega)$ 来得到振动信号的短时幅度谱：

$$\hat{S}_u'(\omega) = Y_w(\omega) - N_w(\omega) \tag{9-6}$$

当噪声的功率谱或者傅里叶谱的估计值出现有负值的谱点时，直接值为 0。得到最后的振动信号短时傅里叶谱估计，使用带噪信号的相位信息对短时傅里叶谱估计进行逆傅里叶变换，得到降噪后的振动信号：

$$\hat{s}(m) = ifft(\hat{S}_w(\omega) \mid e^{j\varphi(\omega)}) \tag{9-7}$$

根据以上分析，谱减法的具体流程如下图所述：

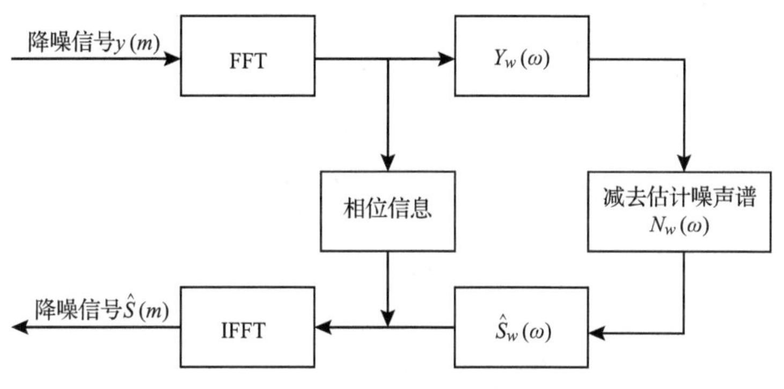

图 9－1　谱减法降噪流程图

（图片来源：分布式光纤传感系统的振动信号识别研究）

Xu 等人将谱减法用于 SVM 分类扰动类型之前，实验结果表明，信号信噪比增益在 10 dB 以上；在之后其利用二维卷积神经网络（Two-Dimensional CNN，2DCNN）分类扰动的研究中，也使用了谱减法加强振动信号。Wu 等人使用了谱减法抑制宽带加性噪声，作为信号进入 MS1-DCNN 前的预处理方法之一。Chen 等人利用谱减法处理信号，在不削弱信号强度的前提下，有效去除了宽带背景噪声。

9.2 谱减法的改进方法

谱减法是语音降噪中常用的算法，该算法运算量小、便于快速计算、可获得较高的输出信噪比，在语音信号处理中得到了广泛应用。谱减法的基本原理是：假设加性噪声与扰动信号不相关，且噪声信号统计平稳，用带噪扰动信号功率谱减去纯噪声信号功率谱，得到纯净扰动信号的功率谱，再通过傅里叶逆变换得到去噪后的时域扰动信号。但由于噪声的随机性，实际噪声在谱减后会有一部分尖峰残留，导致“音乐噪声”。

针对谱减法的改进方法众多，其中一种方法是在使用谱减法处理之前，先采用去趋势化方法对二维数组 $D_{M\times N}$ 的所有列向量进行空间域去趋势化。谱减法主要是对时域信号进行处理，所以本书将采集到的原始数据 $D_{M\times N}$ 的行向量视为每一帧待处理的信号。

假设 $d(n)$ 为含噪扰动信号，$s(n)$ 为噪声信号，$y(n)$ 为有效扰动信号，且 $y(n)$与 $s(n)$ 相互独立，则有：

$$d(n) = y(n) + s(n) \tag{9-8}$$

设第 i 帧振动信号为 $D(i,:)$，即 $d_i(n)$，帧长为 N，对该帧信号做离散傅里叶变换：

$$D_i(k) = \sum_{m=0}^{N-1} d_i(m)\exp\left(j\frac{2\pi mk}{N}\right), k = 0,1,\cdots,N-1 \tag{9-9}$$

则该帧信号的功率谱为$|D_i(k)|^2$，变换后的相位角为：

$$D^i_{\text{angle?}}(k) = \arctan\left(\frac{lm(D_i(k))}{\text{Re}(D_i(k))}\right) \tag{9-10}$$

假设 $D(\omega)$、$S(\omega)$、$Y(\omega)$ 分别对应含噪扰动信号、噪声信号、有效扰动信号的功率谱，则有：

$$D(\omega) = Y(\omega) + S(\omega) \tag{9-11}$$

经典谱减法认为，$y(n)$ 与 $s(n)$ 相互独立，所以 $Y(\omega)$、$S(\omega)$ 也相互独立，且 $S(\omega)$ 服从零均值高斯分布。则有：

$$|D(\omega)|^2 = |Y(\omega)|^2 + |S(\omega)|^2 \tag{9-12}$$

纯净的有效扰动信号功率谱可以用含噪扰动信号功率谱减去噪声信号功率谱来近似估计，从而得到谱减算法为：

$$|\bar{Y}(\omega)|^2 = \begin{cases} |D(\omega)|^2 - |S(\omega)|^2, & |D(\omega)|^2 \geqslant |S(\omega)|^2 \\ 0, & |D(\omega)|^2 < |S(\omega)|^2 \end{cases} \tag{9-13}$$

经典谱减法用无扰动时的噪声估计有扰动时的噪声水平，由于噪声谱具有随机性，实际噪声在谱减后会有一部分尖峰残留，导致“音乐噪声”。为了得到更加纯净的有效扰动信号，需对谱减法进行改进。一种常用的改进谱减法是引入参数，即引入参数 a、b，得到改进谱减法公式如下：

$$|\bar{Y}(\omega)| = \begin{cases} (|D(\omega)|^a - b|S(\omega)|^a)^{1/a}, & |D(\omega)|^a \geqslant b|S(\omega)|^a \\ 0, & |D(\omega)|^a < b|S(\omega)|^a \end{cases} \tag{9-14}$$

式中，a 为功率修正系数，$a>0$，增强 a 可有效提升信噪比，但会增加信号的失真程度，原始信号的信噪比较低时，a 的影响作用更加明显；b 为谱减噪声系数，可削弱类似音乐的残留噪声。当 $a=2$，$b=1$ 时为经典谱减法形式，a、b 的取值可根据具体场景动态调节。

由于振动信号对相位的不敏感性，可将谱减前的相角信息应用到谱减后的振动信号还原中，将谱减后的 Φ-OTDR 扰动信号功率$|\bar{Y}(\omega)|$以及相位角 $D^i_{\text{angle}}(k)$，进行

傅里叶逆变换即可得到谱减后的扰动信号时域序列 $y(n)$。

Φ-OTDR 光纤扰动信号预处理方法流程如图 9－2 所示。

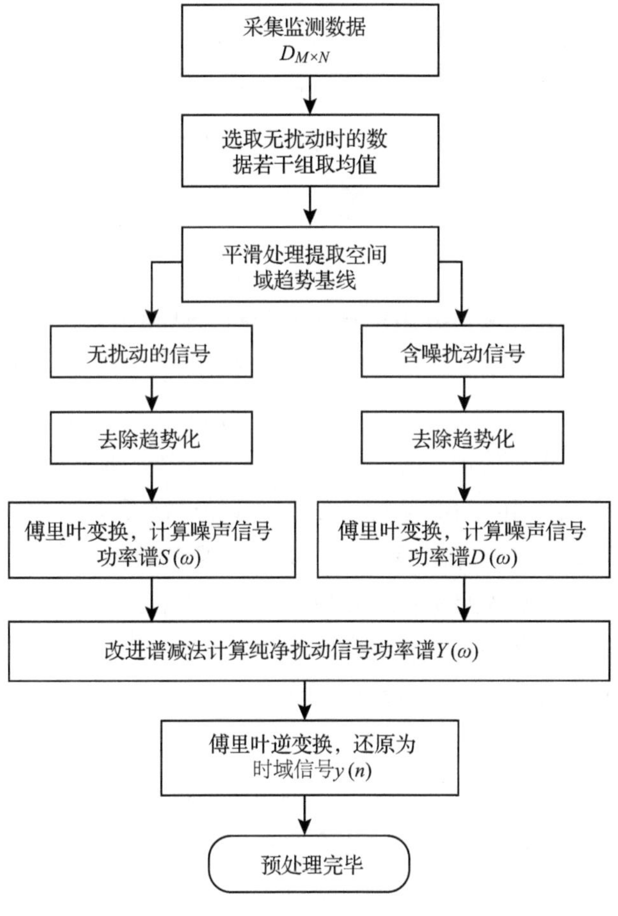

图 9－2　预处理方法流程

（图片来源：Φ-OTDR 光纤传感电缆防外破监测数据预处理方法）

9.3 小波降噪

谱减法利用傅里叶变换将一维信号转换成频谱，通过含噪信号频谱减去噪声频谱提高 SNR。傅里叶变换在稳态信号的去噪中发挥出巨大的作用，但不能刻画非稳态信号的局部信息，这是因为傅里叶变换分解时使用的基没有局部化能力。而小波变换具有多尺度分析的能力，其可以详细刻画信号时频的不同尺度信息以及局部特性，在去除噪声的同时较好地保留细节信息，因此有研究者利用小波变换对 Φ-OTDR 信号进行降噪。

小波变换将信号分解为母小波函数的一系列放缩和平移后的基本函数：

$$X_{\mathrm{CWT}}(a,b) = \frac{1}{\sqrt{a}} \int + \infty _{-\infty} \psi^{*}\left(\frac{t-b}{a}\right) x(t)\, dta, b \in \mathrm{R}^{-a} \neq 0 \tag{9-15}$$

a，b 分别为膨胀因子和平移因子。连续小波变换（Continuous Wavelet Transform，CWT）包含大量冗余情况，因此，通常使用离散小波变换（Discrete Wavelet Transform，DWT）分解信号，以 2 的幂作为膨胀因子对 CWT 进行采样而获得：

$$X_{\mathrm{DWT?}}(j,k) = \sum_{j,k} x_{j,k}(t) 2^{-\frac{j}{2}} \psi\left(\frac{t-2^{j}k}{2^{j}}\right) \tag{9-16}$$

信号经离散小波变换的过程可以看作是信号通过一组正交滤波器组，滤波后得到分布在各个尺度上的系数。其中有用信息通常分布在低频系数，噪声则一般分布在高频系数中，随着分解层数的增加，低频系数中保留的噪声越少。小波分解后，保留最大层数的低频系数（近似系数），对各个尺度上的高频系数（小波系数）进行阈值处理以去除其中的噪声，再对处理后的系数进行小波逆变换，即可得到去噪后的信号。

利用离散小波变换对 Φ-OTDR 系统信号进行降噪通常可分为三个步骤：

第一步：获取振动信号原始数据，根据振动信号的数据特征，选择小波基函数，确定小波分解层数，对原始信号进行小波分解得到小波系数；

第二步：选择合适的阈值函数和阈值处理小波系数；

第三步：根据阈值处理后的小波系数重构信号。

传统的硬、软阈值函数如图 9 - 3 所示，$\omega_{i,j}$ 与 $\hat{\omega}_{i,j}$ 分别为原小波系数和阈值量化后的估计小波系数。硬阈值函数将小于阈值 λ 的小波系数全部置零，将大于阈值 λ 的系数完全保留，因此在基本滤除噪声后，也会丢失细节信号。软阈值函数重新量化了大于阈值的小波系数，函数在定义域内连续无间断点，能较好地保留细节部分，但也保留了部分噪声。除了这两种阈值函数之外，还有改进的阈值函数如自适应阈值函数等。研究者们可以根据信噪比增益情况选择最佳的阈值函数与合适的阈值。

问题的关键是用什么准则来判断小波系数是属于噪声还是属于信号。常见的准则包括阈值准则、相关性准则以及模极大值准则。相关性准则利用信号的小波变换在各尺度间有较强的相关性，特别是在边缘处也同样具有较强的相关性，而噪声的小波变换在各尺度间没有明显的相关性这一特点，对噪声进行抑制。这种方法降噪效果比较稳定，但所需的计算量较大，并且需要对噪声方差进行估计，因此对实时性有一定影响。模极大值准则利用了信号的 Lipschitz 指数大于 0，而噪声所对应的 Lipschitz 指数小于 0 的特点对噪声进行抑制，这种方法具有良好的理论基础，但计算速度较慢，而且在实际应用中，存在着许多影响计算精度的因素，因而降噪效果并不好。工程中最常用的噪声去除方法是阈值去噪法。由于小波变换具有很强的去数据相关性的特点，使得信号的能量在小波域内能够集中在一些大的小波系数中，即具有较大的小波系数，

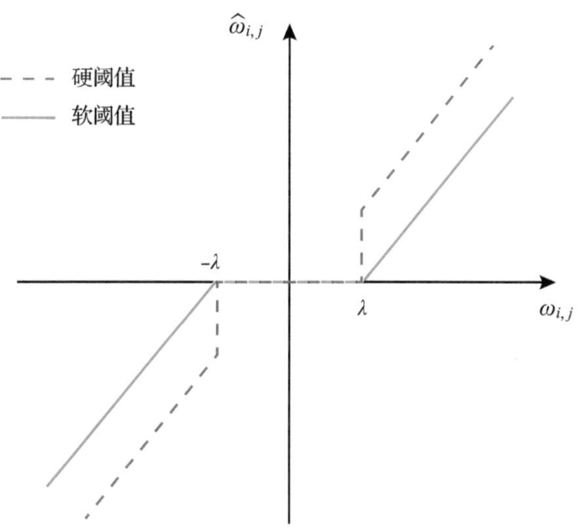

图 9－3　小波降噪中的阈值函数

（图片来源：相位敏感光时域反射仪的信号处理方法综述）

而噪声的能量则分布于整个小波域，具有较小的小波系数，因而，存在一个阈值，使噪声的小波系数都小于它。这样我们就可以设置一个值，与小波系数相比，将小于此阈值的小波系数予以滤除，而大于阈值的小波系数则作为有用信号的小波系数给予保留。通过小波重构的方法就可以得到消除了噪声的振动信号。阈值法的去噪效果主要依赖于阈值的选取，如果阈值选取过大，就会丢失信号的有用信息；相应地，如果阈值选取过小，则会保留过多的噪声，去噪效果不理想。

对于如何确定阈值，常见的选取规则有以下几种：

（1）全局统一阈值

如果含噪声信号的长度为 N，噪声信号方差为 σ^2，则全局统一阈值可以按式 9－17 计算：

$$Th = \sigma \sqrt{2\log(N)} \tag{9-17}$$

（2）Stein 无偏风险估计（SURE：Stein's Unbiased Risk Rstimate）阈值

将小波系数的平方值由小到大进行排列，可以得到向量［w_1，w_2，…，w_N］，其中 N 为系数的个数。对于每个 w_i（$i=1$，2，…，N），其阈值的风险可以表示为：

$$r_i = \frac{N - 2i - (N - i)w_i + \sum_{k=1}^{i} w_k}{N} \tag{9-18}$$

令 $i^{th} = \text{argmin} r_i$，可以得到 Stein 无偏风险估计的阈值：

$$Th = \sigma \sqrt{w_i^{th}} \tag{9-19}$$

（3）启发式 Stein 无偏风险估计阈值

此规则是前两个规则的综合，当信号的信噪比很小时，Stein 无偏风险估计阈值会有很大的误差，若检测到这种情况，则选择全局统一阈值的规则。设 W 为小波系数的平方和，令 $\eta =（W-N）/N$，$\mu = (\log_2 N)3/2\sqrt{N}$。则启发式 Stein 无偏风险估计的阈值为：

$$Th = \begin{cases} \sigma\sqrt{2\log(N)} & \eta < \mu \\ \min\{\sigma\sqrt{2\log(N)}, \sigma\sqrt{w_{i'}^{th}}\} & \eta \geq \mu \end{cases} \tag{9-20}$$

（4）极小极大阈值

此规则的原理是最小化最大风险，即：

$$Th = \begin{cases} \sigma(0.3936 + 0.1829\log_2 N) & N > 32 \\ 0 & N \leq 32 \end{cases} \tag{9-21}$$

本书选取启发式 Stein 无偏风险估计阈值的规则，并对其进行改进，使得不同尺度下对应的阈值不同，即：

$$\lambda = Th/\lg(j+1) \tag{9-22}$$

式中，λ 为尺度 j 上的阈值。

小波系数可以通过阈值函数进行处理，分为硬阈值和软阈值两种。现将阈值函数改进为式 9-23 的形式

$$w_{jk} = \begin{cases} \mathrm{sgn}(w_{jk})(|w_{jk}| - \varepsilon\lambda) & |w_{jk}| \geq \lambda \\ 0 & |w_{jk}| < \lambda \end{cases} \tag{9-23}$$

采取改进阈值函数后的方法去噪效果较好。改进后的方法对于微弱信号的去噪效果也较好。

多分辨率分析是小波分析中最重要的概念之一，是建立在函数空间基础上的理论。若有一小波基函数族构成 $L^2(R)$ 中的正交规范基，即 $L^2(R)$ 空间可由 $\{\Psi_{j,k}(t), j, k \in Z\}$ 线性张成，这时任何 $f(t) \in L^2(R)$ 可以展开为二重求和的小波系数：

$$f(t) = \sum_{j=-\infty}^{\infty}\sum_{k=-\infty}^{\infty} d_{j,k}\psi_{j,k}(t) \tag{9-24}$$

式 9-24 同时也是 DWT 的信号重构公式，对 k 进行求和后有 $f(t) = \sum_j g_j(t)$，其中，$g_j(t) = \sum_k d_{j,k}\psi_{j,k}(t)$，可以看出 $g_j(t)$ 是信号 $f(t)$ 中以第 j 级伸缩尺度小波的平移函数簇为基的展开式之和，我们称之为信号 $f(t)$ 的第 j 级小波分量，并定义由第 j 级伸缩尺度小波的平移函数簇，$\{\Psi_{j,k}(t), j, k \in Z\}$ 线性张成的空间 W_j 为第 j 级小波空间。

对实际信号而言，其最高频率可认为取有限值，则 j 的取值上界有限。但实际信号可认为含有任意低的低频成分，直到直流分量，这使得 j 在负整数域取值无下界。为解

决此问题，我们引入尺度空间的概念：

$$V_J = \sum_{j=-\infty}^{J-1} W_j \tag{9-25}$$

式中，V_J 称为 J 级尺度空间，它是从 $-\infty$ 到 $J-1$ 级小波空间的直接和。同时引入尺度函数的定义：如果 $\varphi(t)$ 的平移函数簇是 0 级尺度空间 V_0 的 Riesz 基，则称 $\varphi(t)$ 为一个尺度函数。尺度函数可由相应的小波函数变换得到，信号中的低频成分我们不再用小波函数为基展开而是用尺度函数为基进行展开。对于任意信号 $f(t)$，我们可以将它投影到尺度空间和小波空间，分解成大尺度近似部分和细节部分，两部分各自对应信号的低频成分与高频成分。近似部分又可再进一步地分解为近似部分和细节部分，如此往复就可以得到任意尺度上的近似部分与细节部分，这就是多分辨率分析的框架。

多分辨率分析可表示为：

$$f(t) = \sum_k a_{J,k}\varphi_{j,k}(t) + \sum_{j=1}^{J} \sum_k d_{j,k}\psi_{j,k}(t) \tag{9-26}$$

式中，J 为小波分解层数，第一项表示近似部分，第二项表示 J 级细节部分之和。根据多分辨率分析，Mallat 提出了 DWT 分解与重构的快速算法，即塔式算法。

小波包分解（Wavelet Packet Decomposition，WPD）降噪算法的原理与 WD 类似。小波分解过程是从上到下的不平衡树，只对低频部分进行迭代分解，而小波包分解过程则类似从上到下的平衡树，对高频部分也进行分解，与 WD 相比，WPD 能更好地分离高频细节。

2015 年，Wu 等人使用多尺度小波分解方法分析了 Φ-OTDR 系统检测到的纵向时域信号，并通过有选择性地重组相应的尺度分量，有效分离了系统自身变化缓慢的不利影响，成功将信号的信噪比提高了 35 dB。Qin 等人使用一种新的小波收缩方法实现在 1 km 传感长度上用 5 ns 的光脉冲检测到 20 Hz 和 8 kHz 事件的分布式振动测量，实现了 0.5 m 的空间分辨率。Chen 等人对信号进行 WPD 降噪后，再将信号输入一维卷积神经网络（One-Dimensional Convolutional Neural Net-work，1DCNN）中进行扰动分类，平均分类准确率 95.6% 以上。

Peng 认为离散小波变换收缩算法对使用 EDFA 放大的短距离 Φ-OTDR 系统具有很好的去噪效果，但因拉曼放大会引入其他的强度噪声，该方法不适用于采用拉曼放大的长距离 Φ-OTDR 中产生的低频干扰信号。因此，其在分布式拉曼放大与外差检测相结合的光纤长度为 131.5 km 的超长 Φ-OTDR 中使用了一种特殊的 WD 方法，利用小波的多分辨率分析法，在多尺度小波分解后，对低频系数和小波系数均设置阈值，小于设定阈值的系数为 0，保持其余系数的值。利用两种系数调整方法分别去除高频噪声和系统缓慢变化带来的低频噪声。由于小波变换可以分析出信号频率出现的时间及成分，因此小波去噪可以很好地保留信号高频分量，去除高频噪声。因此小波变换去噪可以很好地保护有用的信号尖峰和突变信号。这些特性使得小波变换适合用于暂态信号和瞬态信号的噪声去除，以及抑制高频噪声的干扰，有效将高频信息和高频噪声区分开来。

9.4 经验模态分解

除了小波分解降噪算法外，也可以使用经验模态分解对信号进行降噪。经验模态分解将信号分解为固有模态分量（Intrinsic Mode Functions，IMF）和残差分量（Residual Component，RES）。如式 9－27 所示，固有模态分量代表原始信号中的每个频率分量，并且从高频到低频排列，噪声信号被叠加在固有模态分量信号上。对信号进行经验模态分解，以获得固有模态分量和残差分量，计算固有模态分量和残差分量之间的皮尔逊相关系数（Pearson Correlation Coeffi-cient，PCC），皮尔逊相关系数值在 0.4 ~ 1.0 的模态函数与残留分量信号叠加。Chen 凭借该方法将信噪比从 7.32 dB 提升到 13.68 dB。（图 9－4）

$$X(n) = \sum_{i=1}^{L} \mathrm{IMF}_i(n) + res_i(n) \tag{9-27}$$

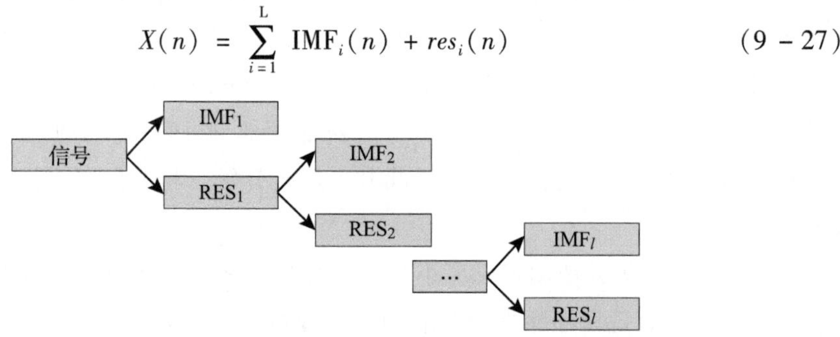

图 9－4　EMD 分解过程（IMF_l 第 l 层分解后信号；RES_l：l 层分解后的残差分量）

（图片来源：相位敏感光时域反射仪的信号处理方法综述）

9.5 压缩感知降噪

压缩感知理论的核心在于如何使用尽量少的数据，尽可能地恢复信息，其基于信号的“感知—压缩—重建”理论。利用 Φ-OTDR 系统采集到的传感信息“非满秩”而噪声均匀分布这一特性，Qu 等人采用压缩感知的降噪算法处理 Φ-OTDR 信号，在沿 3 km传感光纤上对 100 Hz 振动事件的压缩比为 18.9，信噪比改善为 34.98 dB。算法原理及步骤如下。

在特定的转换域中，信号是稀疏的，而无扰动的原始信号的频谱图没有明显的峰，这说明噪声是非稀疏的。因此，在压缩与重构信号之后，大部分噪声得以去除。在对传感信号进行稀疏表示时，可以利用正交匹配追踪（Orthogonal Matching Pursuit，OMP）等算法恢复信号。信号压缩过程如式 9－28 所示。式中，X 代表原始信号，Y 代表压缩后的信号，S 是 X 在稀疏矩阵下的表示，K 代表 S 中非零元素的个数，即信号 S 是稀疏的，φ 是观察矩阵，ψ 代表稀疏矩阵，离散傅里叶变换（Discrete Fourier Transform，DFT）、离散余弦变换（Discrete Cosine Transform，DCT）以及 DWT 都是常见的稀疏矩阵。信号重构流程如图 9－5 所示。

$$Y = \varphi X = \varphi\psi S = AS \tag{9-28}$$

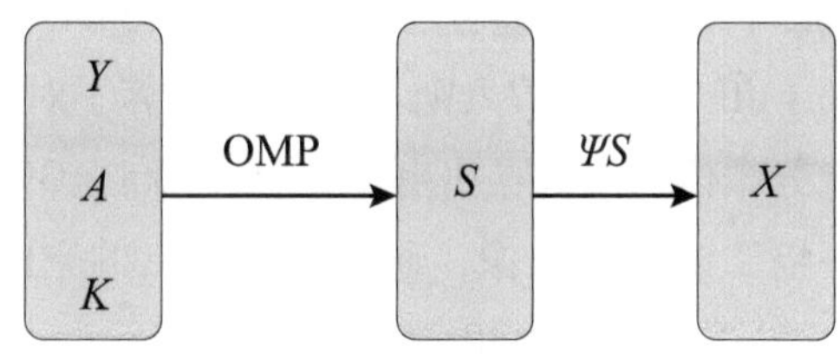

图 9－5　信号重构流程

（图片来源：相位敏感光时域反射仪的信号处理方法综述）

压缩感知 Φ-OTDR 信号降噪过程如下：

（1）计算阈值 T 并将 DFT 应用于原始反向瑞利散射曲线以获得原始 S 向量；

（2）计算 K 和 $K^* = K + 1$ 的值，K 值是 S 向量中大于 T 的元素数；

（3）采用 OMP 算法和收缩阈值，$\hat{S}_1 = OMP$（Y，A，K）、$\hat{S}_2 = OMP$（Y，A，$K^* - K$）；

（4）结合两种情况下的 S 向量的估计，$\hat{S} = \hat{S}_1 + \hat{S}_2\eta$，$\eta \sim 0.05$，并基于 DFT 获得降噪信号；

（5）处理传感光纤中另一个位置的信号时，重复步骤（1）至（4）。

9.6　图像降噪

科研人员将图像领域的算法用于 Φ-OTDR 系统中，首先将传感信号转为二维图像，再使用图像降噪方案去噪。图像处理领域中的边缘检测算法、分割算法，以及双边滤波算法均被用于 Φ-OTDR 的降噪。

Φ-OTDR 系统采集到的信号是一维的后向瑞利散射曲线，因此，在使用图像降噪算法前，必须将一维信号转换成二维图像。研究者们通常累积一定时间段内的曲线构成二维矩阵，即瀑布图，并将各点的值归一化到 0～255 得到二维的灰度图像，再使用图像处理算法对信号进行降噪处理。

边缘检测法假设图像中强度函数不连续或者强度梯度非常陡峭的地方是图像的边

缘，因此可以通过求出图像每个像素点的导数判断图像边缘，即导数显著大于周围像素点导数的点，即为目标边缘所在。边缘检测法常用 Sobel 算子、Prewitt 算子在图像上卷积。利用边缘检测算法处理 Φ-OTDR 信号，在定位扰动的同时能提升扰动位置处的信噪比。Zhu 等人使用时间方向的 Sobel 算子与图像卷积，通过对比 3×3，4×4，5×5 不同尺寸的 Sobel 算子卷积后的实验结果发现：当卷积核尺寸增大时，信噪比提升；当 Sobel 算子与振动信号图像卷积求得的空间梯度已经达到最大值时，增大尺寸，信噪比下降；当采集卡的采样率和脉冲宽度匹配时，使用小尺寸的 Sobel 算子，振动检测的空间分辨率更小。实验结果证明，与传统差分法相比，基于 Sobel 算子的边缘检测法将扰动位置的信噪比提高至 8.4 dB。Wang 等人则利用 Prewitt 算子对信号图像进行两个方向的卷积，得到信号的时空分布信息，信噪比由 21.6 dB 提高至 39.07 dB。团队将采集的后向瑞利散射曲线组成一幅二维灰度图像，通过计算每点的空间梯度实现对振动位置的测量，在 1 km 的传感光纤下得到 8.4 dB 的位置信号信噪比，由于检测算子在领域内具有平均的效果，在噪声背景下可以有效地提取有用信号，极大地提高了传感系统的性能参数。

图像分割根据灰度、色彩、纹理、几何形状等特征将目标从背景中分离出来，也可用于信号降噪。Sun 等人在分析振动信号二维时空图时发现，事件与背景的幅值存在较大的差异，因此其使用图像阈值分割算法去除噪声，阈值计算使用最大类间方差法，分割后使用中值滤波去除图像上小的噪声点，最后利用图像膨胀策略来填补图像中的孔。

除此之外，图像滤波算法也是有效的降噪方法，通过重新分配图像像素值来平滑图像，进而达到降噪的目的。2017 年，He 等人将二维图像自适应处理方法、双边滤波算法用于提高 Φ-OTDR 中振动位置处的信噪比。该算法通过归一化加权平均来降噪，其权重主要取决于领域像素与中心像素之间的几何距离和像素灰度值差异，权重计算为几何权重 W_G 和辐射权重 W_R 的乘积。W_G 由中心像素与邻域像素之间的几何距离决定，与几何标准差 σ_G 有关；W_R 为中心像素与邻域像素之间的灰度值差异。在实际应用中，很难同时调整几何标准差 σ_G 和灰度标准差 σ_R 使信噪比最优，因此将几何权重 W_G 调整为洛伦兹函数，随着 σ_R 的增加，SNR 增大，当 σ_R 达到最优时，信噪比达到峰值。最优 σ_R 与噪声标准差 σ_n 成线性正相关，通过实验，He 等人得出算法迭代，滤波窗尺寸为 ~41 时，降噪效果最好，获得了 ≥14 dB 的信噪比提升。上海大学团队提出了利用灰度图像处理的方法，通过直方图均衡化与梯度处理，降低了由环境干扰所引入的噪声信号，提高了系统对振动信号的分辨能力，在 2.5 km 的传感光纤上实现了振动探测。

9.7 自适应时域匹配滤波

自适应时域匹配滤波是能够有效提高扰动定位处信噪比的降噪方法，通过估计扰动信号附近的噪声水平，设计最优的滤波器，以达到最佳信噪比。Olcer 将 ATMF 应用于 Φ-OTDR 领域。采集 Φ-OTDR 系统数据 X［M，N］，其中 M 代表后向瑞利散射曲线的数量，即采集时间/脉冲周期，N 代表光纤方向上的传感点数，滤波原理如下：

y（k）是 k 位置的滤波后信号，$W_{opt,k}$是 k 位置处的 $Q\times1$ 的最优滤波器权重矩阵，Q 是待确定的最优权重矩阵维度，即 $W_{opt,k}$能处理的信号的时间长度。其计算方法见式 9－29～9－32，式中，R_k 是根据由振动信号附近统计估计的噪声协方差矩阵，α 用于归一化输出的噪声功率，S_k（$\bar{\omega}$）代表施加在 k 位置处的振动信号，f 是振动频率，f_s 是探测脉冲的重复频率。

$$y(k) = \sum_{i=1}^{Q} \mathrm{w}_{k,i}^{*} \cdot \mathrm{x}_{k,i} = W_k^H X_k ; Q \in (0,M], k \in (1,N) \tag{9-29}$$

$$W_{opt,k} = \alpha R_k^{-1} S_k(\bar{\omega}) \tag{9-30}$$

$$\alpha = \frac{1}{\sqrt{S_k{}^{H}(\bar{\omega}) R_k - 1 S_k(\bar{\omega})}} \tag{9-31}$$

$$S_k(\bar{\omega}) = [1; \mathrm{e}^{j\bar{\omega}}; \mathrm{e}^{j2\bar{\omega}}; \cdots; \mathrm{e}^{j2(Q-1)\bar{\omega}\mathrm{T}}] \tag{9-32}$$

ATMF 必须要先检测到扰动，才能计算出最佳的滤波器权重。与传统的时域滤波算法相比，ATMF 通过估计扰动附近的噪声协方差矩阵，能够使扰动位置处的 SNR 最大，但滤波仅在原始信号的时间方向上进行，滤波后信号的时维度会变小，有效信息丢失，故只能被用于低频振动信号的去噪。

9.8 神经网络降噪

除了传统的频谱法、小波降噪算法外，现有的神经网络也可以对信号进行降噪处理。对 Φ-OTDR 频谱图降噪，Liehr 使用了卷积神经网络方法，其通过使用监督学习的方法训练卷积神经网络。在实验中，实验所用标签数据 X 是在长达 7 km 的光纤长度的低噪声波长扫描相干光时域反射仪（Wavelength-Scanning Coherent Optical TimeDomain Reflectometry，WS-COTDR）测量得到的距离－频率图像，噪声数据 N 是未连接光纤的相同实验装置测量得到的低通滤波后的光电探测器噪声数据，带噪数据 Y 即卷积神经网络的输入数据，由 X 与 N 叠加得到。卷积神经网络降噪器能够以 1.2 GB/s 的速率实时降噪，使得系统在不使用反向散射增强光纤、分布式拉曼或分布式布里渊放大的情况下，在 100 km 的距离上进行 nm/m 量级分辨率的定量应变测量。

优化粒子群算法的光纤传感信号处理方法是通过运用优化后的粒子群算法，将所提取的光纤传感振动信号特征作为输入，实现对光纤传感振动信号的处理，此方法针对振动信号的降噪效果不够理想，但其处理过程中的识别效果较好；多尺度一维卷积神经网络的光纤传感信号处理方法是在降噪处理光纤传感异常信号并提取其特征的基础上，运用多尺度一维卷积神经网络完成对光纤传感异常信号的处理，该方法识别效果略差，但其对异常信号的降噪效果较好。

模糊神经网络（Fuzzy Neural Network，FNN）属于模糊理论与神经网络相结合的产物，是一种较为新颖的智能控制方法，它将神经网络作为载体，模糊控制理论作为内核，运用神经网络结构完成模糊推理过程，同时通过神经网络的连接权重对推理参数予以表示，其将模糊理论与神经网络的学习、联想、识别与信息处理等优点聚集为一体。为此，有团队提出光纤传感信号的模糊神经网络处理方法，通过模糊神经网络的延伸——RBF 神经网络，依据降噪后的光纤传感振动信号特征向量，实现对光纤传感不同类别振动信号的有效处理，为通信线路中发生异常事件时的实时报警奠定基础。

综上所述，在降噪算法中，谱减法和小波降噪算法适用于基于机器学习的分类算法之前，处理时间短且能提高整体信号信噪比；在处理较大数据量时，可以选择压缩感知降噪算法，能够同时实现数据的压缩和降噪，也可使用神经网络降噪，处理速度快；图像降噪算法中的边缘检测以及双边滤波算法不仅能提高信号信噪比，还能提取振动事件，定位扰动，但会造成信号的失真；图像处理降噪算法和 ATMF 带来的信噪比增益相对较小，且只能提高扰动位置处的信噪比，无法提升整体信号质量。

9.9 分布式光纤传感中的多域压缩感知测量

以 Φ-OTDR 为代表的分布式光纤振动传感系统具有传感距离长、测频范围宽、等效传感节点密集等特点，造成其在空间域和频率域 2 个维度上产生显著的数据膨胀。而现实场景下的待观测振动场信息在空间和频率的分布上通常具有稀疏特性，造成事实上的数据冗余。利用这一特性，可以在分布式光纤传感的测量过程中引入一种多域压缩感知方法。一方面，利用高相干度背向瑞利散射光强度在空间上自然形成的随机分布特性，以激光器调频结合时间维度上的随机采样，构建满足等距约束性条件的二维观测矩阵，可以在最大限度保留原始信号特征的条件下，显著压缩数据总量，降低传感系统的硬件成本与软件开销；另一方面，设计改进型的正交匹配追踪算法，解决欠定方程组求解问题，在重构目标信号的同时，抑制随机噪声的比重。通过对瑞利散射在空间上的局部强度峰值的优选与跟踪，进一步规避由相干衰落带来的重构结果信噪比的恶化，从而打破高性能分布式光纤传感系统中，由经典的奈奎斯特采样定律造成的测量复杂度几何攀升的窘境，实现传感过程的高效率与低噪声。考虑到光纤中的RBS散射点在空间位置与散射系数上符合均匀分布和高斯分布的随机特性，当传感系统注入光纤的探测光具有高度相干性时，其沿光纤传播时产生的RBS强度将呈现剧烈的随机起伏，且统计上符合瑞利分布，这就造成在空间上总有部分位置处的RBS强度处于相干相消状态，淹没于噪声本底之中，无法保证相位解调结果的质量，产生所谓的“相干衰落噪声”问题。反过来，利用这种随机的幅度起伏，结合峰值鉴相策略可以规避相干衰落的影响，其基本原理如图9－6所示。

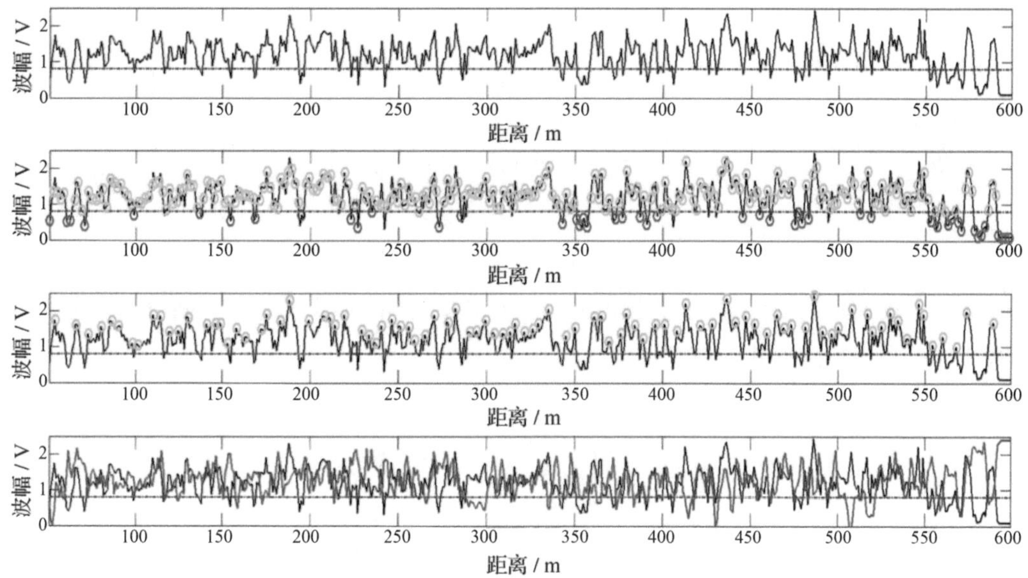

图9－6　基于峰值鉴相的衰落噪声抑制策略

图9－6（a）的黑色曲线代表了测量获得的RBS信号强度随距离轴的分布，蓝色虚线代表能够满足相位解调质量要求的最低信号强度阈值。低于阈值的位置，认为发生了相干衰落。在传统的RBS相位解调方法中，通常沿距离轴以等间距选取RBS信号进行鉴相，之后再对相邻2个解调结果求取随时间的差分信息，由此实现对光纤沿线振动信号的还原。图9－6（b）中的第二行代表了以间距 $D=2$ m沿距离轴选取鉴相点的结果，其中绿色点高于阈值，红色点则陷入衰落状态。则在相位差分运算中，凡是有红色点参与的解调结果，均会受到相干衰落噪声的影响。峰值鉴相策略则如图9－6（c）所示，仅选取幅度高于阈值且为 $\pm D$ 内最大值的局部峰值点进行后续的相位差分计算。此策略将确保参与相位解调的信号均不受相干衰落噪声的影响，与传统方法相

比，能够有效降低待处理的数据总量。但是与传统方案中空间分辨率始终等于差分间隔长度 D 不同，峰值鉴相所获得的空间分辨率≥D，且在距离轴上是不均匀的。考虑到 RBS 的起伏模式与探测光频率高度相关，即使对于同一条传感光纤，也可以通过激光器调频获得完全独立的 RBS 强度曲线。图 9－6（d）所示即为改变探测光波长后获得的 RBS 曲线与原 RBS 曲线间的对比。可以看到两者的起伏模式相关度非常低。

假设空间上相邻的 5 组间距为 D 的鉴相结果为 9－33，则传统的等间隔鉴相就是以等间隔 D 逐一获得这 5 个测量结果。而对于局部峰值鉴相而言，则可以利用主动的激光器调频，获得 5 组不同的局部峰值组合。这一系列不等间距的观测结果 ，可表达为如下所示的形式：

$$y_1 = x_1 + x_2 + x_3 y_2 = x_2 + x_3 + x_4 y_3 = x_3 + x_4 + x_5 y_4 = x_2 + x_3$$
$$y_5 = x_4 + x_5 \tag{9-33}$$

则可以求解获得：

$$\begin{aligned} x_1 &= y_1 - y_4 \\ x_2 &= y_4 - y_3 + y_5 x_3 = y_3 - y_5 \\ x_4 &= y_2 - y_4 \\ x_5 &= y_5 - y_2 + y_4 \end{aligned} \tag{9-34}$$

如此，仅通过局部峰值的鉴相就实现了对这 5 个相邻区域的高空间分辨率重构。将式 9－34 写为矩阵形式，有：

$$\begin{bmatrix} y_1 \\ y_2 \\ y_3 \\ y_4 \\ y_5 \end{bmatrix} = \begin{bmatrix} 1 & 1 & 1 & 0 & 0 \\ 0 & 1 & 1 & 1 & 0 \\ 0 & 0 & 1 & 1 & 1 \\ 0 & 1 & 1 & 0 & 0 \\ 0 & 0 & 0 & 1 & 1 \end{bmatrix} \begin{bmatrix} x_1 \\ x_2 \\ x_3 \\ x_4 \\ x_5 \end{bmatrix} \tag{9-35}$$

光纤全线希望获得以 D 为间距的鉴相结果：$X = [x_1, x_2, x_3, x_4 \cdots\cdots x_n]^T$，而通过局部峰值鉴相所获得的观察结果为：$Y = [y_1, y_2, y_3, y_4 \cdots\cdots y_m]^T$，则类似式 9－35，两者可以建立如下的关系：

$$Y = MX \tag{9-36}$$

式中，M 是由相邻的局部峰值间距决定的 $m \times n$ 的二维观测矩阵。如果能够获得 M 的广义逆矩阵 $M-1$，就可以据此以 m 次测量获得对 n 维向量 X 的估计：

$$M^{-1}Y = M^{-1}MX = X \tag{9-37}$$

若 $m < n$，则实现了对感知过程的压缩。由于这一测量过程中 M 的构建是有间距随机的 RBS 局部峰值决定的，其基本能够满足等距约束性条件，而待检测信号 X 在空间上的稀疏性，也使得式 9－37 的求解成为可能。但是应考虑到：由于测量次数 m 小于

n，式 9－37 代表的是一个欠定方程组，给定 Y 并无法唯一确定 X 的值，其求解过程通常会转变为一个凸优化问题。在压缩感知领域，目前已经有基追踪算法、匹配追踪算法、迭代阈值法、最小全变分法等各种求解算法。

除了空间域，Φ-OTDR 在频率域也普遍存在信息的冗余，故其具有压缩感知的潜力。按照经典的奈奎斯特采样定律，Φ-OTDR 的探测光脉冲重复频率应高于待检测振动信号最高频率分量的 2 倍，考虑到抗混叠和动态范围需求，工程中常取 5～10 倍的过采样，由此大大提升了系统数据处理压力，同时也限制了高频测量时所能覆盖的最大传感距离。而大多数场景下，待检测的振动信号的主成分在频域仅由有限的若干特征频率点构成，这就有可能通过若干次欠采样，完全恢复待检测信号的主成分。假设待检测信号包含 2 个特征频率成分：$f_1=11$ kHz 和 $f_2=15$ kHz。分别以采样率 $fsA=3$ kHz、$fsB=7$ kHz、$fsC=9$ kHz 对该信号进行欠采样观测，可以得到如表 9－1 的观测结果：

表 9－1　在不同采样率下对实际频率点的观测值

实际频率点	采样率	对目标频率点的观测值
f_1	fsA	1 kHz
	fsB	2 kHz
	fsC	2 kHz
f_2	fsA	0 kHz
	fsB	1 kHz
	fsC	3 kHz

根据采样的周期延拓特性，可以通过枚举反推出可能符合上述测量结果的 2 个特征频率的组合。通过估计结果的重合值，可以推断出 2 个特征频率分别为 11 kHz 和 15 kHz。如此则可以凭借若干次低采样率测量，完整地还原待检测信号的特征频率点，而无须采用满足奈奎斯特定律的高采样率。

由此，本书提出的针对分布式光纤传感的多域压缩感知方法如图 9－7 所示。一次完整的感知过程由 k 次测量组成，k 的取值与待还原的振动信号特征频率点个数有关。每一次测量所使用的采样率通过伪随机序列进行设定，以保证特征频率反推时尽可能多地获得独立的观测频率值。单次测量的时长设置为 T，与传感系统所期望获得的频率分辨率 f_{SR} 相关，理想情况下有 $T=1/f_{SR}$。而每次测量的内部又包含若干次对空间域的随机观测。通过对激光器调谐与局部峰值选取，构建随机化的二维观测矩阵，对振动信号随空间轴的分布状态进行测量。通过这样对时间域、空间域的多维压缩感知，有望在保全目标信息的前提下，几何级地降低分布式光纤传感的测量复杂度与数据处理量。（图 9－7）

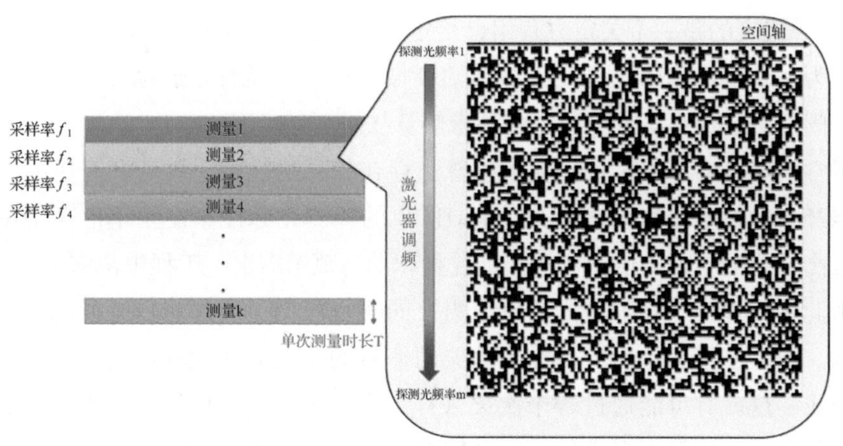

图 9-7　针对分布式光纤传感的多域压缩感知方法

下面对该方法进行一个简单的验证，分别在光纤 A 点 0.52 km 和 B 点 1.533 km 两个位置熔接 PZT，施加在 PZT 上的电压信号分别为 5 kHz 和 20 kHz。利用 Φ-OTDR 结合压缩感知测量确定两个振动事件的位置，而 Φ-OTDR 结构测得的两个振动位置对应的频率信息分别为 5 kHz 和 7 kHz。B 点频率信息为 7 kHz，可见此处信号频率由于欠采样发生频率混叠现象。

利用压缩感知策略，逐步对整个待检测频谱进行测量与还原，最终可以得到宽频测量结果。无需很高的采样频率，即可正确还原频谱上的特征峰信息。

上述内容为基于多域压缩感知的分布式光纤传感信号高效测量与抑噪方法。通过对激光器调谐与局部峰值选取，构建随机化的二维观测矩阵，对时间、频率、空间等多域参量进行分布式测量，在保全目标信息的前提下，几何级地降低分布式光纤传感的测量复杂度与数据处理量。

9.10 其他常用方法

本部分主要介绍其他的常用方法，包括移动平均等定位方法和正交解调对相位的定量测量两种方法。

目前对于振动信号去噪方法，有文献指出一种移动平均及移动差分方法，该方法完成了在 1 km 传感光纤实验中，实现 5 m 传感空间分辨率的测量，当振动信号的平均次数为 100 的时候，振动位置信号信噪比达到 6.5 dB，使用该方法对提高整个系统信号检测能力和信噪比提升具有重要意义。另外有研究者提出了一种系统的信号解调方法改进，该方法将数字平均、移动平均和间隔处理集中方法相结合对信号进行解调。在不同的方法中，根据信号波动特性将数据进行分组，并进行相关性分析，提高了系统的信噪比。

针对相位的解调方法研究，国内有众多单位参与其中。中国科学院上海光学精密机械研究所提出了数字相干检测技术，采用正交解调、相位解卷绕，使相位解调精度达到0.1 rad。针对振动点相位问题，2015 年，南京大学张旭苹团队利用统计计算方法对振动点的相位做了定量测量，如图 9 - 8 所示。成都电子科技大学饶云江团队采用了90°光混频器探测结构实现了正交解调，并采用分段解卷绕、平均相位差估计算法和IIR 滤波的方法来提高相位解调性能。

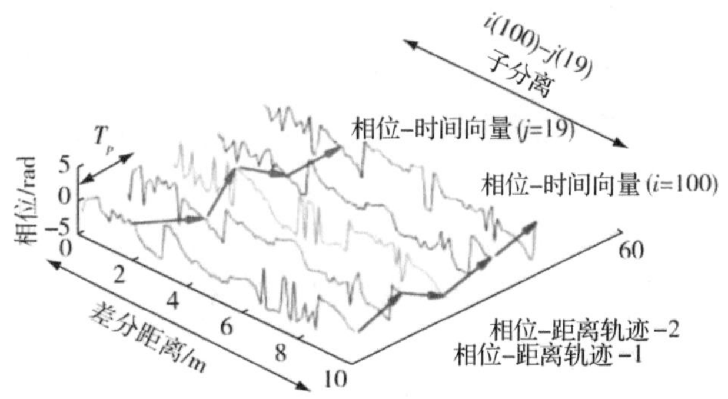

图 9 - 8 利用统计计算方法对振动点的相位做定量测量

（图片来源：相位敏感光时域反射光纤传感技术的研究综述）

9.11 基于元素动态选取的形态学滤波方法

相位敏感光时域反射计（Φ-OTDR）具有灵敏度高、空间分辨率高、实时性好等优点，在应用场景中，Φ-OTDR 分布式声传感器被应用于地下空间、隧道、管道泄漏检测领域。但是，在这些领域中，对于不同环境下的振动事件识别仍是非常具有挑战性的任务。对于振动信号的识别包括预处理、特征提取和分类任务三部分组成。本部分主要介绍预处理方法。

对于振动信号的预处理主要是对信号进行去噪工作。本书已经介绍了众多信号预处理方法，包括振动信号预处理中的线性归一化处理、非线性归一化处理、0 均值标准化处理、L2 范数归一化处理、滑动平均法处理和去趋势化处理等。对于噪声的处理，主要介绍了常见的谱减法及其改进方法、小波分解、压缩感知方法、经验模态分解、图像降噪以及自适应时域匹配滤波等。特征提取主要是对不同应用场景下，获取不同类型的振动信号特征，提取的典型特征，常见的有短时过零率、短时能量、梅尔频率倒频系数（MFCC）等。除了从信号中直接提取典型特征外，还可以使用 EMD、VMD 分解算法，将信号分解后再提取信号的相关特征。对地下空间中提取的振动信号特征信息使用分类器进行分类，典型分类器有支持向量机（SVM）、相关向量机（RVM）、高斯混合模型和随机森林树等。

随着深度学习算法在异常检测、图像、情感分析等方面的应用，深度学习算法开始应用到分布式声传感器振动信号的去噪方法中。有文献提出，将卷积神经网络应用到分布式光纤声传感系统中，去识别电缆放电的异常噪声现象，使用该方法取得了较好的效果。该方法具体描述为：首先，使用梅尔频率倒谱算法，将电缆一维振动信号转换为二维的 MFCC，将该二维信号作为深度神经网络的输入，对电缆放电的异常噪声进行识别。实验显示，平均准确率达到 97.1%。除了将一维信号转换为二维信号，有团队使用一维卷积神经网络代替二维卷积神经网络，完成了对高速轨道的入侵事件的检测，克服了大量噪声的影响，将误报率减小到 10% 以下，准确率达到了 91%，在缩短识别时间的同时提高识别准确率。由于噪声识别与分析的任务受到不同场景的限制，本书针对地下空间燃气管道的检测任务，基于形态学滤波方法，主要介绍一种新的膨胀和腐蚀操作，其不仅改进了形态滤波中存在的“跟随效应”，更好地保持了边缘，而且进一步提升了形态学的滤波效果。

9.11.1 结构元素的动态选取方法

结构元素动态选取方法通过对局部区域内数值和结构元素值运算结果的计算，动态选择不同位置上的数据值。选取的位置和结构元素的形状无关，仅和结构元素中的值有关。本节以 3×3 的结构元素为例，进一步说明如何在局部动态选择不同位置上的数据值。

假设待滤波的数据为 A，其大小为 $m \times n$，结构元素为 B，其大小为 3×3。

则 B 可以表示为：

$$B = \begin{bmatrix} b_{11}, & b_{12}, & b_{13} \\ b_{21}, & b_{22}, & b_{23} \\ b_{31}, & b_{32}, & b_{33} \end{bmatrix} \tag{9-38}$$

式中，$\{b_{ij} \mid i \in (1, 2, 3), j \in (1, 2, 3)\}$ 表示第 i 行第 j 列位置处结构元素的值。同样，A 可以表示为：

$$A = \begin{bmatrix} a_{11}, & a_{12}, & \cdots & a_{1n} \\ a_{21}, & a_{22}, & \cdots & a_{2n} \\ \vdots & \vdots & \ddots & \vdots \\ a_{m1}, & a_{m2}, & \cdots & a_{mn} \end{bmatrix} \tag{9-39}$$

式中，$\{a_{ij} \mid i \in (1, 2, \cdots, m), j \in (1, 2, \cdots, n)\}$ 表示第 i 行第 j 列位置处二维数据的值。为了保证滤波前后数据大小的一致，在膨胀操作前，先对数据 A 周围进行补 0，即 A' 为 A 周围补 0 后的数据，则 A' 可以表示为：

$$A' = \begin{bmatrix} 0, & 0, & 0, & \cdots & 0, & 0 \\ 0, & a_{11}, & a_{12}, & \cdots & a_{1n} & 0 \\ 0, & a_{21}, & a_{22}, & \cdots & a_{2n} & 0 \\ \vdots & \vdots & \vdots & \ddots & \vdots & \vdots \\ 0, & a_{m1}, & a_{m2}, & \cdots & a_{mn}, & 0 \\ 0, & 0, & 0, & \cdots & 0, & 0 \end{bmatrix} \tag{9-40}$$

考虑到结构元素大小为 3×3，则可以将分为 $m\times n$ 个大小为 3×3 的局部数据，令：

$$A_{11} = \begin{bmatrix} 0, & 0, & 0 \\ 0, & a_{11}, & a_{12} \\ 0, & a_{21}, & a_{22} \end{bmatrix}, A_{12} = \begin{bmatrix} 0, & 0, & 0 \\ a_{11}, & a_{12}, & a_{13} \\ a_{21}, & a_{22}, & a_{23} \end{bmatrix}, \cdots, A_{1n} = \begin{bmatrix} 0, & 0, & 0 \\ a_{1n-1}, & a_{1n}, & 0 \\ a_{2n-1}, & a_{2n}, & 0 \end{bmatrix} \tag{9-41}$$

以此类推，

$$A_{mn} = \begin{bmatrix} a_{m-1n-1}, & a_{m-1n}, & 0 \\ a_{mn-1}, & a_{mn}, & 0 \\ 0, & 0, & 0 \end{bmatrix} \tag{9-42}$$

通过计算局部数据 $\{A_{ij} \mid i\in(1,2,\cdots,m), j\in(1,2,\cdots,n)\}$ 与结构元素 B 相应位置数值之和（差）并找出最大（小）值，记录最大（小）值的位置坐标（x，y），选取对应的局部数据在该位置坐标下（x，y）的数值 $\{a_{xy} \mid a_{xy}\in A_{ij}\}$ 作为操作之后的数值。通过动态选取数值，可以赋予结构元素中的数值实际应用意义，避免了由于结构元素的形状不同导致滤波效果的差异，增加形态学滤波的适用范围。

9.11.2　基于元素动态选取的形态学滤波

通过元素的动态选取，可以有效提高形态学滤波泛化能力，在此基础上，本部分将对基于元素动态选取的形态学滤波一般步骤进行阐述。膨胀和腐蚀作为形态学滤波中的基本操作，是对数据进行去噪的基础。定义基于元素动态选取的膨胀操作为 $A\odot B$，则 $A\odot B$ 可以表示为：

$$A\odot B = \{a_{ij} \mid \max(a_{ij}+b_{ij}), a_{ij}\in A, b_{ij}\in B\} \tag{9-43}$$

式中，$\{a_{ij} \mid a_{ij}\in A\}$ 表示局部数据 A 中位置为（i，j）处的数值，$\{b_{ij} \mid b_{ij}\in B\}$ 表示结构元素 B 中位置为（i，j）处的值，max（·）为取局部最大值。

膨胀操作的一般步骤如下：

（1）选取待滤波数据中的局部 3×3 大小的数据 A_{11}。

（2）将 A_{11} 与结构元素 B 相对应位置上的元素相加求和得到新的元素矩阵 $C_{3\times3}$，即：

$$C = \begin{bmatrix} c_{11} & c_{12} & c_{13} \\ c_{21} & c_{22} & c_{23} \\ c_{31} & c_{32} & c_{33} \end{bmatrix} \tag{9-44}$$

式中，$\{c_{ij} = a_{ij} + b_{ij} \mid a_{ij} \in A_{11}, b_{ij} \in B\}$。

（3）比较新的元素矩阵 C 中 9 个元素的最大值，并记录最大值所在的位置(x, y)。

（4）取 A_{11} 中位置为（x，y）处的值 a_{xy} 为该局部数据膨胀后的数值。

（5）依次对 A_{11}，A_{12}，…，A_{nm} 进行膨胀操作，直到完成全部数据的膨胀操作。

膨胀操作流程图如图 9－9 所示。

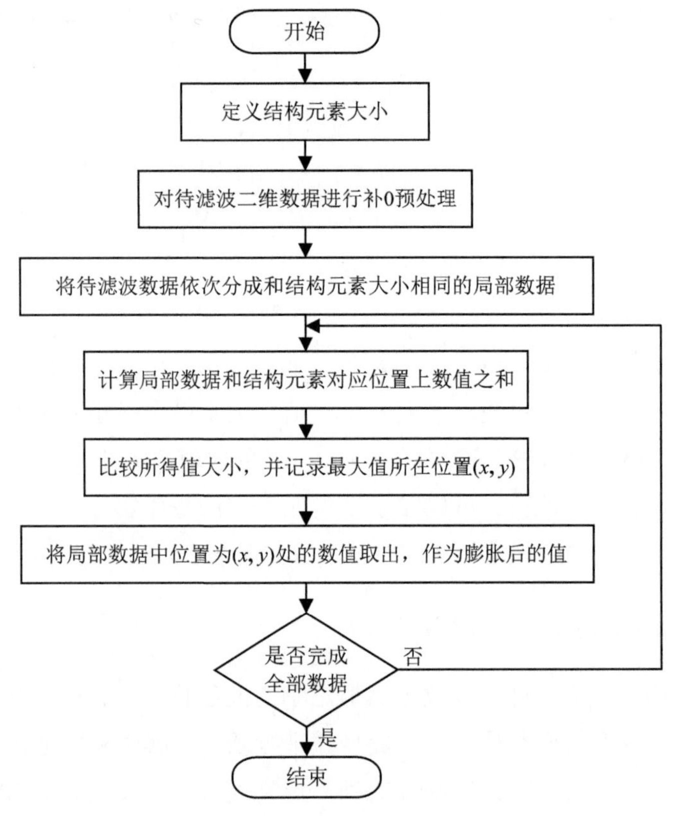

图 9－9　膨胀操作流程图

同理，定义基于元素动态选取的腐蚀操作 $A \circledcirc B$，则 $A \circledcirc B$ 可以表示为

$$A \circledcirc B = \{a_{ij} \mid \min(a_{ij} - b_{ij}), a_{ij} \in A, b_{ij} \in B\} \tag{9-45}$$

式中，$\{a_{ij} \mid a_{ij} \in A\}$ 表示局部数据 A 中位置为（i，j）处的数值，$\{b_{ij} \mid b_{ij} \in B\}$ 表示结构元素 B 中位置为（i，j）处的数值，min（·）为取局部最小值。

腐蚀操作的一般步骤为：

（1）选取待滤波数据中的局部 3×3 大小的局部数据 A_{11}。

（2）将 A_{11} 与结构元素 B 相对应位置上的元素相减求差得到新的元素矩阵

$D_{3\times3}$，即：

$$D=\begin{bmatrix} d_{11} & d_{12} & d_{13} \\ d_{21} & d_{22} & d_{23} \\ d_{31} & d_{32} & d_{33} \end{bmatrix} \tag{9-46}$$

式中，$\{d_{ij}=a_{ij}-b_{ij} \mid a_{ij}\in A_{11},\ b_{ij}\in B\}$。

（3）比较新的元素矩阵 D 中 9 个元素的最小值，并记录最小值所在的位置 $(x,\ y)$。

（4）取 A_{11} 中位置为（x，y）处的数值 a_{xy} 为该局部数据腐蚀后的数值。

（5）依次对 A_{11}，A_{12}，$\cdots A_{nm}$ 进行腐蚀操作，直到完成全部数据的腐蚀操作。

腐蚀操作流程图如图 9－10 所示。

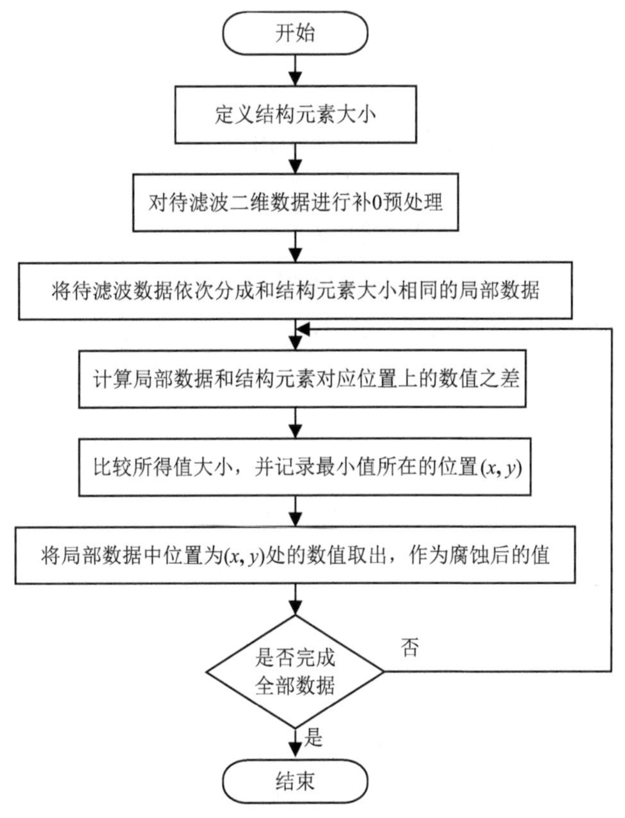

图 9－10　腐蚀操作流程图

进一步推广，定义先进行腐蚀后进行膨胀的操作为开运算，先进行膨胀后进行腐蚀的操作为闭运算，则开、闭运算可以表示如下：

开运算：$OPEN\ (A,\ B)\ =\ (A \circledcirc B)\ \odot B$

闭运算：$CLOSE\ (A,\ B)\ =\ (A \odot B)\ \circledcirc B$

通过新定义的开、闭运算，在对数据滤波时，可以避免由于结构元素的形状不同导致目标物体的边缘畸形。但考虑到结构元素中的值被赋予了权重，带来了结构元素取值的困难，因此针对不同的应用场景，采用卷积神经网络对结构元素中的值进行训练。需要特别说明的是，上述定义的形态学开、闭运算中，输出的结果只能是原始数据中的值，无法产生新的值，这在一定程度上制约了形态学滤波的效果。因此，通过在开闭操作后加入截距项 Z，可以在保证形态学滤波非线性的基础上提升滤波效果。

9.12 基于形态学滤波的神经网络构建

神经网络作为一种非线性系统，本质上可以看作一种表示输入和输出之间对应关系的运算模型。在利用形态学进行滤波时，由于结构元素的存在，可以理解为建立了一种从低质量输入信号到高质量输出信号的非线性映射关系，因此可以利用卷积神经网络模拟形态学滤波对光纤传感振动信号进行处理。在上一节中，通过重新定义形态学中的膨胀和腐蚀操作，解决了形态学滤波中由于结构元素的形状带来的滤波问题，但是无法解决结构元素的取值问题。同时，为了增加形态学滤波的实用性在开闭操作后增加的截距项，其值的选取也是影响滤波效果的因素之一。在构建形态学滤波的神经网络时，利用了深度学习的 BP 梯度更新策略，在训练迭代过程中更新形态学滤波器的结构元素和截距项的值；采用最大、最小池化来分别模拟形态学滤波中的膨胀、腐蚀运算；将膨胀腐蚀运算进行搭配，搭建深度形态学开、闭运算模块。

9.12.1 形态学卷积层的构建

受到神经网络卷积层启发，通过在神经网络中定义形态学滤波中的基本操作，实现形态学的基本功能。需要特别说明的是，由于形态学滤波和卷积网络的运算方式不同，在构建形态学卷积网络的时候，其表现形式会有所不同，但实现的效果在本质上是一致的。

（1）卷积膨胀层的构建

由膨胀操作可知，形态学滤波中膨胀操作和深度学习中的卷积操作类似，为了扩展滤波器的学习能力，借鉴卷积运算的感受野机制，使得形态学滤波器不仅能够筛选作用域的有效信息，也能融合感受野内的视觉线索。然而，在形态学滤波中，局部数据和结构元素间通过相加，取局部之和的最大值。在神经网络中，为了使训练过程中的梯度能够进行反向传导，定义的每一层必须可导，因此，在对形态学滤波中的膨胀层进行定义时，采用卷积代替相加操作。形态学卷积膨胀层可以定义如下：

$$Cov_1(A,B) = a_{xy} * b_{xy} \mid (x,y) \in D_A,(x,y) \in D_B \tag{9-47}$$

式中，Cov（·）表示局部数据 A 和结构元素 B 的卷积操作，a_{xy} 表示局部数据中位置为（x，y）处的数值，b_{xy} 表示结构元素中位置为（x，y）处的值。膨胀操作为取局部最大值的操作，因此利用卷积神经网络中的最大池化层代替膨胀操作，定义最大池化层如下：

$$M_1(A,B) = \max(Cov_1(A,B)) \tag{9-48}$$

式中，Cov_1（·）是上一层卷积的输出，max（·）表示取局部最大值。深度形态学卷积膨胀运算示意图如图 9-11 所示。

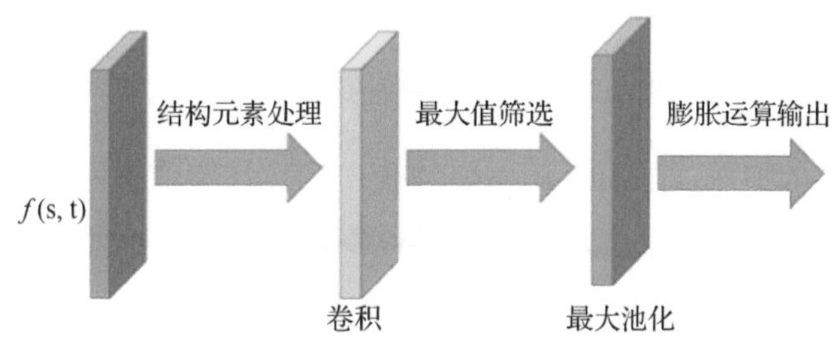

图 9-11　深度形态学卷积膨胀运算

（2）卷积腐蚀层的构建

类似地，定义腐蚀操作的卷积层。和膨胀操作相反，腐蚀操作是局部取最小值的过程。通过依次进行膨胀和腐蚀操作，是形态学能够滤除噪声且保留边缘信息的关键。然而，由于目前主流的深度神经网络并没有最小池化层，以至于深度神经网络运算框架并不支持该操作，为了提高模型的兼容性和通用性，在最大池化的基础上，有一种可用于取局部最小值的最小池化操作。

首先，考虑到传统形态学的腐蚀操作是局部图像和结构元素相减的过程，神经网络中并无相减的操作。但从本质上来说，当神经网络中卷积核中的元素小于 1 时，在进行卷积时，就可以理解为进行了相减操作。同时，考虑到腐蚀操作是一个取局部最小值的过程，因此考虑将特征图首先取反，该操作实质上是在原始输入的特征图基础上，乘以一个值为“-1”的权重系数，然后进行最大池化，进而再次取反，便能得到最小池化的输出，上述操作依旧延用了最大池化层，但是却能对最小值进行筛选。通过上述操作，可以保证建立卷积腐蚀层严格可导。定义形态学卷积腐蚀层如下：

$$Cov_2(A,B) = (-a_{xy}) * b_{xy} \mid (x,y) \in D_A,(x,y) \in D_B \tag{9-49}$$

式中，Cov_2（·）表示局部数据 A 和结构元素 B 的卷积操作，$-a_{xy}$表示对局部图像中位置为（x，y）处的数值 a_{xy}取反，b_{xy}表示结构元素中位置为（x，y）处的值。定义最小池化层如下：

$$M_2(A,B) = \min(A,B) = -\max(Cov_2(A,B)) \tag{9-50}$$

式中，Cov_2（·）是上一层卷积的输出，min（·）表示取局部最小值，实际操作时，通过对取反后的特征图取局部最大值实现该操作，max（·）表示取局部最大值。深度形态学卷积腐蚀运算示意图如图 9-12 所示。

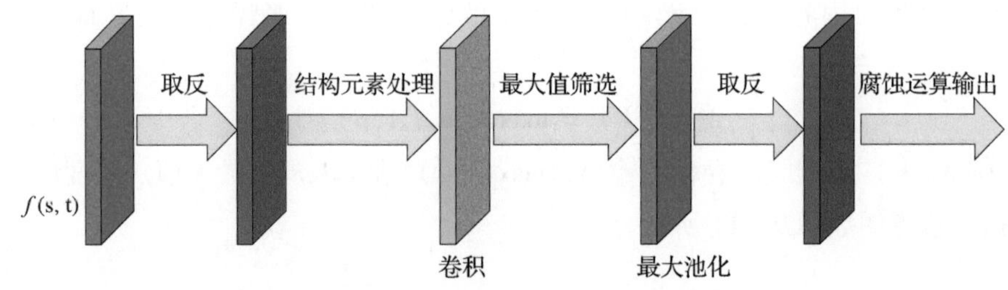

图 9-12　深度形态学卷积腐蚀运算

伴随着网络深度的加深，采用全局参数的全连接设计会使得网络在训练过程中稳定性较差、梯度更新困难，为此采用权重共享设置，设计将结构元素设定为“核”处理模式，限定结构核的尺寸为（$x*y$），采用滑窗的机制，针对输入数据的任意一处输入值，对权重参数进行共享。由于采用步长为 1，并且对输入区域进行补 0 操作，同时在取最大值时，也采用步长为 1 的池化操作，所以该深度形态学操作并没有改变数据的尺寸。

（3）非线性卷积层

和上述定义的形态学基本操作不同，卷积膨胀层和卷积腐蚀层并没有将卷积后最大（小）值位置的坐标进行记录，输出局部数据中的数值，而是直接将卷积后的最大（小）值输出。考虑到形态学基本操作中存在截距项，使得滤波后的输出可以产生新的数值。同样，在膨胀层和腐蚀层之后增加非线性层，通过膨胀层、腐蚀层和非线性层，一方面可以使得其输出更加接近定义的形态学基本操作，另一方面可以实现截距项的功能，增加网络的非线性特征。定义非线性卷积层：

$$Cov_n = a_{xy} * b_{xy} + c \mid (x,y) \in D_A,(x,y) \in D_B \tag{9-51}$$

式中，b_{xy}为卷积核中位置为（x，y）处的值，c 是非线性项，其尺寸和卷积核一样。其值可以通过训练得到。在实际的网络训练中，令 $b_{xy}=1$，即可实现截距项的功能。

9.12.2　卷积形态学滤波网络的构建

上一节主要通过在卷积网络中定义形态学滤波中的基本操作，实现了形态学中的一些基本功能，为卷积形态学滤波网络的构建提供了基础。本节将着重阐述如何构建可用于训练的卷积神经网络。

（1）残差连接机制

与较浅的神经网络相比，较深的神经网络能将特征投影到更高的维度空间，进而能学习到更充分的信息，但随之而来的梯度消失和梯度爆炸问题会制约模型的可训练性，进而使得优化器无法对模型参数进行有效更新。受残差网络的机制启发，构建如图 9-13 所示的网络残差连接机制。

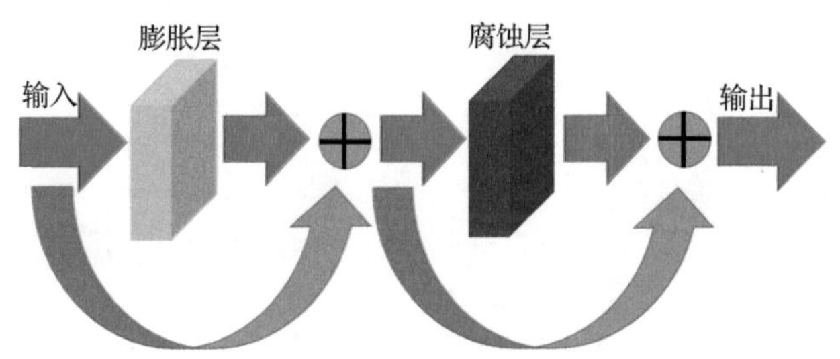

图 9－13　深度形态学残差连接

针对网络中的膨胀层，其输入输出满足式 9－52：

$$Y_{Ept} = (A \odot B)(i,j) + A(i,j) \tag{9-52}$$

式中，Y_{Ept}为膨胀操作经残差连接之后的输出。同理可得腐蚀操作的残差连接如式 9－53：

$$Y_{Cls} = (A \circledcirc B)(i,j) + A(i,j) \tag{9-53}$$

式中，Y_{Cls}为腐蚀操作经残差连接之后的输出。

图 9－13 所示的残差连接机制，在反向传播时，根据链式求导法则，在参数更新时，$A(i,j)$ 的梯度的计算公式如下。

$$\begin{aligned}\nabla A(i,j) &= \frac{\partial \ Loss}{\partial \ Y_{Cls}} \cdot \frac{\partial \ Y_{Cls}}{\partial \ Y_{Ept}} \cdot \frac{\partial \ Y_{Ept}}{\partial \ A(i,j)} \\ &\quad + \frac{\partial \ Y_{Cls}}{\partial \ Y_{Ept}} \cdot \frac{\partial \ Y_{Ept}}{\partial \ A(i,j)} + \frac{\partial \ Y_{Ept}}{\partial \ A(i,j)}\end{aligned} \tag{9-54}$$

通过式 9－54 可以发现，相比纯粹的层堆积，残差连接方式能保证梯度通过更多的途径、直接作用于每一层的输入，有效地促进了参数更新，提升了深度形态学网络的学习潜力。

（2）开闭运算结构

在形态学滤波中，开、闭运算能够有选择性地滤除噪声。一般情况下，若想要对一组二维数据进行滤波，需要对数据进行若干次开、闭运算，同时，为了达到更好的滤波效果，可以将开、闭运算在一次滤波操作中一起使用。同样，在形态学卷积网络中，参照形态学中的滤波方法，定义开、闭运算结构，并在一个网络中放入多个开、闭运算结构，达到形态学中的滤波效果。定义开运算结构如图 9－14：

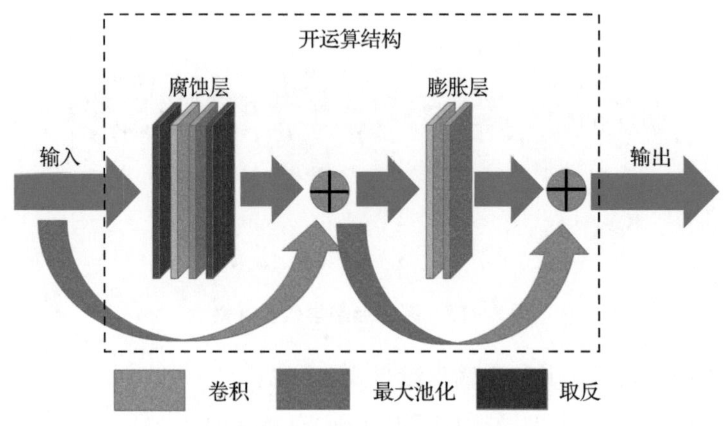

图 9-14　卷积滤波网络中的开运算结构示意图

和形态学中的开运算一样，在神经网络中，定义输入的光纤传感振动数据先经过腐蚀层再经过膨胀层的结构为滤波网络中的开运算结构。同理，在卷积滤波网络中，定义闭运算结构如图 9-15：

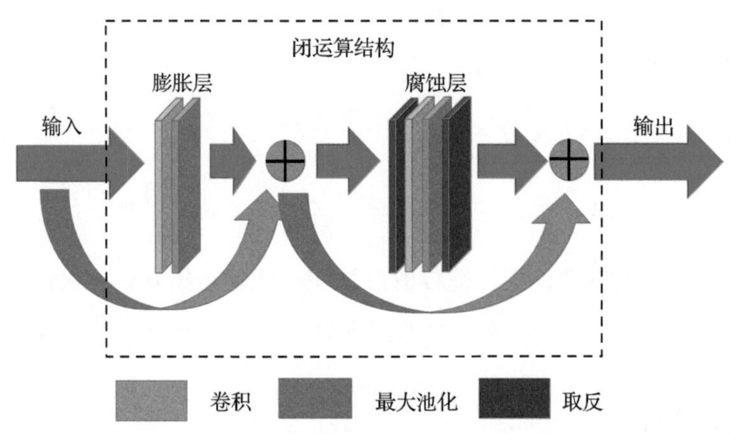

图 9-15　卷积滤波网络中的闭运算结构示意图

通过在网络中设置多个开、闭运算的网络结构，可以使网络具有一定的深度，也具有良好的非线性特征。

（3）损失函数的构建

在网络训练时，需要构建损失函数。目前，常用的损失函数包括 L_1 范数、L_2 范数和平滑 L_1 范数等。L_1 范数虽然无论输入任何值，其梯度稳定为固定值，不会引起梯度指数型累积，但是该函数本身是连续非可导函数，对反向传播的处理有一定的影响。L_2 范数虽然处处连续且可导，但是该函数在输入远离轴心点的数据时，输出会剧烈变化，即其导函数是单调递增函数，在反向传播时，容易造成梯度爆炸。平滑 L_1 范数则在输入值介于原点距离为 1 的范围内采用二次函数，并对该项乘以系数 0.5，保证整体的连续可导，在其余位置采用一次函数。平滑 L_1 范数兼顾了 L_1 范数和 L_2 范数的优点，因此，采用平滑 L_1 范数作为损失函数，其计算如下：

$$Loss = \sum_{(s,t,c)\in D_f}\begin{cases}0.5-(y_{c,s,t}-\overset{\frown}{y}_{c,s,t})2 & |y_{c,s,t}-\overset{\frown}{y}_{c,s,t}|<1\\ |y_{c,s,t}-\overset{\frown}{y}_{c,s,t}|-0.5 & |y_{c,s,t}-\overset{\frown}{y}_{c,s,t}|\geqslant 1\end{cases} \tag{9-55}$$

通过一系列的网络结构的构建，使得提出的滤波网络具有良好的非线性特征，同时在训练的时候具有良好的梯度下降速率。滤波网络的结构示意图如图 9－16 所示。

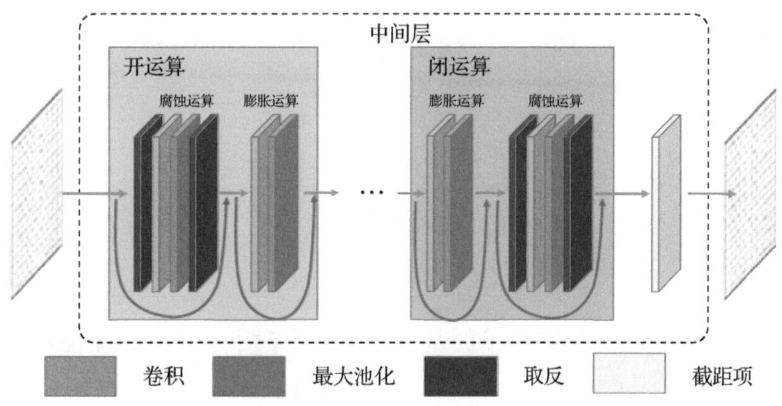

图 9－16　构建的形态学滤波网络结构图

利用图 9－16 的网络结构对采集到的二维光纤传感振动信号进行滤波，例如设计的网络共有 10 个开、闭运算结构，开闭运算结构各 5 个，将开运算与闭运算进行搭配，在开运算结构之后，增加一个非线性层，提高网络的非线性特征，并最终输出滤波后的光纤传感振动信号。

9.13　地下空间实验性能比较

9.13.1　神经网络的训练

神经网络是一种建立在“图”到“图”映射之上的网络结构，具有一定的网络深度。同时，深度卷积形态学滤波结构并没有改变输入的尺寸，是一种可以用于去噪的网络。不仅如此，在构建网络时，网络中的每一层都严格可导，且在层与层之间增加了易于训练的残差结构，因此，可以通过训练该卷积形态学滤波网络，从而得到网络中的结构元素和截距的值。

利用 PyTorch 搭建卷积网络模型，网络参数设置如表 9－2 所示。在初始阶段，网络的参数由函数随机生成，偏差向量设为0。学习率为0.001，网络的批处理大小为50。该模型在一台使用 Intel® Xeon® CPU E5-2670@2.30 GHz 和 NVIDIA GeForce GTX 1080 的计算机上进行训练。训练集采用上一节中构建的数据集，在连续训练12个小时后，损失函数趋于稳定。

表9-2 网络的参数设置

名称	卷积核大小	数量	补0
开运算中的腐蚀运算	3×3（卷积，3通道） 3×3（取反，最小池化）	1×5	1
开运算中的膨胀运算	3×3（卷积，3通道） 3×3（最大池化）	1×5	1
闭运算中的膨胀运算	3×3（卷积，3通道） 3×3（最大池化）	1×5	1
闭运算中的腐蚀运算	3×3（卷积，3通道） 3×3（取反，最小池化）	1×5	1
截距项	3×3（卷积，3通道）	1×1	1

利用卷积神经网络模仿形态学中的基本操作，构建了一个可用于滤波的形态学神经网络，并对网络进行了训练。由网络的损失函数值可以看出，网络具有较好的收敛性。

9.13.2 实验环境搭建

在对网络滤波效果进行评价之前，首先要构建实验环境。城市地下管网监测作为光纤传感最为常见的应用场景之一，通常包括天然气管道、供暖管道和供水管道等。本书以天然气管道泄漏为例，通过对采集到的天然气泄漏传感信号进行滤波，验证算法的有效性。

模拟泄漏的天然气管道总长度约为12 m，其中地下部分大约长8 m，埋深1.2 m，地上部分一端连接储气罐，一端为出气口，两端均带有阀门与气压表。在距离天然气管道一端大约1.5 m处制造一个直径1 mm小孔，模拟天然气传输过程中的泄漏情况。光纤选用625b单模入户光纤并均匀缠绕在天然气管道表面，长度大约20 m，最终光纤的首端与末端与管道的出气口方向一起伸出地面。光纤监测信号由 Neubrex 有限公司生产的光纤监测设备 NBX-S3000 采集，具体实验场景布设图如图9-17所示。

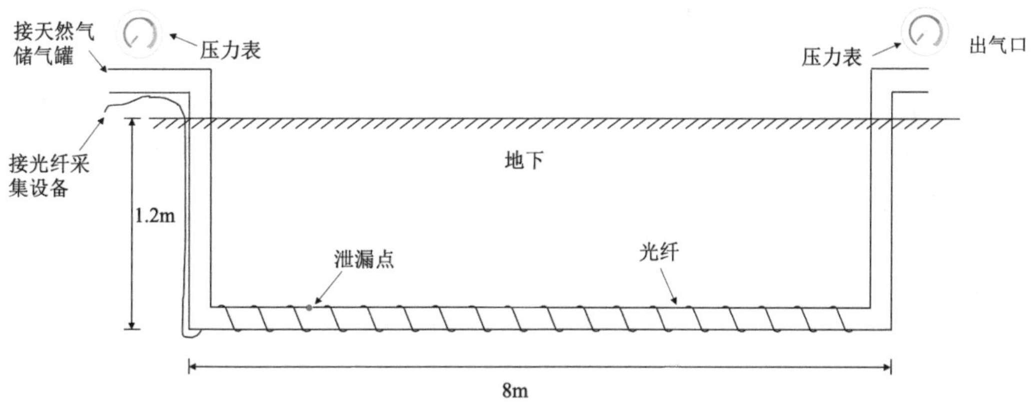

图 9－17　实验场景布设图

实际的实验场地图如图 9－18 所示。

图 9－18　实际实验场地图

实验共分为 3 个步骤进行，具体如下：

（1）首先关闭出气口，管道内压力从 0 缓慢上升，直到到达 0.1 MPa 并趋于稳定，管道内气体通过泄漏口泄漏从而引起管道振动，通过缠绕在管道外的光纤采集振动信号。

（2）保持出气口关闭，让管道内压力保持在 0.1 MPa，管道内天然气通过泄漏口均匀稳定泄漏，通过缠绕在管道外的光纤采集振动信号。

（3）关闭天然气进气口和出气口，管道内压力从 0.1 MPa 逐渐降至 0，泄漏气体慢慢减弱，通过缠绕在管道外的光纤采集振动信号。

通过上述 3 个步骤，可以得到不同泄漏阶段的实验数据。通过重复上述步骤，可以得到多组实验数据，供进一步处理和分析。图 9－19 是采集到天然气三个泄漏阶段的部分光纤传感振动信号，左右两幅图像是泄漏同一阶段下不同时间节点采集到的信号，所有信号均进行了标准化处理。

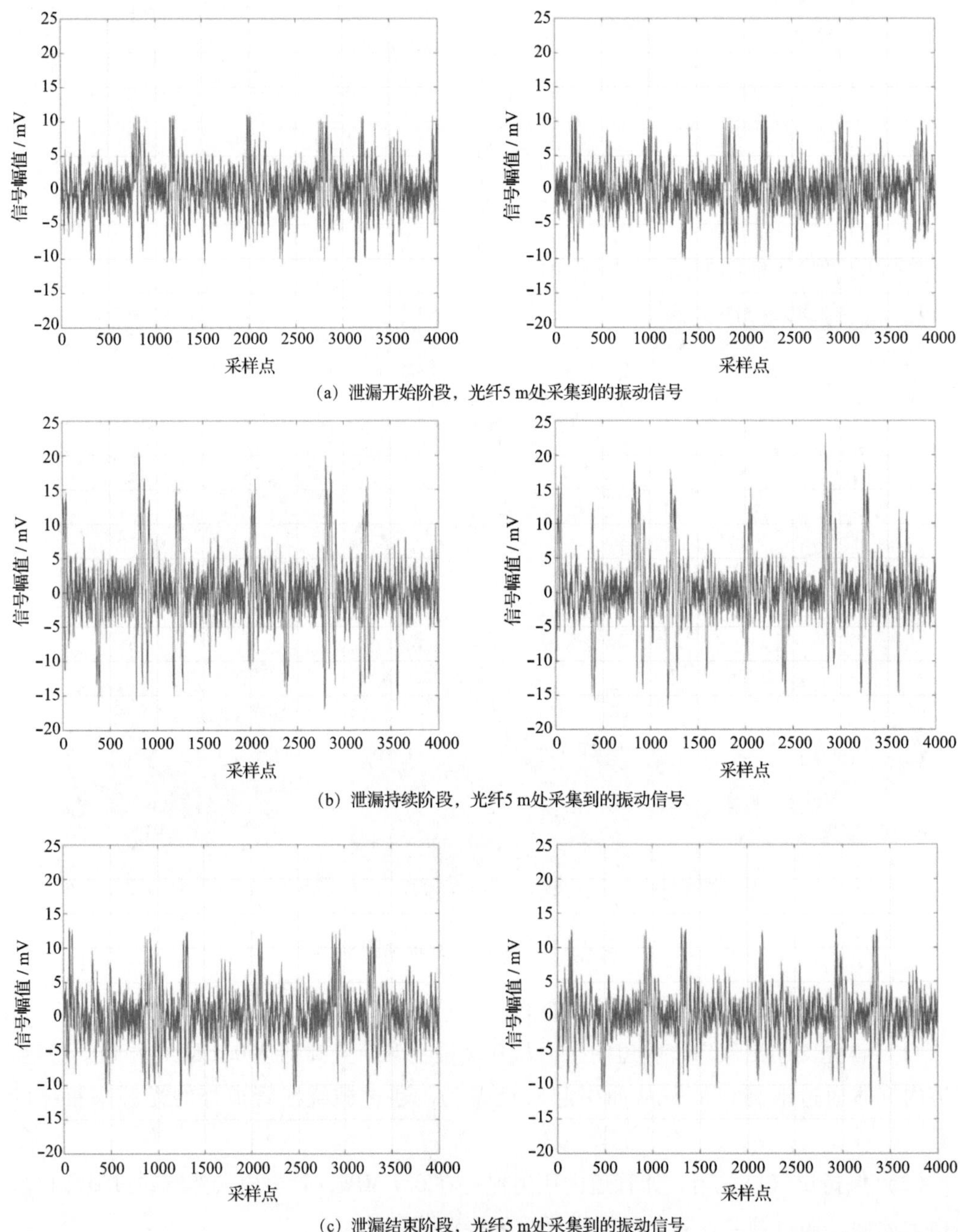

(a) 泄漏开始阶段，光纤5 m处采集到的振动信号

(b) 泄漏持续阶段，光纤5 m处采集到的振动信号

(c) 泄漏结束阶段，光纤5 m处采集到的振动信号

图 9－19　不同泄漏阶段的光纤采集到的信号

由图 9－19 可以看出，利用光纤传感采集泄漏信号时，周围环境存在大量的环境噪声，一定程度上影响了信号的质量。由图 9－19（a）可以看出，在泄漏开始阶段，管道内气压较低，引起的管道振动幅度存在一定的波动，且振幅较小，因此，光纤采集到的振动信号幅度较小。由图 9－19（b）可以看出，随着泄漏时间的增加，管道内气压趋于稳定且保持在较高的水平，光纤采集到的管道振动信号幅度同样较大。由图 9－19（c）可以看出，在泄漏结束阶段，由于管道内压力逐渐减小，振动信号幅度慢慢变小，光纤采集到的振动信号幅值明显小于泄漏持续阶段采集到的振动信号幅值。

9. 13. 3　卷积形态学滤波网络性能评价

通过光纤传感振动信号采集装备对泄漏不同阶段的信号进行采集，得到了光纤传感振动信号。利用构建的滤波网络对上一节采集到的信号进行滤波以评估网络的性能。滤波后的光纤传感振动信号如图 9－20 所示。

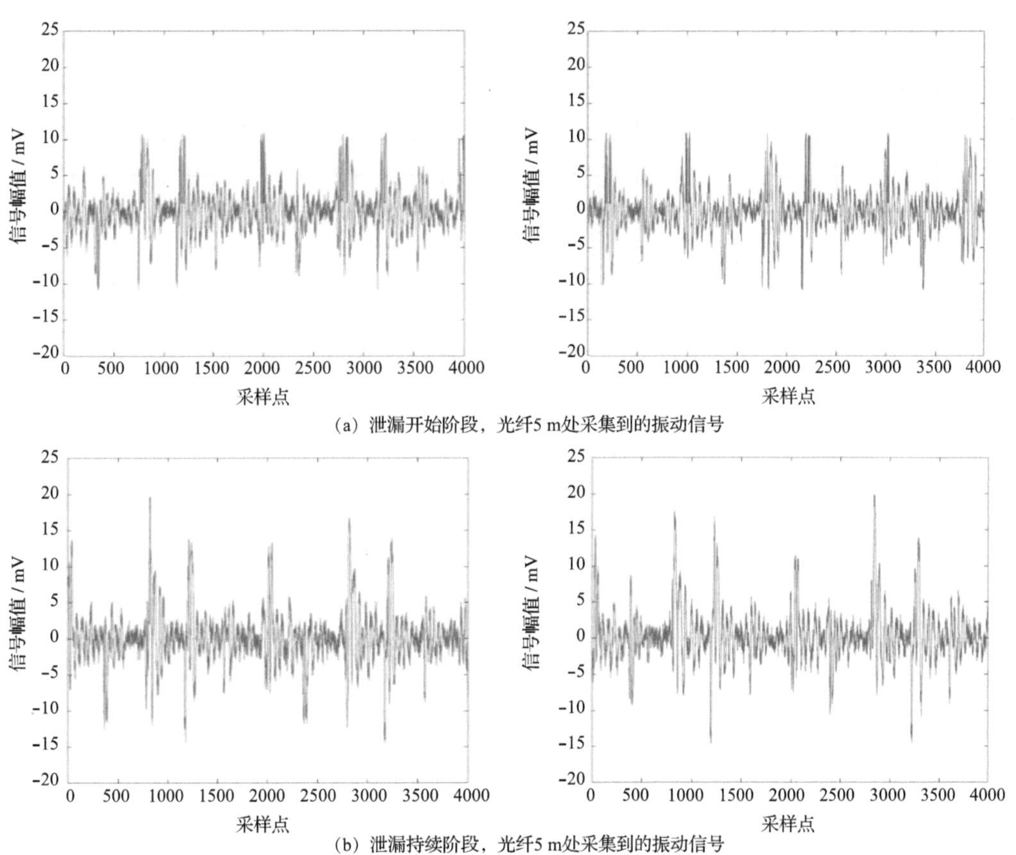

（a）泄漏开始阶段，光纤5 m处采集到的振动信号

（b）泄漏持续阶段，光纤5 m处采集到的振动信号

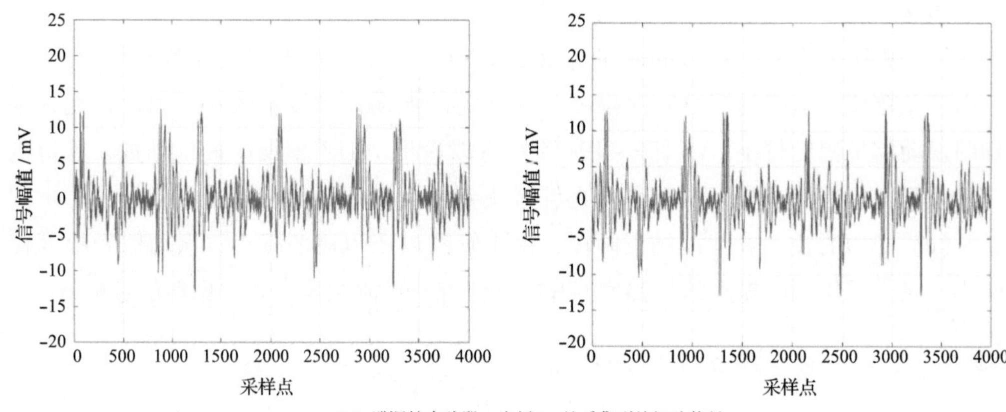

（c）泄漏结束阶段，光纤5 m处采集到的振动信号

图 9－20　滤波后的管道泄漏信号

由图 9－20 可以看出，滤波算法能够一定程度上滤除光纤传感振动信号中的自然噪声，改善了光纤传感振动信号的质量。在泄漏的初始阶段，泄漏信号幅值较低，滤波网络能够滤除振动信号中的噪声，有利于快速判断是否发生泄漏事件。在泄漏持续阶段，滤波网络能够尽量保留泄漏信号的同时滤除噪声，有利于判断泄漏点位置。在泄漏结束阶段，滤波网络依然能够滤除噪声，较为清晰地保留泄漏信号，有利于判定泄漏持续时间。为了进一步说明滤波算法的有效性，选取光纤不同位置上采集到的振动信号进行显示。结果如图 9－21 所示。

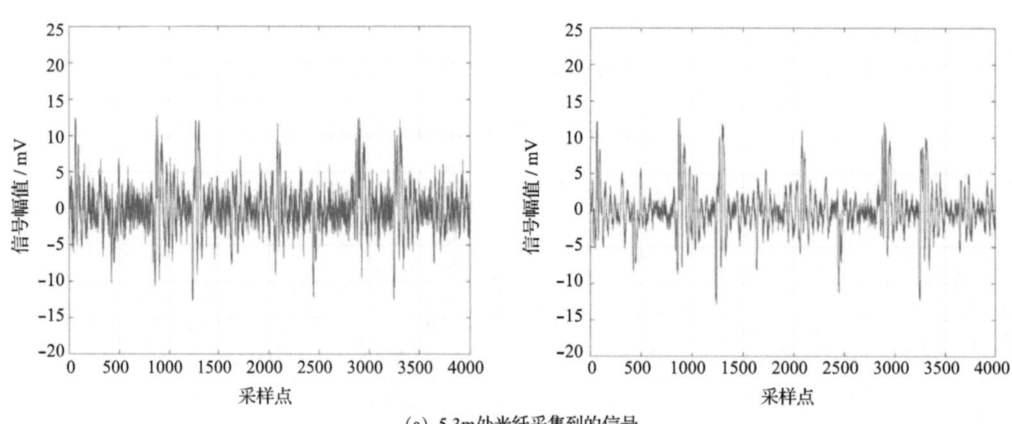

（a）5.3m处光纤采集到的信号

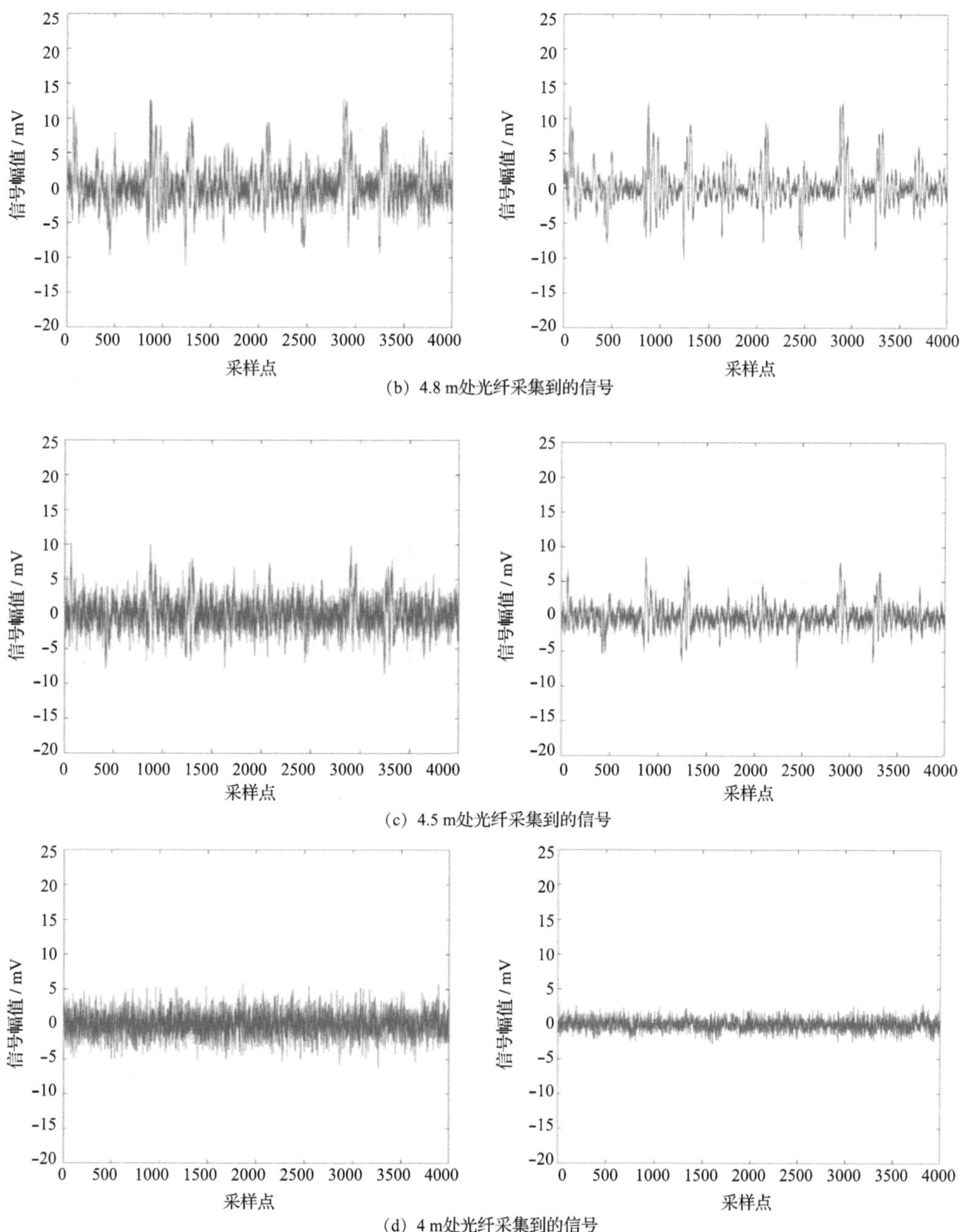

图 9－21　不同位置光纤采集到的振动信号滤波前后对比，左侧为滤波前的信号，右侧为滤波后的信号

由图 9－21 可以看出，由于泄漏点大约对应光纤 5 m 处的位置，因此，在 4.8 m 处和 5.3 m 处采集到的振动信号幅值较大，构建的滤波网络能够在保留信号的波形下滤除噪声。相对而言，4.5 m 处采集到的信号幅值明显小于 4.8 m 和 5.3 m 处信号的幅值，构建的滤波网络依然起到了很好的滤波效果。而在 4 m 处的采集到的信号已无法明显看出存在泄漏信号，光纤采集到的大部分是自然噪声，滤波网络能够很好地抑制自然噪声。图 9－22 展示了不同光纤位置上采集到的振动信号滤波前后的频谱。

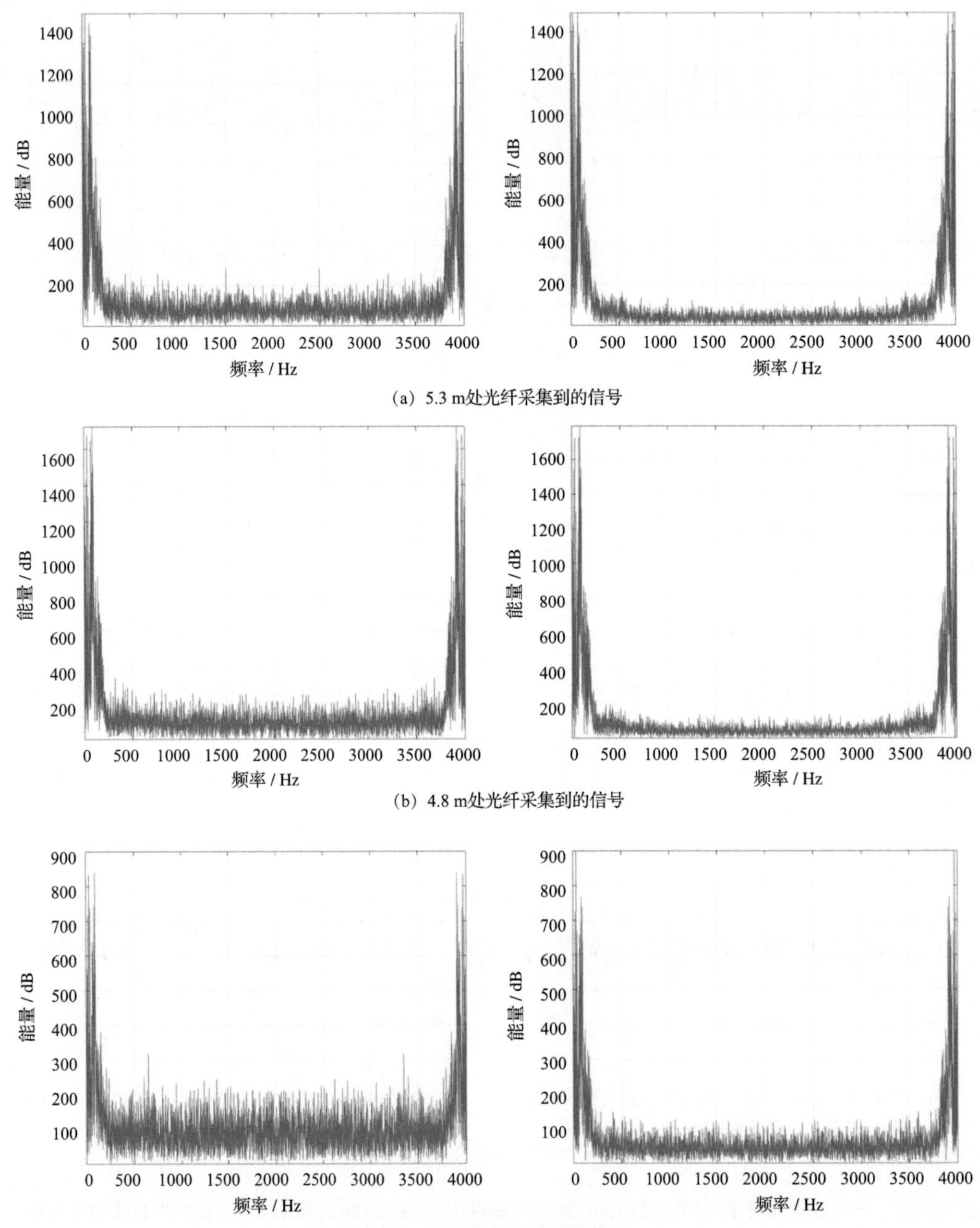

（a）5.3 m处光纤采集到的信号

（b）4.8 m处光纤采集到的信号

（c）4.5 m处光纤采集到的信号

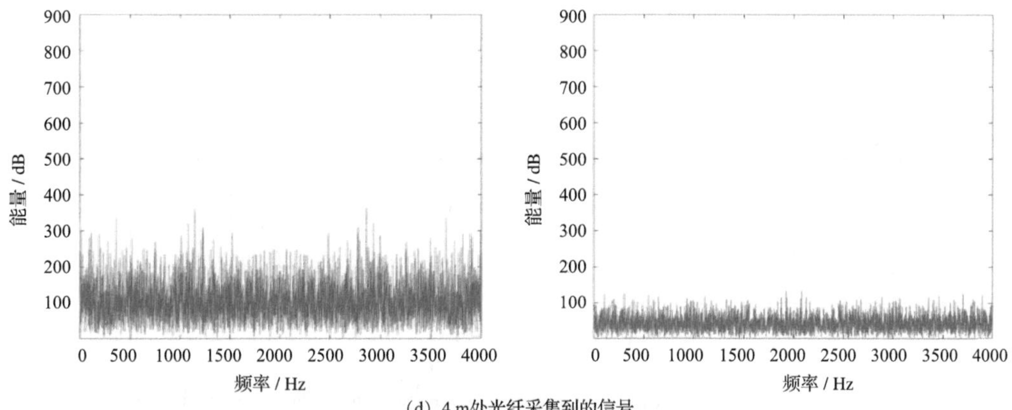

(d) 4 m处光纤采集到的信号

图 9－22　不同位置光纤采集到的振动信号滤波前后频谱对比，左侧为滤波前信号的频谱，右侧为滤波后信号的频谱

由图 9－22 可以看出，4.8 m 处采集到的信号能量最高，5.3 m 处的信号能量次之，4.5 m 处采集到的光纤振动信号能量最低，4 m 处采集到的为噪声的能量。经过网络滤波后，信号的能量无明显的变化而噪声的能量明显降低，说明滤波网络能够在不损失原有信号的基础上滤除噪声。总体来说，网络在处理泄漏光纤传感振动信号时，在视觉上达到了令人满意的效果。下面进一步比较本实例滤波网络和其他常用滤波算法的性能。对比算法选用常用的高斯滤波和传统的形态学滤波算法，选取四组不同位置、不同时间下的采集到的泄漏传感信号进行展示，滤波实验对比结果如图 9－23 所示。

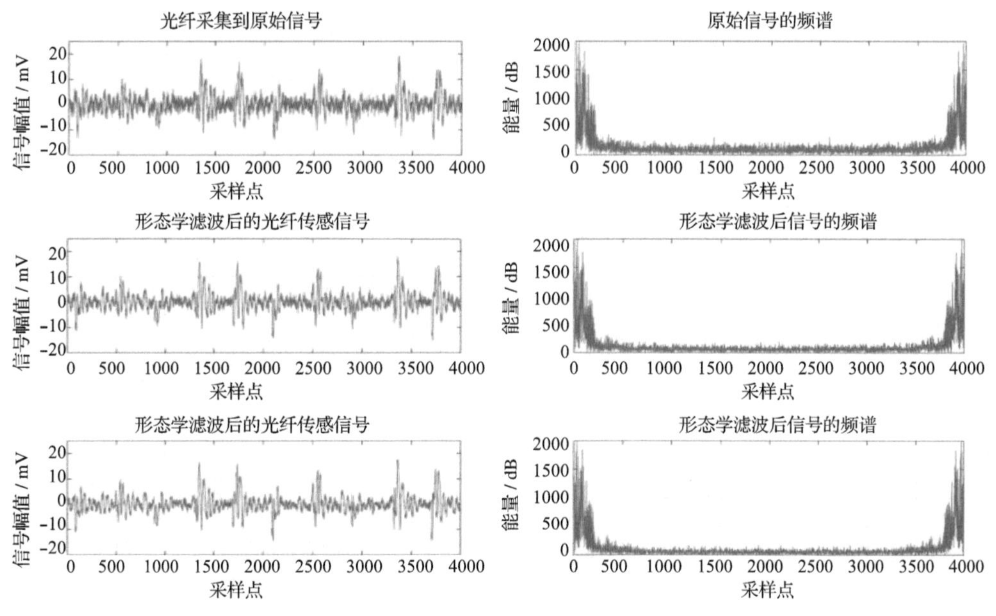

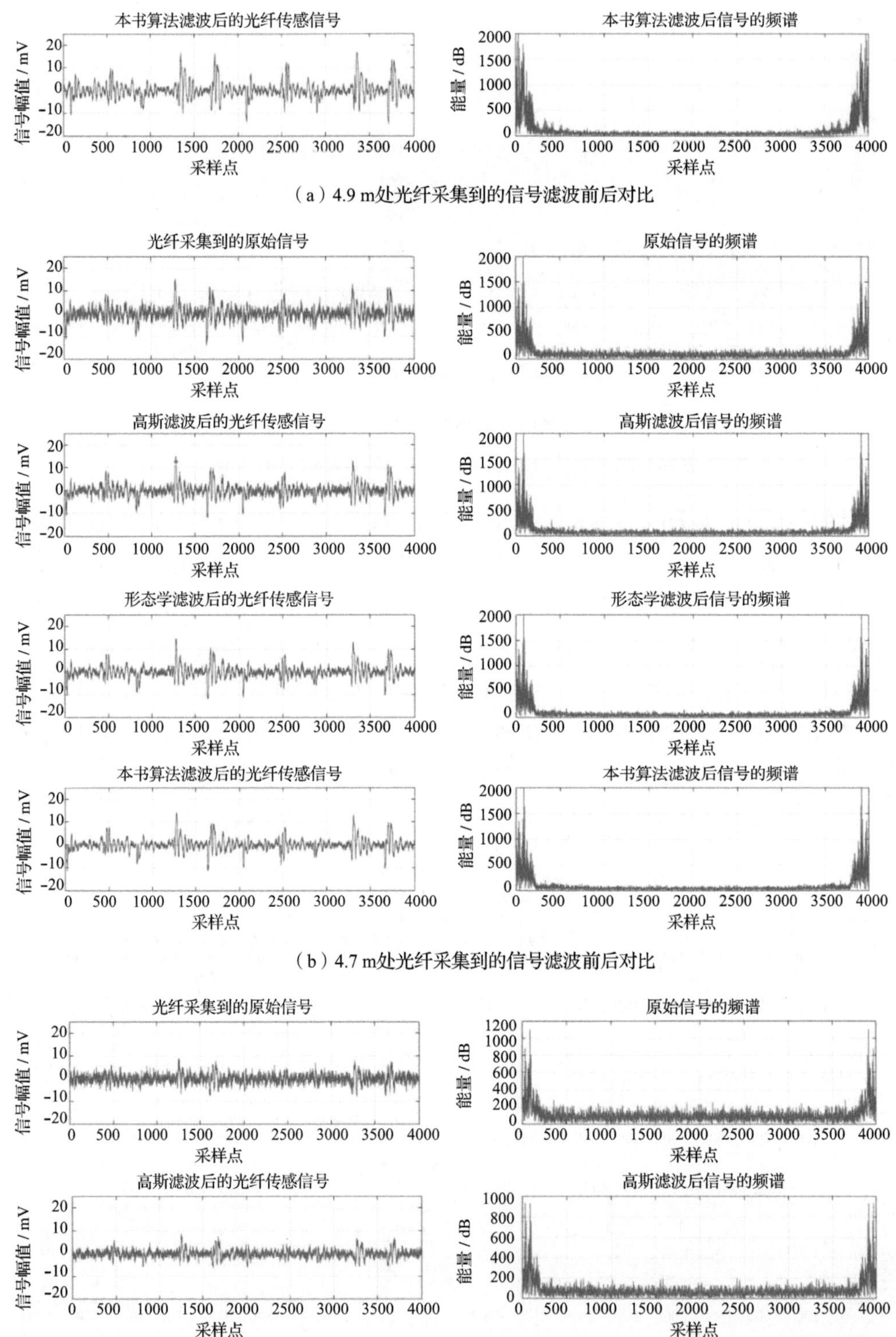

本书算法滤波后的光纤传感信号
信号幅值 / mV
采样点
本书算法滤波后信号的频谱
能量 / dB
采样点
(a) 4.9 m处光纤采集到的信号滤波前后对比
光纤采集到的原始信号
原始信号的频谱
高斯滤波后的光纤传感信号
高斯滤波后信号的频谱
形态学滤波后的光纤传感信号
形态学滤波后信号的频谱
本书算法滤波后的光纤传感信号
本书算法滤波后信号的频谱
(b) 4.7 m处光纤采集到的信号滤波前后对比
光纤采集到的原始信号
原始信号的频谱
高斯滤波后的光纤传感信号
高斯滤波后信号的频谱

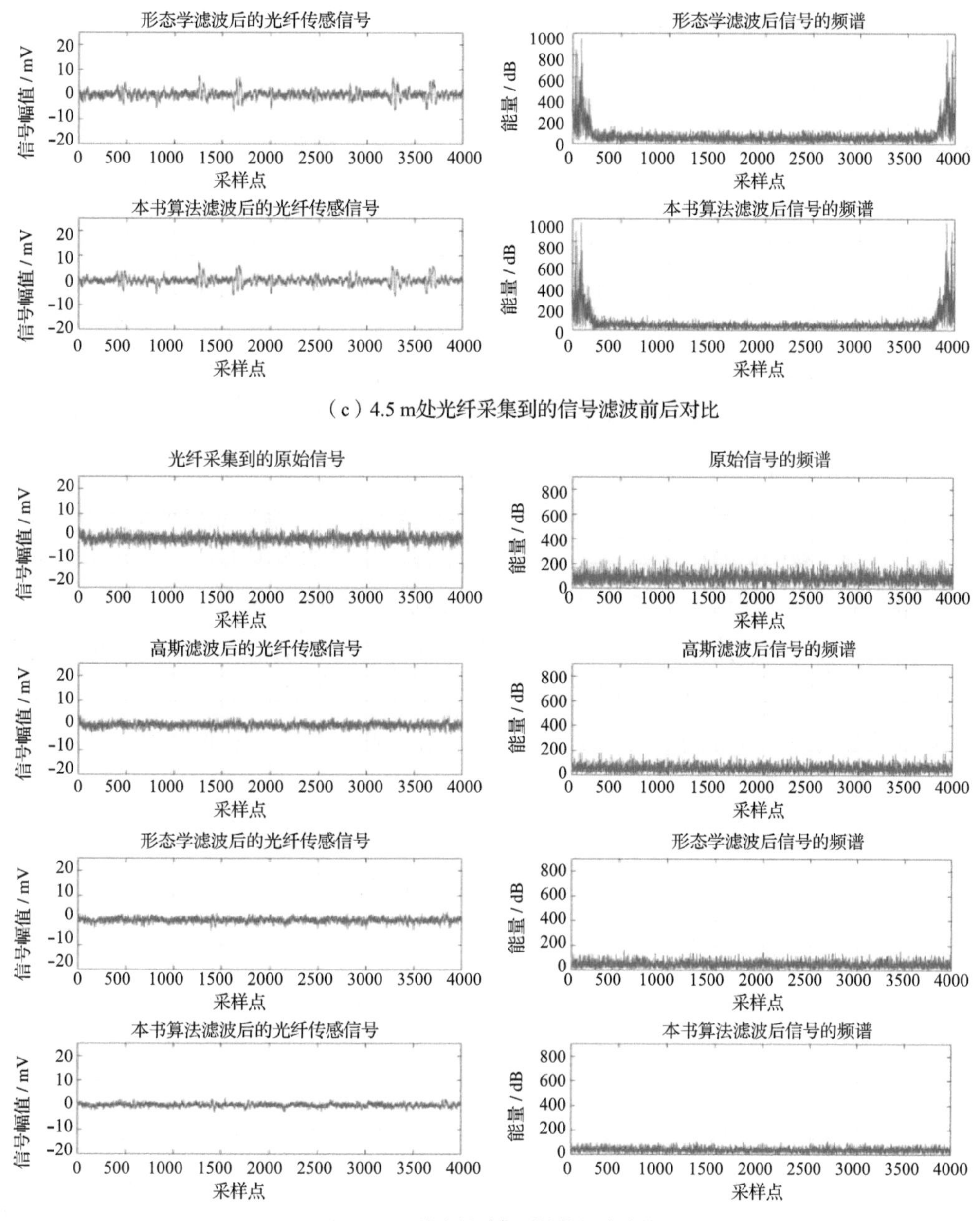

（c）4.5 m处光纤采集到的信号滤波前后对比

（d）4.2 m处光纤采集到的信号滤波前后对比

图 9－23　光纤采集到的振动信号不同算法滤波前后对比

由图 9－23 可以看出，不同的滤波算法均能够在一定程度上滤除光纤传感振动信号中的噪声，滤波效果存在一定的差别。高斯滤波能够在一定程度上滤除光纤传感振动信号中的噪声，改善信号的质量。但相较于其他滤波方法，高斯滤波的效果一般。传统形态学滤波算法取得了比高斯滤波更好的滤波效果，且信号的波形没有失真。相较于其他滤波算法，本书算法不仅取得了最好的滤波效果且保持了信号波形的一致性。

9.13.4 不同算法的定量比较和分析

由上一节可知，基于神经网络的光纤传感滤波算法较其他常用滤波算法在视觉上取得了令人满意的结果。在本节中将对提出的滤波算法进行定性评价。

在信号系统中，信噪比（Signal-Noise Ratio，SNR）是评价信号质量最常用的参数之一，其反映了信号功率和噪声功率之间的关系。信噪比通常采用 dB 为单位，信噪比越大，说明信号质量越好。然而，在实际应用中通常难以获取信号和噪声的功率，导致无法准确、直接地计算信号的信噪比，只能间接对信号的信噪比进行估算。常用的信噪比估算方法主要有两种：时域估算法和频域估算法。基于时域的信噪比估算方法主要通过分析信号时域特点来估算信号的信噪比，主要有最大似然估计法、数据拟合法和二阶四阶矩估计法。考虑到在实际应用时，基于时域的信噪比计算方法计算量较大、应用场景有限且不利于实际操作，因此，选用频域估算法近似获取信号的信噪比。

基于频域变换的信噪比估算方法作为实际工程应用中的经典方法，它利用随机噪声较为平坦的特点，把信号中能量最低的一部分近似看作噪声的功率。基于频域变换的信噪比计算方法的思路是：首先，把采集到的光纤传感振动信号经离散傅里叶变换到频域；其次，计算整个频域内 DFT 幅值 $|X(k)|^2$ 的均值作为信号的能量；再次，选取频域某带宽内 DFT 幅值 $|X(k)|^2$ 的均值作为噪声的能量；最后通过计算信号与噪声能量的比值得到信号的信噪比。

若 $x(n)$ 为采集到的含噪光纤传感振动信号，则该方法的具体步骤如下：

（1）利用式 9－56 对 $x(n)$ 进行离散傅里叶变换得到信号的频谱 $X(k)$。

$$X(k) = \frac{1}{N}\sum_{n=0}^{N-1} x(n)e^{-j\frac{2\pi}{N}nk} = X(e^{j\omega})\big|_{\omega=\frac{2\pi}{N}k} \tag{9-56}$$

（2）计算信号频谱的平方值 $|X(k)|^2$，并计算平均值作为信号的功率。

$$P_s = \frac{1}{N}\sum_{k=0}^{N-1} |X(k)|^2 \tag{9-57}$$

（3）将频域内信号的频谱平均分成若干部分，计算每段内信号频谱幅值的平方值，并计算平均值。

$$seg_i \triangleq \frac{1}{L}\sum_{k}^{seg} |X(k)|^2 \tag{9-58}$$

式中，seg_i 表示第 i 段，每段的长度均为 L。

（4）取 seg_i 中的最小值作为噪声的频谱，则噪声功率可以表示为：

$$P_n = \min\{seg_i\} \tag{9-59}$$

（5）则信号的信噪比可以表示为：

$$SNR = 10\log\left(\frac{P_s - P_n}{P_n}\right) \tag{9-60}$$

相较于时域信噪比计算方法，基于傅里叶变换的频域信噪比计算方法具有易于实际计算、估算更加准确、适用场景更加广泛等优点，因此，频域信噪比计算方法对不同滤波算法后的信号的信噪比进行计算。考虑到4.2 m处采集的信号已无法明显看出存在泄漏信号，因此不再计算该位置处的信噪比。上述三种算法滤波后的信噪比如表9－3所示。

表9－3 不同算法滤波后信号的信噪比 单位：dB

名称	原始信号	高斯滤波	传统形态学滤波	本书算法
4.9 m处光纤传感振动信号	22.33	28.91	32.60	35.94
4.7 m处光纤传感振动信号	17.19	23.98	27.21	30.24
4.5 m处光纤传感振动信号	10.07	15.31	16.86	20.09

由表9－3可以看出，高斯滤波后信号的信噪比提高了大约6 dB，信号质量得到了改善，但信号的信噪比整体偏低，尤其是当原始信号信噪比较低时，滤波效果进一步变差。传统形态学滤波方法取得了比高斯滤波更好的滤波效果，但受滤波方法的限制，滤波效果已经无法通过改变结构元素的形状进行提高。相较而言，本书算法取得了最好的滤波效果，滤波后信号的信噪比均高于其他两种滤波方法，信号质量明显提高。为了进一步说明算法的优越性，通过观察采集到的光纤传感振动信号，发现泄漏信号的作用范围为4.3 m～5.8 m，因此以0.1 m间隔，对不同位置处的光纤传感泄漏信号进行滤波，对滤波后信号计算其信噪比并求平均值，结果如表9－4所示。

表9－4 不同算法滤波后信号的信噪比 单位：dB

名称	原始信号	高斯滤波	传统形态学滤波	本书算法
4.3 m处光纤传感振动信号	5.63	7.28	8.33	10.76
4.4 m处光纤传感振动信号	7.34	10.95	12.43	15.76
4.5 m处光纤传感振动信号	10.07	15.31	16.86	20.09
4.6 m处光纤传感振动信号	13.98	19.73	21.23	25.58
4.7 m处光纤传感振动信号	17.19	23.98	27.21	30.24
4.8 m处光纤传感振动信号	20.56	27.35	30.26	34.53
4.9 m处光纤传感振动信号	22.33	28.91	32.60	35.94
5.0 m处光纤传感振动信号	23.28	30.65	33.59	36.81
5.1 m处光纤传感振动信号	21.53	29.69	32.64	36.22
5.2 m处光纤传感振动信号	20.69	26.01	29.96	34.81
5.3 m处光纤传感振动信号	18.31	25.54	27.28	31.14
5.4 m处光纤传感振动信号	14.82	20.86	24.95	28.57

续表

名称	原始信号	高斯滤波	传统形态学滤波	本书算法
5.5 m 处光纤传感振动信号	12.41	18.17	19.19	24.07
5.6 m 处光纤传感振动信号	9.73	14.17	17.09	19.01
5.7 m 处光纤传感振动信号	5.83	9.86	11.66	13.78
5.8 m 处光纤传感振动信号	4.90	6.27	8.59	9.23
平均值	14.29	19.67	22.06	25.41

由表9－4可以看出，信号经过高斯滤波后信噪比平均提升了5.38 dB，而传统形态学滤波方法滤除噪声后的信号平均提升了7.77 dB，相较于上述两种方法，本书算法滤除噪声后信噪比平均提升了11.12 dB。综合而言，针对光纤传感振动信号，本书算法具有最优的滤波效果。

第十章

基于全局阈值分割的光纤传感振动信号去噪方法

由前两章可知，通过建立滤波网络和增强网络对光纤传感振动信号自然噪声和衰减噪声进行了处理。然而，光纤传感系统中还存在模式噪声。不同于其他噪声，模式噪声是乘性噪声，它随时间做无规则的变化，是光纤传输信道中各种动态参量变化组合的结果。因此，在处理此类噪声时应当充分考虑不同时间信号间的潜在关系。在本章中，同样直接对采集到的二维光纤传感振动信号进行处理，通过对光纤传感振动信号进行阈值分割从而滤除信号中的模式噪声。本部分将首先对小波阈值消噪方法进行介绍，之后提出阈值分割模型的构建方法，通过人工蜂群算法进行阈值求解，最后通过前面构建的地下空间数据集进行性能比较实验。

10.1 小波阈值消噪方法研究

小波变换是1980年以来发展起的应用数学分支，其来源于伸缩与平移方法。1981年，Stromberg证明了其存在性；1982年，Battle使用了类似Caldern再生公式的展开来构造量子场；1984年，法国地球物理学家Morlet引入小波概念，是因为其对信号进行分解而在分析地震波的局部性质时，发现传统的傅里叶变换难以达到要求。此后，理论物理学家Grossman对某信号按一个确定函数的伸缩、平移系$\left\{\frac{1}{\sqrt{a}}\psi\left(\frac{t-\tau}{a}\right),\ a,\ \tau\in R,\ a\neq 0\right\}$展开的可行性进行了研究。他们的研究为小波变换奠定了基础。

小波变换是一种多尺度分析方法，是一种能够在时间、频率两个尺度上对信号进行分析的方法，可以对信号在不同范围、不同的时间区域内进行分析，对噪声不敏感，能够分析信号的任意细节，在信号处理领域获得越来越广泛的应用。

小波变换是指把某一被称为基本小波（Motherwavelet）的函数$\psi(t)$作位移之后，再在不同尺度a下与待分析的信号$x(t)$作内积。如果函数$\psi(t)$为一平方可积函数，即$\psi(t)\in L^2(R)$，如果其傅里叶变换$\psi(\omega)$满足条件：

$$C_\psi = \int_R \frac{|\psi(\omega)|^2}{|\omega|}d\omega < \infty \tag{10-1}$$

则称 ψ（t）为一个基小波或小波母函数。

将小波函数 ψ（t）进行伸缩和平移，则得到函数 $\psi_{a,\tau}$（t）为：

$$\psi_{a,\tau}(t) = \frac{1}{\sqrt{a}}\psi\left(\frac{t-\tau}{a}\right) \tag{10-2}$$

式中，a 为伸缩因子；τ 为平移因子。$\psi_{a,\tau}$（t）被称为依赖于参数 a，τ 的小波基函数。

将任意 L^2（R）空间中的函数 x（t）在小波基下展开，称这种展开为函数 x（t）的连续小波变换（Continuous wavelet transform，CWT），其表达式为：

$$\begin{aligned} WT_x(a,\tau) &= \langle x(t),\psi_{a,\tau}(t)\rangle \\ &= \frac{1}{\sqrt{a}}\int x(t)\psi^*\left(\frac{t-\tau}{a}\right)\mathrm{d}t \end{aligned} \tag{10-3}$$

式中，$\psi^*\left(\frac{t-\tau}{a}\right)$表示 $\psi\left(\frac{t-\tau}{a}\right)$的共轭；符号 $<\cdot>$ 代表内积；a，τ 为连续变量。

在式 10－3 中，小波变换 WT_x（a，τ）在频域上便具有局部表征能力，因为 ψ（ω）是幅频特性比较集中的带通函数。采用不同的 a 值作处理时，各 ψ（$a\omega$）的中心频率和带宽不同，品质因素却保持恒定。当 a 值小时，在频域上相当于用较高频率做分辨率较高的分析，即用高频小波做细致观察。当 a 值大时，时轴上考察范围大，在频域上相当于用低频小波做概貌分析。

由此可见小波变换具有如下特点：

（1）具有多细粒度特征提取能力，其多分辨率的特点，可以由粗及精地观察信号，也可以由精及粗地观察信号；

（2）若基本小波选择适当，则可以使小波变换结果在时频、频域两域都具有表征信号局部特征的能力；

（3）小波变换也可以看成是用基本频率特性为 ψ（ω）的带通滤波在不同尺度下对信号作滤波。

在实际工业环境下，传感光缆随管道埋入地下可以检测到周围环境中大量的背景噪声，通常一个含有噪声的信号模型可以表示为：

$$f(t) = s(t) + e(t) \tag{10-4}$$

式中，f（t）为含有噪声的检测信号；s（t）为有用的检测信号；e（t）是均值为 0、方差为 σ^2 的高斯白噪声信号。实际工程中的有用信号通常表现为低频信号或一些比较平稳的信号，而噪声通常表现为高频信号。对含有噪声的检测信号进行小波分解，噪声主要表现在各个尺度的信号中的高频信号部分，噪声在高频系数的幅值随着尺度变大和分解层次增多而快速衰减。如果检测信号中含有独立同分布的噪声时，经小波变换以后，其噪声部分的小波系数也是独立同分布的，而且在各个尺度上是互不相关的。N 个具有独立同分布的标准高斯变量中的最大值小于 T 的概率随着 N 的增大而趋于 1。其中 T 可表示为：

$$T = \sigma \sqrt{2\ln(N)} \tag{10-5}$$

式中，σ 是标准高斯变量中的方差。

独立同分布的噪声经小波分解后，它的序列长度 N 很大，该小波系数中最大值小于 T 的概率将趋近于 1，即存在一个阈值 T，使得该序列的所有小波系数都小于它。因此，设置一个阈值与小波系数相比较，将小于此阈值的小波系数予以滤除，而不小于此阈值被认为是有用信号的小波系数应该予以保留。通过小波重构就可以得到消除了噪声的检测信号。

通常确定不同门限值有以下四种确定规则：

（1）通用门限值 T（sqtwolog 规则）

设含噪声信号 $f(x)$ 在尺度 m（$1<m<J$）上通过小波分解得到小波系数的个数总和为 n，J 为二进尺度参数，即对信号作了 J 次二进小波变换。附加噪声信号的方差是 σ，则通用门限值 T_1 为：

$$T_1 = \sigma \sqrt{2\ln(n)} \tag{10-6}$$

（2）Stein 无偏风险门限值 T_2（rigrsure 规则）

设 W 是由按由小到大的顺序排列的小波系数的平方的向量，即有 $W=[\omega_1, \omega_2, \cdots, \omega_n]$ 且 $\omega_1<\omega_2<\cdots<\omega_n$，$n$ 为小波系数的个数总和。同设一风险 R，其元素为：

$$r_i = \frac{[n-2i-(n-i)w_1+\sum_{k=1}^{l} w_k]}{n} \quad i=1,2,\cdots,n \tag{10-7}$$

以 R 中元素最小值作为风险值，由 r_b 的下标 b 找出对应的 w_b，则门限值 T_2 为：

$$T_2 = \sigma \sqrt{w_b} \tag{10-8}$$

（3）试探法的 Stein 无偏风险门限值 T_3。（heursure 规则）

设 W 是 n 个小波系数的平方和，令 $\eta=(W-n)/n$，$\mu=(\log_2 n)\ 3/2\sqrt{n}$。则

$$T_3 = \begin{cases} T_1 & \eta < \mu \\ \min(T_1, T_2) & \eta > \mu \end{cases} \tag{10-9}$$

（4）最小最大准则门限值 T_4（minimax 规则）

$$T_4 = \begin{cases} \sigma(0.3936 + 0.1829 \log_2 n) & n > 32 \\ 0 & n < 32 \end{cases} \tag{10-10}$$

式中，n 为小波系数序列个数，σ 为来自噪声信号的方差，$W_{1,k}$ 表示空间尺度为 1 的小波系数。式 10－10 中 σ 的分子部分表示对分解出的 1 级小波系数取绝对值再取中值。

在去噪时又有硬门限和软门限两种方法。硬门限，是指把所选选定的门限值与尺度上的小波系数作比较，绝对值大于或等于该门限值的小波系数保留，而小于门限值的令其为 0，其示意图如图 10－1（a）所示，硬门限信号 s 的表达式为：

$$s=\begin{cases}x & |x|>t\\0 & |x|\leqslant t\end{cases} \tag{10-11}$$

式中，t 为设置的阈值。

软门限是用选定的门限值与小波系数相减，大于0的小波系数留下，新小波系数绝对值取相减差值，符号与原来的小波系数符号保持一致，示意图如图10-1（b）所示，则软门限信号 s 的表达式为：

$$s=\begin{cases}sign(x)(|x|-t) & |x|>t\\0 & |x|\leqslant t\end{cases} \tag{10-12}$$

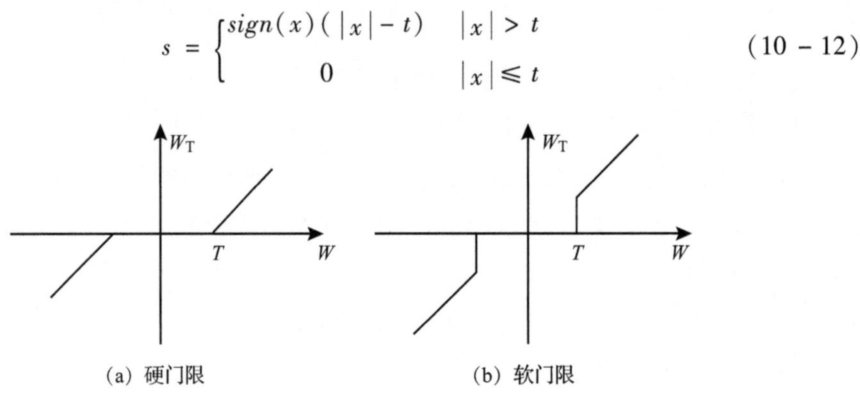

（a）硬门限　　（b）软门限

图10-1　硬、软门限示意图

（图片来源：分布式光纤管道安全检测技术研究）

分布式光纤管道安全检测系统采用小波软阈值法对检测信号进行去噪，其消噪过程可分为以下三个步骤：

（1）小波分解。首先要选取合适小波，并确定小波分解的阶次为 N。将信号按照相应的小波基求各阶次的小波分解后的高频系数。

（2）对小波分解的高频系数进行阈值处理。采用软阈值等方法对各个尺度上分解得到的高频系数进行阈值量化处理，得到新的小波高频系数。

（3）小波重构。根据分解后的 N 阶低频概貌和经过阈值处理后得到的各阶高频系数，用小波重构信号，可以得到消噪后的信号。

10.2 阈值分割模型构建方法

阈值分割指在某一特定值下将图像分割成两部分。同样，对于光纤传感振动信号来说，通过构建阈值分割模型，可以滤除光纤传感振动信号中的模式噪声。因此，快速找到合适的阈值来完成对光纤传感振动信号的全局分割是本章研究的重点。

10.2.1　基于信号幅值的无向权重图的构建

根据无向图论可知，任意特征空间的点集都可以用无向图 $G=(V, E)$ 表示，其中，V 表示节点的集合，E 表示连接节点间边的集合。在无向图中，两节点之间有且仅有一条边相连，对该条边赋予权重 $w(u, v)$，表示节点 u 和节点 v 之间的相似度，其值越小则表明节点 u 和节点 v 越不可能属于同一集合。考虑到光纤传感振动信号的幅值范围较小，因此在构造无向权重函数时，需要权重函数应具有较快的梯度下降速率，当权重函数的分母增大时，权重值迅速下降，两个点属于同一集合的可能性变小。同时，考虑到权重值 w 表示节点间的相似度，因此其值必须始终保持非负。综上所述，本实例构建的连接坐标点 u 和坐标点 v 之间边的权重函数如下式所示。

$$w(u,v)=\begin{cases}\dfrac{1}{d_t\ \|F(u)-F(v)\|_2^2+d_X\ \|X(u)-X(v)\|_2^2} & \|X(u)-X(v)\|_2<r\\ 0\end{cases} \tag{10-13}$$

式中，$F(\cdot)$ 为信号的幅度值，$X(\cdot)$ 为信号的空间位置，$\|\cdot\|_2^2$ 为二范数，d_t 和 d_X 为正尺度因子，r 为正整数，表示参与计算权重点的区域范围。图 10－2 给出了本实例构建的权重函数和目前常用的权重函数下降速率比较。

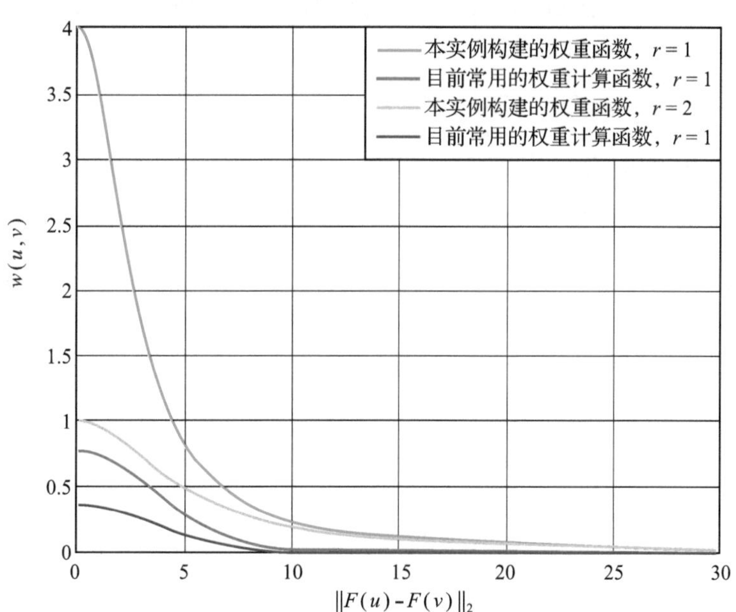

图 10－2　本实例构建的权重函数和常用权重计算函数下降速率比较

由图 10－2 可以直观地看出，利用本实例的函数计算坐标点权重时，当坐标点间距离较近、数值之差较小时，可以得到较大的权重值，随着坐标点间的距离增大、数值之差增大，权重值迅速减小。相比较目前常用的权重计算函数，本实例的权重函数具有更快的梯度下降速率。在本章中，以 $r=2$，$d_t=1/25$，$d_X=1/4$ 为例检验算法有效性。图 10-3 直观地展示了 $r\in$［1，5］范围内权重函数变换趋势。

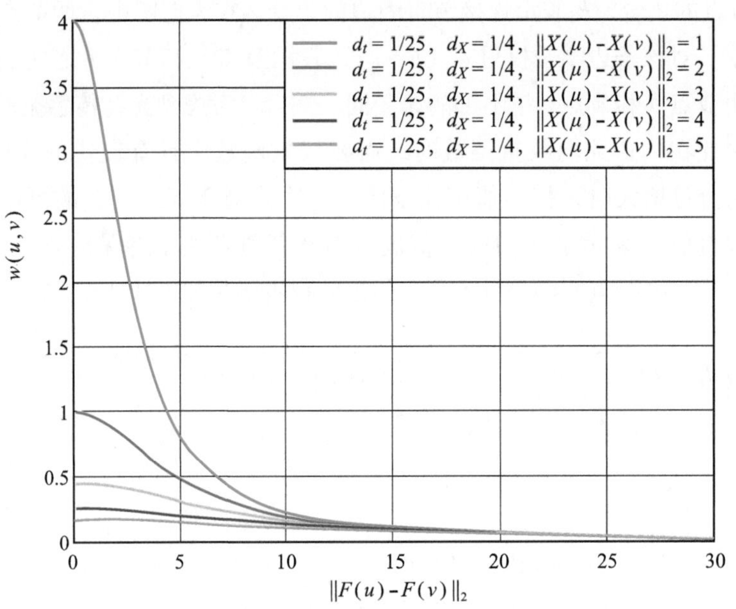

图 10-3　本实例构造的权重函数变换趋势

10.2.2　基于无向权重图的成本函数构建

上一节中，构建全新的权重计算函数，该函数具有更快的梯度下降速率。在本节中，将基于上述的权重计算函数构建可用于背景分割的成本函数。由图割理论可知，对于任意门限 $t=\{t_1, t_2, \cdots t_n\}$，$0<t_1<t_2\cdots t_n<\max(t)$，可以得到对应的 $G=(V, E)$ 的一个多阈值划分 $V=\{H_1, H_2, \cdots, H_n\}$，其中，$V$ 表示点的集合，E 表示连接两个点间边的集合。H_1，H_2，…，H_n 可以分别表示为：

$$\begin{aligned} H_1 &= \bigcup_{k=0}^{t_1-1} V_k \\ H_2 &= \bigcup_{k=t_1}^{t_2} V_k \qquad k\in L \\ &\cdots \\ H_n &= \bigcup_{k=t_{n-1}}^{\max(t)} V_k \end{aligned} \tag{10-14}$$

式中，V_k 表示幅值为 k 的点，H_n 则表示幅值在［t_{n-1}，t_n］间点的集合。由图割理论可知，在对目标进行多层阈值分割时，属于不同划分的点间差异性最大且属于同一划分的点间差异性最小。定义 H_1，H_2 之间的割为：

$$
\begin{aligned}
cut(H_1,H_2) &= \sum_{u\in H_1,v\in H_2} w(u,v) \\
&= \sum_{u\in H_1}\Big[\sum_{v\in H_2} w(u,v)\Big] \\
&= \sum_{i=0}^{t_1}\sum_{u\in V_i}\Big[\sum_{j=t_1+1}^{t_2}\sum_{v\in V_j} w(u,v)\Big] \\
&= \sum_{i=0}^{t_1}\sum_{j=t_1+1}^{t_2}\Big[\sum_{u\in V_i,v\in V_j} w(u,v)\Big]
\end{aligned}
\tag{10-15}
$$

同样，定义 H_1，H_1 之间的割为：

$$
\begin{aligned}
asso(H_1,H_1) &= \sum_{u\in H_1,v\in H_1} w(u,v) \\
&= \sum_{i=0}^{t_1}\sum_{j=i}^{t_1}\Big[\sum_{u\in V_i,v\in V_j} w(u,v)\Big]
\end{aligned}
\tag{10-16}
$$

同理：

$$
\begin{aligned}
asso(H_2,H_2) &= \sum_{u\in H_2,v\in H_2} w(u,v) \\
&= \sum_{i=t_1}^{t_2}\sum_{j=i}^{t_2}\Big[\sum_{u\in V_i,v\in V_j} w(u,v)\Big]
\end{aligned}
\tag{10-17}
$$

对于目标的多阈值分割，即找到 $t=\{t_1,\ t_2,\ \cdots t_n\}$，$0<t_1<t_2,\ \cdots t_n<\max\ (t)$，使得：

$$cut(H_1,H_2)+cut(H_1,H_3)+\cdots+cut(H_{n-1},H_n) \tag{10-18}$$

的值最小且

$$asso(H_1,H_2)+asso(H_2,H_2)+\cdots+asso(H_n,H_n) \tag{10-19}$$

的值最大。为了方便进一步分析，令：

$$cut(V_i,V_j)=\sum_{u\in V_i,v\in V_j} w(u,v) \tag{10-20}$$

则上式可以转化为：

$$cut(H_1,H_2)=\sum_{i=0}^{t_1}\sum_{j=t_1+1}^{t_2} cut(V_i,V_j) \tag{10-21}$$

同理：

$$cut(H_1,H_3)=\sum_{i=0}^{t_1}\sum_{j=t_2}^{t_3} cut(V_i,V_j) \tag{10-22}$$

所以式 10－23 成立：

$$
\begin{aligned}
cut(H_1,H_2)+cut(H_1,H_3) &= \sum_{i=0}^{t_1}\sum_{j=t_1+1}^{t_2} cut(V_i,V_j) + \\
&\quad \sum_{i=0}^{t_1}\sum_{j=t_2+1}^{t_3} cut(V_i,V_j) \\
&= \sum_{i=0}^{t_1}\sum_{j=t_1+1}^{t_3} cut(V_i,V_j) \\
&= cut(H_1,H_2+H_3)
\end{aligned} \tag{10-23}
$$

以此类推

$$
\begin{aligned}
& cut(H_1,H_2)+cut(H_1,H_3)+\cdots+cut(H_1,H_n) \\
& +cut(H_2,H_3)+\cdots cut(H_{n-1},H_n) \\
= \; & cut(H_1,H_2)+cut(H_1+H_2,H_3)+\cdots \\
& +cut(H_1+H_2+\cdots+H_{n-1},H_n)
\end{aligned} \tag{10-24}
$$

同样，为了克服划分孤立点的问题，采用归一化的划分准则（Normalized cuts, Ncut）来描述两类间的分离度，定义如下：

$$
Ncut(A,B)=\frac{cut(A,B)}{asso(A,V)}+\frac{cut(A,B)}{asso(B,V)} \tag{10-25}
$$

对式 10－25 进行转化，可得

$$
\begin{aligned}
Ncut(H_1,H_2) &= \frac{cut(H_1,H_2)}{asso(H_1,H_1+H_2)}+\frac{cut(H_1,H_2)}{asso(H_2,H_1+H_2)} \\
&= \frac{cut(H_1,H_2)}{asso(H_1,H_1)+cut(H_1,H_2)} \\
&\quad +\frac{cut(H_1,H_2)}{asso(H_2,H_2)+cut(H_1,H_2)}
\end{aligned} \tag{10-26}
$$

则上式归一化后为：

$$
\begin{aligned}
& Ncut(H_1,H_2)+Ncut(H_1+H_2,H_3)\cdots+Ncut(H_1+H_2+\cdots+H_{n-1},H_n) \\
= \; & \frac{cut(H_1,H_2)}{asso(H_1,H_1+H_2)}+\frac{cut(H_1,H_2)}{asso(H_2,H_1+H_2)}+\frac{cut(H_1+H_2,H_3)}{asso(H_1+H_2,H_1+H_2+H_3)} \\
& +\frac{cut(H_1+H_2,H_3)}{asso(H_3,H_1+H_2+H_3)}+\cdots+\frac{cut(H_1+H_2+\cdots+H_{n-1},H_n)}{asso(H_1+H_2+\cdots+H_{n-1},H_1+H_2+\cdots+H_n)} \\
& +\frac{cut(H_1+H_2+\cdots+H_{n-1},H_n)}{asso(H_n,H_1+H_2+\cdots+H_n)}
\end{aligned} \tag{10-27}
$$

因此，在对采集到的光纤传感振动信号进行分割时，找到 n 个阈值，使得 $f([t_1, t_2, \cdots t_n]) = Ncut(H_1, H_2) + Ncut(H_1+H_2, H_3) + \cdots + Ncut(H_1+H_2+\cdots+H_{n-1}, H_n)$ 的值最小。

10.3 基于人工蜂群的最优阈值搜索

由上一节可知，基于图割理论构建一个可用于多阈值分割的成本函数，通过搜索使得该成本函数值最小的解，可以实现图像的多阈值分割。

目前，常用的最优化搜索算法包括蜻蜓算法、人工蜂群算法、蝙蝠算法和灰狼算法等，而 Gao 等人证明了人工蜂群算法在寻找最优值方面的优越性。基于此，本实例选用人工蜂群算法对图像的最优阈值进行搜索。

人工蜂群算法（Artificial Bee Colony，ABC）是一种模拟蜂群觅食行为的全局优化算法，从 2008 年首次被提出以来，人工蜂群算法得到了较快的发展。人工蜂群算法包含三种蜜蜂：雇佣蜂、观察蜂和侦查蜂。其中雇佣蜂将蜜源信息带回蜂巢，并通过特定的舞蹈将信息分享给其他蜜蜂；观察蜂通过对雇佣蜂带回来的信息进行观察，对花粉数量进行计算，从而得到不同蜜源的选择概率，选择最优蜜源；侦查蜂则在蜜源附近进行随机的搜索，一旦蜜源没有被选择，携带该蜜源信息的雇佣蜂立即变成侦查蜂，并在原蜜源附近进行搜索，当发现新的蜜源，侦查蜂则又变回雇佣蜂。总体来说，人工蜂群算法的每次搜索循环包括三步：①雇佣蜂寻找蜜源，同时计算花粉数量；②雇佣蜂分享蜜源信息，观察蜂通过对蜜源蜂蜜数量的计算选择最优蜜源；③侦查蜂在原蜜源附近继续寻找新的蜂源。当全部搜索完成后，最优蜜源的位置即代表某一特定位置的最优解。

在人工蜂群算法中，蜜源的位置 z_i 表示一种可能的最优解，该位置的花粉数量则和损失函数 $fit(z_i)$ 相关，$fit(z_i)$ 可以通过式 10－28 计算得到：

$$fit(z_i) = \frac{1}{1+f_i} \tag{10-28}$$

式中，$fit(z_i)$ 表示该位置花粉数量，f_i 表示损失函数，需要根据实际问题进行构建。f_i 是基于无向权重计算函数构建的最小割损失函数。

在该算法中，雇佣蜂和观察蜂的数量和最优解的数量相等。最初，人工蜂群算法随机产生 SN 中的 P 个结果作为初始结果，其中 SN 表示解的数量。每个解 z_i（$i=1, 2, \cdots, SN$）都是 D 维的向量，其中 D 表示最优解的维数。在每次搜索循环 C（$C=1, 2, \cdots, MCN$）中，解的个数和雇佣蜂、观察蜂和侦查蜂的搜索进程相互独立。雇佣蜂通过计算蜜源花粉数量更新蜜源位置，如果新蜜源的花粉数量大于原蜜源处的花粉数量，则雇佣蜂记住新蜜源的位置，否则不更新蜜源位置。一旦所有的雇佣蜂完成了搜索步骤，它们将蜜源的花粉数量和蜜源位置分享给观察蜂。观察蜂通过计算花粉的数量，选择最可能的蜜源作为最佳方案，选择蜜源的概率由式 10－29 计算得到。

$$p_i = \frac{fit_i}{\sum_{i=1}^{SN} fit_i} \tag{10-29}$$

式中，p_i 表示蜜源被选择的概率，其值和 fit_i 的值成正比，SN 表示蜜源总数，其值和雇佣蜂的总数相等。fit_i 是式 10－28 给出的花粉数量。

为了从蜜源位置附近产生一个候选蜜源位置，通过式 10－30 获得新蜜源位置。

$$v_{ij} = z_{ij} + \varphi_{ij}(z_{ij} - z_{kj}) \tag{10-30}$$

式中，v_{ij}表示候选蜜源位置，z_{ij}表示原蜜源位置，z_{kj}是通过随机选择的 k 和 j 产生的蜜源位置（$k \in \{1, 2, \cdots, SN\}$，$k \neq i$，$j \in \{1, 2, \cdots, D\}$），$\varphi_{ij}$是在［－1，1］随机产生的一个值。

如果蜜源的位置无法通过之前设定的“限制值”得到提高，则蜜源的位置 z_i 被丢弃且雇佣蜂转变成侦查蜂。假设被丢弃的蜜源位置是 z_i 且 $j \in \{1, 2, \cdots, D\}$，则侦查蜂寻找用以替代 z_i 的新蜜源。以上步骤可以通过式 10－31 表示：

$$z_{ij} = z_{\min}^{j} + rand(0,1)(z_{\max}^{j} - z_{\min}^{j}) \tag{10-31}$$

式中，$z_{\max}^{j}$和 $z_{\min}^{j}$是所有解的第 j 维度的下限和上限。如果新解较原来的解更优，则侦查蜂又变成雇佣蜂。所有的雇佣蜂、观察蜂和侦查蜂重复上述步骤直到满足终止准则，利用人工蜂群算法搜索最优阈值的伪代码如下：

```
输入：二维传感信号
分割层级
计算坐标点之间的边缘权重
随机生成分割阈值
计算阈值下的 Ncut 值
根据 Ncut 计算损失函数 fit 的值
while 停止条件不满足时 do
使用人工蜂群算法搜索原阈值附近的新阈值
在新阈值下重新计算 Ncut 的值
根据 Ncut 重新计算损失函数 fit 的值
if 损失函数的值变小
用新阈值替换原阈值
else
继续在原阈值附近搜索
end if
end while
输出：分割阈值
```

多阈值分割算法流程图如图 10－4 所示。

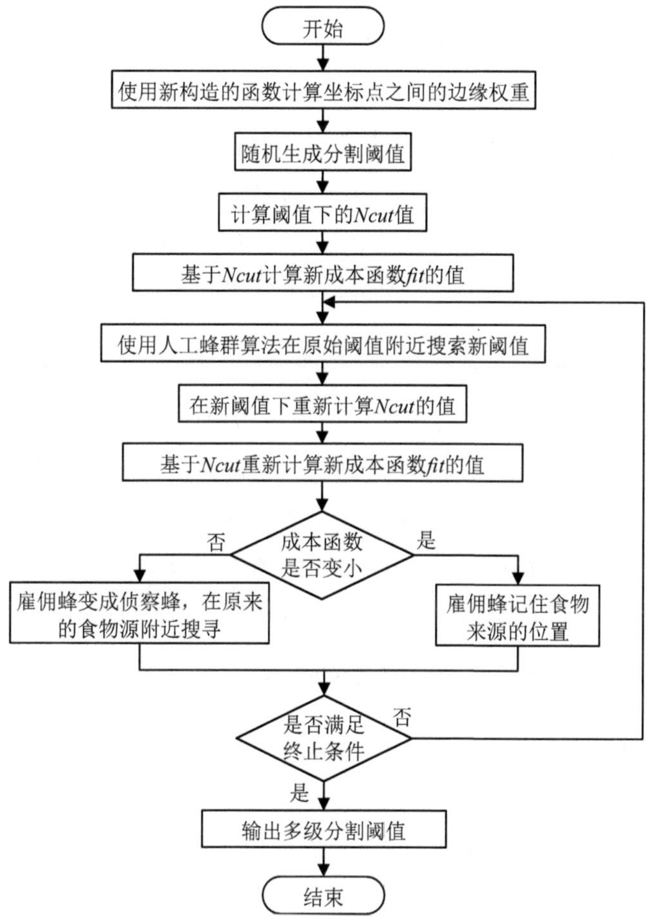

图 10－4　图像多阈值分割算法流程图

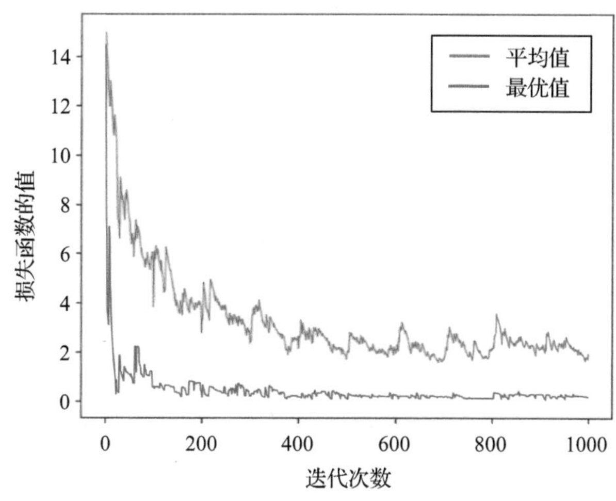

图 10－5　人工蜂群算法的函数优化

10.4 地下空间实验性能结果比较

本书第八章，对采集到的光纤传感振动信号中的自然噪声和衰减噪声进行了处理。在本节中，将采用全局阈值分割的方法对光纤传感振动信号中的模式噪声进行处理。通过构建损失函数 $fit\ (z_i)$，并寻找损失函数的最小值，可以实现对光纤传感振动信号的阈值分割。在本节中，将对算法的性能进行定量和定性的评估。

10.4.1 实验环境搭建

在对算法的分割效果进行评价之前，首先要构建实验环境。在上述实验环境中，搭建了一个用于采集天然气泄漏的实验场地与一个用于采集步行振动信号的实验场地。上述两个实验场地中，光纤传感振动信号由 Neubrex 有限公司生产的光纤监测设备 NBX-S3000 采集，设备中存在系统噪声。因此，在本节中，将利用上述采集到的光纤传感振动信号，对本章提出的分割算法的性能进行定性和定量的评估。

10.4.2 光纤传感振动信号分割算法性能评价

在本节中，利用全局分割的方法对光纤传感振动信号进行滤波处理。为了更加直观地展示效果，选用地下空间采集到的管道泄漏数据，该数据经过滤波网络处理后去除了大部分环境噪声中的自然噪声。将滤波后的信号进行全局阈值分割以去除信号中的模式噪声，结果如图 10－6 所示。

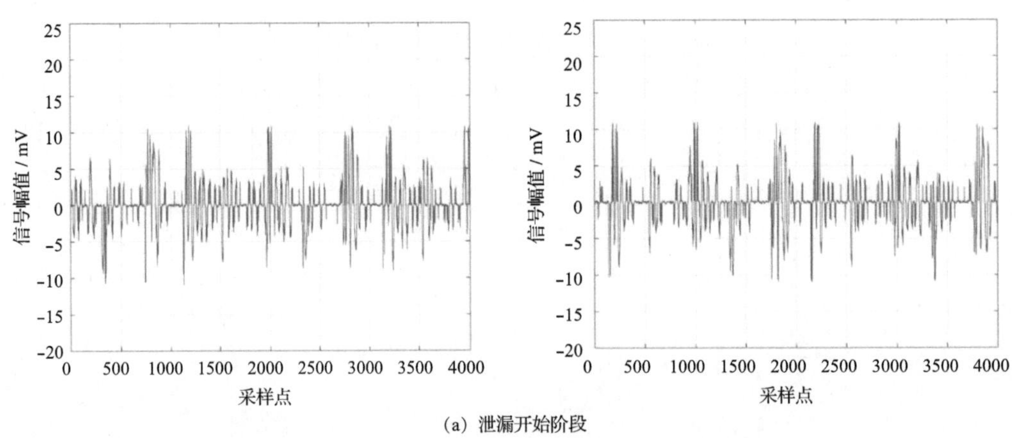

(a) 泄漏开始阶段

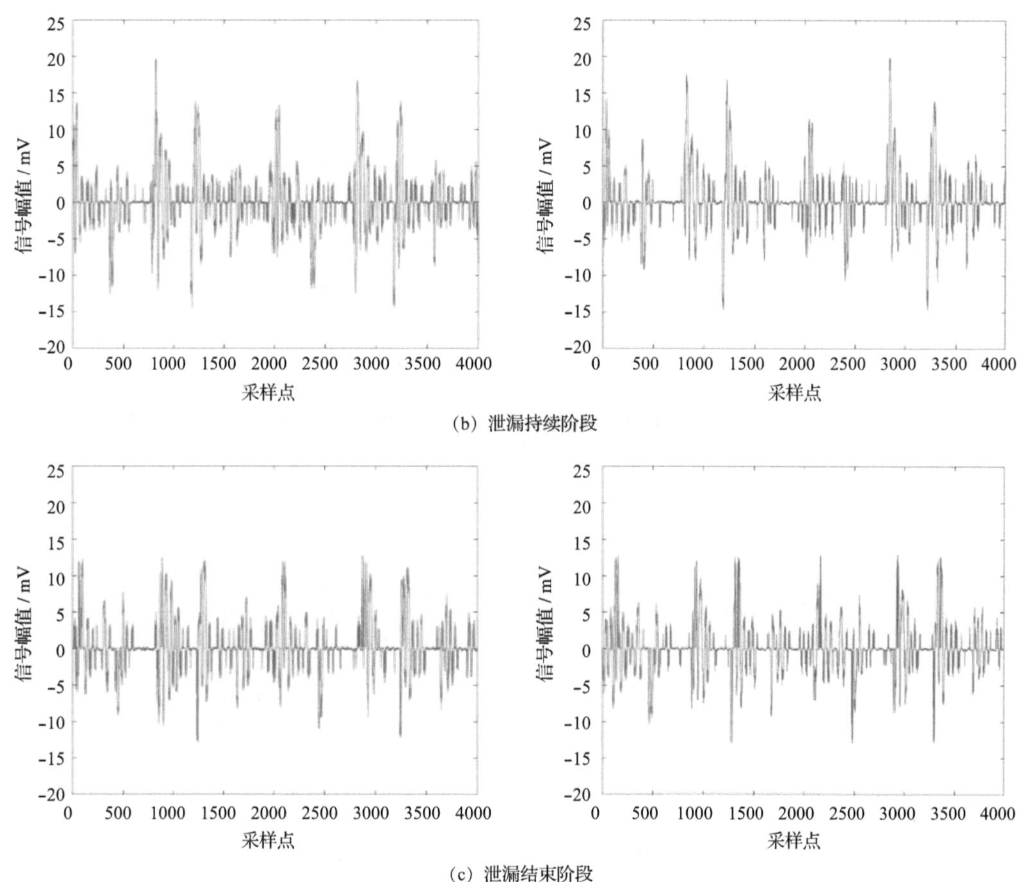

(b) 泄漏持续阶段

(c) 泄漏结束阶段

图 10－6　光纤传感泄漏信号全局分割效果

由图 10－6 可以看出，全局阈值分割算法能够一定程度滤除光纤传感振动信号中的模式噪声，改善光纤传感振动信号的质量。无论是在泄漏初始阶段还是在泄漏结束阶段，全局阈值分割算法均能在不影响信号幅值的情况下滤除信号中的模式噪声。经阈值分割后的泄漏光纤传感振动信号更加明显。同样的，对采集到的步行振动信号进行处理，该数据经过增强网络处理后，信号的信噪比得到了提高，对增强后的信号进行全局阈值分割以去除信号中的模式噪声，结果如图 10－7 所示。

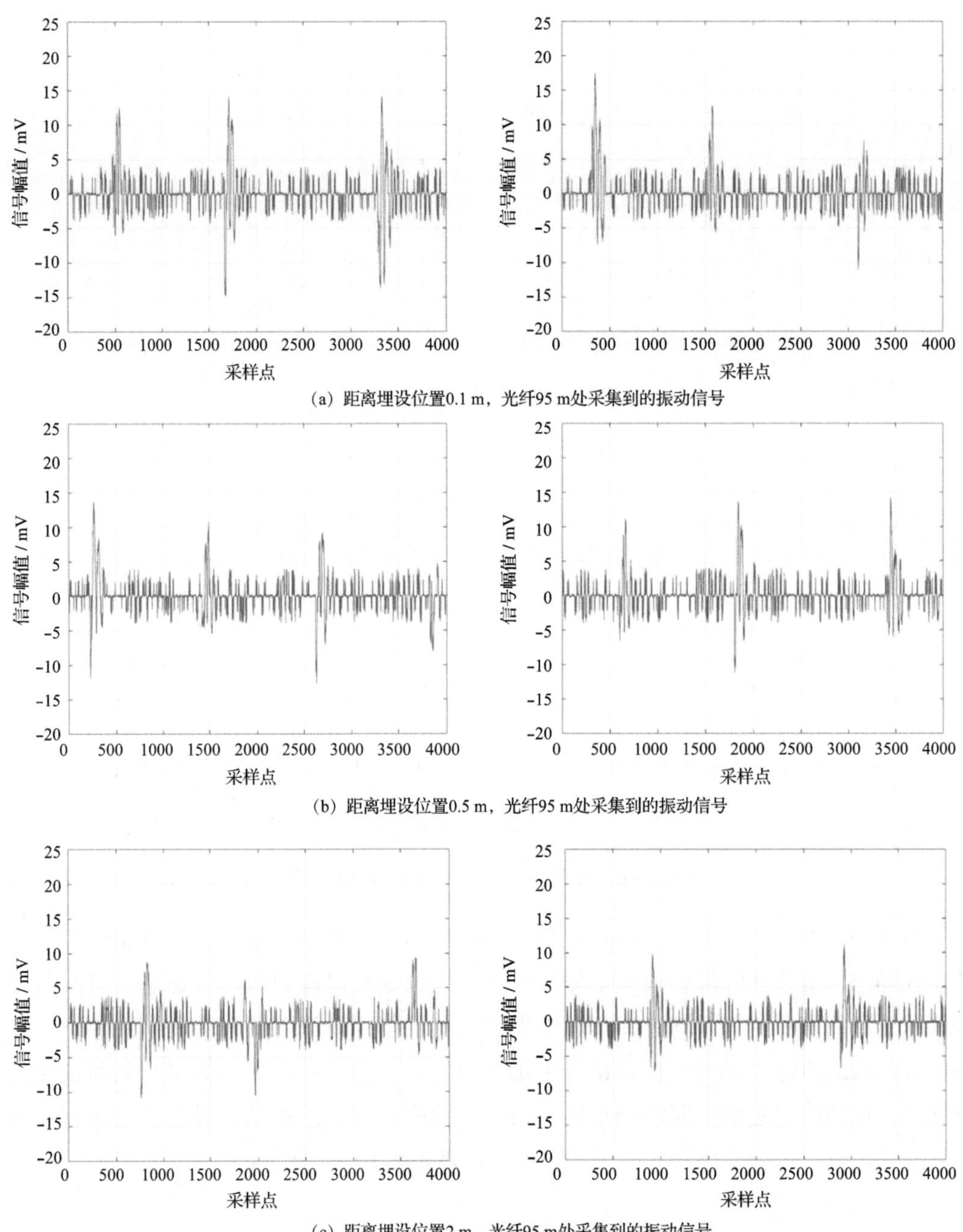

图 10-7　光纤传感步行信号全局分割效果

由图 10-7 可以看出，对于步行产生的振动信号，全局分割算法同样能够在一定程度滤除光纤传感振动信号中的模式噪声，改善光纤传感振动信号的质量。通过对采集到的光纤传感振动信号进行全局分割，可以更加明显地反映被测物的状态。为了进一步说明算法的滤波效果，随机选取 4 组信号，展示其分割前后的信号的频谱，结果如图 10－8 所示。

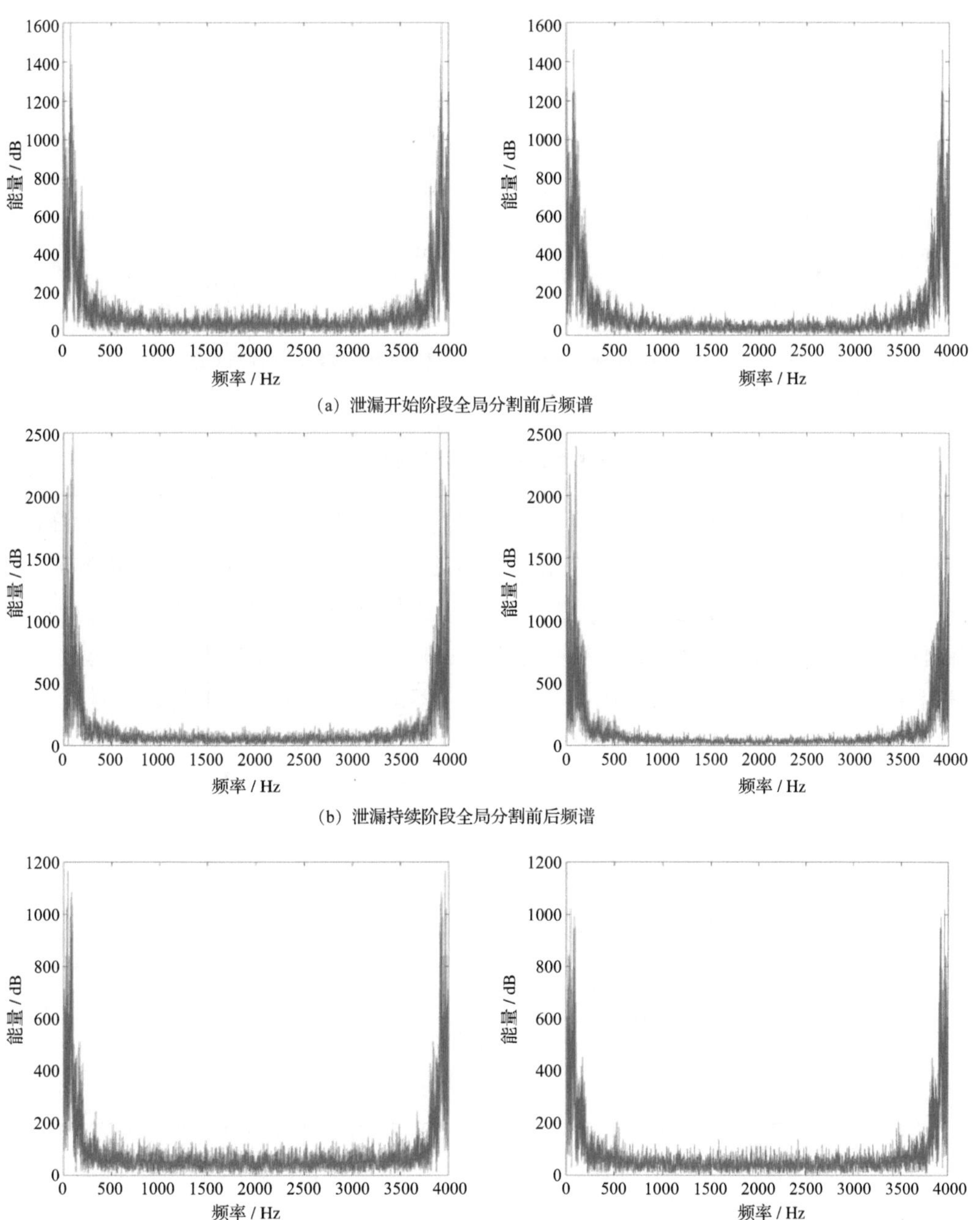

(a) 泄漏开始阶段全局分割前后频谱

(b) 泄漏持续阶段全局分割前后频谱

(c) 距离埋设位置0.5 m，光纤95 m处振动信号全局分割前后频谱

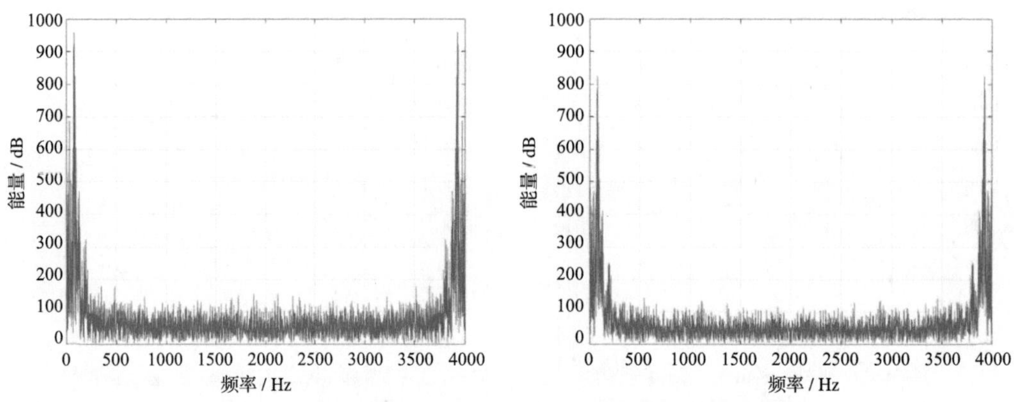

(d) 距离埋设位置2 m，光纤95 m处振动信号全局分割前后频谱

图 10－8　光纤采集到的信号全局分割前后频谱对比，左侧为分割前信号的频谱，右侧为分割后信号的频谱

由图 10－8 可以看出，经过全局分割处理后的光纤传感振动信号能量有所降低，主要是由于在设置一定的阈值后，在滤除噪声的同时也使得信号损失了一定的能量。进一步观察可以发现，在经过全局分割后的信号中的噪声明显降低。为了说明算法的优越性，将比较本滤波网络和其他常用滤波算法的性能。对比算法选用 SMS 阈值去噪算法和小波阈值去噪算法，选取四组不同位置、不同时间下采集到的传感信号进行展示，实验对比结果如图 10－9 所示。

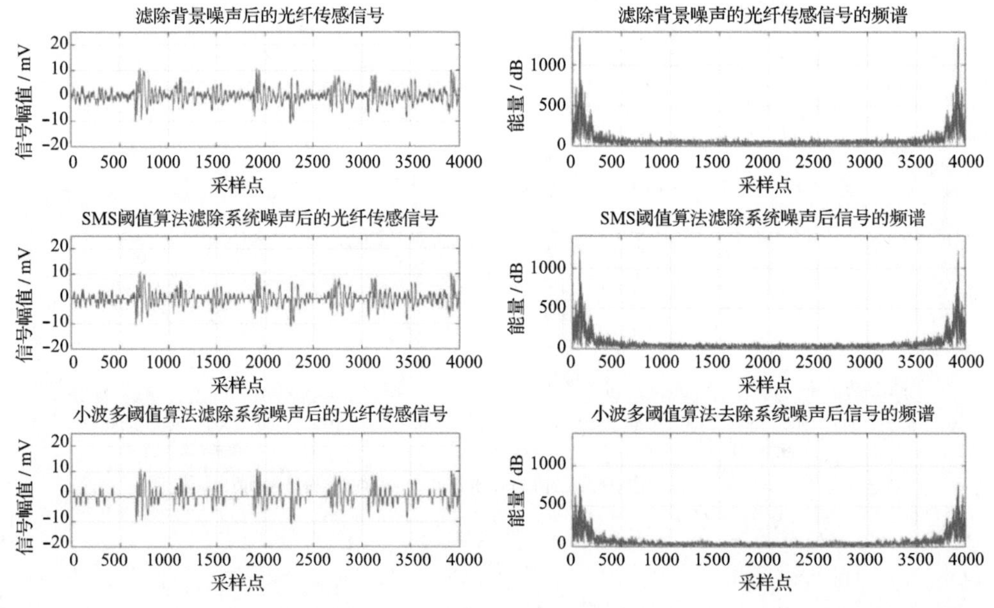

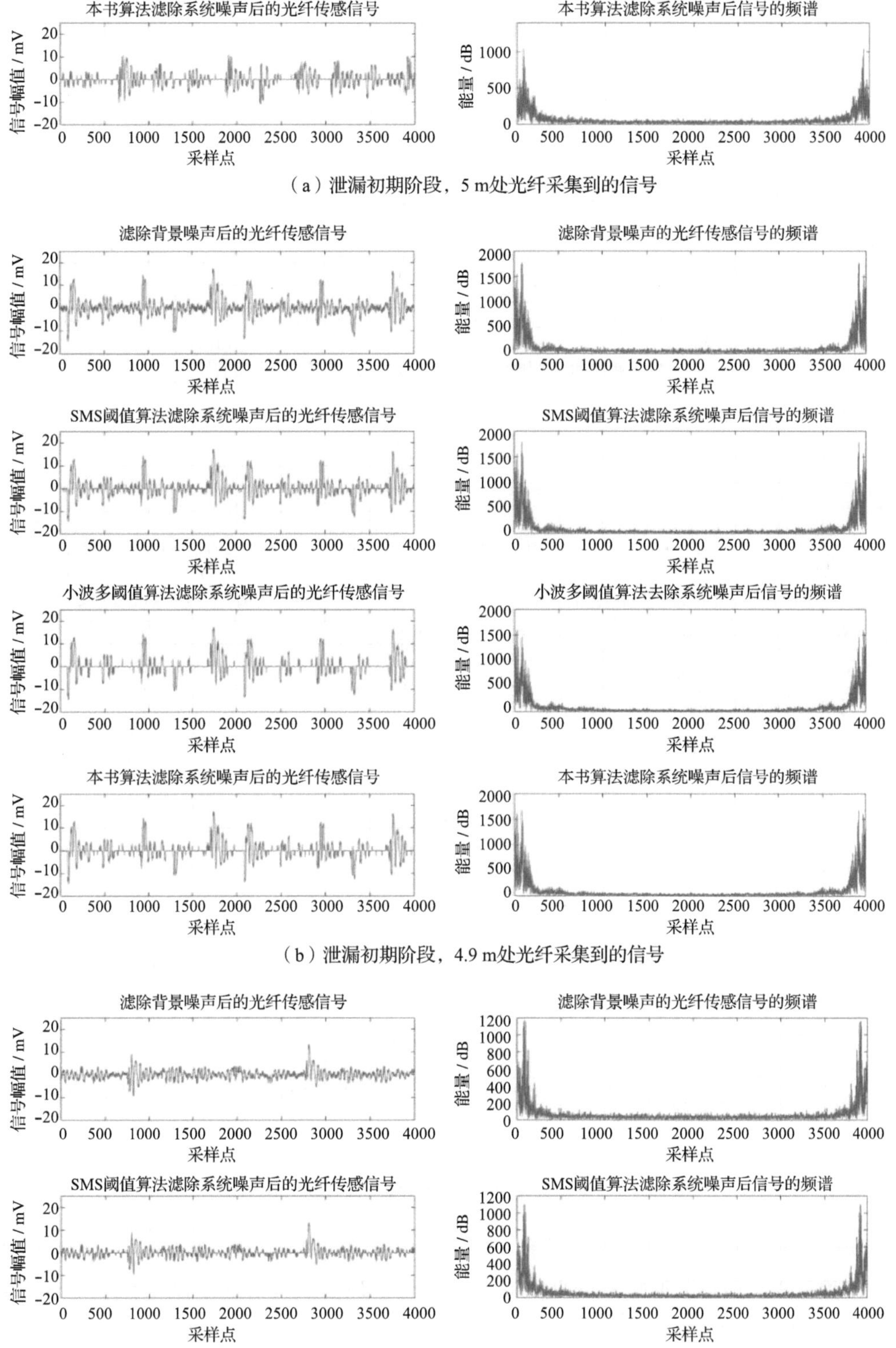

（a）泄漏初期阶段，5 m处光纤采集到的信号

（b）泄漏初期阶段，4.9 m处光纤采集到的信号

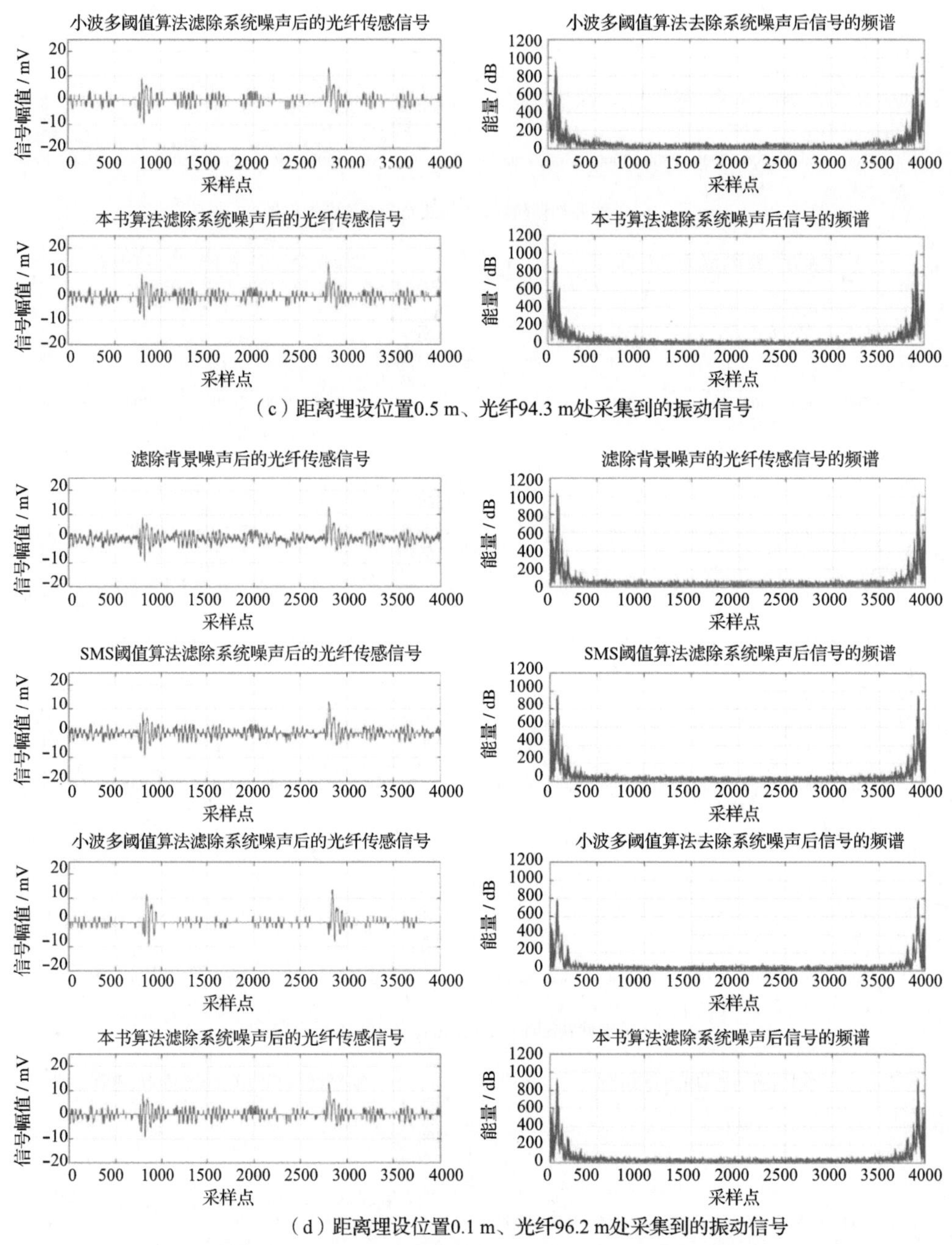

（c）距离埋设位置0.5 m、光纤94.3 m处采集到的振动信号

（d）距离埋设位置0.1 m、光纤96.2 m处采集到的振动信号

图 10－9　光纤采集到的振动信号不同算法效果对比

由图 10－9 可以看出，SMS 阈值去噪算法在滤除模式噪声的时候效果一般，虽然信号的能量损失最小，但噪声能量同样没有明显下降，信号信噪比提高有限。小波多阈值去噪算法在滤除模式噪声的时候信号有所失真，在滤除噪声的同时信号也有所损失，因此信号的能量损失严重。相较于上述两种方法，基于全局阈值分割的系统去噪

方法虽然信号能量有所损失，但基本上滤除了系统中的模式噪声，提高了光纤传感振动信号的质量。

10.4.3　不同算法分割效果定量比较和分析

由上一节可知，全局阈值分割滤波算法较其他常用信号阈值滤波算法在视觉上取得了令人满意的结果。在本节中，将对本书实例算法进行定性评价。利用无参考信号信噪比估算方法，对不同算法处理后信号的信噪比进行计算。上述三种阈值分割算法滤波后信号的信噪比如表 10 - 1 所示。

表 10 - 1　不同算法分割后图像的信噪比（SNR）

名称	原始信号	SMS 阈值算法	小波多阈值算法	本书实例算法
5 m 处泄漏信号	36. 78	37. 12	33. 45	38. 32
4. 9 m 处泄漏信号	34. 94	35. 54	32. 35	37. 53
0. 5 m@ 94. 3 m	25. 89	26. 23	23. 56	31. 56
0. 1 m@ 96. 2 m	26. 28	26. 98	25. 12	32. 75

由表 10 - 1 可以看出，SMS 阈值分割算法在滤除模式噪声时效果一般，信号信噪比提升有限。小波多阈值算法在滤除系统噪声的同时损失了部分信号，因此信号能量有所降低，信噪比也相应有所降低。本书实例算法能够有效滤除信号中的模式噪声，提高信号的信噪比。尤其是当原信号信噪比低于 30 dB 时，本书实例算法滤波效果明显优于其他两种方法。选取一组泄漏信号和一组步行信号，分别对滤波和增强后的信号进行阈值分割滤波，分割前后信号信噪比如表 10 - 2 和表 10 - 3 所示。

表 10 - 2　泄漏信号不同阈值滤波算法前后信号的信噪比　　单位：dB

名称	原始信号	SMS 阈值算法	小波多阈值算法	本书实例算法
4. 3 m 处光纤传感振动信号	11. 64	12. 12	10. 31	17. 85
4. 4 m 处光纤传感振动信号	16. 43	16. 98	15. 23	22. 34
4. 5 m 处光纤传感振动信号	21. 34	21. 87	20. 12	26. 78
4. 6 m 处光纤传感振动信号	26. 18	26. 56	24. 67	31. 25
4. 7 m 处光纤传感振动信号	31. 12	31. 67	29. 02	35. 83
4. 8 m 处光纤传感振动信号	34. 92	35. 67	32. 21	37. 48
4. 9 m 处光纤传感振动信号	36. 43	36. 91	33. 65	38. 13
5. 0 m 处光纤传感振动信号	36. 91	37. 54	33. 82	38. 63
5. 1 m 处光纤传感振动信号	36. 14	36. 87	33. 45	37. 91
5. 2 m 处光纤传感振动信号	34. 41	34. 89	31. 87	37. 03
5. 3 m 处光纤传感振动信号	31. 89	32. 56	29. 48	36. 24
5. 4 m 处光纤传感振动信号	29. 23	29. 78	27. 22	34. 34

续表

名称	原始信号	SMS 阈值算法	小波多阈值算法	本书实例算法
5.5 m 处光纤传感振动信号	24.91	25.45	23.56	30.67
5.6 m 处光纤传感振动信号	21.12	21.65	19.85	26.24
5.7 m 处光纤传感振动信号	14.65	15.12	13.45	21.12
5.8 m 处光纤传感振动信号	10.32	10.87	9.23	16.67
平均值	26.10	26.66	24.20	30.53

由表 10－2 可以看出，对于光纤采集到的泄漏信号，SMS 阈值算法能够将信号信噪比平均提升 0.56 dB，而小波多阈值算法则无法改善信号的信噪比。本书实例算法能够平均提升信号信噪比 4.43 dB。

表 10－3　步行信号在不同阈值滤波算法前后信号的信噪比　　单位：dB

名称	原始信号	SMS 阈值算法	小波多阈值算法	本书实例算法
0.1 m@92.5 m	8.23	8.98	7.25	14.89
0.1 m@93 m	21.92	22.56	20.87	27.15
0.1 m@93.5 m	24.77	25.21	23.54	29.91
0.1 m@94 m	27.68	28.12	25.91	32.23
0.1 m@94.5 m	29.94	30.45	27.81	34.67
0.1 m@95 m	31.89	32.43	29.56	36.43
0.1 m@95.5 m	30.34	30.81	28.31	34.89
0.1 m@96 m	27.23	27.69	25.32	31.85
0.1 m@96.5 m	24.81	25.32	23.45	29.85
0.1 m@97 m	21.03	21.67	19.86	26.45
0.1 m@97.5 m	8.01	8.65	7.12	14.45
平均值	23.26	23.81	21.73	28.43

由表 10－3 可以看出，对于光纤采集到的步行信号，本书实例算法依然能够取得较好的效果，信号的信噪比平均提升了 5.17 dB。该结果和表 10－2 的结果是一致的，说明和其他算法相比，本书实例算法具有最优的系统噪声滤波效果。

参考文献

[1] 杨洋，沙洲，封皓，等. 输水管道预警与泄漏定位中Φ-OTDR技术信号处理法[J]. 激光与光电子学进展，2018，55（04）：98－106.

[2] Wan J, Yu Y, Wu Y, et al. Hierarchical leak detection and localization method in natural gas pipeline monitoring sensor networks [J]. Sensors, 2012, 12 (1): 189－214.

[3] 张瑜. 天然气管道次声波泄漏监测技术分析[J]. 化工管理，2020（10）：136－137＋139.

[4] 高文傲，刘洋，李登科，等. 基于光纤监测技术的燃气管道泄漏研究[J]. 中国安全科学学报，2019，29（08）：67－72.

[5] 周超. 基于区域分布光纤传感的桥梁健康监测技术综述[J]. 现代交通技术，2019，16（06）：1－8.

[6] Allwood G, Wild G, Hinckley S. Optical fiber sensors in physical intrusion detection systems: A review [J]. IEEE Sensors Journal, 2016, 16 (14): 5497－5509.

[7] 吴海颖，朱鸿鹄，朱宝，等. 基于分布式光纤传感的地下管线监测研究综述[J]. 浙江大学学报（工学版），2019，53（06）：1057－1070.

[8] 刘建霞. Φ-OTDR分布式光纤传感监测技术的研究进展[J]. 激光与光电子学进展，2013，50（08）：199－204.

[9] 张凯，药炜，原军，等. 相位敏感OTDR和布里渊OTDR结合的双参量分布式光纤传感的研究[J]. 激光与红外，2021，51（01）：74－79.

[10] 马福，王夏霄，魏旭毫，等. 基于Φ-OTDR的分布式光纤扰动传感系统研究现状[J]. 半导体光电，2018，39（01）：1－5.

[11] Shanafield M, Banks E W, Arkwright J W, et al. Fiber－Optic Sensing for Environmental Applications: Where We Have Come From and What Is Possible [J]. Water Resources Research, 2018, 54 (11): 8552－8557.

[12] Haneef S M, Yang Z, Thévenaz L, et al. Performance analysis of frequency shift estimation techniques in Brillouin distributed fiber sensors [J]. Optics express, 2018, 26 (11): 14661－14677.

[13] Barrias A, Casas J R, Villalba S. A review of distributed optical fiber sensors for civil engi-

neering applications [J]. Sensors, 2016, 16 (5): 748.

[14] Feng X, Zhou J, Sun C, et al. Theoretical and experimental investigations into crack detection with BOTDR – distributed fiber optic sensors [J]. Journal of Engineering Mechanics, 2013, 139 (12): 1797 – 1807.

[15] Chen S, Li Y, Huang L, et al. Vehicle identification based on Variational Mode Decomposition in phase sensitive optical time – domain reflectometer [J]. Optical Fiber Technology, 2020, 60: 102374.

[16] Wang C, Shang Y, Liu X H, et al. Distributed OTDR – interferometric sensing network with identical ultra – weak fiber Bragg gratings [J]. Optics express, 2015, 23 (22): 29038 – 29046.

[17] Chen D, Liu Q, Fan X, et al. Distributed fiber – optic acoustic sensor with enhanced response bandwidth and high signal – to – noise ratio [J]. Journal of Lightwave Technology, 2017, 35 (10): 2037 – 2043.

[18] He X, Xie S, Liu F, et al. Multi – event waveform – retrieved distributed optical fiber acoustic sensor using dual – pulse heterodyne phase – sensitive OTDR [J]. Optics letters, 2017, 42 (3): 442 – 445.

[19] Zhang X, Guo Z, Shan Y, et al. Enhanced Φ-OTDR system for quantitative strain measurement based on ultra – weak fiber Bragg grating array [J]. Optical Engineering, 2016, 55 (5): 054103.

[20] Zhu F, Zhang Y, Xia L, et al. Improved Φ-OTDR sensing system for high – precision dynamic strain measurement based on ultra – weak fiber Bragg grating array [J]. Journal of Lightwave Technology, 2015, 33 (23): 4775 – 4780.

[21] Bao X, Chen L. Recent progress in distributed fiber optic sensors [J]. Sensors, 2012, 12 (7): 8601 – 8639.

[22] Jun L, Yunjiang R, Jianfeng Y, et al. Highly sensitive distributed optical fiber intrusion monitoring system [J]. Chinese Journal of Scientific Instrument, 2009, 30 (6): 1123 – 1128.

[23] Mahmoud S S, Visagathilagar Y, Katsifolis J. Real – time distributed fiber optic sensor for security systems: Performance, event classification and nuisance mitigation [J]. Photonic sensors, 2012, 2 (3): 225 – 236.

[24] Huang X, Zhang H, Liu K, et al. Hybrid feature extraction – based intrusion discrimination in optical fiber perimeter security system [J]. IEEE Photonics Journal, 2016, 9 (1): 1 – 12.

[25] Ma C, Liu T, Liu K, et al. Long – range distributed fiber vibration sensor using an asymmetric dual Mach – Zehnder interferometers [J]. Journal of Lightwave Technology, 2016, 34 (9): 2235 – 2239.

[26] Li Q, Zhang C, Li C. Fiber – optic distributed sensor based on phase – sensitive OTDR and wavelet packet transform for multiple disturbances location [J]. Optik, 2014, 125 (24):

7235－7238.

［27］ Juarez J C, Taylor H F. Field test of a distributed fiber－optic intrusion sensor system for long perimeters ［J］. Applied Optics, 2007, 46 (11): 1968－1971.

［28］ Qu H, Zheng T, Pang L, et al. A new detection and recognition method for optical fiber pre-warning system ［J］. Optik, 2017, 137: 209－219.

［29］ Lu X, Thomas P J, Hellevang J O. A review of methods for fibre－optic distributed chemical sensing ［J］. Sensors, 2019, 19 (13): 2876.

［30］ Campanella C E, Cuccovillo A, Campanella C, et al. Fibre Bragg grating based strain sensors: review of technology and applications ［J］. Sensors, 2018, 18 (9): 3115.

［31］ Bai Z, Yuan H, Liu Z, et al. Stimulated Brillouin scattering materials, experimental design and applications: A review ［J］. Optical Materials, 2018, 75: 626－645.

［32］ Lei Y, Lin J, He Z, et al. A review on empirical mode decomposition in fault diagnosis of rotating machinery ［J］. Mechanical systems and signal processing, 2013, 35 (1－2): 108－126.

［33］ Wang H H, Sarmast N D, Shadmehr E, et al. Application of enamel matrix derivative (Emdogain) in endodontic therapy: a comprehensive literature review ［J］. Journal of endodontics, 2018, 44 (7): 1066－1079.

［34］ Amanzadeh M, Aminossadati S M, Kizil M S, et al. Recent developments in fibre optic shape sensing ［J］. Measurement, 2018, 128: 119－137.

［35］ 钟翔，赵世松，邓华夏，等. 基于脉冲调制的Φ-OTDR研究综述 ［J］. 红外与激光工程，2020，49（10）：193－202.

［36］ 姜一河，王涛，常红伟. 高光谱图像特征提取方法研究综述 ［J］. 电光与控制，2020，27（10）：73－77.

［37］ 姚艳艳，俞璐，武欣嵘，等. 面向个体识别的通信辐射源特征提取方法综述 ［J］. 计算机时代，2020（09）：41－44＋49.

［38］ 邵绪强，刘艺林，杨艳，等. 流体的旋涡特征提取方法综述 ［J］. 图学学报，2020，41（05）：687－701.

［39］ 杨雪鹤，刘欢喜，肖建力. 多模态生物特征提取及相关性评价综述 ［J］. 中国图象图形学报，2020，25（08）：1529－1538.

［40］ 郑纯军，王春立，贾宁. 语音任务下声学特征提取综述 ［J］. 计算机科学，2020，47（05）：110－119.

［41］ Correia R, James S, Lee S W, et al. Biomedical application of optical fibre sensors ［J］. Journal of Optics, 2018, 20 (7): 073003.

［42］ 祝视，郑惠敏，王海燕. Φ-OTDR技术在光纤故障快速定位中的应用研究 ［J］. 湖南电力，2020，40（05）：47－50.

[43] 李树东，苏阳，何光层，等. 基于 Φ-OTDR 的光纤准分布式氢泄漏监测 [J]. 压电与声光，2020，42 (06)：782 - 786.

[44] 康业渊，张娜，王化翠. 分布式光纤传感技术在大型水池渗漏监测中的应用 [J]. 人民长江，2020，51 (S2)：118 - 120.

[45] 王南苏，洪成雨，刘文丽，等. 基于分布式光纤传感技术的地铁基坑支撑的力学性能研究 [J]. 现代隧道技术，2020，57 (S1)：877 - 883.

[46] 张中流，何宁，何斌，等. 基于分布式光纤传感技术的结构受力测量新方法 [J]. 仪器仪表学报，2020，41 (09)：45 - 55.

[47] Zhang X, Wang Q, Xiong F, et al. Performance enhancement method for phase - sensitive optical time - domain reflectometer system based on suppression of fading induced false alarms [J]. Optical Engineering, 2020, 59 (4): 046101.

[48] Ibrahim A D A, Lin S, Xiong J, et al. Integrated principal component analysis denoising technique for phase - sensitive optical time domain reflectometry vibration detection [J]. Applied optics, 2020, 59 (3): 669 - 675.

[49] 张丹，施斌，吴智深，等. BOTDR 分布式光纤传感器及其在结构健康监测中的应用 [J]. 土木工程学报, 2003 (11): 83 - 87.

[50] 施斌，徐学军，王镝，等. 隧道健康诊断 BOTDR 分布式光纤应变监测技术研究 [J]. 岩石力学与工程学报，2005 (15): 2622 - 2628.

[51] 郭磊. 井壁模型试验中基于 OFDR 测试技术的应变传递特性研究 [D]. 中国矿业大学, 2019.

[52] Lu X, Soto M A, Zhang L, et al. Spectral properties of the signal in phase - sensitive optical time - domain reflectometry with direct detection [J]. Journal of Lightwave Technology, 2020, 38 (6): 1513 - 1521.

[53] Kharasov D R, Bengalskii D M, Vyatkin M Y, et al. Extending the operation range of a phase - sensitive optical time - domain reflectometer by using fibre with chirped Bragg gratings [J]. Quantum Electronics, 2020, 50 (5): 510.

[54] Shao Y, Liu H, Peng P, et al. Distributed vibration sensor with laser phase - noise immunity by phase - extraction φ - OTDR [J]. Photon sensor, 2019, 009 (003): 223 - 229.

[55] Wang Z, Zhang B, Xiong J, et al. Distributed acoustic sensing based on pulse - coding phase - sensitiveOTDR [J]. IEEE Internet of Things Journal, 2018.

[56] Romain, Zinsou, Xin, et al. Recent Progress in the performance enhancement of phase - sensitiveOTDR Vibration Sensing Systems [J]. Sensors (Basel, Switzerland), 2019.

[57] 于泉夫. 基于分布式光纤传感振动荷载识别技术的埋地管道监测方法 [D]. 大连：大连理工大学，2020. DOI：10. 26991/d. cnki. gdllu. 2020. 000721.

[58] 李丹丹. 基于 Φ-OTDR 的分布式光纤传感系统多点定位方法与实现研究 [D]. 北京：

北京交通大学，2021. DOI：10. 26944/d. cnki. gbfju. 2021. 001425.

[59] Fang G, Xu T, Feng S, et al. Phase – sensitive optical time domain reflectometer based on phase – generated carrier algorithm [J]. Journal of lightwave technology, 2015, 33 (13): 2811 – 2816.

[60] Ma Z, Jiang J, Wang S, et al. High performance distributed acoustic sensor based on digital LFM pulse coherent – optical time domain reflectometer for intrapulse event [J]. Applied Physics Express, 2020, 13 (1): 012016.

[61] 宋年平，庄守望，王轶轩. 相位敏感光时域反射计的高频振动检测 [J]. 中国激光，2020，47 (05)：449 – 453.

[62] Tangudu R, Sahu P K. Strain resolution enhancement in Rayleigh – OTDR based DSS system using LWT – MPSO scheme [J]. Optik, 2019, 176: 102 – 113.

[63] Healey P. Fading in heterodyne OTDR [J]. Electronics letters, 1984, 20 (1): 30 – 32.

[64] Izumita H, Furukawa S I, Koyamada Y, et al. Fading noise reduction in coherent OTDR [J]. IEEE Photonics Technology Letters, 1992, 4 (2): 201 – 203.

[65] 王延，陈真，刘智超，等. 基于相位敏感光时域反射仪的高灵敏高频振动信号探测 [J]. 光通信技术，2020，44 (11)：8 – 10.

[66] 钱心磊，孔勇，杜彤耀，等. 相位敏感光时域反射仪的振动全程敏感研究 [J]. 激光技术，2019，43 (05)：18 – 23.

[67] Izumita H, Koyamada Y, Furukawa S, et al. Stochastic amplitude fluctuation in coherent OTDR and a new technique for its reduction by stimulating synchronous optical frequency hopping [J]. Journal of lightwave technology, 1997, 15 (2): 267 – 278.

[68] Wang Z N, Li J, Fan M Q, et al. Phase – sensitive optical time – domain reflectometry with Brillouin amplification [J]. Optics letters, 2014, 39 (15): 4313 – 4316.

[69] Xiao Q, Li J, Sun J, et al. Natural – gas pipeline leak location using variational mode decomposition analysis and cross – time – frequency spectrum [J]. Measurement, 2018, 124: 163 – 172.

[70] 刘旭安，李俊，史博，等. 基于相位敏感型光时域反射仪的袋式除尘器漏袋检测技术 [J]. 光子学报，2019，48 (08)：69 – 81.

[71] 欧阳竑，刘承达，秦祖军，等. Φ-OTDR 系统的振动信号检测和识别算法 [J]. 光通信技术，2020，44 (03)：37 – 40.

[72] 徐建. 双 Mach – Zehnder 型分布式光纤传感系统的定位精度分析与偏振控制方法研究 [D]. 成都：西南交通大学，2017.

[73] He H, Shao L, Li H, et al. SNR enhancement in phase – sensitive OTDR with adaptive 2 – D bilateral filtering algorithm [J]. IEEE Photonics Journal, 2017, 9 (3): 1 – 10.

[74] Qin Z, Chen H, Chang J. Signal – to – noise ratio enhancement based on empirical mode de-

composition in phase - sensitive optical time domain reflectometry systems [J]. Sensors, 2017, 17 (8): 1870.

[75] Wang Z, Pan Z, Fang Z, et al. Ultra - broadband phase - sensitive optical time - domain reflectometry with a temporally sequenced multi - frequency source [J]. Optics Letters, 2015, 40 (22): 5192 - 5195.

[76] Yang G, Fan X, Liu Q, et al. Frequency response enhancement of direct - detection phase - sensitive OTDR by using frequency division multiplexing [J]. Journal of Lightwave Technology, 2018, 36 (4): 1197 - 1203.

[77] Ghiglia D C, Mastin G A, Romero L A. Cellular - automata method for phase unwrapping [J]. JOSA A, 1987, 4 (1): 267 - 280.

[78] 鲁超，吴贤振，刘建伟，等. 基于小波与 EMD 的井下深孔爆破振动信号对比分析 [J]. 中国矿业，2021，30 (02)：84 - 90.

[79] 刘玉杰，周彩云，李宗民，等. 基于增强特征融合网络的行人重识别方法 [J]. 计算机辅助设计与图形学学报，2021，33 (02)：232 - 240.

[80] Tu G, Zhang X, Zhang Y, et al. The Development of an $ \ Phi $ - OTDR System for Quantitative Vibration Measurement [J]. IEEE Photonics Technology Letters, 2015, 27 (12): 1349 - 1352.

[81] 叶青，潘政清，王照勇，等. 相位敏感光时域反射仪研究和应用进展 [J]. 中国激光，2017，44 (06)：7 - 20.

[82] Ng K S, Chen P Y, Tseng Y C. A design of automatic water leak detection device; proceedings of the International Conference on Opto - Electronic Information Processing, F, 2017 [C].

[83] Cramer R, Shaw D, Tulalian R, et al. Detecting and correcting pipeline leaks before they become a big problem [J]. Marine Technology Society Journal, 2015, 49 (1): 31 - 46.

[84] Zhao W, Du S. Spectral - spatial feature extraction for hyperspectral image classification: A dimension reduction and deep learning approach [J]. IEEE Transactions on Geoscience and Remote Sensing, 2016, 54 (8): 4544 - 4554.

[85] 王鹏飞，董齐，刘昕，等. 基于 Φ-OTDR 的煤层气管线外界入侵振动检测系统 [J]. 传感技术学报，2019，32 (01)：144 - 149.

[86] 张智娟，郭文翰，徐志钮，等. 基于 Φ-OTDR 的光纤传感技术原理及其应用现状 [J]. 半导体光电，2019，40 (01)：9 - 16.

[87] Jia Z, Wang Z, Sun W, et al. Pipeline leakage localization based on distributed FBG hoop strain measurements and support vector machine [J]. Optik, 2019, 176: 1 - 13.

[88] Arifin B M S, Li Z, Shah S L, et al. A novel data - driven leak detection and localization algorithm using the Kantorovich distance [J]. Computers & Chemical Engineering, 2018,

108: 300 - 313.

[89] 赵奎，肖尊定，胡建超. 基于 Sagnac 干涉仪和 Φ-OTDR 的光纤振动预警定位系统 [J]. 光通信技术，2020，44 (06): 11 - 14.

[90] Lyons W B, Ewald H, Lewis E. An optical fibre distributed sensor based on pattern recognition [J]. Journal of materials processing technology, 2002, 127 (1): 23 - 30.

[91] Jiang L, Yang R. Identification Technique for the Intrusion of Airport Enclosure Based on Double Mach - Zehnder Interferometer [J]. JCP, 2012, 7 (6): 1453 - 1459.

[92] 王培国，杨斌，李泽，等. 基于 Φ-OTDR 技术的通信光纤险情定位与预警系统设计与实现 [J]. 光学仪器，2012，34 (02): 61 - 66.

[93] 董百合，江飞，邢冀川. Φ-OTDR 光纤预警系统的周界安防入侵定位 [J]. 光学技术，2017，43 (05): 473 - 477.

[94] Qin Z, Chen L, Bao X. Wavelet denoising method for improving detection performance of distributed vibration sensor [J]. IEEE Photonics Technology Letters, 2012, 24 (7): 542 - 544.

[95] Jenke R, Peer A, Buss M. Feature extraction and selection for emotion recognition from EEG [J]. IEEE Transactions on Affective computing, 2014, 5 (3): 327 - 339.

[96] Liu B, Yu X, Zhang P, et al. Supervised deep feature extraction for hyperspectral image classification [J]. IEEE Transactions on Geoscience and Remote Sensing, 2017, 56 (4): 1909 - 1921.

[97] Yang G, Liu Y, Wang Y, et al. EMD interval thresholding denoising based on similarity measure to select relevant modes [J]. Signal Processing, 2015, 109: 95 - 109.

[98] Guo C, Wen Y, Li P, et al. Adaptive noise cancellation based on EMD in water - supply pipeline leak detection [J]. Measurement, 2016, 79: 188 - 197.

[99] Gao J, Deng J W. Empirical mode decomposition and analysis of its evaluation criteria [J]. Sci. Technol. Rev, 2015, 33: 108 - 112.

[100] Wu Q, Zhang W Q, Wang Y, et al. Research on removal algorithm of EOG artifacts in single - channel EEG signals based on CEEMDAN - BD [J]. Computer Methods in Biomechanics and Biomedical Engineering, 2021: 1 - 12.

[101] Babouri M K, Ouelaa N, Kebabsa T, et al. Diagnosis of mechanical defects using a hybrid method based on complete ensemble empirical mode decomposition with adaptive noise (CEEMDAN) and optimized wavelet multi - resolution analysis (OWMRA): experimental study [J]. The International Journal of Advanced Manufacturing Technology, 2021, 112 (9): 2657 - 2681.

[102] Liu Y, Wang L. Drought Prediction Method Based on an Improved CEEMDAN - QR - BL Model [J]. IEEE Access, 2021, 9: 6050 - 6062.

[103] Yang X, Xing H, Zhuang L. A Thunderstorm Cloud Point Charge Localization Method Based on CEEMDAN and SG Filtering [J]. IEEE Access, 2021, 9: 17049 – 17059.

[104] Ding J, Chen G, Huang Y, et al. Short – term wind speed prediction based on CEEMDAN – SE – improved PIO – GRNN model [J]. Measurement and Control, 2021, 54 (1 – 2): 73 – 87.

[105] 邱华伟，李广山，胡春峰，等．光纤泄漏监测系统定位优化换算方法及辅助定位校准系统 [J]．科技与创新，2020 (18)：4 – 5 + 8.

[106] Gao B, Huang X, Shi J, et al. Hourly forecasting of solar irradiance based on CEEMDAN and multi – strategy CNN – LSTM neural networks [J]. Renewable Energy, 2020, 162: 1665 – 1683.

[107] Hammami A, Hmida A, Khabou M T, et al. Applications of Ceemdan in Dynamic Behavior of Defected Spur Gearbox Running Under Acyclism Regime [J]. Journal of Mechanics, 2020, 36 (6): 825 – 839.

[108] Gao X, Qi C, Xue G, et al. Forecasting the Heat Load of Residential Buildings with Heat Metering Based on CEEMDAN – SVR [J]. Energies, 2020, 13 (22): 6079.

[109] Zhang S, Liu H, Hu M, et al. An Adaptive CEEMDAN Thresholding Denoising Method Optimized by Nonlocal Means Algorithm [J]. IEEE Transactions on Instrumentation and Measurement, 2020, 69 (9): 6891 – 6903.

[110] Zhang X, Yang Y. Suspended sediment concentration forecast based on CEEMDAN – GRU model [J]. Water Supply, 2020, 20 (5): 1787 – 1798.

[111] Jin T, Zhuo F, Mohamed M A. A novel approach based on CEEMDAN to select the faulty feeder in neutral resonant grounded distribution systems [J]. IEEE Transactions on Instrumentation and Measurement, 2019, 69 (7): 4712 – 4721.

[112] 陈志恒，罗文斌，常俊杰，等．基于 EMD 的神经网络空耦超声储油罐液位检测 [J]．中国测试，2021，47 (01)：9 – 14.

[113] Chaabi L, Lemzadmi A, Djebala A, et al. Fault diagnosis of rolling bearings in non – stationary running conditions using improved CEEMDAN and multivariate denoising based on wavelet and principal component analyses [J]. The International Journal of Advanced Manufacturing Technology, 2020, 107 (9): 3859 – 3873.

[114] 朱辉．Φ-OTDR 分布式光纤扰动传感系统稳定性与环境适应性研究 [D]．南京：东南大学，2017.

[115] 许海燕．分布式光纤振动传感器及其定位技术研究 [D]．上海：复旦大学，2011.

[116] 杨婷婷．分布式光纤振动传感系统数据处理与管理技术研究 [D]．南京：东南大学，2018.

[117] Xie S, Zhang M, Li Y, et al. Positioning Error Reduction Technique Using Spectrum Re-

shaping for Distributed Fiber Interferometric Vibration Sensor [J]. Journal of Lightwave Technology, 2012, 30 (22): 3520 - 3524.

[118] Shi Y, Feng H, An Y, et al. Research on wavelet analysis for pipeline pre - warning system based on phase - sensitive optical time domain reflectometry [C]. IEEE/ASME International Conference on Advanced Intelligent Mechatronics. IEEE, 2014: 1177 - 1182.

[119] Qian Y, Wu H, Zhang W, et al. Feature Extraction with WD and WPD in Distributed Optical - fiber Vibration Sensing System for Oil Pipeline Safety Monitoring [C]. Asia - Pacific Optical Sensors Conference. 2016: W4A. 37.

[120] Qin Z, Zhu T, Chen L, et al. High Sensitivity Distributed Vibration Sensor Based on Polarization - Maintaining Configurations of Phase - OTDR [J]. IEEE Photonics Technology Letters, 2011, 23 (15): 1091 - 1093.

[121] 李金宝, 屈百达, 徐宝国, 等. 基于自适应子带功率谱熵的语音端点检测算法 [J]. 计算机工程与应用, 2007, 43 (12): 57 - 58.

[122] 刘华平, 李昕, 郑宇, 等. 一种改进的自适应子带谱熵语音端点检测方法 [J]. 系统仿真学报, 2008, 20 (5): 1366 - 1371.

[123] Lai Y, Tariq M. Group enhancement for matching of multi - view image with overlap fuzzy feature [J]. Multimedia Tools and Applications, 2020, 79 (3): 2069 - 2084.

[124] Phapatanaburi K, Wang L, Oo Z, et al. Noise robust voice activity detection using joint phase and magnitude based feature enhancement [J]. Journal of ambient intelligence and humanized computing, 2017, 8 (6): 845 - 859.

[125] Hashimoto N, Murakami Y, Bautista P A, et al. Multispectral image enhancement for effective visualization [J]. Optics express, 2011, 19 (10): 9315 - 9329.

[126] Kataria S, Nidadavolu P S, Villalba J, et al. Feature enhancement with deep feature losses for speaker verification; proceedings of the International Conference on Acoustics, F, 2020 [C].

[127] Wang T, Ding J, Zhang Y. Multi - feature enhancement for terahertz imaging [J]. Electronics Letters, 2019, 55 (15): 847 - 849.

[128] Li H, Chen S, Xu S, et al. EMI signal feature enhancement based on extreme energy difference and deep auto - encoder [J]. IET Signal Processing, 2018, 12 (7): 852 - 856.

[129] Lin W C, Tsao Y, Chen F, et al. Investigation of Neural Network Approaches for Unified Spectral and Prosodic Feature Enhancement; proceedings of the International Conference on Asia - Pacific Signal and Information Processing Association Annual Summit, F, 2019 [C].

[130] 谭雨洁. 小幅度强迫振荡的检测和扰动源定位 [D]. 重庆: 重庆理工大学, 2020. DOI:10.27753/d.cnki.gcqgx.2020.000242.

[131] 胡念, 张四平, 王梅. 基于 LBP 特征集成学习的人脸识别技术研究 [J]. 信息通

信，2020（08）：38－40.

［132］姜万，周晓彦，徐华南，等．基于LBP与双时空神经网络的微表情识别［J］．信息与控制，2020，49（06）：673－679.

［133］王明，刘哲，宋余庆．基于抗噪的LBP纹理特征提取研究［J］．计算机与数字工程，2020，48（11）：2739－2743.

［134］Lei L，Kim D H，Park W J，et al. Face recognition using LBP Eigenfaces［J］. IEICE TRANSACTIONS on Information and Systems，2014，97（7）：1930－1932.

［135］Hu R，Qi W，Guo Z. Feature reduction of multi－scale lbp for texture classification；proceedings of the International Conference on Intelligent Information Hiding and Multimedia Signal Processing，F，2015［C］.

［136］邹元彬，乐思琦，廖清霖，等．基于LBP和LPQ的面部表情识别［J］．信息技术与信息化，2020（09）：199－205.

［137］Doshi N P，Schaefer G，Hossain S. Rotation invariant compound LBP texture features；proceedings of the International Conference on Informatics，Electronics and Vision，F，2016［C］.

［138］Bai X. Morphological feature extraction for detail maintained image enhancement by using two types of alternating filters and threshold constrained strategy［J］. Optik，2015，126（24）：5038－5043.

［139］施羿，封皓，曾周末．Φ-OTDR型分布式全光纤传感器研究进展［J］．自动化仪表，2017，38（07）：70－74＋79.

［140］周易文，陈金海，王恒，等．基于噪声辅助信号特征增强的滚动轴承早期故障诊断［J］．振动与冲击，2020，39（15）：66－73.

［141］Suo S，He X，Chen H，et al. Single image super resolution based on feature enhancement；proceedings of the International Conference on Image，Vision and Computing，F，2017［C］.

［142］Kinoshita K，Delcroix M，Ogawa A，et al. Deep mixture density network for statistical model－based feature enhancement；proceedings of the International Conference on Acoustics，Speech and Signal Processing，F，2017［C］.

［143］Deng L，Droppo J，Acero A. Dynamic compensation of HMM variances using the feature enhancement uncertainty computed from a parametric model of speech distortion［J］. IEEE Transactions on Speech and Audio Processing，2005，13（3）：412－421.

［144］齐蒙，党华，张珂，等．基于Φ-OTDR的光纤分布式振动传感器的研究及改进［J］．光通信技术，2018，42（07）：38－41.

［145］Meng A，Ge J，Yin H，et al. Wind speed forecasting based on wavelet packet decomposition and artificial neural networks trained by crisscross optimization algorithm［J］. Energy Conversion and Management, 2016, 114: 75 - 88.

[146] 施羿，王原野，赵雷. 基于双谱边际谱的Φ-OTDR临近双振源定位方法［J］. 光通信技术，2020，44（01）：14－19.

[147] Lehtola V V, Rönnholm P. Image enhancement for point feature detection in built environment; proceedings of the International Conference on Systems and Informatics, 2014 [C].

[148] 王欣，穆绍硕，陈华锋. 基于多尺度特征提取网络的图像美学量化评分方法［J］. 浙江大学学报（理学版），2021，48（01）：69－73＋83.

[149] Zhang Y, Wang S, Phillips P, et al. Binary PSO with mutation operator for feature selection using decision tree applied to spam detection [J]. Knowledge - Based Systems, 2014, 64: 22 - 31.

[150] Breiman L. Random forests [J]. Machine learning, 2001, 45 (1): 5 - 32.

[151] Liu K, Tian M, Liu T, et al. A high - efficiency multiple events discrimination method in optical fiber perimeter security system [J]. Journal of Lightwave Technology, 2015, 33 (23): 4885 - 4890.

[152] Jing K, ZhiHong Z. Time prediction model for pipeline leakage based on grey relational analysis [J]. Physics Procedia, 2012, 25: 2019 - 2024.

[153] Liu K, Tian M, Liu T, et al. A High - Efficiency Multiple Events Discrimination Method in Optical Fiber Perimeter Security System [J]. Journal of Lightwave Technology, 2015, 33 (23): 4885 - 4890.

[154] Joshi A, Udpa L, Udpa S, et al. Adaptive wavelets for characterizing magnetic flux leakage signals from pipeline inspection [J]. IEEE transactions on magnetics, 2006, 42 (10): 3168 - 3170.

[155] Sadeghioon A M, Metje N, Chapman D N, et al. SmartPipes: smart wireless sensor networks for leak detection in water pipelines [J]. Journal of sensor and Actuator Networks, 2014, 3 (1): 64 - 78.

[156] Liu S, Fu W, He L, et al. Distribution of primary additional errors in fractal encoding method [J]. Multimedia Tools and Applications, 2017, 76 (4): 5787 - 5802.

[157] Gao P, Liu Z, Liu G, et al. Unified metrics for characterizing the fractal nature of geographic features [J]. Annals of the American Association of Geographers, 2017, 107 (6): 1315 - 1331.

[158] Youssef A M, Pourghasemi H R, Pourtaghi Z S, et al. Landslide susceptibility mapping using random forest, boosted regression tree, classification and regression tree, and general linear models and comparison of their performance at Wadi Tayyah Basin, Asir Region, Saudi Arabia [J]. Landslides, 2016, 13 (5): 839 - 856.

[159] Pavey T G, Gilson N D, Gomersall S R, et al. Field evaluation of a random forest activity

classifier for wrist - worn accelerometer data [J]. Journal of science and medicine in sport, 2017, 20 (1): 75 - 80.

[160] Chen W, Pourghasemi H R, Kornejady A, et al. Landslide spatial modeling: Introducing new ensembles of ANN, MaxEnt, and SVM machine learning techniques [J]. Geoderma, 2017, 305: 314 - 327.

[161] 邱少明，杨雯升，杜秀丽，王雪珂. 优化随机森林模型的网络故障预测 [J]. 计算机应用与软件, 2021, 38 (02): 103 - 109 + 170. 108

[162] Tu G, Yu B, Zhen S, et al. Enhancement of signal identification and extraction in a Φ-OTDR vibration sensor [J]. IEEE Photonics Journal, 2017, 9 (1): 1 - 10.

[163] Qu Z, Feng H, Zeng Z, et al. A SVM - based pipeline leakage detection and pre - warning system [J]. Measurement, 2010, 43 (4): 513 - 519.

[164] Yan J C, Tian C H, Huang J, et al. Incremental dictionary learning for fault detection with applications to oil pipeline leakage detection [J]. Electronics letters, 2011, 47 (21): 1198 - 1199.

[165] Lu Y, Zhu T, Chen L, et al. Distributed vibration sensor based on coherent detection of phase - OTDR [J]. Journal of lightwave Technology, 2010, 28 (22): 3243 - 3249.

[166] Sun J, Xiao Q, Wen J, et al. Natural gas pipeline leak aperture identification and location based on local mean decomposition analysis [J]. Measurement, 2016, 79: 147 - 157.

[167] Yan J C, Tian C H, Huang J, et al. Incremental dictionary learning for fault detection with applications to oil pipeline leakage detection [J]. Electronics letters, 2011, 47 (21): 1198 - 1199.

[168] Asgarian B, Aghaeidoost V, Shokrgozar H R. Damage detection of jacket type offshore platforms using rate of signal energy using wavelet packet transform [J]. Marine Structures, 2016, 45: 1 - 21.

[169] Ko B C, Kim D Y, Jung J H, et al. Three - level cascade of random forests for rapid human detection [J]. Optical Engineering, 2013, 52 (2): 027204.

[170] 卢韵竹，程琳，张安安，等. 基于分布式光纤的地下输水管廊结构变形监测试验研究 [J]. 陕西水利, 2021 (04): 1 - 4. DOI:10.16747/j.cnki.cn61 - 1109/tv.2021.04.001.

[171] 张亚萍. 电能质量扰动检测与定位方法研究 [D]. 长沙：湖南大学, 2016.

[172] 张声艳，王健康，欧连军，等. 基于光纤复用技术的弹体表面场参数组网测量技术 [J]. 宇航计测技术, 2018, 38 (02): 17 - 20 + 32.

[173] 邓卓华. 光纤偏振效应在配电网 10kV 电缆外力伤害监测及预警系统应用研究 [D]. 广州：华南理工大学, 2017.

[174] 吴海颖，朱鸿鹄，朱宝，等. 基于分布式光纤传感的地下管线监测研究综述 [J].

浙江大学学报（工学版），2019，53（06）：1057－1070.

［175］尚盈，王昌．分布式光纤传感技术综述［J］．应用科学学报，2021，39（05）：843－857.

［176］Wang H，Sun Q Z，Li X L，et al. Improved location algorithm for multiple intrusions in distributed Sagnac fiber sensing system［J］. Optics Express，2014，22（7）：7587－7597.

［177］Sun Q Z，Liu D M，Wang J，et al. Distributed fiber－optic vibration sensor using a ring Mach－Zehnder interferometer［J］. Optics Communications，2008，281（6）：1538－1544.

［178］Kennedy R J. A refinement of the Michelson－Morley experiment［J］. Proceedings of the National Academy of Sciences of the United States of America，1926，12（11）.

［179］Hong X B，Wu J，Zuo C，et al. Dual Michelson interferometers for distributed vibration detection［J］. Applied Optics，2011，50（22）：4333－4338.

［180］Taylor H F，Lee C E. Apparatus and method for fiber optic intrusion sensing：US5194847［P］. 1993－03－16.

［181］Lü Y L，Zhu T，Chen L，et al. Distributed vibration sensor based on coherent detection of phase－OTDR［J］. Journal of Lightwave Technology，2010，28（22）：3243－3249.

［182］吕月兰，行永伟．相位光时域反射计瑞利散射波形特性研究［J］．光学学报，2011，31（8）：243－247.

［183］Pan Z Q，Liang K Z，Ye Q，et al. Phase－sensitive OTDR system based on digital coherent detection［C］//Optical Sensors and Biophotonics III，2011，8311：83110S.

［184］Qin Z G，Zhu T，Chen L，et al. High sensitivity distributed vibration sensor based on polarization－maintaining configurations of phase－OTDR［J］. IEEE Photonics Technology Letters，2011，23（15）：1091－1093.

［185］梁可桢，潘政清，周俊，等．一种基于相位敏感光时域反射计的多参量振动传感器［J］．中国激光，2012，39（8）：125－129.

［186］An Y，Feng X，Li J，et al. Two－beam phase－sensitive optical time domain reflectometer based on Jones matrix modeling［J］. Optical Engineering，2013，52（9）：094102.

［187］Li Q，Zhang C X，Li L J，et al. Localization mechanisms and location methods of the disturbance sensor based on phase－sensitive OTDR［J］. Optik，2014，125（9）：2099－2103.

［188］彭正谱，饶云江，彭飞，等．基于外差检测和前向拉曼放大的新型长距离相敏光时域反射仪［J］．光电子·激光，2014，25（4）：724－729.

［189］Pan Z Q，Wang Z Y，Ye Q，et al. High sampling rate multi－pulse phase－sensitive OTDR employing frequency division multiplexing［C］// International Society for Optics and Photonics，2014，9157：91576X.

［190］Peng F，Wu H，Jia X H，et al. Ultra－long high－sensitivity Φ-OTDR for high spatial resolution intrusion detection of pipelines [J]. Optics Express, 2014, 22 (11): 13804 – 13810.

[191] Wang C, Wang C, Shang Y, et al. Distributed acoustic mapping based on interferometry of phase optical time – domain reflectometry [J]. Optics Communications, 2015, 346: 172 – 177.

[192] Wu Y Q, Gan J L, Li Q Y, et al. Distributed fiber voice sensor based on phase – sensitive optical time – domain reflectometry [J]. IEEE Photonics Journal, 2015, 7 (6): 1 – 10.

[193] Zhan Y, Yu Q, Wang K, et al. A high performance distributed sensor system with multi – intrusions simultaneous detection capability based on phase sensitive OTDR [J]. Opto Electronics Review, 2015, 23 (3): 187 – 194.

[194] Zhou L, Wang F, Wang X C, et al. Distributed strain and vibration sensing system based on phase – sensitive OTDR [J]. IEEE Photonics Technology Letters, 2015, 27 (17): 1884 – 1887.

[195] Zhong X, Zhang C X, Li L J, et al. Influences of pulse on phase – sensitivity optical time domain reflectometer based distributed vibration sensor [J]. Optics Communications, 2016, 361: 1 – 5.

[196] Yang G Y, Fan X Y, Wang S, et al. Long – range distributed vibration sensing based on phase extraction from phase – sensitive OTDR [J]. IEEE Photonics Journal, 2016, 8 (3): 1 – 12.

[197] Wang Z N, Zhang B, Xiong J, et al. Distributed acoustic sensing based on pulse – coding phase – sensitive OTDR [J]. IEEE Internet of Things Journal, 2019, 6 (4): 6117 – 6124.

[198] Lin S T, Wang Z N, Xiong J, et al. Rayleigh fading suppression in one – dimensional optical scatters [J]. IEEE Access, 2019, 7: 17125 – 17132.

[199] Zhang Y X, Cai Y S, Xiong F. A hybrid distributed optical fibre sensor for acoustic and temperature fields reconstruction [J]. Optics Communications, 2019, 435: 134 – 139.

[200] Yu Z, Dahir A K A, Dai H, et al. Distributed optical fiber vibration sensors based on unbalanced Michelson interferometer and PGC demodulation [J]. Journal of Optics, 2021, 50 (1): 1 – 6.

[201] Lu Y L, Zhu T, Chen L, et al. Distributed vibration sensor based on coherent detection of phase – OTDR [J]. Journal of Lightwave Technology, 2010, 28 (22): 3243 – 3249.

[202] Liokumovich L B, Ushakov N A, Kotov O I, et al. Fundamentals of optical fiber sensing schemes based on coherent optical time domain reflectometry: signal model under static fiber conditions [J]. Journal of Lightwave Technology, 2015, 33 (17): 3660 – 3671.

[203] Yang G Y, Fan X Y, Wang S, et al. Long – range distributed vibration sensing based on phase extraction from phase – sensitive OTDR [J]. IEEE Photonics Journal, 2016, 8 (3): 1 – 12.

[204] Wang Z, Zhang L, Wang S, et al. Coherent Φ-OTDR based on I/Q demodulation and homodyne detection [J]. Optics Express, 2016, 24 (2): 853 - 858.

[205] 叶青，潘政清，王照勇，等. 相位敏感光时域反射仪研究和应用进展 [J]. 中国激光, 2017, 44 (6): 7 - 20.

[206] Chen W, Jiang J, Liu K, et al. Coherent OTDR using flexible all - digital orthogonal phase code pulse for distributed sensing [J]. IEEE Access, 2020 (99): 1.

[207] 肖向辉. 基于干涉和 Φ-OTDR 复合的分布式光纤振动传感技术的研究 [D]. 重庆: 重庆大学, 2014.

[208] Liang S, Sheng X Z, Lou S Q, et al. Combination of phase - sensitive OTDR and Michelson interferometer for nuisance alarm rate reducing and event identification [J]. IEEE Photonics Journal, 2016, 8 (2): 1 - 12.

[209] Shi Y, Feng H, Zeng Z M. Distributed fiber sensing system with wide frequency response and accurate location [J]. Optics and Lasers in Engineering, 2016, 77: 219 - 224.

[210] Posey J R, Johnson G A, Vohra S T. Strain sensing based on coherent Rayleigh scattering in an optical fibre [J]. Electronics Letters, 2000, 36 (20): 1688 - 1689.

[211] Kirkendall C K, Bartolo R E, Tveten A B. High - resolution distributed fiber optic sensing [J]. NRL Review, 2004, 179 - 181.

[212] Masoudi A, Belal M, Newson T P. A distributed optical fibre dynamic strain sensor based on phase - OTDR [J]. Measurement Science and Technology, 2013, 24 (8): 085204.

[213] Fang G S, Xu T W, Feng S W, et al. Phase - sensitive optical time domain reflectometer based on phase - generated carrier algorithm [J]. Journal of Lightwave Technology, 2015, 33 (13): 2811 - 2816.

[214] 吴慧娟，刘欣雨，饶云江. 基于 Φ-OTDR 的光纤分布式传感信号处理及应用 [J]. 激光与光电子学进展, 2021, 58 (13): 39 - 59.

[215] 田曼伶，刘东辉，曹晓敏，等. 相位敏感光时域反射仪的信号处理方法综述 [J]. 光学精密工程, 2021, 29 (09): 2189 - 2209.

[216] 张博. 基于 φ-OTDR 的高灵敏光纤振动传感器的研究 [D]. 成都: 电子科技大学, 2015.

[217] 李康. 光纤分布式声波传感系统的信号增强及其处理的研究 [D]. 成都: 电子科技大学, 2019.

[218] 蔡海文，叶青，王照勇，等. 分布式光纤声波传感技术研究进展 [6J]. 应用科学学报, 2018, 36 (01): 41 - 58.

[219] Lovchy I L. Simulation of the sensitivity of a fiber - optic magneto - optical electric current sensor with a strictly nonuniform distribution of the magnetic field around the loop [J]. Journal of Optical Technology, 2018, 86 (7): 410 - 415.

[220] 包宇奔，孙军强，黄强．布里渊光时域反射仪分布式光纤传感研究进展［J/OL］．激光与光电子学进展：1 - 30［2020 - 06 - 23］．http://kns.cnki.net/kcms/detail/31.1690.TN.20200610.1320.046.html.

[221] 周刚基．基于光纤传感技术的城市地下管廊综合监控系统的应用及发展［J］．中国安防，2015（24）：26 - 30.

[222] 石开和，潘齐欣，唐型基．光纤传感网络用环形锁模激光器的设计与改进［J］．激光杂志，2016，37（11）：64 - 67.

[223] Zhang H W, Duan L C, Zhao Y, et al. Theoretical Modeling of Multi - Channel Intracavity Spectroscopy Technology Based on Mode Competition in Er - Doped Fiber Ring Laser Cavity [J]. Sensors, vol. 20, no. 9, 2020, p. 2539.

[224] Zhang L Q, Tian Z, Chen N K, et al. Room - Temperature Power - Stabilized Narrow - Linewidth Tunable Erbium - Doped Fiber Ring Laser Based on Cascaded Mach - Zehnder Interferometers With Different Free Spectral Range for Strain Sensing [J]. Journal of Lightwave Technology, vol. 38, no. 7, 2020, pp. 1966 - 1974.

[225] 张成，吴重庆，王健．光纤传感系统中半导体激光器的调谐研究［J］．光学与光电技术，2020，18（01）：11 - 17.

[226] Shi J, Yang F, Xu W, et al. High - Resolution Temperature Sensor Based on Intracavity Sensing of Fiber Ring Laser [J]. Journal of Lightwave Technology, vol. 38, no. 7, 2020, pp. 2010 - 2014.

[227] 李晓风，李哲，吴文矛，等．横向模式可切换的少模环形光纤激光器［J/OL］．光学学报：1 - 10［2020 - 08 - 16］．http://kns.cnki.net/kcms/detail/31.1252.O4.20200526.1732.024.html.

[228] Wan H D, Chen Y F, Zhou Q, et al. Tunable, Single - Wavelength Fiber Ring Lasers Based on Rare Earth - Doped, Double - Peanut Fiber Interferometers [J]. Journal of Lightwave Technology, vol. 38, no. 6, 2020, pp. 1501 - 1505.

[229] Chu T W, Wang P P, Zhu C G. Modeling of Active Fiber Loop Ring - Down Spectroscopy Considering Gain Saturation Behavior of EDFA [J]. Journal of Lightwave Technology, vol. 38, no. 4, 2020, pp. 966 - 973.

[230] 周飞，周雪芳，李曾阳，等．基于 Sagnac 环的波长可调谐的单双波长光纤激光器［A］．光电子 激光，2020，31（01）：8 - 12.

[231] Yang S W, Xiang Z W, Fu H Y, et al. Temperature Sensing Scheme Based on Fiber Ring Microwave Photonic Filter with Erbium Doped Fiber Amplification [J]. Microwave and Optical Technology Letters, vol. 62, no. 4, 2020, pp. 1477 - 1482.

[232] Liaw S K, Li D C, Lee H C, et al. Multiple Parameters Optical Sensing Using Fiber Ring Laser Based on Fiber Bragg Gratings and 1064 Nm Semiconductor Optical Amplifier [J].

Optics and Spectroscopy, vol. 127, no. 6, 2019, pp. 1057 – 1061.

[233] Song G B, Wang T S, Chen B W, et al. Temperature Sensing System with High Signal – to – Noise Ratio and Large Temperature Sensing Range Based on Multiwavelength Brillouin Fiber Laser [J]. Optical Engineering, vol. 58, no. 11, 2019, p. 116103.

[234] 唐明，霍亮. 智能可重构多芯光纤空分复用通信与光信号处理 [J/OL]. 中兴通讯技术：1 – 13 [2020 – 08 – 17]. http://kns. cnki. net/kcms/detail/34. 1228. TN. 20200410. 1549. 013. html.

[235] Cai Y F, Yu Z H, Mo D L, et al. Noise reduction with adaptive filtering scheme on interferometric fiber optic hydrophone [J]. Optik, 211.

[236] Bai Y, Yan F, Feng T, et al. Temperature fiber sensor based on single longitudinal mode fiber laser in 2 μm band with Sagnac interferometer [J]. Optical Fiber Technology, 2019, 51 (SEP.): 71 – 76.

[237] Martins H F, Martin Lopez S, Corredera P, et al. Distributed Vibration Sensing Over 125 km With Enhanced SNR Using Phi – OTDR Over a URFL Cavity [J]. Journal of Lightwave Technology, 2015, 33 (12): 2628 – 2632.

[238] Yu X, Wang S, Jiang J F, et al. Self – Filtering High – Resolution Dual – Sapphire – Fiber – Based High – Temperature Sensor [J]. Journal of Lightwave Technology, 2019.

[239] Mao L M, Tao C Y, Jiang X H, et al. Dynamic sensors based on fiber – ring laser using a semiconductor optical amplifier [C] // Advanced Sensor Systems and Applications VIII. 2018.

[240] Peng Z Q, Jian J N, Wen H Q, et al. Fiber – optical distributed acoustic sensing signal enhancements using ultrafast laser and artificial intelligence for human movement detection and pipeline monitoring [C] //Optical Data Science II. International Society for Optics and Photonics, 2019, 10937: 109370J.

[241] 王枫，毕卫红，付兴虎，等. 基于掺铒光纤重叠光栅的双波长光纤激光器 [J]. 中国激光, 2016, v. 43; No. 472 (04): 13 – 19.

[242] 孙俊杰，王泽锋，王蒙，等. 基于 π 相移光纤布拉格光栅的窄线宽掺铒光纤激光器 [J]. 激光与光电子学进展, 2017, 54 (008): 217 – 222.

[243] 曲俊海，夏元清，李静. 一种基于 Haar 小波的光纤陀螺信号实时滤波方法 [J]. 中国惯性技术学报, 2019, 27 (5): 677 – 683.

[244] 文仲寺，江毅. 光纤分布式振动系统中的信号处理算法研究 [J]. 仪表技术与传感器, 2020 (06): 95 – 99.

[245] 刘琨，李鑫，江俊峰，等. 基于全相位滤波技术的 FBG 降噪解调算法 [J]. 光子学报, 2018, 47 (05): 130 – 135.

[246] 曹京京，胡辽林，赵瑞. 一种改进小波阈值函数的光纤光栅传感信号去噪方法 [J].

传感技术学报，2015，28（04）：521－525.

[247] 吴亚明. 基于小波包的分布式光纤信号降噪方法［J］. 激光杂志，2018，39（10）：79－82.

[248] 陈辉. 分布式光纤振动传感系统信号处理算法研究［D］. 济南：山东大学，2018.

[249] 倪郁东，陈天富，左冬森，等. 采用时域和复域小波变换的光纤周界振动信号识别［J］. 化工自动化及仪表，2015，42（12）：1300－1304.

[250] Martinek R, Kahankova R, Fajkus M, et al. Advanced methods for fiber－optic sensor signal processing［C］//Fiber Optic Sensors and Applications XV. International Society for Optics and Photonics, 2018, 10654: 106541D.

[251] Cui B B, Chen X. Improved hybrid filter for fiber optic gyroscope signal denoising based on EMD and forward linear prediction［J］. Sensors and Actuators A－physical, 2015: 150－155.

[252] Wang B, Fan X Y, Liu Q W, et al. Laser phase noise compensation in long－range OFDR by using an optical fiber delay loop［J］. Optics Communications. 2015.

[253] Bin Z N, Bin Z N, Lee Y S, et al. Digital Matched Filtering (DMF) Technique for The Performance Enhancement of Few－mode Fibre Bragg Grating Sensor［J］. IEEE Sensors Journal, 2019, 19（14）: 5653－5659.

[254] Zhu P Y, Xu C J, Ye W, et al. Self－learning Filtering Method Based on Classification Error in Distributed Fiber Optic System［J］. IEEE Sensors Journal, 2019.

[255] Yu Z H, Cai Y F, Mo D L, et al. Comparative Study on Noise Reduction Effect of Fiber Optic Hydrophone Based on LMS and NLMS Algorithm［J］. Sensors, 2020, 20（1）: 301.

[256] Qin Z G, Chen L, Bao X Y. Wavelet Denoising Method for Improving Detection Performance of Distributed Vibration Sensor［J］. IEEE Photonics Technology Letters, 2012, 24（7）: 542－544.

[257] Qu S, Chang J, Cong Z H, et al. Data compression and SNR enhancement with compressive sensing method in phase－sensitive OTDR［J］. Optics Communications, 2018, 433.

[258] Zhang H, Qian X Y, Wang L, et al. Nonlocal Means Denoising Based on LJS for Optical Sensing Signal［C］// International Conference in Communications. Springer, Singapore, 2016.

[259] Qi H, Tang W. Application of Improved Wavelet Algorithm in Fiber Temperature Sensor［J］. Measurement & Control Technology, 2019.

[260] Kadum J E, Feng C, Preussler S, et al. Improvement of the measurement accuracy of distributed Brillouin sensing via radio frequency filtering［C］// Seventh European Workshop on Optical Fibre Sensors (EWOFS 2019). 2019.

[261] Martinek R, Kahankova R, Nedoma J, et al. Advanced methods for fiber – optic sensor signal processing [C] // Fiber Optic Sensors and Applications XV. 2018.

[262] Laarossi I, Franco A P, Conde O M, et al. ROTDR signal enhancement via deep convolutional denoising autoencoders trained with domain randomization [C] //Seventh European Workshop on Optical Fibre Sensors. International Society for Optics and Photonics, 2019, 11199: 111993N.

[263] 陈吉平. 基于1 – DCNN的油气管道安全事件分布式光纤检测识别方法 [D]. 成都: 电子科技大学, 2019.

[264] 党淑雯. 自适应提升小波神经网络光纤陀螺滤波方法 [J]. 弹箭与制导学报, 2013, 33 (05): 8 – 10.

[265] 吴亮, 谢箭. 基于概率神经网络光纤周界传感信号处理研究 [J]. 中国电子科学研究院学报, 2011, 6 (04): 436 – 440.

[266] Ren, N. K., Yu, Y. L., Jiang, X., et al. Improved Multi – Grating Filtering Demodulation Method Based on Cascading Neural Networks for Fiber Bragg Grating Sensor [J]. Journal of Lightwave Technology, 2019.

[267] Zhang K, Fan Y Y, Ye T, et al. Fiber Nonlinear Noise – to – Signal Ratio Estimation by Machine Learning [C] // Optical Fiber Communication Conference. 2019.

[268] Zhai W S, Xin Y X, Xie M T, et al. Phase noise suppression for RF signal remote fiber transmission using phase balance compensation feedback network in phase shifter [J]. Optik – International Journal for Light and Electron Optics, 2017: S0030402617316388.

[269] Zimmermann A C, Veiga C L N, Encinas L S. Unambiguous Signal Processing and Measuring Range Extension for Fiber Bragg Gratings Sensors Using Artificial Neural Networks— A Temperature Case [J]. IEEE Sensors Journal, 2008, 8 (7): 1229 – 1235.

[270] Turutanov O G, Lyakhno V Yu, Pivovar M E, et al. Controlled stochastic amplification of a weak signal in a superconducting quantum interferometer [J]. Low Temperature Physics, 2019, 45 (1): 70 – 77.

[271] 郑亮, 乔小瑞, 王瑛剑. 基于压缩感知的 φ – OTDR 系统信号处理 [J]. 通信技术, 2019, 52 (09): 2092 – 2097.

[272] 饶云江. 长距离分布式光纤传感技术研究进展 [J] 物理学, 2017, 66 (7): 139 – 157.

[273] Martins H F, Martin Lopez S, Corredera P, et al. Phase – Sensitive Optical Time Domain Reflectometer Assisted by First – order Raman Amplification for Dis8tributed Vibration Sensing Over >100 km [J]. Journal of Lightwave Technology, 2014, 32 (8): 1510 – 1518.

[274] Tu G, Yu B, Zhen S, et al. Enhancement of Signal Identification and Extraction in a Φ-OTDR Vibration Sensor [J]. IEEE Photonics Journal, 2017, 9 (1): 1 – 10.

[275] 黎威, 张永佳. 基于弱光栅阵列的增强相位敏感光时域反射仪振动传感系统 [J].

中国激光，2018，45（08）：234－241.

［276］王杰，贾新鸿，饶云江，等. 基于双向拉曼放大的相位敏感光时域反射仪［J］. 物理学报，2013，62（04）：224－228.

［277］杨顺智，张志勇，邵理阳，等. 基于二次相关算法的双 M－Z 光纤传感器的定位方法［J］. 光子学报，2017，46（07）：69－74.

［278］Olcer L, Oncu A. Adaptive Temporal Matched Filtering for Noise Suppression in Fiber Optic Distributed Acoustic Sensing［J］. Sensors, 2017, 17（6）：1288.

［279］Qin Z G, Chen H, Chang J. Signal－to－Noise Ratio Enhancement Based on Empirical Mode Decomposition in Phase－Sensitive Optical Time Domain Reflectometry Systems［J］. Sensors, 2017, 17（8）：1870.

［280］Meng Y J, Zha J F, Liu Y X. Intensifying the SNR of BOTDA using adaptive constrained least squares filtering［J］. Optics Communications, 2019, 437：219－225.

［281］Bai Q, Xue B, Gu H, et al. Enhancing the SNR of BOTDR by Gain－Switched Modulation［J］. IEEE Photonics Technology Letters, 2018, 31（4）：283－286.

［282］Zhou Z X, Yuan Y S, Yang X Y, et al. Speech detection enhancement in optical fiber acoustic sensor via adaptive threshold function［J］. Optical Fiber Technology, 2019, 47：1－6.

［283］Ahmed I, Zabit U, Salman A. Self－Mixing Interferometric Signal Enhancement Using Generative Adversarial Network for Laser Metric Sensing Applications［J］. IEEE Access, 2019, 7：174641－174650.

［284］王威，陈熙源. 基于改进掩膜 EMD 的光纤陀螺振动信号处理方法［J］. 东南大学学报（自然科学版），2018，48（06）：1123－1129.

［285］He N Y, Zhu J. Deep Learning Approach For Audio Signal Classification And Its Application In Fiber Optic Sensor Security System［C］// 2019 9th International Conference on Information Science and Technology (ICIST). 2019.

［286］熊兴隆，张琬童，冯磊，等. 基于多重分形谱的光纤周界振动信号识别［J］. 光子学报，2019，48（02）：56－67.

［287］Nakamura M. Optical nonlinearity compensation using artificial neural－network－based digital signal processing［C］// Metro and Data Center Optical Networks and Short－Reach Links III. 2020.

［288］Catanese C, Triki A, Pincemin E, et al. A Survey of Neural Network Applications in Fiber Nonlinearity Mitigation［C］. international conference on transparent optical networks, 2019：1－4.

［289］Manie Y C, Shiu R K, Peng P C, et al. Intensity and Wavelength Division Multiplexing FBG Sensor System Using a Raman Amplifier and Extreme Learning Machine［J］. Journal of Sensors, 2018, 2018: 1 - 11.

[290] Gou S P, Liu W, Jiao C Z, et al. Gradient regularized convolutional neural networks for low - dose CT image enhancement [J]. Physics in Medicine & Biology, 2019, 64 (16): 165017.

[291] Li C Y, Anwar S, Porikli F. Underwater scene prior inspired deep underwater image and video enhancement [J]. Pattern Recognition, 2020, 98: 107038.

[292] Yuan N M, Dyer B, Rao S, et al. Convolutional neural network enhancement of fast - scan low - dose cone - beam CT images for head and neck radiotherapy [J]. Physics in Medicine & Biology, 2020, 65 (3): 035003.

[293] Khoshdel V, Ashraf A, LoVetri J. Enhancement of Multimodal Microwave - Ultrasound Breast Imaging Using a Deep - Learning Technique [J]. Sensors, 2019, 19 (18): 4050.

[294] Lei T, Zhang Y, Wang Y, et al. A Conditionally Invariant Mathematical Morphological Framework for Color Images [J]. Information Sciences, 2017, 387: 34 - 52.

[295] 徐铖晋. 分布式光纤传感系统的信号处理技术研究 [D]. 杭州: 浙江大学, 2017.

[296] 朱杰, 韦晓东. 采用 HMM 模型方法进行语音信号的端点检测 [C]. 1999 年中国神经网络与信号处理学术会议论文集. 1999.

[297] Ephraim Y, Malah D. Speech enhancement using a minimum - mean square error short - time spectral amplitude estimator [J]. Acoustics, Speech and Signal Processing, IEEE Transactions on, 1984, 32 (6): 1109 - 1121.

[298] Qin Z, Zhu T, Chen L, et al. High sensitivity distributed vibration sensor based on polarization - maintaining configurations of phase - OTDR [J]. IEEE Photonics Technology Letters, 2011, 23 (15): 1091 - 1093.

[299] 吴红艳, 贾波, 卞庞. 光纤周界安防系统端点检测技术的研究 [J]. 仪器仪表学报, 2013, 34 (4): 743 - 748.

[300] Kobayashi T, Imai S. Spectral analysis using generalized cepstrum [J]. IEEE transactions on acoustics, speech, and signal processing, 1984, 32 (5): 1087 - 1089.

[301] McClellan S A, Gibson J D. Spectral entropy: An alternative indicator for rate allocation [C] /Acoustics, Speech, and Signal Processing, 1994. ICASSP - 94, 1994 IEEE International Conference on. IEEE, 1994, 1: I/201 - 1/204 vol. 1.

[302] 侯周国, 钱盛友, 姚畅. 短时域语音端点检测中谱熵算法的改进 [J]. 计算机工程与应用, 2006, 42 (21): 55 - 56.

[303] 李金宝, 屈百达, 徐宝国, 等. 基于自适应子带功率谱熵的语音端点检测算法 [J]. 计算机工程与应用, 2007, 43 (12): 57 - 58.

[304] 刘华平, 李昕, 郑宇, 等. 一种改进的自适应子带谱熵语音端点检测方法 [J]. 系统仿真学报, 2008, 20 (5): 1366 - 1371.

[305] Haigh J A, Mason J S. Robust voice activity detection using cepstral features [C] //TENCON93. Proceedings. Computer, Communication, Control and Power Engineering. 1993 IEEE Region 10 Conference on. IEEE, 1993, 3: 321 -324.

[306] 赵高峰，张雪英，侯雪梅. 一种基于小波系数方差的语音端点检测方法 [J]. 太原理工大学学报，2006，37 (5): 511 -513.

[307] 董力，陈宏钦，马争鸣. 基于小波变换的语音段起止端点检测算法 [J]. 中山大学学报（自然科学版），2005，44 (3): 116 -118.

[308] 邱文武，蒋建中，郭军利. 基于小波能量谱的语音端点检测算法 [J]. 计算机应用与软件，2011，28 (2): 227 -228.

[309] 张杰，谢明，吴晓红. 采用小波变换的均方值滤波和门限值编码的语音端点检测 [J]. 四川大学学报：自然科学版，2007，44 (2): 324 -328.

[310] 郑印，段发阶，涂勤昌，等. P -OTDR 识别不同频率振动事件研究 [J]. 光电工程，2015，5: 013.

[311] Muda L, Begam M, Elamvazuthi I. Voice recognition algorithms using mel frequency cepstral coefficient (MFCC) and dynamic time warping (DTW) techniques [J]. arXiv preprint arXiv: 1003. 4083, 2010.

[312] Mahmoud S S, Katsifolis J. Robust event classification for a fiber optic perimeter intrusion detection system using level crossing features and artificial neural networks [C] //SPIE Defense, Security, and Sensing. International Society for Optics and Photonics, 2010: 767708 -767708 -12.

[313] Zhu H, Pan C, Sun X. Vibration pattern recognition and classification in OTDR based distributed optical -fiber vibration sensing system [C] //SPIE Smart Structures and Materials + Nondestructive Evaluation and Health Monitoring. International Society for Optics and Photonics, 2014: 906205 -906205 -6.

[314] Shi Y, Feng H, An Y, et al. Research on wavelet analysis for pipeline pre -warning system based on phase -sensitive optical time domain reflectometry [C] //Advanced Intelligent Mechatronics (AIM), 2014 IEEE/ASME International Conference on. IEEE, 2014: 1177 -1182.

[315] Li Q, Zhang C, Li C. Fiber -optic distributed sensor based on phase -sensitive OTDR and wavelet packet transform for multiple disturbances location [J]. Optik -International Journal for Light and Electron Optics, 2014, 125 (24): 7235 -7238.

[316] Tejedor J, Martins H F, Piote D, et al. Toward Prevention of Pipeline Integrity Threats Using a Smart Fiber -Optic Surveillance System [J]. Journal of Lightwave Technology, 2016, 34 (19): 4445 -4453.

[317] Suykens JA K, Vandewalle J. Least squares support vector machine classifiers [J]. Neural

processing letters, 1999, 9 (3): 293 - 300.

[318] 杨经国. Φ-OTDR 分布式光纤传感系统信噪比增强与模式识别研究 [D]. 西南交通大学, 2018.

[319] 孟彦杰, 查剑锋. Kuwahara 滤波在布里渊光时域分析传感图像去噪中的应用 [J]. 激光与光电子学进展, 2018, 55 (07): 126 - 132.

[320] Qin Z G, Chen H, Chang J. Detection Performance Improvement of Distributed Vibration Sensor Based on Curvelet Denoising Method [J]. Sensors, 2017, 17 (6).

[321] Soto M A, Ramírez J A, Thévenaz L. Intensifying the response of distributed optical fibre sensors using 2D and 3D image restoration [J]. Nature Communications, 2016, 7: 10870.

[322] He H J, Shao L, Li H, et al. SNR Enhancement in Phase - Sensitive OTDR with Adaptive 2 - D Bilateral Filtering Algorithm [J]. IEEE Photonics Journal, 2017, PP (3): 1 - 1.

[323] 赵世琦, 庞拂飞, 贺梦婷, 等. 基于灰度图像的光纤相干光时域反射计信号处理研究 [J]. 中国激光, 2015, 42 (03): 154 - 159.

[324] 何丹丹, 赵换丽. 光纤传感信号的增益均衡处理 [J]. 激光杂志, 2017, 38 (06): 97 - 99.

[325] 孙茜, 封皓, 曾周末. 基于图像处理的光纤预警系统模式识别 [J]. 光学精密工程, 2015, 23 (02): 334 - 341.

[326] Zhu T, Xiao X, He Q, et al. Enhancement of SNR and spatial resolution in φ - OTDR system by using two - dimensional edge detection method [J]. Journal of Lightwave Technology, 2013, 31 (17): 2851 - 2856.

[327] 刘薇, 尚秋峰. 瑞利 BOTDA 系统的 2 维提升小波降噪方法 [J]. 激光技术, 2018, 042 (003): 346 - 350.

[328] 张博. 基于 Φ-OTDR 的高灵敏光纤振动传感器的研究 [D].

[329] 杨经国. Φ-OTDR 分布式光纤传感系统信噪比增强与模式识别研究 [D].

[330] 王大伟, 封皓, 杨洋, 等. 基于 Φ - OTDR 光纤传感技术的供水管道泄漏辨识方法 [J]. 仪器仪表学报, 2017, 38 (04): 830 - 837.

[331] Song Q, Oskoui E A, Taylor T, et al. Visual saliency - based image binarization approach for detection of surface microcracks by distributed optical fiber sensors: [J]. Structural Health Monitoring - an International Journal, 2019: 1590 - 1601.

[332] 秦维秉, 张双喜, 李孟奎, 等. 城市地噪声场的多元分离方法 [J]. 武汉大学学报(信息科学版), 2016, 41 (12): 1690 - 1695. DOI:10.13203/j. whugis20140725.

[333] Aki K. Space and Time Spectra of Stationary Sto - chastic Waves, with Special Reference to Micro - tremors [J]. Bulletin of the Earthquake Research Institute, 1957, 35: 415 - 457.

[334] Henstridge J D. A Signal Processing Method for Circular Arrays [J]. Geophysics, 1979, 44 (2): 179 - 184.

[335] Apostolidis P, Raptakis D, Roumelioti Z, et al. Determination of Swave Velocity Structure Using Microtremors and SPAC Method Applied in Thessa – loniki (Greece) [J]. Soil Dynamics and Earthquake Engineering, 2004, 24 (1): 49 – 67.

[336] Wang Zhendong. The Spatial Autocorrelation Methodof Microtremor and Its Practical Technology [J]. Geo – physical & Geochemical Exploration, 1986, 10 (2): 123 – 133.

[337] 杨学林，吴世明. 关于地脉动信号及其工程应用. 中国土木工程学会第七届土力学及基础工程学术会议论文集 [C]. 西安：中国建筑工业出版社，1994.

[338] 何正勤，丁志峰，贾辉，等. 用微动中的面波信息探测地壳浅部的速度结构 [J]. 地球物理学报，2007，50 (2)：492 – 498.

[339] 秦维秉，张双喜，李孟奎，等. 城市地噪声场的多元分离方法 [J]. 武汉大学学报(信息科学版)，2016，41 (12)：1690 – 1695.

[340] Liu D, Wu Y, Xu Y, et al. Stochastic response of bistable vibration energy harvesting system subject to filtered Gaussian white noise [J]. Mechanical Systems and Signal Processing, 2019, 130: 201 – 212.

[341] 怀鑫. 光纤传感网络中微弱光信号的检测 [D]. 北京：北京交通大学，2017.

[342] 陈文豪，杜磊，庄奕琪，等. 电子器件散粒噪声测试方法研究 [J]. 物理学报，2011，60 (05)：165 – 172.

[343] Zhou Z, Zhuang S. Optical fiber distributed vibration sensing system using time – varying gain amplification method [J]. Optical Engineering, 2014, 53 (8): 086107.

[344] 姚媛媛. 分布式光纤传感系统的振动信号识别研究 [D]. 北京：北京交通大学，2020. DOI:10.26944/d.cnki.gbfju.2020.000456.

[345] 刘宇琛. 基于 φ-OTDR 的分布式光纤振动传感系统研究 [D]. 北京：北京交通大学，2020. DOI:10.26944/d.cnki.gbfju.2020.001967.

[346] 杨纯，李垠韬，宋伟，等. Φ-OTDR 光纤传感电缆防外破监测数据预处理方法 [J]. 激光与红外，2021，51 (04)：486 – 492.

[347] Liu D, Wu Y, Xu Y, et al. Stochastic response of bistable vibration energy harvesting system subject to filtered Gaussian white noise [J]. Mechanical Systems and Signal Processing, 2019, 130: 201 – 212.

[348] Peng Z Q, Jian J N, Wen H Q, et al. Fiber – optical distributed acoustic sensing signal enhancements using ultrafast laser and artificial intelligence for human movement detection and pipeline monitoring [C] //Optical Data Science II. International Society for Optics and Photonics, 2019, 10937: 109370J.

[349] Li H W, Shi G Y, Lv Y L, et al. Adaptive phase matching probe – injection technique for enhancement of Brillouin scattering signal [J]. Optics & Laser Technology, 2017, 93: 14 – 17.

[350] Balaswamy V, Prakash R, Choudhury V, et al. Experimental analysis of stimulated Bril-

louin enhancement in high power, line – broadened, narrow – linewidth fiber amplifiers due to spectral overlap between the Brillouin gain spectrum and the signal back – scatter from the fiber termination [C] //Nonlinear Frequency Generation and Conversion: Materials and Devices XVIII. International Society for Optics and Photonics, 2019, 10902: 109021G.

[351] Peng Z Q, Jian J N, Wen H Q, et al. Fiber – optical distributed acoustic sensing signal enhancements using ultrafast laser and artificial intelligence for human movement detection and pipeline monitoring [C] //Optical Data Science II. International Society for Optics and Photonics, 2019, 10937: 109370J.

[352] 刘欣，陈智斌，文有为. 基于交替迭代的均匀噪声消除算法 [J]. 计算机工程，2018，44 (07)：316 – 320.

[353] 张旭苹，丁哲文，洪瑞，等. 相位敏感光时域反射分布式光纤传感技术 [J]. 光学学报，2021，41 (01)：100 – 114.

[354] Yang Z J, Liang Y H, Li M, et al. Novel Pattern – Matching Integrated KCVA with Adaptive Rank – Order Morphological Filter and Its Application to Fault Diagnosis [J]. Industrial and Engineering Chemistry Reseach, 2020, 59 (498): 1619 – 1630.

[355] Tong W Q, Li H S, Chen G Y. Blob Detection Based on Soft Morphological Filter [J]. IEICE Transactions on Information and Systems, 2020, E103D (1): 152 – 162.

[356] 杨纯，李垠韬，宋伟，等. Φ-OTDR 光纤传感电缆防外破监测数据预处理方法 [J]. 激光与红外，2021，51 (04)：486 – 492.

[357] Wu H J, Xiao S K, Li X Y, et al. Separation and determination of the disturbing signals in phase – sensitive optical time domain reflectometry (Φ-OTDR) [J]. Journal of Lightwave Technology, 2015, 33 (15): 3156 – 3162.

[358] QIN Z G, CHEN L, BAO X Y. Wavelet denoising method for improving detection performance of distributed vibration sensor [J]. IEEE Photonics Technology Letters, 2012, 24 (7): 542 – 544.

[359] CHEN J P, WU H J, LIU X R, et al. A real – time distributed deep learning approach for intelligent event recognition in long distance pipeline monitoring with DOFS [C]. 2018 International Conference on Cyber – Enabled Distributed Computing and Knowledge Discovery (CyberC). October 18 – 20, 2018, Zhengzhou, China. IEEE, 2018: 290 – 296.

[360] PENG F, WU H, JIA X H, et al. Ultra – long high – sensitivity Φ-OTDR for high spatial resolution intrusion detection of pipelines [J]. Optics Express, 2014, 22 (11): 13804 – 13810.

[361] QU S, CHANG J, CONG Z H, et al. Data compression and SNR enhancement with compressivesensing method in phase – sensitive OTDR [J]. Optics Communications, 2019, 433: 97 – 103.

[362] SOBEL I E. Camera Models and Machine Perception [D]. Stanford University, 1970.

[363] PREWITT. Object enhancement and extraction [J]. Picture Processing and Psychopictorics, 1971.

[364] ZHU T, XIAO X H, HE Q, et al. Enhancement of SNR and spatial resolution in phi - OTDR system by using two - dimensional edge detection method [J]. Journal of Lightwave Technology, 2013, 31 (17): 2851 - 2856.

[365] WANG Y, JIN B Q, WANG Y C, et al. Real - time distributed vibration monitoring system using Phi - OTDR [J]. IEEE Sensors Journal, 2017, 17 (5): 1333 - 1341.

[366] SUN Q, FENG H, YAN X, et al. Recognition of a phase - sensitivity OTDR sensing system based on morphologic feature extraction [J]. Sensors (Basel, Switzerland), 2015, 15 (7): 15179 - 15197.

[367] ZHU Q D, JING L Q, BI R S. Exploration and improvement of Ostu threshold segmentation algorithm [C]. 2010 8th World Congress on Intelligent Control and Automation. July 7 - 9, 2010, Jinan, China. IEEE, 2010: 6183 - 6188.

[368] HE H J, SHAO L Y, LI H C, et al. SNR enhancement in phase - sensitive OTDR with adaptive 2 - D bilateral filtering algorithm [J]. IEEE Photonics Journal, 2017, 9 (3): 1 - 10.

[369] SHAO L Y, LIU S Q, BANDYOPADHYAYS, et al. Data - driven distributed optical vibration sen - sors: a review [J]. IEEE Sensors Journal, 2019, 20 (12): 6224 - 6239.

[370] LIEHR S, BORCHARDT C, MUNZENBERG - ER S. Long - distance fiber optic vibration sensing using convolutional neural networks as real - time denoisers [J]. Optics Express, 2020, 28 (26): 39311 - 39325.

[371] 韩海豹，刘攀. 光纤传感信号的模糊神经网络处理研究 [J]. 激光杂志, 2021, 42 (06): 112 - 116. DOI:10.14016/j.cnki.jgzz.2021.06.112.

[372] 庞拂飞，刘奂奂，王廷云. 相位敏感光时域反射光纤传感技术的研究综述 [J]. 南京信息工程大学学报（自然科学版）, 2017, 9 (02): 130 - 136. DOI:10.13878/j.cnki.jnuist.2017.02.003.

[373] Pan Z Q, Liang K Z, Ye Q, et al. Phase - sensitive OTDR system based on digital coherent detection [C] //Asia Communications and Photonics Conference and Exhibition, 2011: 83110S.

[374] Tu G J, Zhang X P, Zhang Y X, et al. The development of an Φ-OTDR system for quantitative vibration measurement [J]. IEEE Photonics Technology Letters, 2015, 27 (12): 1349 - 1352.

[375] Wang Z N, Zhang L, Wang S, et al. Coherent Φ-OTDR based on I/Q demodulation and homodyne detection [J]. Optics Express, 2016, 24 (2): 853 - 859.

[376] Wang S, Zhang L, Li Y, et al. Performance enhancement of phase - demodulated Φ-OTDR

with signal processing [C]. Asia Communications and Photonics Conference, 2015, DOI: 10.1364/ACPC.2015.ASu2A.146.

[377] 吴世海，任梓豪，何抒航，等. 分布定位式光纤振动传感系统的事件识别 [J]. 智能计算机与应用，2021，11 (09): 48 -53 +58.

[378] Ye F, Li X, Zhang X. Fusion CNN: a remote sensing image fusion algorithm based on deep convolutional neural networks [J]. Multimedia Tools and Applications. Vol. 78, np. 11, pp 4683 -14703, 2019.

[379] Shi C, Zhou Y, Qiu B. Diurnal and nocturnal cloud segmentation of all - sky imager (ASI) images using enhancement fully convolutional networks [J]. Atmospheric Measurement Techniques. Vol. 12, no. 9, pp. 4713 -4724, 2019.

[380] 林景栋，吴欣怡，柴毅，等. 卷积神经网络结构优化综述 [J]. 自动化学报，2020，46 (01): 24 -37.

[381] Iyer R, Hu B, Mihalas S. Contextual integration in cortical and convolutional neural networks [J]. Frontiers in Computational Neuroscience, 2020, 14: 31.

[382] 郭继昌，吴洁，郭春乐，等. 基于残差连接卷积神经网络的图像超分辨率重构 [J]. 吉林大学学报（工学版），2019，49 (05): 1726 -1734.

[383] Wen L, Li X Y, Gao L. A transfer convolutional neural network for fault diagnosis based on ResNet -50 [J]. Neural Computing and Applications, 2019: 1 -14.

[384] Duan P, Wang T W, Cui M W, et al. Multi - person pose estimation based on a deep convolutional neural network [J]. Journal of Visual Communication and Image Representation, 2019, 62: 245 -252.

[385] Yang C, Yang Z G, Khattak A M, et al. Structured Pruning of Convolutional Neural Networks via L1 Regularization [J]. IEEE Access, 2019, 7: 106385 -106394.

[386] 邱帆. 基于跟踪反馈及多角度损失函数优化的人脸检测与识别研究 [D]. 上海交通大学，2019.

[387] Singh A K, Radhakrishnan R, Bhaumik S, et al. Adaptive sparse - grid Gauss - Hermite filter [J]. Journal of Computational and Applied Mathematics, 2018, 342: 305 -316.

[388] Brianskiy S, Vishnyakov B, Gorbatsevich V, et al. image filtering using morphological thickness map [C]. //Conference on Automated Visual Inspection and Machine Vision III, 2019, 11061: UNSP 110610A.

[389] 王红. 低信噪比场景下语音增强算法的研究 [D]. 安徽大学，2017.

[390] Li J F, Liu M Q, Tang N J, et al. Non Data - Aided SNR Estimation for UAV OFDM Systems [J]. Algorithms, 2020, 13 (1): 22.

[391] Mu J S, Jing X J, Xie J X, et al. Multistage spectrum sensing scheme with SNR estimation [J]. IET Communications, 2019, 13 (9): 1148 -1154.

[392] Jiang Z L, Kong Y, Qian W Y, et al. Resolution and signal – to – noise ratio enhancement for synthetic coded aperture imaging via varying pinhole array [J]. Applied optics, 2019, 58 (22): 6157 – 6164.

[393] Cunningham E, Galtier E, Dyer G, et al. Pulse contrast enhancement via non – collinear sum – frequency generation with the signal and idler of an optical parametric amplifier [J]. Applied Physics Letters, 2019, 114 (22): 221106.

[394] Arya A, Laha R, Das G M, et al. Enhancement of Raman scattering signal using photonic nanojet of portable and reusable single microstructures [J]. Journal of Raman Spectroscopy, 2018, 49 (5): 897 – 902.

[395] Szegedy C, Liu W, Jia Y Q, et al. Going deeper with convolutions [C] //Proceedings of the IEEE conference on computer vision and pattern recognition. 2015: 1 – 9.

[396] Shin M, Paik W, Kim B. An IoT Platform with Monitoring Robot Applying CNN – Based Context – Aware Learning [J]. Sensors. Vol. 19, no. 11, Article ID 2525, 2019.

[397] Shi C, Zhou Y, Qiu B. Diurnal and nocturnal cloud segmentation of all – sky imager (ASI) images using enhancement fully convolutional networks [J]. Atmospheric Measurement Techniques. Vol. 12, no. 9, pp. 4713 – 4724, 2019.

[398] Son C H. Inverse halftoning through structure – aware deep convolutional neural networks [J]. Signal Processing, 2020: 107591.

[399] Xin R Y, Zhang J, Shao Y. Complex network classification with convolutional neural network [J]. Tsinghua Science and Technology, 2020, 25 (4): 447 – 457.

[400] Baker N, Lu H J, Erlikhman G, et al. Local features and global shape information in object classification by deep convolutional neural networks [J]. Vision Research, 2020, 172: 46 – 61.

[401] Su Y, Sun W, Liu J. Photo – realistic image bit – depth enhancement via residual transposed convolutional neural network [J]. Neurocomputing. Vol. 347, pp 200 – 211, 2019.

[402] Chen H G, He X H, An C, et al. Adaptive image coding efficiency enhancement using deep convolutional neural networks [J]. Information Sciences, 2020.

[403] Tamada D, Kromrey M L, Ichikawa S, et al. Motion artifact reduction using a convolutional neural network for dynamic contrast enhanced MR imaging of the liver [J]. Magnetic Resonance in Medical Sciences, 2020, 19 (1): 64.

[404] 吴庆贺，吴海锋，沈勇，等. 工业噪声环境下多麦状态空间模型语音增强算法 [J/OL]. 计算机应用：1 – 8 [2020 – 06 – 14]. http://kns.cnki.net/kcms/detail/51.1307.TP.20191230.1129.008.html.

[405] 李佳芯，王伟，高勇. 一种小波变换下的 ADS – B 信号增强算法 [J]. 电讯技术，2019, 59 (11): 1312 – 1318.

[406] 周琰. 分布式光纤管道安全检测技术研究 [D]. 天津：天津大学，2006.

[407] Liang C B, Jia H M. Kapur's Entropy for Color Image Segmentation Based on a Hybrid Whale Optimization Algorithm [J]. Entropy, 2019, 21 (3): 318.

[408] Abd E M, Oliva D, Ewees A A. Multi – level thresholding – based grey scale image segmentation using multi – objective multi – verse optimizer [J]. Expert Systems with Applications, 2019, 125: 112 – 129.

[409] Lu Z M, Zhu F C, Gao X Y, et al. In – situ particle segmentation approach based on average background modeling and graph – cut for the monitoring of L – glutamic acid crystallization [J]. Chemometrics and Intelligent Laboratory Systems, 2018 , 178: 11 – 23.

[410] Rupak C, Rama S, Garg M L. An Improved PSO – Based Multilevel Image Segmentation Technique Using Minimum Cross – Entropy Thresholding [J]. Arabian Journal for Science and Engineering, 2018, 44 (4): 3005 – 3020.

[411] Lu H M, Kondo M, Li Y J. Extraction of GGO Candidate Regions on Thoracic CT Images using SuperVoxel – Based Graph Cuts for Healthcare Systems [J]. Mobile Networks and Applications, 2018, 23 (6): 1669 – 1679.

[412] Gao H, Fu Z, Pun C M. A multi – level thresholding image segmentation based on an improved artificial bee colony algorithm [J]. Computers and Electrical Engineering, 2018, 70: 931 – 938.

[413] 王洪斌，王世豪，籍冰朔，等. 基于改进多阈值小波包的去噪算法及应用 [J]. 计量学报，2016，37 (2)：205 – 208.

[414] 陈召全，朱明星，章小兵，等. 基于模糊控制的小波包多阈值语音减噪新算法 [J]. 计量学报，2019，040 (001)：134 – 139.